NOUVEAU COURS

DE

GÉOMÉTRIE

RÉDIGÉ CONFORMÉMENT AU PROGRAMME DE 1866

À L'USAGE

DES LYCÉES, DES COLLÈGES, DES INSTITUTIONS ET DES ASPIRANTS
AU BACCALAURÉAT ÈS SCIENCES

CONTENANT

Plus de onze cents Problèmes résolus et à résoudre

Trois traités très complets : Levé des Plans, Arpentage, Partage des terres
Des Notions de Nivellement
et un grand nombre de Questions usuelles,

PAR M. PH. ANDRÉ

CHEF D'INSTITUTION

A - G

PARIS

LIBRAIRIE CLASSIQUE DE F. E. ANDRÉ-GUÉDON

Successeur de madame veuve THIÉRIOT

15, RUE SÉGUIER, 15

1866

NOUVEAU COURS

DE

GÉOMÉTRIE

ON TROUVE A LA MÊME LIBRAIRIE

ÉLÉMENTS DE GÉOMÉTRIE, selon le programme de l'enseignement spécial à l'usage de toutes les Institutions, contenant plus de mille problèmes résolus et à résoudre, trois traités très-complets : levé des plans, arpentage, partages des terres, des notions de nivellement, le solivage des bois, le jaugeage des tonneaux, etc., etc. Un très-beau volume de plus de 400 pages broché ou cartonné. . . . . 2 fr.

NOUVEAU COURS D'ALGÈBRE ÉLÉMENTAIRE THÉORIQUE ET PRA-TIQUE, à l'usage de toutes les Institutions, par M. PH. ANDRÉ, chef d'institution. 1 vol. in-12. cartonné. . . . . 1 fr. 60

NOUVEAU COURS D'EXERCICES ET DE PROBLÈMES D'ALGÈBRE, avec les solutions raisonnées (*solutions raisonnées des exercices et problèmes du Nouveau Cours d'algèbre*), à l'usage de de toutes les Institutions, par le même. 1 vol. in-12. broché. . . . . 1 fr. 60

Série de Dictionnaires en langues étrangères

DICTIONNAIRE ÉTYMOLOGIQUE DES RACINES ALLEMANDES, avec leur signification française et leurs dérivés du latin, du grec, etc., rendus en caractères différents pour chaque langue et classés par famille, par MM. EICHHOFF et DE SUCKAU. 1 très-fort vol. in-12, broché. . . . . 6 fr. »

DICTIONNAIRE FRANÇAIS-ALLEMAND ET ALLEMAND-FRANÇAIS, (caractères allemands et français), d'après Martin, l'abbé Mozin, Thibaut, et les meilleurs Dictionnaires français, par M. ZAY. 1 vol. in-18, de plus de 800 pages à deux colonnes. — 17e édition, précédée de tableaux complets des conjugaisons des verbes réguliers et irréguliers, en français et en allemand, ce qui n'existe dans aucun autre Dictionnaire. Broché. . . . . 3 fr. »
Cartonné, dos toile anglaise. 3   25
Relié basane ou toile anglaise 3   60

DICTIONNAIRE FRANÇAIS-ANGLAIS ET ANGLAIS-FRANÇAIS, contenant tous les mots généralement en usage, leur sens propre et figuré et leurs diverses acceptions justifiées par des exemples choisis avec soin, ainsi que l'accent prosodique des mots anglais, ce qui facilite beaucoup la prononciation aux Français; les prétérits et les participes passifs des verbes irréguliers anglais, les prépositions que les verbes de cette langue régissent, et les principaux termes des sciences, des arts et de la marine, avec un vocabulaire de géographie, de mythologie et des noms de personnes qui diffèrent dans les deux langues, par TH. NU-GENT. Nouvelle édition, *entièrement refondue et corrigée pour le Français*, sur le Dictionnaire de l'Académie, et *pour l'anglais*, sur les Dictionnaires les plus estimés et le plus récemment publiés, par L. A. G. 1 vol. in-18, broché.   2 fr. 70
Cartonné, dos toile anglaise. 3   »
Relié basane ou toile anglaise. 3   20

DICTIONNAIRE FRANÇAIS-ESPAGNOL ET ESPAGNOL-FRANÇAIS, renfermant tous les mots de la langue usuelle, les termes de marine et d'art militaire, suivi d'un recueil de noms propres et de noms de pays, par A. BERBRUGGER, 11e édition. 2 vol. in-18, réunis en un seul de 1100 pages, br.   3 fr. 75
Cartonné, dos toile anglaise. 4   05
Relié basane ou toile anglaise. 4   50

NOUVEAU DICTIONNAIRE FRANÇAIS-ITALIEN ET ITALIEN-FRAN-ÇAIS, rédigé d'après les dictionnaires français et italiens les plus complets, par le chevalier BRICCOLANI, augmenté d'un grand nombre de mots, de phrases et de locutions, extraits des classiques italiens les plus estimés, par FONSECA. Nouvelle édition, contenant plus de mots que le grand dictionnaire d'Alberti. 1 vol. in-18 de 1244 pages à deux colonnes, broché. . . . .   3 fr. 75
Cartonné, dos toile anglaise. 4   05
Relié basane ou toile anglaise. 4   50

PARIS. — ÉDOUARD BLOT, IMPRIMEUR, RUE TURENNE, 66.

NOUVEAU COURS

DE

GÉOMÉTRIE

RÉDIGÉ CONFORMÉMENT AU PROGRAMME DE 1866

A L'USAGE

DES LYCÉES, DES COLLÉGES, DES INSTITUTIONS ET DES ASPIRANTS AU BACCALAURÉAT ÈS SCIENCES

CONTENANT

Plus de Onze cents Problèmes résolus et à résoudre,

Trois traités très-complets : Levé des Plans, Arpentage, Partage des terres,

des Notions de Nivellement

et un grand nombre de Questions usuelles,

PAR M. PH. ANDRÉ

CHEF D'INSTITUTION

A-G

PARIS

LIBRAIRIE CLASSIQUE DE F. E. ANDRÉ-GUÉDON

Successeur de madame veuve THIÉRIOT

15, RUE SÉGUIER, 15

1866

PRÉFACE

———

Pendant bien des années, en présence d'intelligences plus ou moins développées, nous avons recherché avec persévérance les meilleurs procédés pour faire saisir aux élèves les vérités mathématiques. L'ouvrage que nous publions aujourd'hui est le fruit de cette longue expérience dans l'enseignement des sciences exactes.

Nous avons pu nous convaincre qu'il est nuisible de faire apprendre aux élèves des définitions et des démonstrations qui, sous le prétexte d'être faciles, n'ont pas toute la rigueur mathématique désirable. La vérité est une : il est préférable de ne rien savoir que de mal savoir.

Nous avons également observé que bien des jeunes gens ne font aucun progrès parce qu'ils ne se rendent pas compte de la signification de certains axiomes ; que quelques théorèmes, *parfaitement compris*, conduisent aisément les élèves à la connaissance de toute la géométrie élémentaire ; qu'il est très-avantageux de passer, à une première lecture, les théorèmes présentant quelques difficultés, ou au moins de n'apprendre que l'énoncé de ces théorèmes, quand il est nécessaire. Cette méthode nous a réussi au delà de nos espérances.

Nous avons encore remarqué que très-souvent un mot,

un exemple bien choisi fait saisir un axiome, une définition ou une démonstration. Ainsi, on se borne à faire apprendre les axiomes par cœur sans aucune explication, parce que les axiomes ne se démontrent pas ; sans doute ils ne se démontrent pas, mais quelques mots peuvent cependant très-bien servir à les faire comprendre : quel est l'enfant qui ne verra pas que si deux règles sont égales, elles restent encore égales après avoir été augmentées ou diminuées d'une même quantité ? que deux règles égales à une troisième sont égales entre elles ? etc.

C'est surtout pour la géométrie dans l'espace qu'il convient de venir en aide par quelques exemples à l'obscurité des définitions : une porte tournant sur ses gonds sera pour l'élève l'image d'un plan non fixé, les gonds et la serrure seront trois points servant à fixer le plan ; un livre entr'ouvert présentera un dièdre, le lieu où se coupent le plancher et deux murs, un trièdre, etc.

Pour bien faire comprendre les livres V, VI et VII, il est indispensable de recourir à des figures en reliefs. On peut employer pour construire ces modèles du bois, du carton, ou simplement de la terre glaise pour beaucoup d'entre eux.

Enfin nous avons vu des élèves se perdre dans les démonstrations où les angles sont désignés par trois lettres. Pour éviter cet inconvénient, nous avons, en général, indiqué chaque angle par une lettre minuscule.

Toutes les fois qu'il nous a été possible, nous avons fait suivre l'énoncé de chaque théorème d'annotations, de formules qui le résument. Nous reconnaissons à cette méthode plusieurs avantages : ces annotations guident l'élève dans sa démonstration, et lui font connaître le but vers lequel il tend. Il apprend en outre à traduire en formules le langage mathématique.

Quelques personnes nous diront peut-être que notre ouvrage contient des problèmes trop faciles. Nous leur répondrons que rien n'encourage plus un élève que quand il trouve lui-même la solution d'un problème, et que nous donnons la possibilité d'en faire dès la première leçon de géométrie. On ne peut d'ailleurs résoudre des problèmes difficiles qu'après en avoir résolu pendant longtemps des faciles.

Nous n'avons pas la prétention d'avoir atteint la perfection dans notre travail; cependant nous invitons le lecteur qui manquerait d'indulgence à comparer notre ouvrage, pour la théorie, et surtout pour la pratique, à tous ceux du même genre qui existent.

ERRATA

Pages	Lignes	Au lieu de	Lisez
30,	33,	OGI.	OIG.
45,	5,	DF.	DE.
70,	figure 117,	il faut un E au point de rencontre des droites AB, CD.	
91,	23,	BO.	BD.
95,	7,	DH.	BH.
99,	31,	ABC.	ABC, BDC.
101,	20,	$\dfrac{AB^2}{AC}$	$\dfrac{\overline{AB}^2}{\overline{AC}}$.
111,	7,	$\dfrac{CA}{\overline{CA'}}$	$\dfrac{CA}{\overline{C'A'}}$.
»	13,	CA'.	C'A'.
123,	9,	r'.	r.
130,	dernière,	$6^m,254$	$5^m,246$.
142,	14,	(179).	(79).
144,	19,	$\dfrac{D+d}{2}$	$\dfrac{D\times d}{2}$.
145,	12,	$=AM$.	AM.
146,	20,	AF.	AF'.
158,	14,	... *homologues*.	$\begin{cases} ...\ homologues,\ \text{c.-à-d. qu'on} \\ \text{aura } \dfrac{A'B'C'D'E'}{ABCDE}=\dfrac{\overline{B'C'}^2}{\overline{BC}^2}. \end{cases}$
172,	30,	(333).	(332).
173,	8,	$-b$.	$=b$.
»	16.	24.	241.
174,	dernière,	*lm*.	*kl*.
198,	19,	$\dfrac{AE}{B}$	$\dfrac{AE}{\overline{BE}}$.
221,	21,	DF.	BF.
224,	5, 6, 7,	$\begin{cases}\text{prolongeons... et par le} \\ \text{point N, etc.} \end{cases}$	$\begin{cases}\text{prolongeons ensuite EA} \\ \text{d'une quantité AN} = \text{IE} \\ \text{de manière à avoir EA} \\ =\text{IN, et par le point N, etc.}\end{cases}$
»	21,	N, O, P, Q.	A, B, C, D.
237,	6,	DCE.	DSE.
241,	7, 8,	$\sqrt{\ }$B.	$\sqrt{\ }$B.
»	14,	SEFG.	SEFGH.
247,	15,	F', E'.	F'E'.
281,	6,	SAC.	SAG.
»	17,	$=AD$.	$\times AD$.
291,	32,	AB, BC, AC.	AB, AC, BC.
320,	28, 29, 30,	$\overline{BC}^2$	$\overline{BD}^2$.
336,	7,	666	626.
343,	2,	seraient enveloppés.	envelopperaient.
356,	21,	OHY.	OH'Y.
364,	1,	*extérieu*.	*extérieur*.
389,	18,	29° 30'.	30° 30'.
392,	26,	*puis*.	*pris*.

NOUVEAU COURS

DE

GÉOMÉTRIE

ÉLÉMENTAIRE

NOTIONS PRÉLIMINAIRES

1. Corps. On appelle *corps* tout ce qui occupe une certaine partie de l'espace[1]. Exemples : un livre, un morceau de bois, une pierre, etc.

Les corps présentent en général *trois dimensions : longueur, largeur* et *épaisseur*. Cette dernière s'appelle encore *hauteur* et *profondeur*. Ces dimensions sont bien visibles dans une règle, un livre, un mur, etc.; mais elles sont confuses dans une boule, une pierre non taillée, etc.

2. Volume. On nomme *volume* d'un corps la portion de l'espace qu'il occupe.

3. Surface. On désigne par *surface* d'un corps ce qui le termine, ce qui le sépare de l'espace environnant, ou encore la partie du corps que les yeux peuvent voir, que les mains peuvent toucher.

4. Ligne. Une *ligne* est le lieu où deux surfaces se rencontrent. Les arêtes d'une pièce de bois équarrie sont des lignes.

5. Point. On appelle *point* le lieu où deux ou plusieurs lignes se coupent. On nomme encore point l'extrémité d'une ligne.

---

1. On appelle espace cette immensité au milieu de laquelle sont suspendus tous les astres et le globe que nous habitons.

1.

6. Figures. Les volumes, les surfaces et les lignes sont désignés sous le nom de *figures*.

7. Figures égales. Deux *figures sont égales* quand, appliquées l'une sur l'autre ou l'une dans l'autre, elles coïncident dans toute leur étendue.

8. Figures équivalentes. On appelle *figures équivalentes* celles qui ont la même valeur sans avoir la même forme. Ainsi, dans le cas où la surface d'un triangle est égale à celle d'un carré, on dit que ces deux figures sont équivalentes.

9. Figures semblables. On désigne par figures semblables les figures qui ont la même forme sans avoir la même étendue. Un petit cercle et un grand, une petite boule et une grosse, sont des figures semblables.

10. Axiome[1]. On nomme *axiome* une vérité évidente par elle-même.

Voici des axiomes d'un fréquent usage :

1º *Le tout est plus grand que sa partie;*

2º *La partie est plus petite que le tout;*

3º *Le tout est égal à la somme de ses parties;*

4º *Deux quantités égales à une troisième sont égales entre elles;*

5º *Deux quantités égales, soit qu'on les augmente ou qu'on les diminue d'une même quantité, ne cessent pas d'être égales;*

6º *Deux quantités égales, soit qu'on les multiplie ou qu'on les divise par une même quantité, ne cessent pas d'être égales;*

7º *Deux quantités inégales, augmentées ou diminuées d'une même quantité, donnent des résultats encore inégaux.*

11. Théorème[2]. On appelle *théorème* ou *proposition* une vérité qui n'est pas évidente par elle-même. Les trois angles d'un triangle valent deux angles droits : voilà une vérité, mais comme on ne peut la comprendre sans *démonstration*, on l'appelle théorème.

1. Du grec *axioma*, autorité, principe.
2. Du grec *Theos*, Dieu, et de *reó*, je coule. *Theó-remd*, émanation de Dieu, quelque chose qui vient de Dieu (MONTUCLA, *Hist. des Math.*).

12. Démonstration. On appelle *démonstration* un raisonnement qui sert à prouver la vérité d'un théorème.

13. Corollaire¹. Un *corollaire* est une conséquence qui découle d'une proposition.

14. Problème². Un *problème* est une vérité à trouver.

15. Solution. Une *solution* est une réponse à un problème.

16. Réciproque. On nomme *réciproque* d'une proposition une autre proposition énoncée en sens inverse de la première. Voici deux propositions réciproques : *Dans tout triangle, au plus grand angle est opposé le plus grand côté. — Dans tout triangle, au plus grand côté est opposé le plus grand angle.*

17. Géométrie⁵. La *géométrie* est une science qui traite

---

1. Du latin *corollarium*; fait de *corolla*, altération de *corona*, couronne.

2. Du grec *probléma*, de *pro-balló*, proposer, mettre en question.

3. La géométrie est, comme toute science, fille de la nécessité. On pense qu'elle prit naissance en Égypte et qu'elle fut créée pour remédier à la confusion que les débordements annuels du Nil mettaient dans les limites des propriétés. Son étymologie, *gue*, terre, *metro-ne*, mesure, fait assez connaître que, dans le principe, son usage était borné à la mesure des terrains et à leur division. Aujourd'hui nous avons à chaque instant besoin de son secours.

« La géométrie, dit M. Desdouits, est la base des travaux publics; c'est elle qui fait l'astronome et guide le navigateur; c'est à ses préceptes que nous devons tous les arts de construction, nos édifices publics, nos maisons, les fortifications de nos villes, nos routes, nos ports, nos canaux et l'architecture savante des nombreux navires qui sillonnent les mers. C'est le géomètre qui mesure et dessine, suivant leurs proportions, les diverses parties des États, et qui, rapprochant ainsi leurs différents points, fait apprécier à l'œil les conséquences de leurs positions relatives; c'est lui qui dirige l'emploi de nos machines de guerre ; c'est à ses mesures et à ses calculs que sont subordonnés les mouvements des armées. Enfin, toutes les sciences sont liées à la géométrie ; elle est le fondement de la mécanique, de l'hydraulique, de l'optique, et toutes les parties de la physique en reçoivent de continuels secours.

» Dans une sphère moins élevée, la géométrie nous apprend à mesurer et à représenter nos champs, nos jardins, nos bâtiments, à en évaluer et à en comparer les dépenses et les produits; elle mesure des hauteurs et des distances inaccessibles, guide la main du dessinateur; enfin, présente une infinité d'usages détachés, souvent applicables dans l'économie domestique. »

Platon (348 av. J. C.) aimait tellement la géométrie, il la trouvait si

de la mesure de l'étendue des figures et de l'étude de leurs propriétés.

18. Ligne droite. Une *ligne droite* est le plus court chemin d'un point à un autre, ou encore une ligne dont tous les points ou éléments qui la composent sont dans la même direction (*fig.* 1).

Fig. 1.

Fig. 2.

19. Ligne brisée. On appelle *ligne brisée* ou *polygonale* une ligne composée de plusieurs droites (*fig.* 2).

20. Ligne courbe. On nomme *ligne courbe* celle dont tous les points qui la composent ne sont pas dans la même direction.

Fig. 3.

Une ligne courbe est encore celle qui n'est ni droite ni composée de lignes droites.

21. Plan ou surface plane. Le plan est une surface telle qu'elle contient tout entière la droite qui joint deux de ses points *pris à volonté*. On dit aussi que le plan est une surface sur laquelle on peut appliquer en tous sens une règle bien droite. Une glace, une table de marbre bien polie, représentent des surfaces planes.

22. Surface brisée. Une *surface brisée* est celle qui est composée de surfaces planes. Exemple : les feuillets d'un paravent.

23. Surface courbe. On appelle *surface courbe* celle qui n'est ni plane ni composée de surfaces planes. Exemple : la surface d'une boule.

24. Division de la géométrie. La géométrie se divise en deux parties : 1° la *géométrie plane*, qui traite de toutes les figures situées dans un même plan; 2° la *géométrie*

digne d'occuper l'esprit de l'homme, qu'il pensait que la Divinité même devait faire son bonheur en géométrisant sans cesse.

Euclide d'Alexandrie est le plus ancien auteur de géométrie. Il florissait environ 300 ans avant Jésus-Christ, sous le règne de Ptolémée-Lagus. Les *Éléments* d'Euclide ont été traduits dans toutes les langues.

dans l'espace, qui traite de toutes les figures qui ne sont pas situées dans un même plan. S'occuper de théorèmes relatifs au cercle, c'est faire de la géométrie plane; en traitant ceux qui sont relatifs à la sphère, on fait de la géométrie dans l'espace.

SIGNES EMPLOYÉS EN GÉOMÉTRIE

25. On se sert en géométrie des mêmes signes qu'en arithmétique et en algèbre.

Ainsi :

$A + B$ se lit A *plus* B.

$A - B$ — A *moins* B.

$A \times B$ ou $A.B$ — A *multiplié par* B.

$A : B$ ou $\dfrac{A}{B}$ — A *divisé par* B. Pour $\dfrac{A}{B}$, on dit souvent A *sur* B.

$A = B$ — A *égale* B.

$A > B$ — A *plus grand que* B.

$A < B$ — A *plus petit que* B.

PREMIÈRE PARTIE

GÉOMÉTRIE PLANE

LIVRE PREMIER

DE LA LIGNE DROITE

26. Par un point A donné sur un plan, on peut faire passer une infinité de droites venant de toutes les directions possibles; mais, par deux points A et B, on n'en peut faire passer qu'une, parce que, de toutes celles qui partent du point A, une seule se dirige au point B. Alors on admet comme évident :

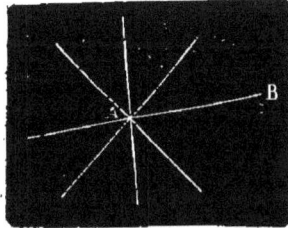

Fig. 4.

1° Que par deux points on ne peut mener qu'une seule ligne droite;

2° Que si deux droites ont deux points de communs, elles coïncident dans toute leur étendue.

DES ANGLES

27. Angle. On appelle *angle* l'ouverture plus ou moins grande formée par deux droites qui se rencontrent en un point nommé *sommet* de l'angle.

Les lignes AB et AC sont les *côtés* de l'angle.

La grandeur d'un angle dépend de l'ouverture de ses côtés, et non de leur longueur, qui est supposée indéfinie.

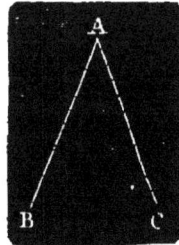

Fig. 5.

28. Un angle se désigne par la lettre du sommet :

lorsque plusieurs angles ont le même sommet, pour éviter la confusion, on les dési-
gne chacun par trois lettres,
en mettant celle du sommet
au milieu, ou encore par de
petites lettres qui se mettent
dans l'intérieur des angles.

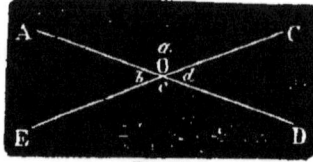

Fig. 6.

Ainsi on dira les angles AOC, COD, DOE, AOE, ou *a*, *b*, *c*, *d*.

29. Génération des angles. Soient deux droites AB et
CD, l'une fixe AB, et l'autre CD mobile autour du point C.

Si l'on suppose que la droite CD, d'abord appliquée sur
CB, se relève, elle formera
dans son mouvement autour
du point C deux angles, dont
l'un, BCD, augmentera, et
l'autre, ACD, diminuera
d'une manière continue. Or,
il arrivera un instant où la

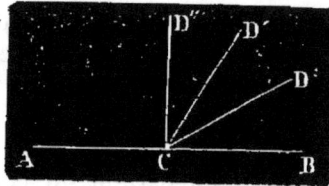

Fig. 7.

droite CD, devenue CD″, fera avec AB deux angles BCD″,
ACD″ égaux entre eux. Dans cette position, la droite CD″
est dite *perpendiculaire* à AB. Les deux angles égaux BCD″
et ACD″ sont appelés *angles droits* ou simplement *droits*.

30. Perpendiculaire. On appelle donc *perpendiculaire*
une ligne qui en rencontre une autre, de manière à former deux angles égaux. On nomme encore perpendiculaire une ligne qui en rencontre une autre, sans pencher
ni d'un côté ni de l'autre de cette même ligne. La ligne
CD″ est dans cette position, parce qu'elle ne penche ni
du côté de A ni du côté de B.

31. Oblique. L'*oblique* est une
ligne qui en rencontre une autre en formant deux angles inégaux. La ligne CD est oblique à
AB, parce que les deux angles
ACD et DCB ne sont pas égaux.

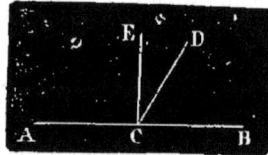

Fig. 8.

32. Verticale. On nomme *verticale* une ligne qui suit
la direction du fil à plomb.

33. Horizontale. L'*horizontale* est une ligne qui suit la direction de l'eau tranquille, considérée dans une petite étendue.

34. REMARQUE. Il est important de ne pas confondre les mots verticale et perpendiculaire : la verticale ne peut prendre que la direction du fil à plomb et être seulement perpendiculaire à l'horizontale, tandis que la perpendiculaire peut prendre toutes les directions, car une ligne sera toujours perpendiculaire à une autre si elle la rencontre en formant deux angles égaux.

35. Angle aigu. On appelle angle *aigu* un angle tel que BCD (*fig.* 8), plus petit qu'un angle droit.

36. Angle obtus. On nomme angle *obtus* un angle tel que ACD, plus grand qu'un angle droit.

37. Angles opposés par le sommet. Deux angles sont *opposés par le sommet* lorsque les côtés de l'un sont les prolongements des côtés de l'autre. Les angles *a* et *c* (*fig.* 6) sont opposés par le sommet; il en est de même des angles *d* et *b*.

38. Angles adjacents. On nomme angles *adjacents* deux angles qui ont un côté commun et les deux autres en ligne droite : les angles ACD et DCB (*fig.* 8), qui ont le côté commun CD et les deux autres AC et CB en ligne droite, sont adjacents.

THÉORÈME

39. *Par un point pris sur une droite, on ne peut élever qu'une seule perpendiculaire à cette droite.*

PREMIÈRE DÉMONSTRATION. En effet, si CD est perpendiculaire sur AB, on a (30) ACD = DCB. Une autre droite CE ne peut être aussi perpendiculaire, car l'angle de gauche a augmenté, tandis que celui de droite a diminué; donc les deux angles formés par CE

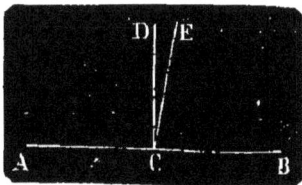

Fig. 9.

ne sont pas égaux, et par conséquent CE n'est point perpendiculaire sur AB : donc par un point pris sur une droite on ne peut élever qu'une perpendiculaire à cette droite.

SECONDE DÉMONSTRATION. En effet, si CD est perpendiculaire sur AB, on a (30) ACD = DCB ; or, pour qu'une autre droite CE puisse être aussi perpendiculaire sur AB, au même point C, il faudrait qu'on eût encore ACE = ECB, ce qui est impossible, puisque ACE est plus grand que ACD ou son égal DCB, tandis que ECB est plus petit. Les deux angles ACE et ECB ne sont donc pas égaux et CE n'est par conséquent pas perpendiculaire sur AB.

THÉORÈME

40. *Tous les angles droits sont égaux.*

Soit CD perpendiculaire sur AB et EF sur GH ; je dis que les deux angles droits formés par CD seront égaux aux deux angles droits formés par EF.

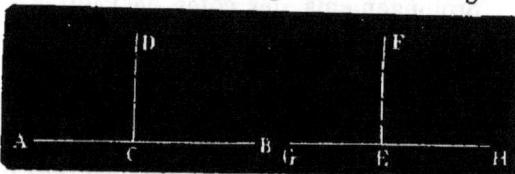
Fig. 10.

En effet, si nous plaçons la ligne GH sur la ligne AB, de manière qu'elles coïncident, et que le point E soit au point C, il faudra forcément que EF se confonde avec CD, sans quoi on pourrait élever sur AB deux perpendiculaires par le même point C, ce qui est impossible (39).

THÉORÈME

41. *La somme de deux angles adjacents est égale à deux droits.*

Je dis que ACD + BCD = 2 droits.

En effet, les deux angles ACD et DCB, occupent le même espace que les deux angles droits

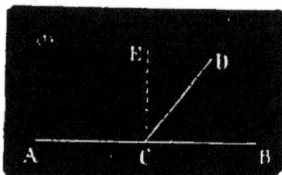
Fig. 11.

ACE et ECB, donc ils valent deux angles droits.

1.

AUTRE DÉMONSTRATION. A cause de la perpendiculaire EC, on a $ACE + ECD + DCB = 2$ droits; mais $ACE + ECD = ACD$, donc $ACD + DCB = 2$ droits.

42. COROLLAIRE. *Si l'un des angles adjacents est droit, l'autre l'est aussi.*

43. Angles complémentaires. On désigne par *angles complémentaires* deux angles dont la somme vaut un droit : les angles BCD et DCE sont complémentaires.

44. Angles supplémentaires. On appelle *angles supplémentaires* deux angles dont la somme vaut deux droits : les angles ACD et DCB sont supplémentaires.

THÉORÈME

45. *La somme d'un nombre quelconque d'angles a, b, c, d, e, ayant même sommet C et situés du même côté d'une droite est égale à deux droits.*

En effet, on a $ACD + DCB = 2$ droits (41), donc les angles *a, b, c, d, e*, qui occupent ensemble le même espace, valent aussi deux droits.

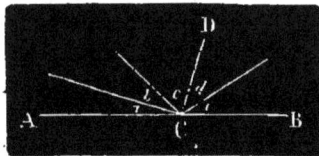

Fig. 12.

THÉORÈME

46. *La somme d'un nombre quelconque d'angles formés autour d'un même point O est égale à quatre droits.*

Pour le démontrer, menons la ligne MN : la somme des angles situés au-dessus de MN vaut deux droits (45), celle de ceux situés au-dessous de la même ligne vaut également deux droits (45), donc la somme des angles réunis en O vaut 4 droits.

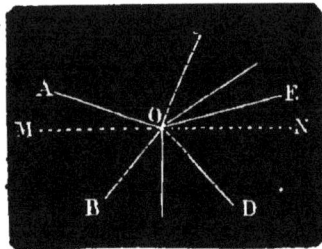

Fig. 13.

Il est bien évident que la ligne MN ne change pas la

somme des angles, car les parties des angles AOB, EOD, qui ne figurent pas dans la somme des deux droits supérieurs, se trouvent dans la somme des deux droits inférieurs.

THÉORÈME

47. *Si une droite* CD *est perpendiculaire à une autre droite* AB, *réciproquement celle-ci l'est sur* CD.

En effet, CD étant perpendiculaire à AB, l'angle CFB est droit, mais son adjacent BFD le sera aussi (42) ; donc BF, et par conséquent AB, qui n'est qu'un prolongement de BF, est perpendiculaire sur CD.

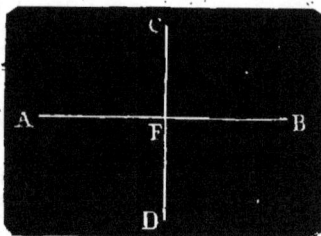
Fig. 14.

THÉORÈME

48. *Lorsque la somme de deux angles tels que* ACD *et* DCB *est égale à deux angles droits, les côtés extérieurs* AC *et* CB *sont en ligne droite.*

En effet, si CB n'est pas le prolongement de AC, on pourra toujours mener par le point C une ligne CE qui le sera ; alors les deux angles ACD et DCE seront adjacents, et par conséquent leur somme vaudra deux droits (41) ; mais, par hypothèse, on a déjà ACD + DCB = 2

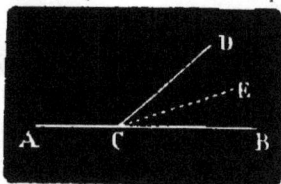
Fig. 15.

droits ; donc (10, 4°), on devrait avoir ACD + DCE = ACD + DCB, ce qui est impossible, puisque la première somme n'est qu'une partie de la seconde : donc CB est le prolongement de AC.

THÉORÈME

49. *Les angles opposés par le sommet sont égaux.*

Ainsi on aura $a=c$ et $b=d$.

Je dis que $a=c$; en effet, $a+b=2$ droits comme angles adjacents; pour la même raison on a aussi $b+c=2$ droits; donc (10, 4°) $a+b=b+c$, d'où, en retranchant b à chaque

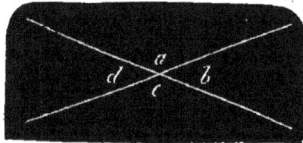

Fig. 16.

membre (10, 5°), $a=c$. On prouverait de même que $b=d$.

DES POLYGONES EN GÉNÉRAL

50. On appelle *polygone*[1] une figure plane terminée de toutes parts par des lignes droites.

Les lignes AB, BC, CD..., sont les côtés du polygone; leur ensemble en constitue le contour ou *périmètre*[2].

Les points A, B, C..., où se rencontrent les côtés, sont les *sommets* du polygone.

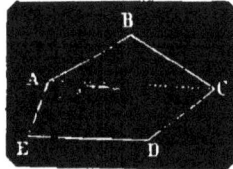

Fig. 17.

51. On nomme *diagonale*[3] une droite telle que AC, qui joint deux sommets non consécutifs.

52. Un polygone est *convexe*[4] ou à *angles saillants* lorsqu'une droite ne peut le couper qu'en deux points (*fig.* 18).

53. Un polygone est *concave*[5] ou à *angles rentrants* lorsqu'une droite peut le couper en plus de deux points (*fig.* 19).

54. Un polygone a autant d'angles que de côtés.

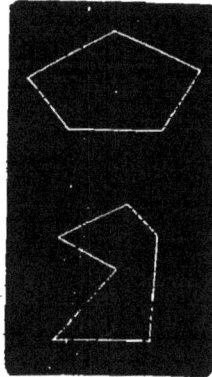

Fig. 18 et 19.

1. Du gr. *polus*, plusieurs; *gónia*, angle.
2. Du gr. *peri*, autour ; *metron*, mesure.
3. Du gr. *dia*, à travers : *gónia*, angle.
4. Du lat. *convexus*, de *convehere*, porter ensemble.
5. Du lat. *concavus*, formé de *cum*, avec ; *cavea*, cave ; radical *cavus*, creux (concave, avec un creux).

On nomme

Triangle [1] le polygone de	3 côtés.	
Quadrilatère [2] —	4 —	
Pentagone [3] —	5 —	
Hexagone [4] —	— 6 —	
Heptagone [5] —	7 —	
Octogone [6] —	8 —	
Ennéagone [7] —	9 —	
Décagone [8] —	10 —	
Hendécagone [9] —	11 —	
Dodécagone [10] —	12 —	
Pentédécagone [11] —	15 —	

Les autres polygones se désignent par le nombre de leurs côtés.

Des Triangles

On distingue plusieurs espèces de triangles :

55. 1° Le triangle *équilatéral* [12], qui a ses trois côtés égaux (*fig.* 20);

56. 2° Le triangle *iso-cèle* [13], qui a deux côtés égaux (*f.* 21);

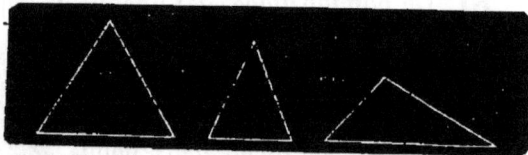

Fig. 20.   Fig. 21.   Fig. 22.

57. 3° Le triangle *scalène* [14], qui a ses trois côtés inégaux (*fig.* 22).

1. Du gr. *treis*, trois, et du français *angle.*
2. Du lat. *quadrinus*, quatre ; *latus*, génitif *lateris*, côté.
3. Du gr. *pente*, cinq ; *gónia*, angle.
4. Du gr. *hex*, six ; *gónia*, angle.
5. Du gr. *hepta*, sept ; *gónia*, angle.
6. Du gr. *oktô*, huit ; *gónia*, angle.
7. Du gr. *ennéa*, neuf ; *gónia*, angle.
8. Du gr. *déka*, dix ; *gónia*, angle.
9. Du gr. *hendéka*, onze ; *gónia*, angle.
10. Du gr. *dodéka*, douze ; *gónia*, angle.
11. Du gr. *pente*, cinq ; *déka*, dix ; *gónia*, angle.
12. Du lat. *equus*, égal ; *latus*, génitif *lateris*, côté.
13. Du gr. *isoskélos*, qui a les jambes égales ; de *isos*, égal ; *skélos*, jambes.
14. Du gr. *skalénos*, boiteux, inégal.

58. Dans un triangle isocèle, la *base* est le côté qui n'est pas égal aux deux autres.

59. On appelle triangle *rectangle*[1] celui qui a un angle droit.

Le côté BC, opposé à l'angle droit, se nomme *hypoténuse*[2].

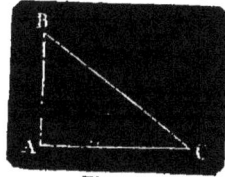
Fig. 23.

THÉORÈME

60. *Dans tout triangle, un côté quelconque est plus petit que la somme des deux autres et plus grand que leur différence.*

Ainsi on aura :

1° $AC < AB + BC$;
2° $BC > AC - AB$.

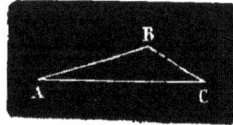
Fig. 24.

Puisque la ligne droite est le plus court chemin d'un point à un autre, on a : 1° $AC < AB + BC$; 2° en retranchant AB à chaque membre de cette inégalité (10, 7°), il vient $AC - AB < BC$, ou $BC > AC - AB$. Ce qu'il fallait démontrer.

THÉORÈME

61. *Si l'on joint un point* O, *pris dans l'intérieur d'un triangle, aux extrémités de l'un des côtés* AC, *la somme* AO + OC *sera moindre que la somme* AB + BC *des deux autres côtés.*

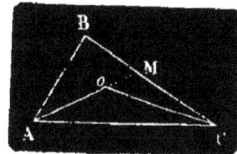
Fig. 25.

On aura $AO + OC < AB + BC$.

En effet, si l'on prolonge AO jusqu'à la rencontre du côté BC, on a (60)

$$AO + OM < AB + BM$$
et
$$OC < OM + MC$$

1. Du lat. *rectus*, droit; du français angle.
2. Du gr. *upo*, sous; *teino*, tendre.

En additionnant ces inégalités membre à membre, il vient

$$AO + OM + OC < AB + BM + OM + MC.$$

En retranchant OM de part et d'autre, on obtient

$$AO + OC < AB + BM + MC,$$

ou

$$AO + OC < AB + BC,$$

car

$$BM + MC = BC.$$

Remarque. La ligne brisée ABC s'appelle *enveloppante*, et la ligne AOC, *enveloppée*.

Égalité des Triangles

Il y a trois cas principaux d'égalité des triangles.

62. 1er cas. *Deux triangles sont égaux lorsqu'ils ont un angle égal compris entre deux côtés égaux chacun à chacun.*

On a B=D, AB=ED, BC=DF : je dis que les deux triangles sont égaux.

En effet, portons le triangle EDF sur le triangle ABC, de manière que le côté ED soit sur son égal AB, le point D au point B, et le point E au

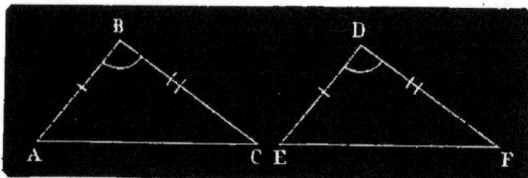

Fig. 26.

point A. L'angle D étant égal à l'angle B, DF prendra la direction de BC, et comme ces deux côtés sont égaux, le point F tombera au point C; les deux côtés EF et AC ayant mêmes extrémités se confondront (26, 1°), et par conséquent les deux triangles EDF et ABC se confondront aussi et seront égaux.

63. 2e cas. *Deux triangles sont égaux lorsqu'ils ont un côté égal adjacent à deux angles égaux chacun à chacun.*

On a AC=EF, A=E, C=F : je dis que les deux triangles sont égaux.

En effet, portons le triangle EDF sur ABC, de manière
que le côté
EF soit sur
son égal
AC, le point
E au point
A, et le
point F au

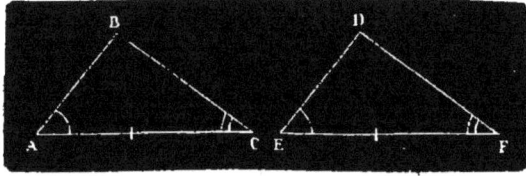

Fig. 27.

point C. L'angle E étant égal à l'angle A, ED prendra la
direction de AB, et le point D tombera sur un des points
de AB; de même, l'angle F étant égal à l'angle C, FD
prendra la direction de CB, et le point D tombera sur un
des points de CB; mais le même point D ne peut être à la
fois sur AB et sur CB sans se trouver à l'intersection de
ces deux lignes : donc le point D se confondra avec le point
B, et les deux triangles coïncideront dans toutes leurs
parties, et seront par conséquent égaux.

THÉORÈME

64. *Lorsque deux triangles ont deux côtés égaux chacun
à chacun et l'angle formé par les deux côtés du premier
plus grand que l'angle formé par les deux côtés du second,*
*le troisième côté du premier
triangle est plus grand que le
troisième côté du second.*

On a AB = BD, BC commun
et ABC > CBD : le côté AC
sera > CD.

Pour le démontrer, divisons
l'angle total ABD en deux parties égales par la ligne BF, qui
tombera dans le plus grand an-

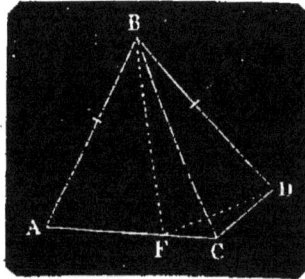

Fig. 28.

gle ABC, et joignons les points F et D. Nous aurons deux
triangles, ABF et FBD, égaux comme ayant un angle égal
compris entre côtés égaux, savoir :

L'angle ABF = l'angle FBD par construction;

Le côté BF est commun,

Et AB=BD par hypothèse,

Donc AF=FD.

Mais on a CF+FD > CD ou, en remplaçant FD par AF, sa valeur, AF+FC > CD, et enfin AC > CD, car AF+FC = AC.

REMARQUE. Les deux triangles ABC et CBD ont un côté commun; cependant cette démonstration n'en est pas moins rigoureuse, car, quelle que soit la position des triangles dont il s'agit, on pourra toujours leur faire prendre celle qu'ils ont dans la figure ci-dessus.

THÉORÈME RÉCIPROQUE

65. *Si les côtés AB, BC du triangle ABC sont égaux aux côtés BD, BC du triangle BCD, et que le côté AC du premier triangle soit plus grand que le côté CD du second, l'angle ABC sera > l'angle CBD.*

En effet, si l'angle ABC était < l'angle CBD, on aurait (64) AC < CD, ce qui serait contre l'hypothèse; si l'angle ABC égalait l'angle CBD, les deux triangles ABC, CBD seraient égaux (62) et l'on aurait AC=CD, ce qui serait encore contre l'hypothèse; l'angle ABC ne pouvant être ni plus petit ni égal à l'angle CBD sera forcément plus grand.

THÉORÈME

66. 3ᵉ cas. *Deux triangles sont égaux lorsqu'ils ont les trois côtés égaux chacun à chacun.*

On a AB=ED, BC=DF, AC=EF : je dis que les deux triangles sont é-
gaux.

En effet,
les côtés BA
et BC étant
égaux aux

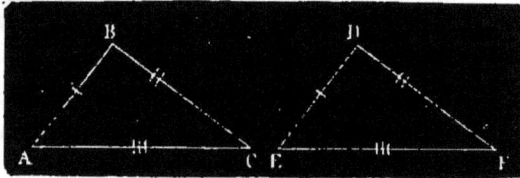

Fig. 29.

côtés DE et DF, il faut forcément que l'angle B soit égal

à l'angle D, sans quoi (64) on n'aurait pas AC=EF, ce qui serait contre l'hypothèse : les angles B et D étant égaux, les triangles proposés auront un angle égal compris entre deux côtés égaux chacun à chacun, donc ils seront égaux.

REMARQUE. D'après les théorèmes précédents, on voit que dans les triangles égaux les côtés égaux sont opposés aux angles égaux, et réciproquement : ainsi, AC égalant EF, on a B=D, etc.

Du Triangle isocèle, etc.

THÉORÈME

67. *Dans tout triangle isocèle les angles opposés aux côtés égaux sont égaux.*

Si AB=BC, on aura A=C.

Pour le prouver, joignons le point D, milieu de AC, au sommet B : nous formons ainsi les deux triangles ADB, DCB qui ont les trois côtés égaux chacun à chacun, savoir : BD commun, AB=BC par hypothèse, AD =DC par construction : donc ces triangles sont égaux, et par conséquent A=C (66, REMARQUE).

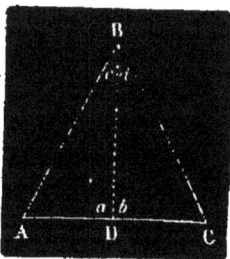

Fig. 30.

68. COROLLAIRE. *Un triangle équilatéral est en même temps équiangle.*

THÉORÈME

69. *Dans tout triangle isocèle la ligne qui joint le sommet au milieu de la base est 1° perpendiculaire à la base, et 2° divise l'angle du sommet en deux parties égales* (fig. 30).

En effet, à cause de l'égalité des triangles ADB, DCB, on a (66, REMARQUE) $a=b$ et $c=d$: donc 1° BD est perpendiculaire sur AC, et 2° BD divise l'angle du sommet en deux parties égales.

THÉORÈME

70. *Si dans un triangle deux angles sont égaux, les côtés opposés sont aussi égaux.*

Si A = ACB, on aura AB = BC.

En effet, si ces deux côtés ne sont pas égaux, l'un est plus grand que l'autre, soit AB > BC; prenons sur AB une quantité AD = BC, et joignons par une droite les points D et C, nous formerons ainsi deux triangles ADC et ABC qui auront un angle égal compris entre deux côtés égaux chacun à chacun, savoir :

A = ACB, par hypothèse,

AC commun,

AD = BC par construction : ces deux triangles devront par conséquent être égaux, mais il est impossible que ADC soit égal à ABC, puisqu'il n'en est qu'une partie : donc AB = BC.

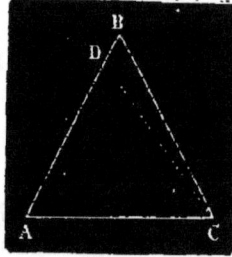

Fig. 31.

THÉORÈME

71. *Dans tout triangle, au plus grand angle est opposé le plus grand côté, et réciproquement.*

L'angle A étant > l'angle C, on aura BC > AB.

Pour le démontrer, menons la droite AD de manière qu'elle fasse avec AC un angle *o* égal à C. Les angles *o* et C étant égaux, le triangle ADC est isocèle : ce qui donne DA = DC. Mais on a BD + DA > BA, ou en remplaçant DA par DC, sa valeur, BD + DC > BA, ou enfin BC > BA.

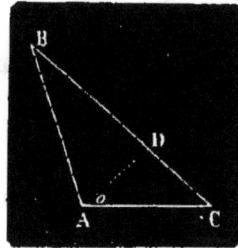

Fig. 32.

72. RÉCIPROQUEMENT. *Si BC est plus grand que AB, on aura l'angle A plus grand que l'angle C.*

En effet, si A était égal à C, le triangle serait isocèle, et l'on aurait BC=BA, ce qui serait contre l'hypothèse ; si A était plus petit que C, BC serait plus petit que AB, ce qui serait encore contraire à l'hypothèse. L'angle A, ne pouvant ni être égal ni plus petit que l'angle C, sera forcément plus grand.

Des Perpendiculaires et des Obliques menées d'un même point sur la même droite

THÉORÈME

73. *D'un même point pris hors d'une droite, on ne peut mener qu'une seule perpendiculaire à cette droite.*

Si CD est perpendiculaire sur AB, toute autre droite CE ne pourra être perpendiculaire sur la même ligne.

En effet, prolongeons CD d'une quantité DC′=DC et joignons le point E et le point C′, nous formerons deux triangles CED et C′ED qui ont un angle égal compris entre deux côtés égaux chacun à chacun, savoir : les angles EDC et EDC′ sont droits, le côté ED est commun, DC=DC′ par construction, ces triangles sont donc égaux, et

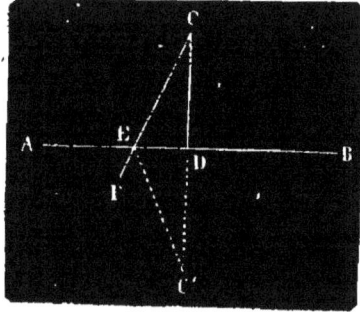
Fig. 33.

l'angle CED égale l'angle C′ED. Si le premier de ces angles était droit, le second le serait aussi, et la ligne CEC′ serait une ligne droite, mais CC′ étant déjà une ligne droite, il arriverait que des points C et C′ on pourrait mener deux droites distinctes, ce qui est impossible : donc CD est la seule perpendiculaire que l'on puisse mener du point C sur AB.

THÉORÈME

74. *Si d'un même point, pris hors d'une droite, on mène une perpendiculaire et différentes obliques, 1° la perpendiculaire est plus courte que toute oblique; 2° deux obliques qui s'écartent également du pied de la perpendiculaire sont égales; 3° de deux obliques, celle qui s'écarte le plus du pied de la perpendiculaire est la plus longue.*

1° La perpendiculaire CD est plus courte qu'une oblique quelconque CE.

En effet, si nous prolongeons la droite CD d'une quantité DC′ =CD et que nous joignions les points E et C′, nous aurons aussi (73) C′E=CE; mais la droite CD+DC′ est plus courte que la ligne brisée CE+EC′: donc CD, ou moitié

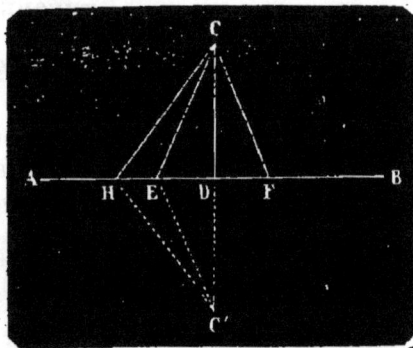

Fig. 34.

de la ligne droite, sera plus courte que CE, ou moitié de la ligne brisée.

REMARQUE. La perpendiculaire CD, étant *plus courte que toute oblique, mesure la distance du point C à la droite* AB.

2° Si l'on fait ED=DF, les deux triangles EDC, CDF, auront un angle égal compris entre côtés égaux chacun à chacun et seront par conséquent égaux : donc CE=CF.

3° Si l'on a DH>DE, l'oblique CH sera plus longue que l'oblique CE.

En effet, pour la même raison que C′E=EC, on a aussi HC′=HC. Mais (64) la ligne brisée CH+HC′ est plus grande que la ligne brisée CE+EC′: donc CH ou moitié de la première ligne est plus grande que CE ou moitié de la seconde.

75. Corollaire I. *Deux obliques égales s'écartent également du pied de la perpendiculaire,* car si elles ne s'écartaient pas également, elles seraient inégales, ce qui serait contre l'hypothèse.

76. Corollaire II. *De deux obliques inégales la plus longue s'écarte le plus du pied de la perpendiculaire,* car celles qui s'écartent le plus sont les plus longues.

77. Corollaire III. *D'un même point on ne peut mener à une droite que deux obliques égales,* car deux obliques seulement peuvent s'écarter également du pied de la perpendiculaire.

THÉORÈME

78. *Si, sur le milieu d'une droite* AB, *on élève une perpendiculaire* CD, 1° *tout point de la perpendiculaire est également éloigné des extrémités de la droite;* 2° *tout point hors de la perpendiculaire est inégalement distant des extrémités de la droite.*

1° Le point C est sur la perpendiculaire.

Si AD=DB, les deux obliques s'écartent également du pied de la perpendiculaire :

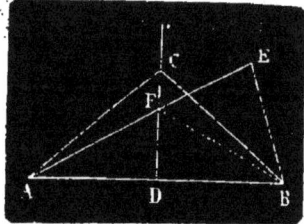

Fig. 35.

donc elles sont égales.

2° Le point E est hors de la perpendiculaire : AE sera plus grand que EB.

Pour le démontrer, menons par le point F, où AE rencontre la perpendiculaire, la droite FB. Nous obtiendrons BF+FE > EB, mais BF=AF : donc on a AF+FE > EB, ou enfin AE > EB.

Remarque. **Lieux géométriques.** On appelle *lieu géométrique* une figure contenant tous les points qui jouissent

d'une même propriété, qui satisfont à une même condition.

Comme tout point pris sur la perpendiculaire CD jouit
de la même propriété que le point C, nous pouvons dire
que la perpendiculaire élevée sur le milieu d'une droite
est le lieu géométrique des points également distants des
deux extrémités de cette droite.

Égalité des Triangles rectangles, Bissectrice d'un Angle

THÉORÈME

79. *Deux triangles rectangles sont égaux lorsqu'ils ont
l'hypoténuse égale et un côté égal.*

Si BC=DF et AB=ED, on aura ABC=EDF.

En effet, portons le triangle EDF sur ABC, de manière
que le côté ED soit sur son égal AB,
le point E au point A, et le point D
au point B, les angles E et A étant
égaux comme droits, EF prendra la
direction de AC; mais le point D
étant au point B, les deux hypoté-
nuses BC et DF deviendront alors deux
obliques à AC : comme elles sont
égales et qu'elles partent du même
point B, elles s'écartent également du
pied de la perpendiculaire AB, et

Fig. 36.

EF=AC. Donc, les deux triangles sont égaux, puisqu'ils
ont les trois côtés égaux.

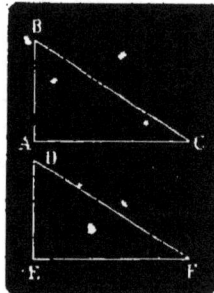

THÉORÈME

80. *Deux triangles rectangles sont égaux lorsqu'ils ont
l'hypoténuse égale et un angle aigu égal* (fig. 36).

Si BC=DF et B=D, on aura ABC=EDF.

En effet, portons le triangle EDF sur ABC, de manière

que le côté DF soit sur son égal BC, le point D au point B et le point F au point C. L'angle B étant égal à l'angle D, DE prendra la direction de BA. Mais alors, du même point C, on a CA et FE perpendiculaires sur AB : ces deux côtés coïncideront donc, sans quoi on pourrait abaisser d'un même point deux perpendiculaires à une même droite : les trois côtés coïncidant, les deux triangles seront égaux.

THÉORÈME

81. 1° *Tout point de la bissectrice*[1] *d'un angle est également distant des côtés de l'angle;* 2° *tout point pris dans l'intérieur d'un angle, hors de la bissectrice, est inégalement distant des côtés de l'angle.*

1° BD est bissectrice de l'angle ABC, O est un point quelconque de cette bissectrice. OE et OF étant perpendiculaires sur les côtés AB et BC, on aura OE=OF.

En effet, les triangles rectangles BOE, BOF, ayant l'hypoténuse BO commune et chacun un angle aigu égal $(m=n)$, sont égaux, donc OE=OF.

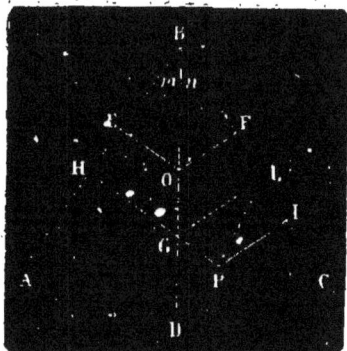

Fig. 37.

2° Le point P est dans l'intérieur de l'angle donné et hors de la bissectrice. PH et PI étant perpendiculaires sur les côtés AB et BC, on aura PI < PH.

En effet, du point G, où la perpendiculaire PH rencontre la bissectrice, abaissons sur BC la perpendiculaire GL, et menons la droite PL. PI étant perpendiculaire à BC et PL oblique à la même ligne, on a PL > PI. Si donc nous prouvons que PL est plus petit que PH, nous aurons prouvé que PI est plus petit que PH.

1. Droite qui divise un angle en deux parties égales.

Or, on a $PL < PG + GL$; en remplaçant GL par sa valeur GH, on obtient $PL < PG + GH$, ou $PL < PH$, et enfin $PI < PH$.

REMARQUE. Lorsque l'angle ABC est obtus, il peut arriver dans le second cas qu'une des perpendiculaires aille rencontrer un des côtés hors de l'angle. On a encore $PI < PH$, car la perpendiculaire PI étant plus courte que l'oblique PS, on a a fortiori $PI < PH$.

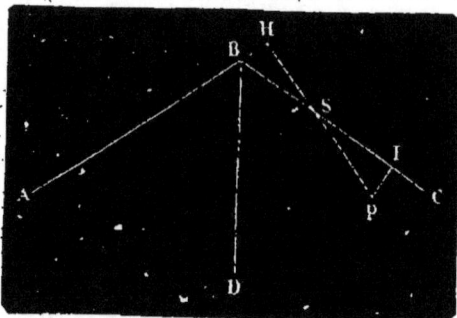

Fig. 38.

82. COROLLAIRE I. *Tout point pris dans un angle et également distant des côtés de l'angle appartient à la bissectrice,* car s'il ne lui appartenait pas il ne serait pas également distant des côtés de l'angle (81, 2°).

83. COROLLAIRE II. *Tout point pris dans un angle et inégalement distant des côtés de l'angle n'appartient pas à la bissectrice,* car s'il lui appartenait il serait également distant des côtés.

REMARQUE. La bissectrice d'un angle est par conséquent le *lieu géométrique* de tous les points de l'intérieur de cet angle également distants de ses côtés.

Des Parallèles

84. On appelle *parallèles* des droites qui, situées dans un même plan, ne peuvent se rencontrer, à quelque distance qu'on les prolonge. Le théorème suivant va nous démontrer qu'il existe des lignes qui jouissent de cette propriété.

2

THÉORÈME

85. *Deux droites* AB, CD, *perpendiculaires à une troi-sième* EF, *sont parallèles entre elles.*

En effet, si ces droites n'é-taient pas parallèles, suffisam-ment prolongées, elles se rencon-treraient en un point quelconque O, mais alors de ce point on aurait deux perpendiculaires à la même droite EF, ce qui est impossi-ble. Donc les droites AB, CD, perpendiculaires à la même ligne EF, sont parallèles,

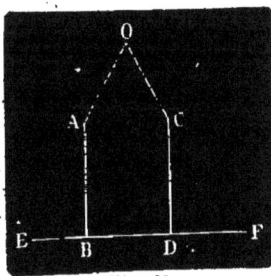

Fig. 39.

THÉORÈME

86. *Par un point* A, *on peut toujours mener une paral-lèle à une droite donnée* BC.

En effet, du point A j'a-baisse la perpendiculaire AD sur BC, et au même point A je mène AE perpendi-culaire sur AD. Les deux droites BC et AE, étant per-pendiculaires à une troisième AD, sont parallèles (85).

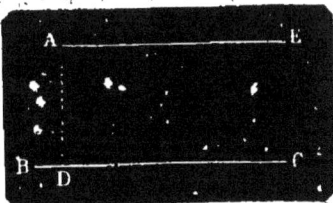

Fig. 40.

87. REMARQUE. *On admet comme évident que du point* A *on ne peut mener qu'une seule parallèle à* BC. *Toute pro-position adoptée comme évidente est un postulatum.*

THÉORÈME

88. *Deux droites* AB, CD, *parallèles à une troisième* MN, *sont parallèles entre elles.*

En effet, si elles n'é-taient pas parallèles, suffisamment prolon-gées, elles se rencontreraient en un point quelconque O;

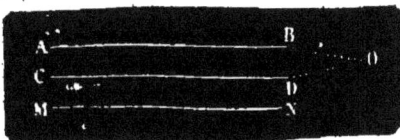

Fig. 41.

mais alors de ce point on aurait deux parallèles à la même droite MN, ce qui est impossible (87).

89. *Deux droites* AB, CD, *qui sont l'une oblique et l'autre perpendiculaire à une troisième* AC, *ne sont pas parallèles.*

En effet, AB étant oblique à la droite AC, on pourra toujours, par le point A, mener une perpendiculaire AE sur AC. Les droites AE et CD étant perpendiculaires à une même droite AC sont parallèles (85). Donc, AB ne peut être parallèle à CD, puisque par un point donné on ne peut mener qu'une seule parallèle à une droite.

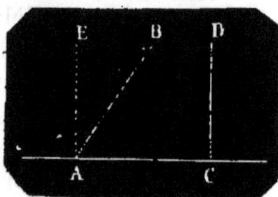

Fig. 42.

90. *Lorsque deux droites* BC, AE (fig. 40) *sont parallèles,* toute perpendiculaire AD *à l'une d'elles,* BC, *l'est aussi à l'autre,* AE.

Si AD n'était pas perpendiculaire à AE, AE serait oblique sur AD, et, par conséquent, ne serait pas parallèle à BC (89), ce qui serait contre l'hypothèse.

91. *Lorsque deux droites* AB, CD *sont parallèles,* toute *droite* MN, *oblique à l'une d'elles,* AB, *l'est aussi à l'autre,* CD.

En effet, si MN n'était pas oblique à CD, elle lui serait perpendiculaire, mais elle devrait l'être aussi à AB (90), ce qui n'est pas. Donc MN oblique à AB l'est aussi à CD.

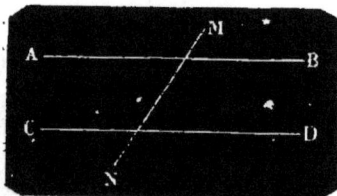

Fig. 43.

DÉFINITIONS

92. Lorsque deux droites AB, CD sont coupées par une troisième MN, appelée *sécante* [1], elles forment, avec elle, huit angles qui ont reçu différents noms.

Les angles *a*, *b*, *c*, *d*, placés à l'intérieur des droites, sont dits *intérieurs* ou *internes*. Les

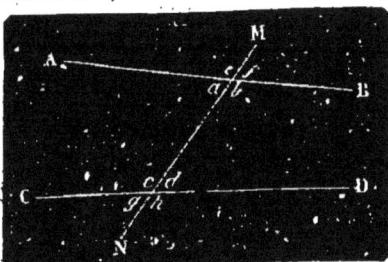

Fig. 44.

angles *e*, *f*, *g*, *h*, placés à l'extérieur des droites, sont dits *extérieurs* ou *externes*.

Les angles intérieurs placés de chaque côté de la sécante, mais *non adjacents*, sont appelés *alternes-internes :* les angles *a* et *d*, *b* et *c* sont alternes-internes. Les angles extérieurs, placés de chaque côté de la sécante, mais *non adjacents*, sont appelés *alternes-externes :* les angles *e* et *h*, *f* et *g* sont alternes-externes. Enfin les angles placés du même côté de la sécante, l'un à l'intérieur et l'autre à l'extérieur, mais *non adjacents*, sont dits *correspondants :* les angles *a* et *g*, *b* et *h*, *e* et *c*, *f* et *d* sont correspondants.

THÉORÈME

93. *Lorsque deux droites parallèles sont rencontrées par une sécante :*

1° *Les angles alternes-internes sont égaux;*

2° *Les angles alternes-externes sont égaux;*

3° *Les angles correspondants sont égaux;*

4° *Les angles intérieurs placés du même côté de la sécante sont supplémentaires;*

5° *Les angles extérieurs placés du même côté de la sécante sont supplémentaires.*

Les lignes AB, CD sont parallèles, EF est une sécante.

1. Du lat. *secare*, couper.

1° *Les angles alternes-internes sont égaux*.

On aura $p=n$ et $m=G$.

En effet, si par le point O milieu de GH nous menons
KOI perpendicu-
laire à AB et par
conséquent à CD
(90), nous forme-
rons deux triangles
rectangles qui ont
l'hypoténuse égale
et un angle aigu é-
gal, savoir : OG
=OH par construc-

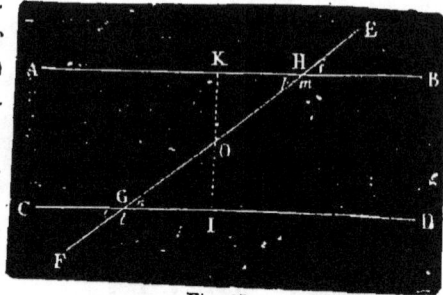

Fig. 45.

tion, les angles aigus en O égaux comme opposés par le
sommet; donc ces deux triangles sont égaux, et par suite p,
opposé au côté KO, est égal à l'angle n opposé au côté OI.

On a de même $m=G$, car ces deux angles sont l'un et
l'autre supplémentaires des deux angles égaux p et n.

2° *Les angles alternes-externes sont égaux*.

On aura $s=t$ et $H=l$.

En effet, s et t sont égaux, parce qu'ils sont l'un et
l'autre supplémentaires des angles égaux m et G; les
angles H et l étant l'un et l'autre supplémentaires des
angles égaux, p et n sont aussi égaux.

3° *Les angles correspondants sont égaux*.

On aura $s=n$.

Les angles s et n sont égaux parce qu'ils sont l'un et
l'autre égaux au même angle p. On prouverait de même
l'égalité des autres angles correspondants.

**4° *Les angles intérieurs du même côté de la sécante sont
supplémentaires*,** c'est-à-dire qu'on aura $p+G=2$ droits
et $m+n=2$ droits.

En effet, n est le supplément de G, mais $n=p$; donc p
est aussi le supplément de G. On prouverait de même
que $m+n=2$ droits.

2.

5° *Les angles extérieurs placés du même côté de la sécante sont supplémentaires.*

On aura $s + l = 2$ droits et $H + t = 2$ droits.

En effet, n est le supplément de l, mais $n = s$; donc s est aussi le supplément de l. On prouverait de même que $H + t = 2$ droits.

THÉORÈME

94. Les théorèmes précédents ont leurs réciproques.

Lorsque deux droites AB, CD sont traversées par une sécante EF et

1° *Que les angles alternes-internes sont égaux,*

2° *Que les angles alternes-externes sont égaux,*

3° *Que les angles correspondants sont égaux,*

4° *Que les angles intérieurs du même côté de la sécante sont supplémentaires,*

5° *Que les angles extérieurs placés du même côté de la sécante sont supplémentaires, les deux droites sont parallèles.*

1° On a $p = n$ (ou $m = G$); je dis que les droites AB et CD sont parallèles.

En effet, du point O, milieu de GH, menons à CD la perpendiculaire OI

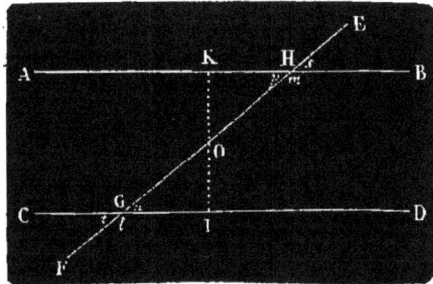

et prolongeons-la jusqu'à la rencontre de AB, en K. Les deux triangles GIO, HOK ont par construction $OG = OH$, les angles aigus en O égaux comme opposés par le sommet

Fig. 46.

et l'angle $p = $ l'angle n par hypothèse : donc ils sont égaux comme ayant un côté égal adjacent à deux angles égaux, par conséquent l'angle $OGI = $ l'angle OKH; le premier de ces angles étant droit, le second l'est aussi : donc les lignes AB et CD, perpendiculaires à une même droite KI, sont parallèles.

2° On a $s=t$; je dis que les droites AB et CD sont parallèles.

En effet, si les angles s et t sont égaux, les angles p et n qui leur sont opposés par le sommet sont égaux aussi, et (1°) les droites AB, CD sont parallèles.

3° On a $s=n$; je dis que les droites AB et CD sont parallèles.

En effet, les angles s et p sont égaux comme opposés par le sommet, donc $p=n$; par conséquent (1°) AB et CD sont parallèles.

4° On a $m+n=2$ droits; je dis que les droites AB et CD sont parallèles.

En effet, $m+p=2$ droits : en ajoutant n ou p à la même quantité m, la somme est égale à deux droits; donc $p=n$ et (1°) les droites AB et CD sont parallèles.

5° On a $H+t=2$ droits; je dis que les droites AB et CD sont parallèles.

En effet, $t=n$ et $H=m$, donc $t+H=n+m=2$ droits, mais on a aussi $p+m=2$ droits, en ajoutant n ou p à la même quantité m, la somme est égale à deux droits; donc $p=n$, et (1°) les droites AB et CD sont parallèles.

THÉORÈME

95. *Deux angles qui ont leurs côtés parallèles sont égaux ou supplémentaires :*

1° Égaux, si leurs côtés sont dirigés dans le même sens ou en sens opposé;

2° Supplémentaires, si deux côtés sont dirigés dans un sens et les deux autres en sens contraire.

AB et CD sont parallèles de même que AE et FG.

1° Les angles A et n, qui ont leurs côtés parallèles et dirigés dans le même sens, sont égaux.

En effet, A et *n* étant tous deux égaux à l'angle *o* comme correspondants sont égaux entre eux.

Les angles A et *p*, qui ont leurs côtés parallèles et dirigés en sens contraire, sont aussi égaux.

En effet, on a $n=p$ comme opposés par le sommet, mais $n=A$, donc $A=p$.

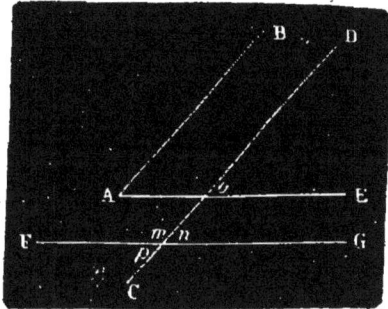

Fig. 47.

2° Les angles A et *m*, qui ont leurs côtés parallèles, mais dont deux, AB, D*m*, sont dirigés dans le même sens et les deux autres AE, *m*F en sens opposé, sont supplémentaires.

En effet, les deux angles *m* et *n* sont supplémentaires, or $A=n$, donc A et *m* sont aussi supplémentaires.

THÉORÈME

96. *Deux angles qui ont leurs côtés perpendiculaires sont égaux ou supplémentaires :*

1° *Égaux, s'ils sont l'un et l'autre aigus ou obtus;*

2° *Supplémentaires, si l'un est aigu et l'autre obtus.*

1° Les angles aigus *m* et *n*, qui ont leurs côtés perpendiculaires, sont égaux.

En effet, par le sommet A de l'angle *m*, menons la perpendiculaire AH sur AB; et AK sur AC, la première perpendiculaire étant parallèle à ED et la seconde à FD, les angles *n* et *p* sont égaux comme ayant leurs

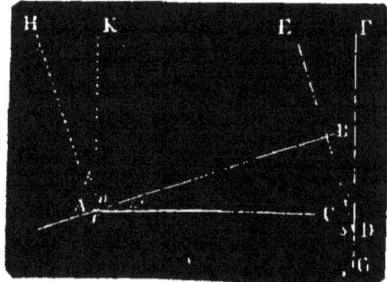

Fig. 48.

côtés parallèles et dirigés dans le même sens, mais les angles *p* et *m* sont égaux comme étant l'un et l'autre complémentaires de l'angle o; p étant égal à n et à m, on en conclut que $m = n$.

Les angles obtus r et s sont égaux aussi, car l'un et l'autre sont supplémentaires des angles égaux m et n ;

2° Les angles m et s, qui ont leurs côtés perpendiculaires, mais dont l'un, m, est aigu, et l'autre, s, est obtus, sont supplémentaires.

En effet, n est le supplément de s, donc m, qui est égal à n, est aussi le supplément de s.

Somme des Angles d'un Triangle et d'un Polygone quelconque

THÉORÈME

97. *La somme des trois angles d'un triangle est égale à deux droits.*

Pour le démontrer, prolongeons le côté AC et par le point C menons la droite CE parallèle à AB.

Les angles A et n sont égaux comme correspondants, les angles B et m sont

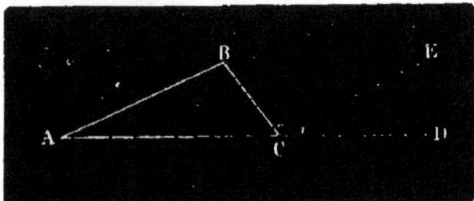

Fig. 49.

aussi égaux comme alternes-internes; les angles A, B et ACB, ou les trois angles du triangle, sont donc égaux aux trois angles formés au point C, et comme ceux-ci valent deux droits, il s'ensuit que la somme des trois angles du triangle est égale à deux droits,

98. COROLLAIRE I. *Un triangle ne peut avoir qu'un seul angle droit, et à plus forte raison qu'un seul angle obtus.*

99. COROLLAIRE II. *Un angle d'un triangle est le supplément de la somme des deux autres.*

100. COROLLAIRE III. *Les deux angles aigus d'un triangle rectangle sont complémentaires.*

101. COROLLAIRE IV. *Lorsque deux triangles ont deux*

angles égaux chacun à chacun, le troisième angle de l'un est égal au troisième angle de l'autre.

102. Corollaire V. *L'angle BCD, extérieur au triangle formé par le côté BC et le prolongement de AC, est égal à la somme des angles A et B, qui ne lui sont pas adjacents.*

THÉORÈME

103. *La somme des angles d'un polygone est égale à autant de fois deux angles droits qu'il a de côtés moins deux.*

Joignons par des diagonales le sommet A à tous les autres sommets non adjacents, nous décomposerons le polygone en autant de triangles qu'il a de côtés moins deux, car dans chaque triangle, ACD, il entre seulement un côté du polygone CD; excepté pour

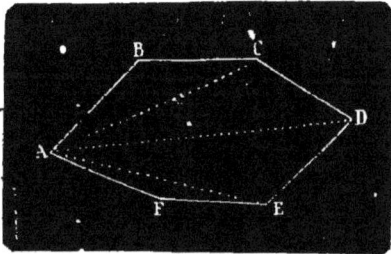

Fig. 50.

les deux triangles extérieurs ABC, AFE, qui en contiennent chacun deux. Or, la somme des angles des triangles est évidemment égale à la somme des angles du polygone, cette dernière somme est donc égale à autant de fois deux angles droits qu'il y a de triangles ou à autant de fois deux droits qu'il y a de côtés moins deux.

Par exemple, le nombre des angles droits d'un polygone de cinq côtés sera égal à 2×3 ou à $2(5-2)=6$.

Si, en général, on représente par n le nombre des côtés d'un polygone, la somme de ses angles droits sera égale à $2(n-2)=2n-4$, ou $=2$ fois le nombre des côtés -4 droits.

Du Quadrilatère en général

104. On distingue parmi les quadrilatères :

1° Le *parallélogramme* [1] ou *rhombe* [2], dont les côtés op-

1. Du gr. *parallélos*, parallèle ; *gramma*, ligne.
2. Du gr. *rhombos*, même sens.

posés sont parallèles et les angles quelconques (*fig.* 51).

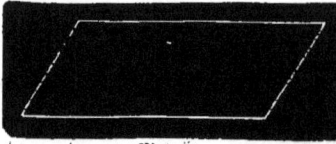

Fig. 51.

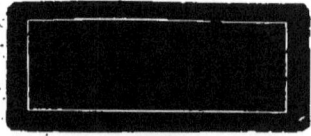

Fig. 52.

105. 1° Le *rectangle*, parallélogramme dont les angles sont droits (*fig.* 52).

106. 3° Le *carré*, parallélogramme dont les côtés sont égaux et les angles droits (*fig.* 53).

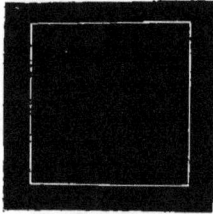

Fig. 53.

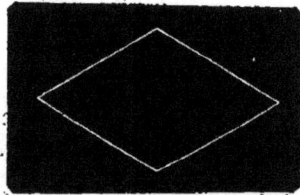

Fig. 54.

107. 4° Le *losange* [1], parallélogramme dont les côtés sont égaux sans que les angles le soient (*fig.* 54).

108. 5° Le *trapèze* [2], dont deux côtés seulement sont parallèles (*figure* 55). Le trapèze n'est pas comme le rectangle, etc., une espèce de parallélogramme.

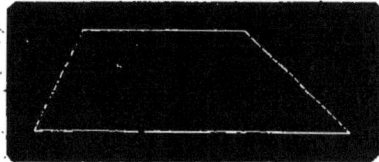

Fig. 55.

Du Parallélogramme

THÉORÈME

109. *Dans un parallélogramme,* 1° *Les côtés opposés sont égaux;*

2° *Les angles opposés sont aussi égaux.*

1° Menons la diagonale AC : les deux triangles ABC

1. Du gr. *loxos*, oblique, et du lat. *angulus*, angle.
2. Du gr. *trapeza*, table.

et ACD ont un côté égal adjacent à deux angles égaux chacun à chacun, savoir : AC commun, $m = o$ comme alternes-internes (les parallèles sont AB et DC et la sécante AC); $n = p$ comme alternes-internes (les parallèles sont AD et BC et la sécante AC) :

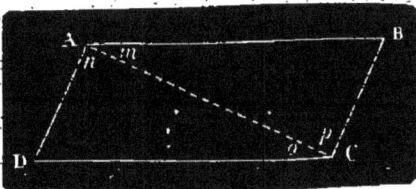

Fig. 56.

donc ces deux triangles sont égaux et AB opposé à l'angle p égale DC opposé à l'angle n; on a de même AD opposé à l'angle o égale BC opposé à l'angle m.

2° L'angle A = l'angle C, et l'angle B = l'angle D, car ces angles ont les côtés parallèles et dirigés en sens contraire (95).

110. Corollaire I. *La diagonale d'un parallélogramme le partage en deux triangles égaux.*

111. Corollaire II. *Deux parallèles AD, BC, comprises entre parallèles sont égales.*

112. Corollaire III. *Deux parallèles sont partout également distantes.* Car si de deux points quelconques E et F on élève deux perpendiculaires EG, FH à la droite AB, ces

Fig. 57.

perpendiculaires mesureront les distances des points E et F à la droite AB et *seront égales* comme parallèles comprises entre parallèles.

THÉORÈME

113. *Si les côtés opposés d'un quadrilatère sont égaux, ils sont aussi parallèles, et la figure est un parallélogramme.*

Menons la diagonale AC; les deux triangles ABC, ACD sont égaux comme ayant les trois côtés égaux chacun à chacun, savoir : AC commun, AB=DC par hypothèse, AD=BC pour la même raison, donc $n=p$ (66. REMAR-QUE); mais ces deux angles occupent la position d'alternes-internes (par rapport aux droites AD, BC et à la sécante

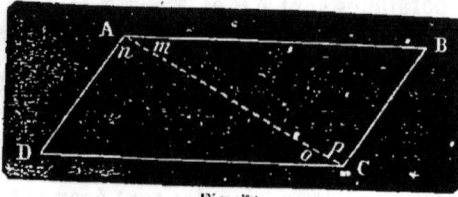

Fig. 58.

AC), donc AD est parallèle à BC. Les angles m et o étant aussi égaux, AB est parallèle à DC. Le quadrilatère ABCD, ayant les côtés parallèles deux à deux, est un parallélogramme.

THÉORÈME

114. *Un quadrilatère est un parallélogramme lorsque deux côtés AD et BC sont égaux et parallèles.*

Menons la diagonale AC. Les deux triangles ABC et ACD ont un angle égal compris entre côtés égaux chacun à chacun, savoir : $n=p$ comme alternes-internes (à cause des parallèles AD, BC et de la sécante AC), AD =BC par hypothèse, AC est commun : donc ces deux

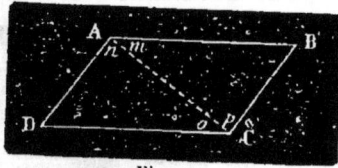

Fig. 59.

triangles sont égaux, et l'angle m opposé au côté BC est égal à l'angle o opposé au côté AD, mais ces deux angles sont alternes-internes (par rapport aux droites AB, DC, et à la sécante AC) : AB est donc parallèle à DC. Le quadrilatère ABCD, ayant ses côtés opposés parallèles, est un parallélogramme.

THÉORÈME

115. *Un quadrilatère qui a ses angles opposés égaux est un parallélogramme.*

Je dis que ABCD est un parallélogramme parce qu'on a A=C et D=B.

En effet, si l'on additionne ces deux égalités membre à

3

membre, on aura $A + D = C + B$; mais (103) les quatre
angles A, B, C, D va-
lent quatre droits, donc
$A + D = 2$ droits, et
(94, 4°) AB est paral-
lèle à DC. Si l'on écrit
$A = C$ et $B = D$, puis
que l'on additionne

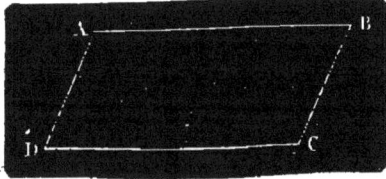

Fig 60.

membre à membre, on aura $A + B = C + D$: d'où
$A + B = 2$ droits. AD est donc parallèle à BC. Le quadrilatère ABCD, ayant ses côtés opposés parallèles, est
un parallélogramme.

THÉORÈME

116. *Les diagonales d'un parallélogramme se coupent
mutuellement en deux parties égales.*

ABCD étant un parallélogramme, et AC, BD deux diagonales, on aura AE
$= EC$ et $BE = ED$.

En effet, les deux
triangles AEB, DEC ont
le côté $AB = DC$ (109),
l'angle $m = p$ comme
alternes-internes, l'an-

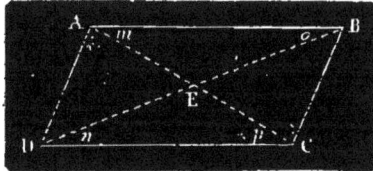

Fig. 61.

gle $n = o$ pour la même raison, donc ces deux triangles
sont égaux, et (66, REMARQUE) $AE = EC$, $BE = ED$.

THÉORÈME

117. *Les diagonales d'un rectangle sont égales.*

En effet, les deux trian-
gles ADC et BCD, ayant
chacun un angle droit compris entre côtés égaux chacun à chacun, DC commun,
$AD = BC$, sont égaux, et
$AC = BD$.

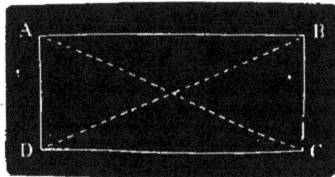

Fig. 62.

THÉORÈME

118. *Les diagonales d'un losange se coupent à angles droits.*

En effet, le triangle ABC est isocèle et AE = EC (116), donc (69) BE est perpendiculaire sur AC.

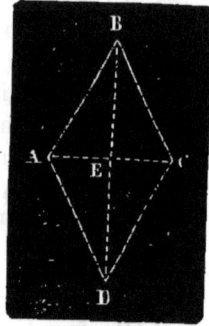

Fig. 63.

119. COROLLAIRE. *Les diagonales d'un carré sont égales et se coupent à angles droits,* puisqu'un carré est à la fois un rectangle et un losange.

LIVRE DEUXIÈME

DE LA CIRCONFÉRENCE ET DU CERCLE

120. Circonférence. La *circonférence* est une ligne courbe fermée dont tous les points sont également distants d'un point intérieur appelé *centre*. ABC est une circonférence, O est le centre.

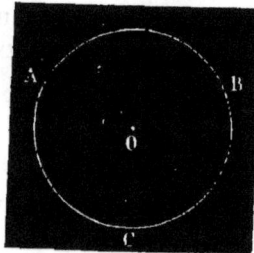

Fig. 64.

121. Cercle. Le *cercle* est la surface renfermée par la circonférence. Telle est la surface limitée par la circonférence ABC. Pour ne pas confondre, comme bien des personnes, les mots cercle et circonférence, il suffit de se rappeler que le cercle est une surface et la circonférence une ligne.

122. Rayon. On appelle rayon toute droite qui va du centre à la circonférence. OA, OB sont des rayons (*fig.* 65).

125. Diamètre. On appelle *diamètre* toute droite qui joint deux points de la circonférence en passant par le centre. DC est un diamètre.

D'après la définition de la circonférence, tous les rayons sont égaux; il en est de même des diamètres qui sont doubles des rayons.

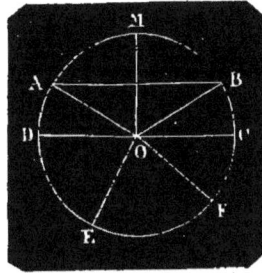

124. Arc. On appelle *arc* toute portion de circonférence. AMB est un arc.

125. Corde. La *corde* ou *sous-tendante* est une droite qui joint les deux extrémités d'un arc. AB est une corde.

Fig. 65.

126. Segment. On appelle *segment* la portion de cercle comprise entre un arc et sa corde. Ex. : la surface AMB.

127. Secteur. On nomme *secteur* la portion de cercle comprise entre deux rayons et l'arc qu'ils limitent. Ex. : la surface EOF.

128. Angle au centre. On appelle angle *au centre* tout angle qui a son sommet au centre du cercle. Ex. : l'angle EOF.

129. Angle inscrit. L'angle *inscrit* est un angle qui a son sommet sur la circonférence. Ex. : l'angle ABC (*fig.* 66).

150. Sécante. On appelle *sécante* toute droite qui rencontre la circonférence en deux points et qui se prolonge au dehors. BF et MN sont deux sécantes.

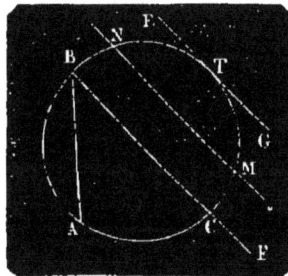

151. Tangente[1]. On nomme *tangente* une droite qui, prolongée à volonté, ne peut rencontrer la circonférence qu'en un point appelé point de contact ou de *tangence*. ETG est une tangente, T est le point de tangence.

Fig. 66.

1. Du lat. *tangere*, toucher.

THÉORÈME

132. *Deux cercles de même rayon sont égaux,*

En effet, si l'on place l'un de ces cercles sur l'autre, de manière que les centres coïncident, les rayons de l'un étant égaux aux rayons de l'autre coïncideront aussi et par suite les circonférences et les cercles.

THÉORÈME

133. *Tout diamètre divise la circonférence en deux parties égales.*

Pour le démontrer, faisons tourner autour du diamètre AB la partie supérieure AMB du cercle pour la rabattre sur la partie inférieure ANB. Tous les points de la demi-circonférence AMB devront coïncider avec ceux de la demi-circonférence ANB; car, s'il en était autrement, et que AMB pût prendre la position AM'B ou toute autre, il y aurait des points de la circonférence qui seraient inégalement distants du centre, ce qui serait contre la définition du cercle.

Fig. 67.

Donc, tout diamètre divise la circonférence et le cercle en deux parties égales.

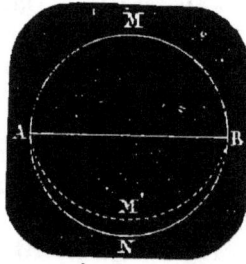

THÉORÈME

134. *Un diamètre est plus grand que toute corde.*

AB étant un diamètre et AC une corde, on aura AB > AC.

En effet, si nous menons le rayon OC, nous aurons AO + OC > AC ou AB > AC, car AO + OC = AB.

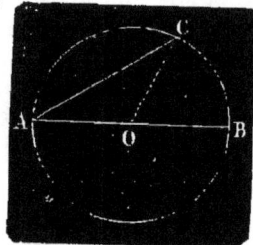

THÉORÈME

135. *Dans un même cercle ou dans des cercles égaux, des arcs égaux sont sous-tendus par des cordes égales.*

L'arc AMB étant égal à l'arc ENF, on aura AB = EF.

En effet, portons la demi-circonférence FEG sur son

égale BAD, le point F au point B, et le point G au point D. Les arcs propo- sés étant é- gaux coïnci- deront dans toute leur é-

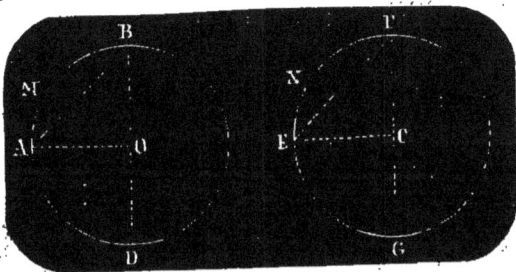

Fig. 69.

tendue (133) et le point E tombera au point A. Les cordes EF et AB ayant mêmes extrémités se confondront et se- ront par conséquent égales.

THÉORÈME RÉCIPROQUE

136. *Dans un même cercle ou dans des cercles égaux, les cordes égales sous-tendent des arcs égaux (fig. 69).*

La corde AB étant égale à la corde EF, on aura l'arc AMB = l'arc ENF.

En effet, si l'on mène les rayons OA, CE, les deux trian- gles AOB, ECF auront les trois côtés égaux chacun à cha- cun et seront égaux. Par conséquent on aura l'angle ECF = l'angle AOB. Si maintenant l'on porte le demi- cercle FEG sur son égal BAD, de manière que le point F soit au point B, et le point C au point O, à cause des an- gles égaux ECF, AOB, le côté CE coïncidera avec son égal OA, et les deux arcs AMB, ENF auront mêmes extrémités et seront égaux.

THÉORÈME

137. *Dans un même cercle ou dans des cercles égaux, le plus grand arc est sous-tendu par la plus grande corde.*

L'arc ABC étant plus grand que l'arc DEF, la corde AC sera plus grande que la corde DF.

Si nous faisons AMB=DEF, il suffit de prouver que l'on a. AC >AB. Menons les rayons OA, OB, OC, nous formerons les triangles AOB, AOC, qui ont

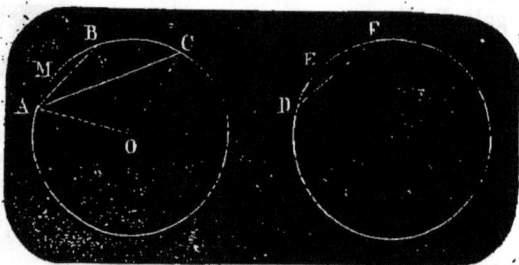

Fig. 70.

deux côtés égaux chacun à chacun; or l'angle AOC est plus grand que l'angle AOB, car le point C s'éloigne plus du point A que le point B; donc on a AC>AB (64), ou, enfin, AC>DF.

THÉORÈME RÉCIPROQUE

138. *Dans un même cercle ou dans des cercles égaux, la plus grande corde sous-tend le plus grand arc (fig. 70).*

La corde AC étant plus grande que la corde DF, l'arc ABC sera plus grand que l'arc DEF.

En effet, si ABC pouvait égaler DEF, on aurait aussi (135) AC = DF, ce qui serait contre l'hypothèse. Si ABC pouvait être plus petit que DEF, on aurait (137) AC < DF, ce qui serait encore contre l'hypothèse. L'arc ABC ne pouvant être ni plus petit, ni égal à l'arc DEF, sera plus grand.

THÉORÈME

139. *Tout diamètre perpendiculaire sur une corde divise cette corde et chacun des arcs qu'elle sous-tend en deux parties égales.*

Le diamètre DE étant perpendiculaire sur la corde AB, on aura AC=CB, arc AE=arc BE et arc AD=arc BD.

En effet, les obliques OA, OB étant deux rayons sont égales, donc elles s'écartent également du pied de la perpendiculaire DE (75) et AC=BC. Puisque AC =BC, les obliques AE et BE s'écartent également du pied de la perpendiculaire EC, donc elles sont égales, et par conséquent (136) arc AE=arc BE.

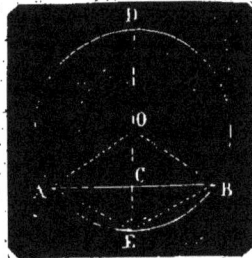

[Fig. 71.

On a aussi arc AD=arc BD, car si l'on menait les cordes AD et BD, elles seraient égales par la raison que AE=BE.

140. Corollaire I. *Toute perpendiculaire sur le milieu d'une corde passe par le centre du cercle*, car ce point est également distant des extrémités de la corde.

141. Corollaire II. *Le centre de tout cercle, le milieu d'une corde, les milieux des arcs qu'elle sous-tend sont quatre points en ligne droite.*

THÉORÈME

142. *Les perpendiculaires élevées sur deux droites qui se coupent ne sont pas parallèles.*

Les droites qui se coupent sont AB, BG et les perpendiculaires ED et GF. Je dis que ED et GF ne sont pas parallèles.

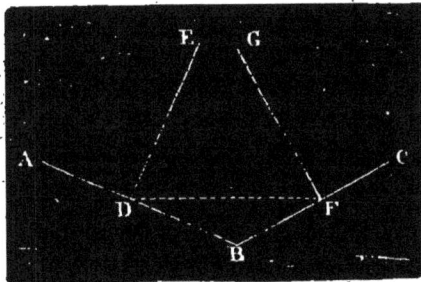

Fig. 72.

En effet, menons la droite DF : les angles intérieurs EDF et GFD ne valent pas deux droits, car le premier est une partie de l'angle droit EDB, et le second une partie de l'angle droit GFB : donc DE n'est pas parallèle à GF (94, 4°).

THÉORÈME

143. *Par trois points,* A, B, C, *donnés non en ligne droite :* 1° *on peut toujours faire passer une circonférence;* 2° *on n'en peut faire passer qu'une.*

1° Joignons les points donnés par des droites, et sur les milieux de ces droites élevons les perpendiculaires DE,

FG qui se rencontreront (142) en un certain point O. Le point O, étant sur les perpendiculaires DE et FG, se trouve à égale distance des points A, B, C, car (78) OA = OB = OC. (Supposez ces lignes menées.) Si donc de ce même point O on décrit une circonférence en prenant OA pour rayon,

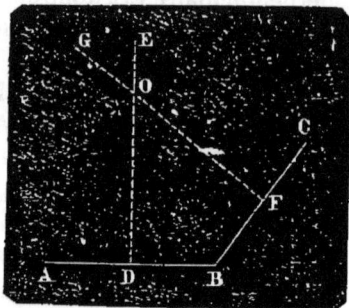

Fig. 73.

cette circonférence passera par les trois points A, B, C; 2° toute circonférence passant par les trois points A, B, C, devra avoir son centre sur DE et sur FG (140), donc il sera au point O où ces deux droites se coupent. Toutes les circonférences passant par les points A, B, C, ayant le point O pour centre, auront le même rayon OA = OB = OC; elles se confondront par conséquent et n'en formeront qu'une.

144. COROLLAIRE. *Les perpendiculaires élevées sur les milieux des côtés d'un triangle se rencontrent en un même point, qui est le centre de la circonférence passant par les trois sommets du triangle.*

THÉORÈME

145. *Dans le même cercle ou dans des cercles égaux, les cordes égales sont également éloignées du centre.*

Les cordes AB, CD étant égales, je dis que les perpen-

3.

diculaires OM, ON, qui mesurent la distance du centre
aux cordes AB, CD, le sont aussi.

En effet, si l'on mène les rayons
OB, OD, on formera deux triau-
gles rectangles qui ont les hypo-
ténuses égales. OB = OD comme
rayons d'un même cercle, et les
côtés BM, DN égaux comme moi-
tiés des cordes égales AB, CD :
donc ces deux triangles sont
égaux, et OM = ON, donc les

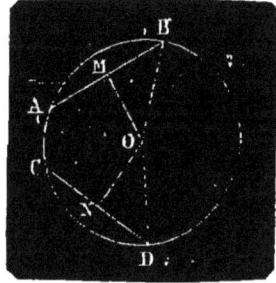

Fig. 74.

cordes AB, CD sont également éloignées du centre O.

THÉORÈME

146. *De deux cordes inégales, la plus grande est la plus
rapprochée du centre.*

La corde AB étant plus grande que la corde CD, la
perpendiculaire OM sera plus
courte que la perpendiculaire ON.

L'arc AB est plus grand que
l'arc CD; prenons sur AB un arc
AE égal à l'arc CD, et menons la
corde AE qui sera égale à la
corde CD. Les cordes CD et AE
étant égales, on a ON = ON' (145),
mais la perpendiculaire OM est
plus courte que l'oblique OI,

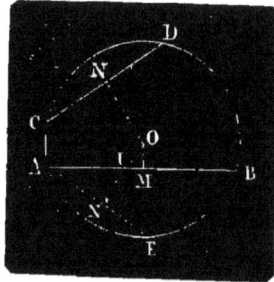

Fig. 75.

donc, à bien plus forte raison a-t-on, OM < ON', ou que
son égale ON : donc la corde AB est plus rapprochée du
centre O que la corde CD.

THÉORÈME

147. *Toute perpendiculaire à l'extrémité d'un rayon est
tangente à la circonférence.*

La droite AB, perpendiculaire à l'extrémité du rayon CD,
est une tangente.

En effet, prenons sur AB un point quelconque E, autre que D, et menons la droite CE; cette ligne, étant oblique par rapport à AB, sera plus longue que la perpendiculaire CD : donc le point E est situé hors de la circonférence; il en serait de même de tout autre point de la droite AB, à l'exception du point D. La perpendiculaire AB

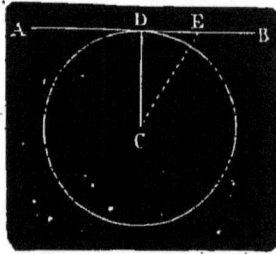

Fig. 76.

n'ayant que le point D de commun avec la circonférence est une tangente.

THÉORÈME RÉCIPROQUE

148. *Toute tangente est perpendiculaire à l'extrémité du rayon qui va au point de contact (fig. 76).*

AB est tangente au point D : je dis que cette droite est perpendiculaire à l'extrémité du rayon CD.

En effet, tout point E, autre que D, pris sur AB, étant situé hors de la circonférence, est plus éloigné du centre que le point D : la ligne CD est donc la plus courte distance du point C à la droite AB : donc CD est perpendiculaire sur AB (74).

COROLLAIRE I. *Par un point D, pris sur une circonférence, on peut toujours mener une tangente,* car il suffit de mener une perpendiculaire à l'extrémité du rayon qui aboutit à ce point.

COROLLAIRE II. *En un point D pris sur une circonférence, on ne peut mener qu'une seule tangente,* car, s'il pouvait y en avoir deux, elles seraient l'une et l'autre perpendiculaires à l'extrémité du rayon qui aboutit à ce point ce qui est impossible (39).

COROLLAIRE III. *Les tangentes à l'extrémité d'un diamètre sont parallèles,* puisqu'elles sont perpendiculaires à une même droite.

THÉORÈME

149. *Deux parallèles interceptent sur la circonférence des arcs égaux.*

Il y a trois cas à considérer :

1° Les deux parallèles AB, CD sont sécantes : on aura

$$AC = BD.$$

Pour le prouver, menons le rayon OM perpendiculaire sur la sécante CD, il le sera aussi à sa parallèle AB (90) et divisera en deux parties égales chacun des arcs CMD et AMB (139), et on aura par conséquent,

$$CM = MD$$
$$AM = MB.$$

En retranchant, ces égalités membre à membre, on obtient

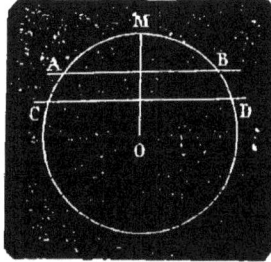

Fig. 77.

$$CM - AM \text{ ou } AC = MD - MB \text{ ou } BD,$$
$$AC = BD.$$

2° Les deux parallèles AB et CD (fig. 78) sont, l'une tangente, l'autre sécante : on aura

$$CM = MD.$$

En effet, si nous joignons le centre O au point de contact M, le rayon OM sera perpendiculaire à la tangente AB (148) et à sa parallèle CD. Or, OM étant perpendiculaire à la corde CD, divise l'arc CMD en deux parties égales (139), et nous avons

$$GM = MD.$$

3° Les deux parallèles AB, EF sont tangentes : on aura

$$MCN = MDN.$$

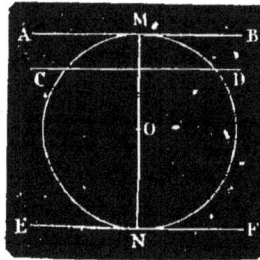

Fig. 78.

Pour le démontrer, menons la sécante CD parallèle à

AB, elle le sera à EF (88). Le diamètre MN, perpendiculaire à AB, l'est aussi à EF.

Mais, d'après le second cas,

$$CM = MD$$
$$CN = DN.$$

En faisant la somme de ces égalités membre à membre, nous aurons

$$CM + CN \text{ ou arc } MCN = MD + DN \text{ ou arc } MDN,$$
$$MCN = MDN.$$

Conditions du contact et de l'intersection de deux circonférences

150. Deux circonférences peuvent avoir, l'une par rapport à l'autre, cinq positions différentes :

1° Elles peuvent être *extérieures ;*

2° Avoir *un point de commun et être tangentes extérieurement ;*

3° Avoir *deux points de communs ou se couper ;*

4° Avoir *un point de commun et être tangentes intérieurement ;*

5° Être *intérieures.*

THÉORÈME

151. *Lorsque deux circonférences ont un point* A *de commun placé hors de la ligne* CD *qui unit leurs centres* C, D, *elles ont un second point de commun* B, *situé sur la perpendiculaire* AO *à cette ligne, et à la même distance de* CD *que le premier.*

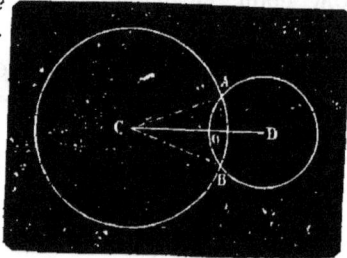

Fig. 79.

En effet, prenons sur le prolongement de AO une longueur OB = AO : les deux obliques CA, CB, s'écartant également du pied O de CO perpendiculaire sur

AB, sont égales : la circonférence décrite du point C comme centre, et avec CA pour rayon, passera donc par le point B. On prouverait, de même, que la circonférence décrite du point D comme centre, et avec DA pour rayon, passerait aussi par le point B.

152. REMARQUE. Les points A et B sont dits *symétriques* par rapport à CD. *Deux points symétriques, par rapport à une droite, sont deux points situés sur une même perpendiculaire à cette droite et à égale distance de cette ligne.*

THÉORÈME

153. *Si deux circonférences se coupent, la ligne CD, qui joint leurs centres, est perpendiculaire sur le milieu de la corde commune AB.*

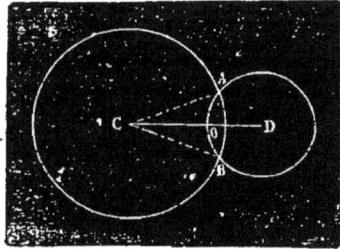

Fig. 80.

En effet, le point D étant à égale distance des points A et B (DA = DB) se trouve sur la perpendiculaire qui passe par le milieu de AB; pour la même raison le point C est sur la perpendiculaire qui passe par le milieu de AB (CA = CB). La perpendiculaire sur le milieu de AB, devant passer aux points C et D, n'est autre que CD, ou la ligne des centres.

THÉORÈME

154. *Si deux circonférences n'ont qu'un point de commun, ou sont tangentes, ce point se trouve sur la ligne des centres.*

En effet, si ce point n'était pas sur la ligne des centres, il serait hors de cette ligne; mais (151) les deux circonférences auraient encore un autre point de commun et seraient sécantes, ce qui est contre l'hypothèse.

155. REMARQUE. Nous avons dit (150) que deux circonférences peuvent avoir, l'une par rapport à l'autre, cinq positions différentes. On verra facilement comment deux circonférences peuvent occuper, l'une par rapport à l'autre, cinq positions différentes, en supposant que, à partir de celle indiquée dans la figure 81, la plus grande reste fixe, et que la plus petite s'avance vers elle jusqu'à la toucher extérieurement (fig. 82), la couper (fig. 83), la toucher intérieurement (fig. 84), être tout à fait intérieures l'une à l'autre (fig. 85). On conçoit que si la petite continuait à s'avancer vers la gauche, elle prendrait cinq positions semblables aux précédentes, mais dans un ordre inverse.

THÉORÈME

156. *Lorsque deux circonférences sont extérieures, la distance des centres est plus grande que la somme des rayons.*

En effet, la distance des centres se compose de [1] $R + AB + r$. On a évidemment

PREMIÈRE POSITION.

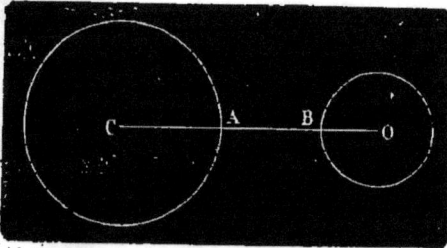

Fig. 81.

$$R + AB + r > R + r.$$

THÉORÈME

157. *Lorsque deux circonférences sont tangentes extérieurement, la distance des centres est égale à la somme des rayons.*

En effet, le point de contact A étant sur la ligne des centres (151), on a

DEUXIÈME POSITION.

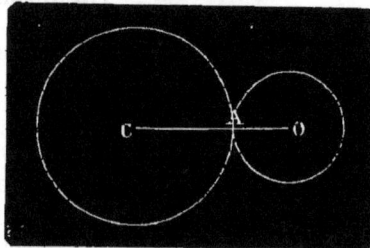

Fig. 82.

$$CO = R + r.$$

1. Nous appelons R le rayon de la grande circonférence, et r le rayon de la petite.

THÉORÈME

158. *Lorsque deux circonférences se coupent, la distance des centres est plus petite que la somme des rayons.*

TROISIÈME POSITION.

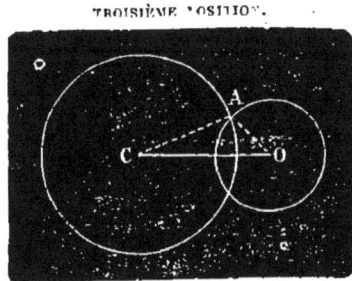

En effet, il est visible qu'on a

$$CO < CA + AO,$$
$$CO < R + r.$$

Fig. 83.

THÉORÈME

159. *Lorsque deux circonférences sont tangentes intérieurement, la distance des centres est égale à la différence des rayons.*

QUATRIÈME POSITION.

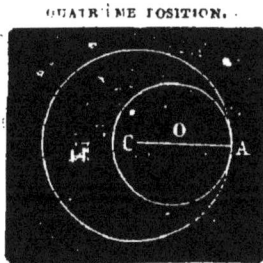

En effet, la distance des centres $CO = CA - OA$ ou

$$CO = R - r.$$

Fig. 84.

THÉORÈME

160. *Lorsque deux circonférences sont intérieures, la distance des centres est plus petite que la différence des rayons.*

CINQUIÈME POSITION.

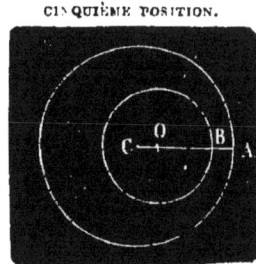

En effet, la distance des centres $CO = CA - OB - BA$; on a par conséquent

$$CO < CA - OB \text{ ou } CO < R - r.$$

Fig. 85.

161. REMARQUE I. Les réciproques des cinq propositions précédentes sont vraies et se démontrent de la même manière. Exemple :

Lorsque la distance des centres est plus grande que la somme des rayons, les circonférences sont extérieures.

En effet, elles ne peuvent pas être tangentes extérieurement, car la distance des centres serait égale à la somme des rayons, ce qui serait contre l'hypothèse; elles ne peuvent pas non plus se couper, car la distance des centres serait plus petite que la somme des rayons, ce qui est encore contre l'hypothèse, etc.

Les deux circonférences ne pouvant être ni tangentes extérieurement, ni sécantes, etc., seront forcément extérieures.

162. REMARQUE II. On voit, d'après ce qui précède, que :

1° *Deux circonférences auront un point de commun lorsque la distance des centres sera égale à la somme ou à la différence des rayons;*

2° *Deux circonférences auront deux points de communs lorsque la distance des centres sera plus petite que la somme des rayons et plus grande que leur différence;*

3° *Deux circonférences seront extérieures ou intérieures, selon que la distance des centres sera plus grande que la somme des rayons ou plus petite que leur différence.*

Mesure des Angles

THÉORÈME

163. *Dans un même cercle ou dans des cercles égaux :* 1° *les angles au centre égaux interceptent sur la circonférence des arcs égaux;* 2° *les arcs égaux correspondent à des angles au centre égaux.*

1° Les cercles sont égaux, les angles C et O le sont aussi. On aura :

$$\text{arc } AB = \text{arc } DE.$$

Pour le démontrer, menons les cordes A B et DE, nous

obtiendrons deux triangles ACB et DOE, qui ont un angle égal (C=O par hypothèse) compris entre côtés égaux comme rayons de cercles égaux : donc ces deux triangles sont égaux et

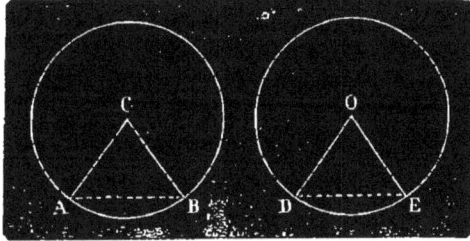

Fig. 86.

corde AB=corde DE, par suite (136) arc AB=arc DE.

2° Si arc AB=arc DE, on aura :

$$\text{angle } C = \text{angle } O.$$

En effet, tirons les cordes AB et DE ; ces cordes sous-tendant des arcs égaux sont égales : donc les deux triangles ACB et DOE sont égaux comme ayant les trois côtés égaux chacun à chacun, donc angle C=angle O.

THÉORÈME

164. *Dans un même cercle ou dans des cercles égaux, le rapport de deux angles au centre est égal à celui des arcs interceptés entre leurs côtés.*

Les cercles étant égaux, on aura :

$$\frac{ACB}{DOE} = \frac{AB}{DE}.$$

En effet, soient les arcs AB, DE inégaux. Supposons qu'ils aient une commune mesure, c'est-à-dire qu'un arc tel que DF soit contenu un nombre exact de fois dans chacun d'eux ;

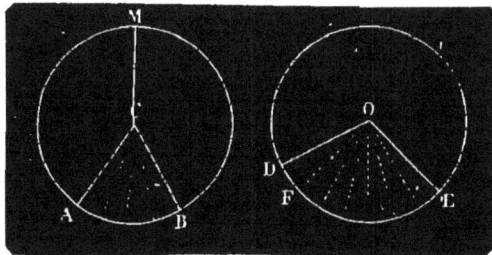

Fig. 87.

par exemple, 4 fois dans AB et 7 fois dans DE, les arcs

AB, DE seront entre eux comme les nombres 4 et 7, et nous aurons

$$\frac{AB}{DE} = \frac{4}{7}.$$

Joignons les points de division aux centres C et O. Les angles ACB, DOE sont partagés, l'un et l'autre, en petits angles tous égaux entre eux, comme interceptant des arcs égaux. Mais 4 de ces angles sont contenus dans ACB et 7 dans DOE; donc

$$\frac{ACB}{DOE} = \frac{4}{7}.$$

Les quantités $\frac{AB}{DE}, \frac{ACB}{DOE}$ étant l'une et l'autre égales à $\frac{4}{7}$ sont égales entre elles, donc

$$\frac{ACB}{DOE} = \frac{AB}{DE}.$$

Remarque I. Cette démonstration, étant indépendante de l'arc DF, serait encore rigoureuse dans le cas où cette commune mesure serait plus petite que toute quantité appréciable, et, par conséquent, dans le cas où les arcs seraient incommensurables, c'est-à-dire n'auraient pas de commune mesure.

Remarque II. D'après ce qui vient d'être dit, on a $\frac{ACM}{AM} = \frac{ACB}{AB} = \frac{BCM}{BM}$; mais dans une suite de rapports égaux la somme des numérateurs est à la somme des dénominateurs comme un numérateur quelconque est à son dénominateur : donc $\frac{ACM+ACB+BCM}{AM+AB+BM} = \frac{ACB}{AB}$. Si dans cette proportion on intervertit l'ordre des moyens, il vient $\frac{ACM+ACB+BCM}{ACB} = \frac{AM+AB+BM}{AB} = \frac{AMBA}{AB}$.

Mais les trois angles ACM, ACB, BCM comprennent, entre leurs côtés et les arcs AB, BM, MA qui les limitent, la surface du cercle, de même que ACB comprend la surface du secteur : donc

$$\frac{\text{Surface du cercle}}{\text{Surface du secteur}} = \frac{AMBA}{AB}.$$

165. Mesure des Angles. En général, mesurer une grandeur, c'est la comparer à une autre *grandeur connue* qu'on appelle *unité*. Mesurer un angle, c'est donc le comparer à un autre angle pris pour unité.

Ainsi l'*angle droit* étant l'unité d'angle, on connaîtra la valeur de l'angle BOC en le comparant à l'angle droit AOB. Mais, d'après le théorème précédent, on a

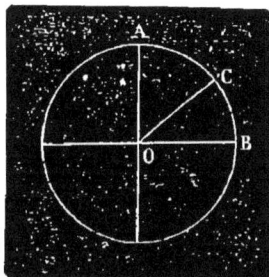

Fig. 88.

$$\frac{BOC}{AOB} = \frac{CB}{AB}.$$

Au lieu de comparer l'angle BOC à l'angle droit AOB, on pourra donc comparer l'arc CB, correspondant à l'angle BOC, à l'arc AB, correspondant à l'angle droit AOB.

166. Le quart de la circonférence, qu'on appelle *quadrant*, est considéré comme l'unité des arcs de cercles.

Ainsi, *pour mesurer un angle quelconque* BOC, *il suffit de décrire entre ses côtés, avec un rayon arbitraire, un arc de cercle ayant pour centre le sommet* O *de l'angle, et de comparer cet arc au quadrant décrit avec le même rayon.*

167. C'est pour cette raison qu'on dit, pour abréger, *qu'un angle a pour mesure l'arc compris entre ses côtés et décrit de son sommet comme centre.* Et l'on dit aussi, pour le même motif, *que l'angle au centre (qui a son sommet au centre du cercle) a pour mesure l'arc compris entre ses côtés.*

168. Afin de faciliter la comparaison des arcs et d'exprimer plus simplement en nombres les arcs et, par suite, les angles qui leur correspondent, on a divisé la circonférence en 360 parties égales appelées *degrés;* le degré en 60 *minutes*, la minute en 60 *secondes*.

Le quadrant vaut donc 90 degrés, de même que l'angle qui lui correspond.

169. La valeur d'un angle ou d'un arc s'énonce en disant combien il contient de degrés, minutes et secondes. Si, par exemple, l'arc intercepté par les côtés d'un angle au centre vaut 25 degrés 15 minutes 35 secondes, ce nombre, qui s'écrit 25° 15′ 35″, indique la mesure de l'arc aussi bien que celle de l'angle.

THÉORÈME

170. *Un angle inscrit a pour mesure la moitié de l'arc compris entre ses côtés.*

Il peut se présenter différents cas.

1° *Le côté BC de l'angle inscrit B passe par le centre O du cercle.*

L'angle B a pour mesure $\frac{AC}{2}$.

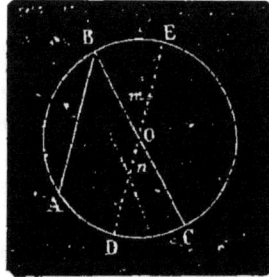

Pour le prouver, menons le diamètre DE parallèle à BA. Les angles B et n sont égaux comme correspondants; or, l'angle au centre n a pour mesure DC, donc B aura aussi pour mesure DC; mais cet arc égale $\frac{AC}{2}$, car on a, par suite

F.g. 89.

des angles égaux n et m, DC = BE : les deux quantités DC et AD, étant égales à une troisième BE, sont égales entre elles, donc DC, mesure de l'angle B, est la moitié de AC; donc l'angle B a pour mesure $\frac{AC}{2}$. *C. Q. F. D.*

2° *L'angle comprend le centre.*

L'angle B a pour mesure $\frac{AC}{2}$.

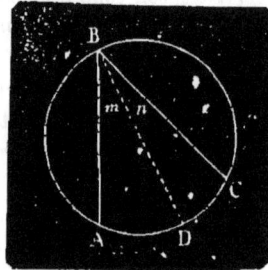

Pour le prouver, menons le diamètre BD. L'angle m a pour mesure $\frac{AD}{2}$ (1°); n a pour mesure $\frac{DC}{2}$: donc l'angle total B a pour mesure $\frac{AD}{2} + \frac{DC}{2}$ ou $\frac{AC}{2}$.

Fig. 90.

3° *Le centre du cercle est situé hors de l'angle.*

L'angle m a pour mesure $\dfrac{AC}{2}$.

En effet, menons le diamètre BD. L'angle total B a pour mesure (1°) $\dfrac{AD}{2}$ ou $\dfrac{AC}{2}+\dfrac{CD}{2}$; mais n

a pour mesure $\dfrac{CD}{2}$, donc m a pour

mesure $\dfrac{AC}{2}$.

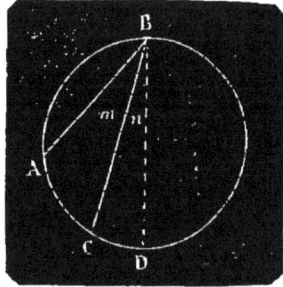

Fig. 91.

4° *L'angle est formé par une corde et une tangente.*

L'angle B a pour mesure $\dfrac{BC}{2}$.

Pour le démontrer, menons CD parallèle à AB. Les angles B et C sont égaux comme alternes-internes, mais C a pour mesure $\dfrac{BD}{2}$ ou $\dfrac{BC}{2}$ (l'arc BD$=$BC (149)), donc l'angle B, qui lui est égal, a aussi pour mesure $\dfrac{BC}{2}$.

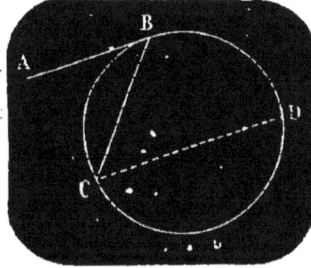

Fig. 92.

171. CorollAIRE I. *Tous les angles A, B, C inscrits dans un même segment sont égaux,* car ils ont tous pour mesure *la moitié de l'arc* DHE.

172. CorollAIRE II. *Tous les angles H, G, F, inscrits dans une demi-circonférence sont droits;* car ils ont tous pour mesure la moitié de la demi-circonférence IAE.

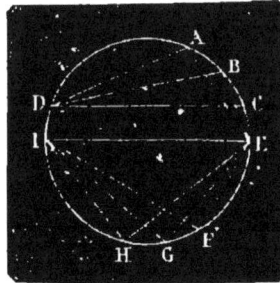

Fig. 93.

173. CorollAIRE III. 1° *Tout angle B fig. 94) inscrit dans un arc* ABC *plus petit qu'une demi-circonférence est* *obtus*, car il a pour mesure la moitié de l'arc ADC, plus grand qu'une demi-circonférence.

2° *Tout angle* D *inscrit dans un arc* ADC *plus grand qu'une demi-circonférence est aigu*, car il a pour mesure la moitié de l'arc ABC, plus petit qu'une demi-circonférence.

174. Corollaire IV. *Les angles opposés d'un quadrilatère inscrit sont supplémentaires :* B + D = 2 droits, car ils ont pour mesure la moitié de l'arc ADC, plus la moitié de l'arc ABC ou la moitié de la circonférence

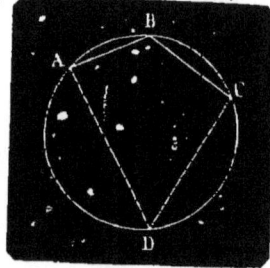

Fig. 94.

entière. Il en est de même pour les angles A et C.

THÉORÈME

175. *L'angle* B, *dont le sommet est dans l'intérieur d'un cercle, a pour mesure la moitié de l'arc* AC *compris entre ses côtés, plus la moitié de l'arc* DE *compris entre le prolongement des mêmes côtés.*

L'angle B a pour mesure $\dfrac{AC}{2} + \dfrac{DE}{2}$ ou $\dfrac{AC + DE}{2}$.

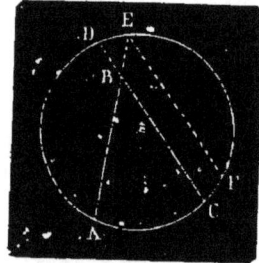

En effet, menons EF parallèle à DC. Les angles B et E sont égaux comme correspondants. Or, l'angle E a pour mesure $\dfrac{AF}{2}$ ou $\dfrac{AC}{2} + \dfrac{CF}{2}$; mais, à cause des parallèles DC et EF, CF = DE, donc l'angle E a pour mesure $\dfrac{AC}{2} + \dfrac{DE}{2} = \dfrac{AC + DE}{2}$;

Fig. 95.

l'angle B, qui lui est égal, aura aussi cette mesure.

THÉORÈME

176. *L'angle* B, *formé par deux sécantes qui se coupent hors du cercle, a pour mesure la moitié de la différence des arcs* AC *et* FD *compris entre ses côtés.*

L'angle B a pour mesure $\dfrac{AC}{2} - \dfrac{FD}{2} = \dfrac{AC - FD}{2}$.

En effet, menons FE parallèle
à BC. Les angles B et n sont
égaux comme correspondants; or,
l'angle n a pour mesure $\dfrac{AE}{2}$ ou

$\dfrac{AC - EC}{2}$, car $AE = AC - EC$;

mais, à cause des parallèles BC
et FE, $EC = FD$: donc l'angle n
a pour mesure $\dfrac{AC - FD}{2}$; l'angle

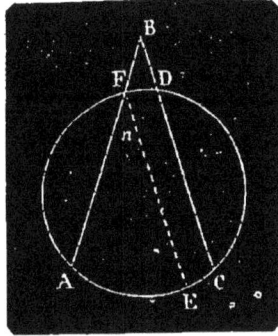

Fig. 96.

B, qui lui est égal, aura aussi cette mesure.

DE LA RÈGLE, DU COMPAS, DE L'ÉQUERRE ET DU RAPPORTEUR

177. On fait usage de ces quatre instruments dans les
constructions graphiques, ou constructions géométriques
qui ont lieu sur le papier.

178. Règle. La *règle* est une petite planche, ordinairement en bois, qui sert à tracer des lignes droites sur
le papier. Pour faire usage de cet instrument, on le
place de manière que l'un de ses bords coïncide avec
les deux
points M
et N, qu'il
s'agit d'u-
nir par

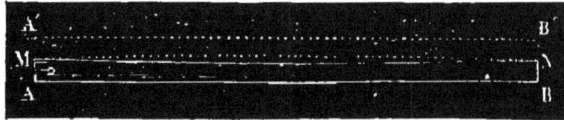

Fig. 97.

une droite; ensuite on fait glisser contre ce bord, de M
en N, une pointe à tracer, soit crayon, plume ou tire-
ligne.

On vérifie une règle en traçant d'abord, comme nous
venons de l'indiquer, une ligne MN (avec une pointe à
tracer très-déliée), ensuite on place la règle au-dessus

de la ligne MN de manière que le même bord passe encore par les points M, N, et l'on trace une nouvelle ligne qui se confond avec la première lorsque la règle est bien droite. Si la règle est défectueuse, le défaut se reproduit en sens contraire, et devient très-apparent, comme le montre la figure.

179. Compas. Le *compas* est formé de deux branches mobiles, réunies par un axe à l'une de leurs extrémités et terminées à l'autre par des pointes ordinairement d'acier.

Les circonférences et les arcs de cercle se décrivent à l'aide du compas. L'une des pointes reste immobile et marque le centre, l'autre, en tournant autour de la première, décrit la circonférence. L'ouverture du compas ou la distance des deux pointes est le rayon du cercle.

180. Équerre. L'*équerre* est un instrument de bois ou de métal ayant la forme d'un triangle rectangle (*fig.* 98) et qui sert à tracer des perpendiculaires et à mener des parallèles. Pour que l'équerre soit plus

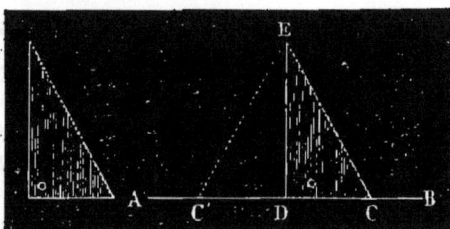

Fig. 98.   Fig. 99.

aisée à manier, on y pratique une ouverture circulaire appelé *œil* de l'équerre.

Avant de se servir d'une équerre, il est bon de la vérifier, c'est-à-dire de s'assurer si son plus grand angle est droit. Voici comment on peut vérifier une équerre : on fait coïncider un des côtés de l'an-

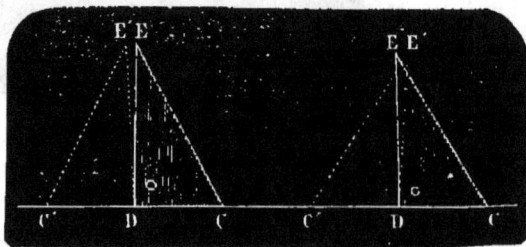

Fig. 100.   Fig. 101.

4

gle droit CD (*fig.* 99) avec une droite AB et l'on trace une droite ED. Puis, retournant l'équerre dans la position DEC', de manière que DC' coïncide encore avec AB, on trace une nouvelle droite qui se confond avec la première si l'équerre est juste. Dans le cas où l'équerre serait fausse, les droites tracées prendraient les positions ci-dessus : la figure 100 indique que l'angle CDE est aigu et la figure 101 que l'angle CDE est obtus.

184. Rapporteur. Le *rapporteur* est un demi-cercle gradué, ordinairement de corne transparente, ou de cuivre et alors évidé. Cet instrument sert à mesurer un arc ou un angle, ou bien à construire un arc ou un angle de gran-

deur donnée. Le bord circulaire ou *limbe* de l'instrument est divisé en 180 degrés (quelquefois en demi - degrés). Les divisions sont indi-

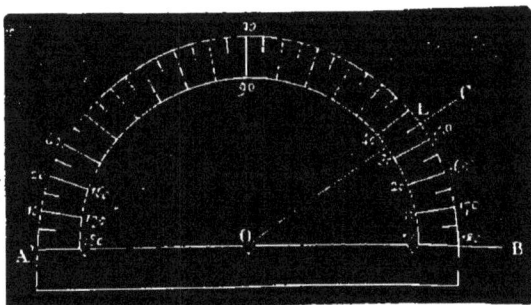

Fig. 102.

quées de 10 en 10 degrés et la graduation est double, afin que l'on puisse mesurer les arcs de droite à gauche ou de gauche à droite. La ligne AB, qui est un diamètre, se nomme *ligne de foi*. Il existe en son milieu une légère échancrure O, qui est le centre du rapporteur.

Pour mesurer un angle BOC avec le rapporteur, on place le centre de l'instrument au sommet de l'angle, en O, et l'on dirige la ligne de foi sur l'un des côtés OB. Le limbe coupe alors le second côté OC en un point L. La division du limbe qui correspond à ce point fait connaître la valeur de l'angle BOC. Dans la figure (102), l'angle BOC vaut 35°.

RÉSOLUTION DE PROBLÈMES

SUR LA LIGNE DROITE ET LE CERCLE

PROBLÈME

182. *Trouver la commune mesure de deux lignes.*

On appelle *commune mesure* de deux droites une troisième droite contenue un nombre exact de fois dans chacune des deux premières.

Soit à trouver la commune mesure des deux lignes AB, CD.

La commune mesure cherchée ne peut être plus grande que CD, puisqu'elle doit être contenue dans cette ligne, mais elle

Fig. 103.

peut l'égaler. Portons CD sur AB autant de fois qu'il sera possible. Si, par exemple, AB contient 4 fois CD, cette dernière sera la commune mesure et l'on aura,

$$\frac{AB}{CD} = \frac{4}{1}.$$

Mais supposons que CD ne soit point commune mesure et que AB contienne 4 fois CD avec EB pour reste. Si ce reste EB est contenu un nombre exact de fois dans CD, par exemple 3 fois, il sera la commune mesure cherchée.

En effet, $CD = 3EB$ et $AB = 4CD + EB = 4 \times 3EB + EB = 13EB$. La ligne $CD = 3EB$ et la ligne $AB = 13EB$, donc EB est la commune mesure des deux lignes AB, CD et

$$\frac{AB}{CD} = \frac{13}{3}.$$

Si EB n'avait pas été contenu un nombre exact de fois dans CD et qu'on ait obtenu un reste R, on aurait porté R sur EB et si l'on avait obtenu un nouveau reste R', on l'aurait porté sur R et ainsi de suite. On voit que pour chercher la commune mesure de deux lignes on procédera

en pratique et en théorie comme pour la recherche du
plus grand commun diviseur entre deux nombres. Si dans
cette opération on trouve une commune mesure aux deux
lignes, on les dit *commensurables ;* dans le cas contraire,
elles sont *incommensurables.*

183. RÉMARQUE. Dans la pratique on se contente de
mesurer les lignes avec le mètre et ses subdivisions. Par
exemple, si AB=39 centimètres et CD=13 centimètres,
on aura

$$\frac{AB}{CD} = \frac{39}{13},$$

et le centimètre sera la commune mesure entre les deux
lignes AB et CD.

PROBLÈME

184. *En un point* A *d'une droite donnée* MN *construire
un angle égal à un angle donné* B.

Du point B comme centre et avec une ouverture de
compas quelconque, décri-
vons l'arc de cercle CD ;
puis du point A comme
centre, avec la même ou-
verture de compas, l'arc
indéfini KL. Enfin, pre-
nons sur KL une partie
KI=CD, menons AI, et
nous aurons l'angle de-
mandé : IAK=B, car ces
deux angles sont opposés

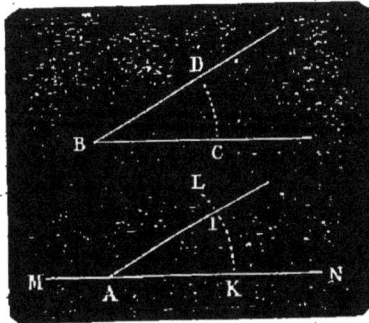
Fig. 104.

à des arcs KI, CD égaux et décrits avec un même rayon.

185. USAGE DU RAPPORTEUR. Pour résoudre ce problème
à l'aide du rapporteur, on commence par mesurer l'angle
donné B, puis on place le centre du rapporteur au point A,
et la ligne de foi dans la direction MN, ensuite on marque
sur le papier un point I qui correspond à la valeur de
l'angle donné. Enfin on mène AI, et l'on a l'angle demandé, car l'angle IAK a la même mesure que l'angle
donné B.

PROBLÈME

186. *Deux angles* B *et* C *d'un triangle étant donnés, trouver le troisième.*

En un point quel-conque A d'une droite indéfinie MN, on fait des angles MAL, NAK égaux aux angles don-nés B et C, l'angle LAK, supplément de ces deux angles, est l'angle demandé. On pourrait faire usage

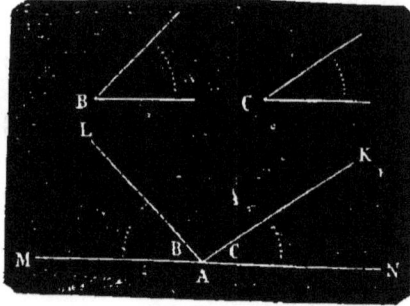

Fig. 105.

du rapporteur comme dans le numéro précédent, pour résoudre ce problème.

PROBLÈME

187. *Deux côtés* B, C *d'un triangle et l'angle* D *qu'ils comprennent étant donnés, construire le triangle.*

En un point A d'une droite indéfinie, faisons un

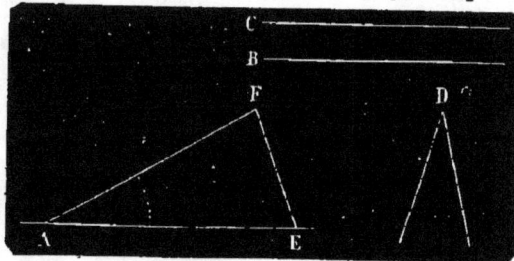

Fig. 106.

angle EAF égal à l'angle D; puis prenons AF=B, AE=C et menons la droite EF. Le triangle AEF sera évidemment le triangle demandé (62).

PROBLÈME

188. *Deux angles* B, C *et un côté* D *d'un triangle étant donnés, construire le triangle.*

1° Les angles B et C sont adjacents au côté donné D.

4.

Prenons sur une droite indéfinie une longueur AE=D,

et faisons
au point A
un angle
EAF = B,
et au point
E un angle
AEF = C.
Les lignes
AE, EF dé-

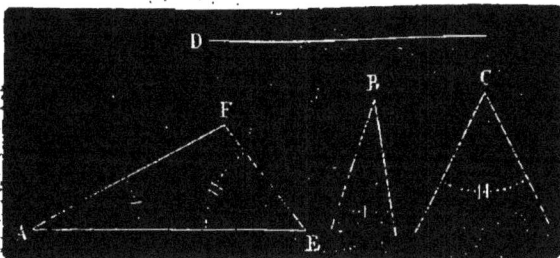
Fig. 107.

terminent en se rencontrant le triangle AEF, qui répond à la question (63).

2° L'un des angles donnés B, C n'est pas adjacent au côté D : on cherche le troisième angle du triangle comme nous l'avons fait (186), et la question revient à la précédente.

REMARQUE. Il est évident que le problème ne sera possible qu'autant qu'on aura B+C < 2 droits.

PROBLÈME

189. *Les trois côtés* A, B, C *d'un triangle étant donnés, construire ce triangle.*

Prenons sur une droite indéfinie une longueur DE = B et du point D comme centre, avec un rayon égal à A, décrivons un arc de cercle; du point E comme centre, avec un rayon égal à C, décrivons un autre arc de cercle qui coupera le premier au point F.

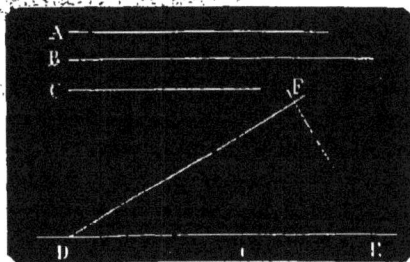
Fig. 108.

Menons les droites DF, EF, et nous aurons le triangle demandé (66).

REMARQUE. Pour que la question soit possible, il faut (60) que l'un quelconque des côtés soit plus petit que la somme des deux autres et plus grand que leur différence.

PROBLÈME

190. *Par un point C pris sur une droite AB élever une perpendiculaire à cette droite.*

Du point C comme centre, avec un rayon arbitraire, décrivons une demi-circonférence
AMB, nous aurons CA = CB; puis
des points A et B, avec un même
rayon plus grand que AC[1], décrivons deux arcs qui se coupent
en D; enfin menons DC, qui sera
la perpendiculaire demandée.

En effet, les points D et C étant
équidistants des points A et B,
DC est perpendiculaire sur le mi-
lieu de AB (78) : donc cette droite est la perpendiculaire
demandée.

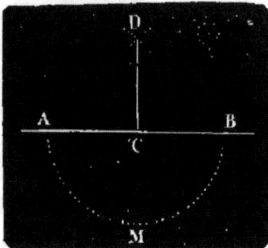

Fig. 109.

191. USAGE DE L'ÉQUERRE. Plaçons le sommet de l'angle
droit de l'équerre en C
et faisons coïncider l'un
des côtés de cet angle
avec la droite donnée ;
enfin tirons CD, qui sera
la perpendiculaire de-
mandée.

Nous disons une fois
pour toutes qu'on devra
toujours, dans des opérations de ce genre, se servir d'une
équerre vérifiée.

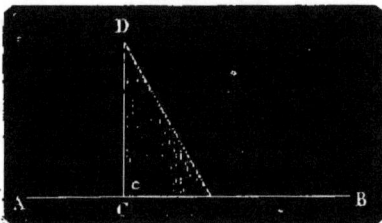

Fig. 110.

PROBLÈME

192. *Élever une perpendiculaire à l'extrémité d'une droite
AB qu'on ne peut prolonger.*

1. Pour que les arcs se coupent, le rayon doit être plus grand que
AC, car s'il était égal à AC, les arcs seraient tangents au point C (157),
s'il était plus petit, les arcs seraient extérieurs.(156).

D'un point quelconque O pris au-dessus de AB, décrivons, avec OB pour rayon,
une circonférence qui cou'
AB en un point C, meno;
le diamètre CD et enfin tirons BD, qui sera la perpendiculaire demandée.

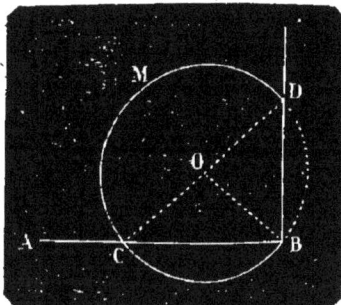

Fig. 111.

En effet, l'angle inscrit
CBD ayant pour mesure la
demi-circonférence CMD est
droit.

On peut employer l'équerre comme dans le cas précédent.

PROBLÈME

195. *D'un point D pris hors d'une droite AB, abaisser
une perpendiculaire sur cette droite.*

Du point D avec un rayon *convenable* décrivons un
arc qui coupe la
droite donnée en
deux points A et B.
Puis de ces points,
avec un même rayon
plus grand que la
moitié de AB, décri-
vons deux arcs qui
se coupent en C :
enfin menons DC,
qui sera la perpen-
diculaire demandée.

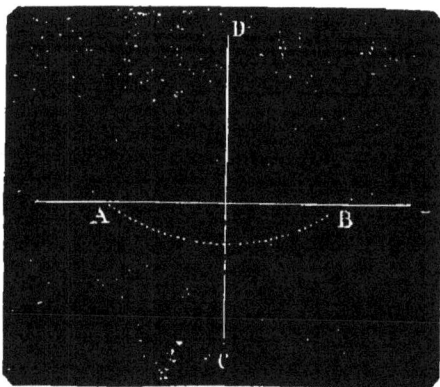

Fig. 112.

En effet, les points
D et C étant équidistants des points A et B, DC est perpendiculaire sur le milieu de AB (78), donc cette droite
perpendiculaire à AB et passant par le point D est la perpendiculaire demandée.

194. Usage de l'équerre. Plaçons un des côtés de l'angle droit de l'équerre sur AB, puis faisons-la glisser ainsi sur cette droite jusqu'à ce que l'autre côté rencontre le point donné D; enfin tirons DC, qui sera la perpendiculaire demandée.

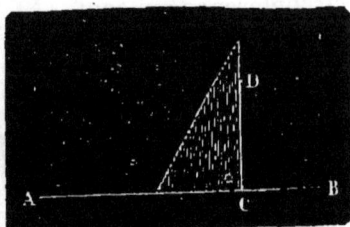
Fig. 113.

PROBLÈME

195. *Par un point donné C, mener une parallèle à une droite AB.*

Première méthode. Du point donné C, abaissons sur AB la perpendiculaire CD, et du même point C menons à CD la perpendiculaire CE qui

Fig. 114.

sera la parallèle demandée, car deux perpendiculaires AB, CE à une même droite CD, sont parallèles.

Deuxième méthode. Du point donné C, abaissons sur AB la perpendiculaire CD, et, en un point quelconque F, de AB élevons la perpendiculaire FG, puis faisons FG=CD; enfin menons CG, qui sera la parallèle demandée; car CD étant égal et parallèle à FG, la figure CDFG est un parallélogramme et CG est parallèle à DF.

Troisième méthode. Du point C avec un rayon *convenable* décrivons l'arc indéfini BD; du point B avec

Fig. 115.

le même rayon décrivons l'arc CA, et faisons BD=AC,

enfin menons CD, qui sera la parallèle demandée.

En effet, le quadrilatère ABDC a ses côtés opposés égaux, car AB=CD comme rayons de cercles égaux, et AC=BD comme cordes égales : ce quadrilatère est donc un parallélogramme et CD est parallèle à AB.

Quatrième méthode. USAGE DE L'ÉQUERRE. Plaçons l'équerre de manière que son hypoténuse coïncide avec AB, et appuyons sur le côté DF une règle MN, puis faisons glisser l'équerre le long de la règle immobile jusqu'à ce que son hypoténuse passe par le point C; enfin, menons D'E' qui sera la parallèle demandée.

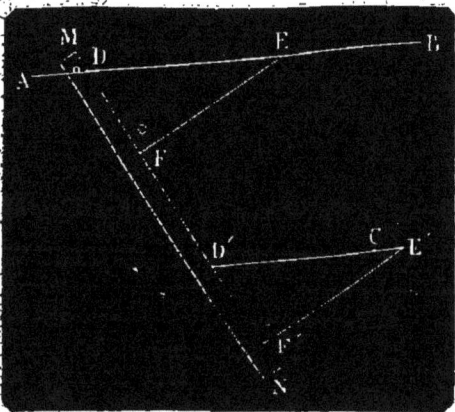

Fig. 116.

En effet, les angles correspondants EDF et E'D'F' étant égaux, les droites AB et DE sont parallèles.

PROBLÈME

196. *Diviser une droite donnée* AB *en deux parties égales.*

Des points A et B, avec un même rayon plus grand que la moitié de AB, décrivons au-dessus et au-dessous de cette droite des arcs de cercle qui se coupent en C et en D, joignons les points C et D, et la ligne AB sera divisée au point E en deux parties égales.

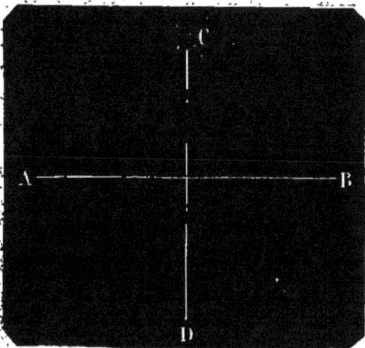

Fig. 117.

En effet, les points C et D étant équidistants des points

A et B appartiennent à la perpendiculaire élevée sur le milieu de AB : donc le point E, qui est en même temps sur cette perpendiculaire et sur AB, est le milieu de cette dernière droite.

197. *Diviser un arc ou un angle en deux parties égales.*

1° *Soit l'arc ABC à diviser en deux parties égales.*

Menons la corde AC et sur le milieu de cette corde élevons la perpendiculaire EF. Cette perpendiculaire passant par le centre E (140) de l'arc divise l'arc ABC en deux parties égales.

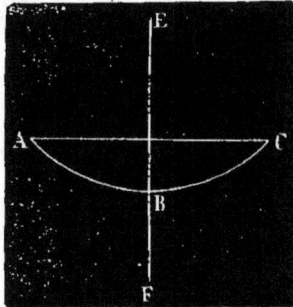

Fig. 118.

2° *Soit à diviser l'angle ABC en deux parties égales.*

Du point B avec un rayon quelconque, décrivons l'arc ADC, puis menons la corde AC, enfin du point B, abaissons sur cette corde la perpendiculaire BD qui divisera l'arc et par suite l'angle en deux parties égales

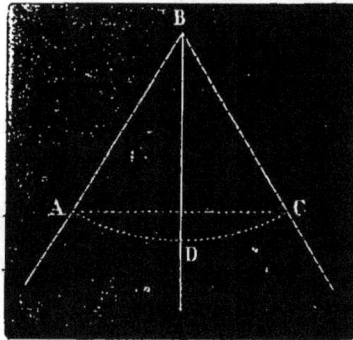

REMARQUE. Les procédés employés aux numéros 196, 197 peuvent s'appliquer à la moitié, au quart, au huitième, etc., d'une droite, d'un arc et d'un angle : de là la manière de diviser en 2, 4, 8 parties égales une droite, un arc et un angle.

Fig. 119.

198. *Décrire une circonférence qui passe par trois points donnés* A, B, C.

Joignons les points donnés par des droites et sur les milieux de ces droites élevons des perpendiculaires qui se rencontreront (142) en un point O qui sera le centre de la circonférence cherchée (143). On la décrira du point O comme centre avec OB pour rayon.

REMARQUE I. Si les trois points étaient en ligne droite, on ne pourrait trouver un point O qui serait à égale distance des points

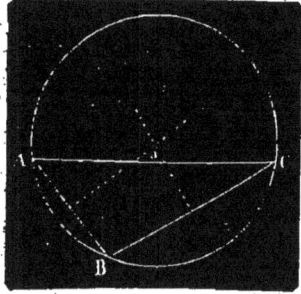

Fig. 120.

A, B, C (77); par conséquent, le problème ne serait pas possible.

REMARQUE II. Il est évident que les trois points donnés peuvent être les trois sommets d'un triangle ABC : donc un triangle quelconque peut être inscrit dans un cercle.

PRÓBLÈME

199. *Par un point donné A mener une tangente à un cercle.*

1° Le point A est sur la circonférence.

Il suffit de mener le rayon OA et d'élever au point A une perpendiculaire CD. Cette perpendiculaire sera la tangente demandée (147).

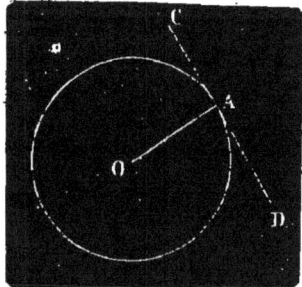

Fig. 121.

2° Le point A est hors du cercle.

Joignons le centre du cercle au point A et sur AC comme diamètre décrivons une circonférence qui rencontre la première aux points B et D : les droites AB, AD sont deux tangentes.

En effet, si nous menons les rayons CB, CD, nous aurons deux angles CBA, CDA, inscrits dans une demi-circonférence : donc ces angles sont droits (172), et AB, AD perpendiculaires aux extrémités des rayons CB, CD sont des tangentes à la circonférence (147).

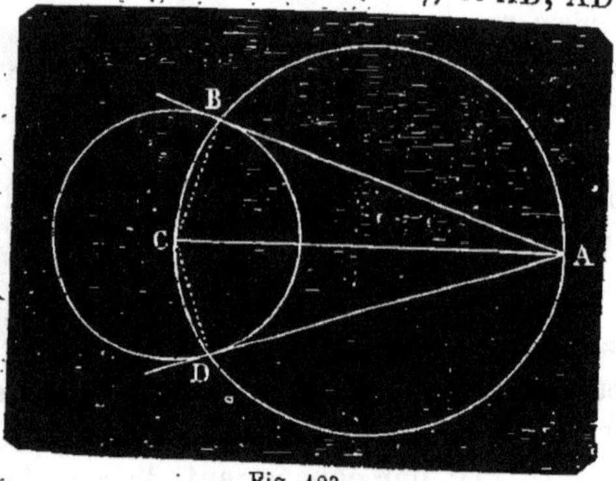

REMARQUE. Les deux triangles rectangles ABC, ACD ont l'hypoténuse AC de commune, et CB=

Fig. 122.

CD, donc ces deux triangles sont égaux (79); donc tangente AB=tangente AD et angle BAC=angle CAD. Par conséquent, *les tangentes à un cercle partant d'un même point sont égales, et la ligne qui joint ce point au centre du cercle divise l'angle formé par les tangentes en deux parties égales.*

PROBLÈME

200. *Mener une tangente commune à deux cercles.*

La tangente à deux cercles pourra être : 1° *extérieure,* 2° *intérieure;* elle sera extérieure lorsqu'elle laissera les deux cercles du même côté et elle sera intérieure lorsqu'elle séparera les deux cercles.

1° Soient C et O les centres des deux cercles donnés; du point C comme centre, avec un rayon CD= CA — OB, décrivons une circonférence. Du point O, menons à cette

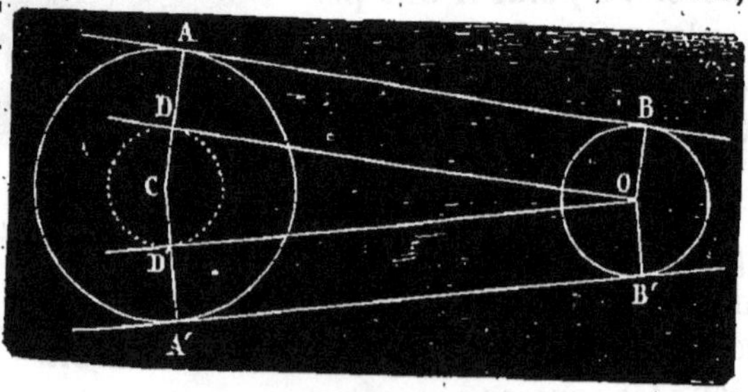

Fig. 123.

circonférence la tangente DO, puis le rayon CA passant

par le point de contact ; enfin, au point A, élevons sur ce rayon la perpendiculaire AB, qui sera une tangente aux deux cercles.

En effet, la droite AB est d'abord tangente au cercle dont le rayon est CA, elle l'est aussi au cercle O, car si du point O nous menons OB parallèle à CA, cette droite sera aussi perpendiculaire sur AB. La figure DABO est par conséquent un rectangle, et l'on a OB=DA ; or, par construction, DA est égal au rayon du cercle O, donc OB est un rayon de ce cercle : donc AB, perpendiculaire aux rayons CA, OB, est tangente aux cercles donnés C et O. Comme par le point O on peut mener deux tangentes au cercle qui a CD pour rayon, le problème admet encore une solution ; les deux cercles auront aussi A'B' pour tangente commune.

2° Du point C comme centre, avec un rayon CD=CA +OB, dé- crivons une circonfé- rence. Du point O me- nons à cette circonfé- rence la tangente DO ; puis joignons le centre C au

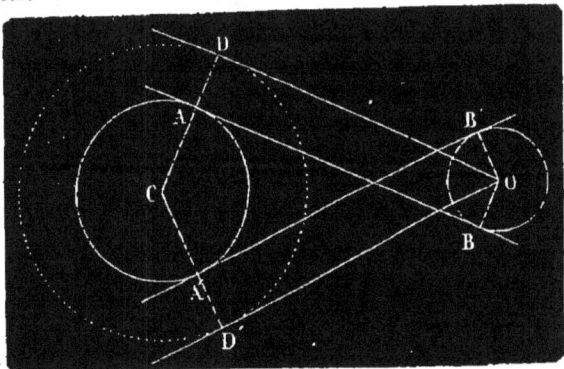

Fig. 124.

point de contact D ; enfin, du point A où CD rencontre le cercle, élevons la perpendiculaire AB, qui sera une tangente aux deux cercles.

En effet, la droite AB est d'abord tangente au cercle dont le rayon est CA ; elle l'est aussi au cercle O, car si du point O nous menons OB parallèle à DA, cette droite sera aussi perpendiculaire sur AB. La figure ABOD est par conséquent un rectangle et l'on a OB=DA. Or, par con- struction, DA est égal au rayon du cercle O : donc OB est un rayon de ce cercle, donc AB perpendiculaire aux rayons CA, OB est une tangente aux cercles donnés C et O. Comme par le point O on peut mener deux tangentes au cercle qui a CD pour rayon, le problème admet encore une solution : les deux cercles auront aussi A'B' pour tangente commune.

REMARQUE. Le problème proposé admet donc quatre solutions lorsque les deux circonférences sont extérieures (fig. 123) (fig. 124) ; mais lorsque les deux circonférences se touchent extérieurement, les tangentes intérieures se confondent en une seule per

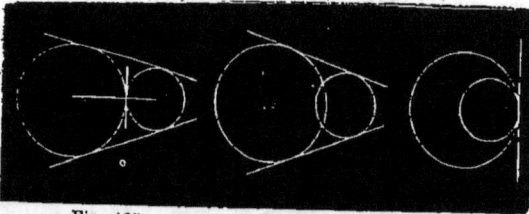

Fig. 125.   Fig. 126.   Fig. 127.

pendiculaire sur la ligne des centres, et le problème n'admet plus que trois solutions (fig. 125). Il n'en admet plus que deux si les circonférences sont sécantes (fig. 126), et une seule si elles sont tangentes intérieurement (fig. 127). Enfin il devient impossible lorsque les deux circonférences sont intérieures.

PROBLÈME

201. *Sur une droite donnée AB décrire un segment capable d'un angle donné* C, c'est-à-dire un segment tel que tous les angles qui y seront inscrits soient égaux à l'angle donné C.

Au point B, extrémité de la ligne AB, faisons un angle ABD égal à l'angle C; du

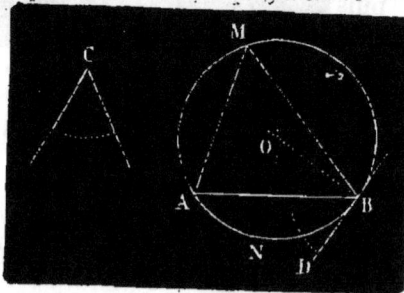

Fig. 128.

même point B élevons une perpendiculaire sur BD puis une autre sur le milieu de AB. Du point de rencon tre O décrivons une circonférence avec OB pour rayon : l'arc AMB est le segment demandé.

En effet, l'angle ABD formé par la corde AB et la tangente BD a pour mesure la moitié de l'arc ANB ; l'angle inscrit M a aussi pour mesure la moitié de l'arc ANB : donc angle M=angle ABD=angle C, et il en serait de même de tous les angles inscrits dans le segment AMB.

PROBLÈMES ET EXERCICES

SUR LE PREMIER ET LE DEUXIÈME LIVRE

1. Mener une droite qui fasse avec une autre droite donnée deux angles adjacents.

2. Par un point donné mener une droite qui fasse deux angles adjacents avec une droite donnée :
1° Le point donné est sur la droite ;
2° Il est hors de la droite.

3. Il est visible qu'une droite CD forme avec une autre, AB, deux angles inégaux : 1° montrer un angle obtus et un angle aigu ; 2° faire connaître une oblique à une autre droite.

4. D'un point donné mener deux lignes qui fassent 1° un angle aigu ; 2° un angle obtus.

5. Tracer une verticale sur un mur vertical.

6. Tracer une horizontale sur un mur vertical.

7. Par un point donné mener des lignes qui fassent des angles opposés par le sommet.

8. Trouver graphiquement le complément d'un angle donné.

9. Trouver de même le supplément d'un angle donné.

10. Tracer une ligne droite passant par deux points donnés : 1° sur le papier ; 2° sur un parquet d'une certaine étendue.

11. Faire une ligne égale à sept fois une ligne donnée.

12. Trouver une ligne égale à la somme de plusieurs lignes données.

13. Trouver une ligne égale à la différence de deux lignes données.

14. En un point donné faire un angle égal à un angle donné.

15. Faire un angle de 54° en un point donné d'une droite.

16. Chercher graphiquement la somme de trois angles données.

17. Trouver de même la différence de deux angles donnés.

18. Quel est le complément d'un angle de 48° 34' ?

19. Quel est le supplément d'un angle de 47° 29' ?

20. Trouver le supplément d'un angle de 124° 18' 13".

21. Trouver le complément d'un angle de 49° 47' 28'.

22. Quatre angles sont situés autour d'un même point et d'un même côté d'une droite, trois de ces angles sont connus : voici la valeur de chacun d'eux, 24° 48' 35', 32° 7' 47', 18° 25' 5' : quelle est la valeur du quatrième?

23. Trouver graphiquement un angle de 45°.

24. Quelle est la valeur d'un angle dans un triangle équilatéral?

25. Élever une perpendiculaire au quart de la longueur d'une ligne donnée.

26. Deux angles d'un triangle valent l'un 64° 28', et l'autre 55° 7' : quelle est la valeur du troisième?

27. Un angle d'un triangle vaut 54° 30'; les deux autres sont égaux : quelle est 1° la valeur de chacun d'eux; 2° l'espèce de triangle?

28. Un triangle rectangle qui a un angle de 45° peut-il porter encore un autre nom?

29. Un angle aigu d'un triangle rectangle a 65° : quelle est la valeur du second?

50. Dans un triangle isocèle, l'angle du sommet est de 47° 28' : quelle est la valeur de chaque angle de la base?

51. Dans un triangle isocèle, un angle de la base est de 68° 3' : combien vaut l'angle du sommet?

52. Diviser en trois parties égales un angle de 28° 33'.

55. Faire graphiquement un angle de 22° 30'.

54. Trouver le lieu des points également distants des deux extrémités d'une droite.

55. Déterminer sur une ligne donnée un point qui soit à égale distance de deux points également donnés.

56. Deux villages situés à une certaine distance d'une rivière veulent construire un pont à frais communs : on demande le lieu où devra être fait le pont pour se trouver également éloigné de chaque village.

57. Déterminer sans prendre directement de mesure si un point donné C, situé hors d'une droite donnée AB, est plus rapproché du point A que du point B.

58. Déterminer le centre d'une circonférence ou d'un arc.

59. A quoi est égale la distance d'un point à une droite donnée?

40. Quel angle font entre elles les bissectrices de deux angles adjacents?

41. Trouver trois points à égale distance d'un point donné.

42. Trouver le lieu des points également distants des côtés d'un angle donné.

43. On veut construire sur une place circulaire une fontaine qui soit également éloignée de toutes les habitations de la place : comment déterminer l'endroit où doit être cette fontaine?

44. Construire graphiquement un angle de 67° 30'.

45. Trouver le lieu des points situés à une distance donnée d'un point donné.

46. Comment reconnaître, sans prendre directement de mesure, si un point situé dans l'intérieur d'un angle est plus près d'un côté de l'angle que de l'autre?

47. Quand est-ce qu'une circonférence est déterminée de grandeur?

48. Les bissectrices de deux angles qui ont les côtés parallèles ou perpendiculaires sont parallèles ou perpendiculaires.

49. Si dans un angle donné on forme un nouvel angle dont les côtés prolongés rencontrent les côtés du premier, le second angle sera plus grand que le premier.

50. Que faut-il connaître pour qu'une circonférence soit déterminée de position?

51. Trouver l'angle que font deux droites concourantes qu'on ne peut prolonger.

52. Quel est le lieu de tous les points également distants d'une droite donnée?

53. Trouver le lieu des points également distants de deux droites parallèles données.

54. Par un point donné mener une droite qui passe à égale distance de deux points également donnés.

55. Combien les angles d'un polygone de 25 côtés valent-ils d'angles droits?

56. Quel est le polygone dont la somme des angles est 12 droits?

57. Par un point donné mener une sécante qui coupe une série de parallèles selon un angle donné.

58. Mener deux droites parallèles et distantes d'une quantité donnée.

59. Mener deux parallèles également éloignées d'un point donné.

60. Mener une série de parallèles également éloignées l'une de l'autre et rencontrant une droite sous un angle donné.

61. Par un point donné hors d'une droite également donnée, faire passer une seconde droite qui fasse avec la première un angle de 55°.

62. Quelle est la plus courte distance d'un point donné à une circonférence?

63. Décrire une circonférence passant par deux points donnés.

64. Décrire une circonférence passant par deux points donnés, de manière que les deux points soient le plus loin possible l'un de l'autre.

65. Deux édifices doivent faire partie d'une place circulaire d'une grandeur donnée : on demande les limites des maisons qui doivent border la place.

66. Décrire une circonférence tangente à l'extrémité d'une droite donnée.

67. Décrire une circonférence tangente en un point d'une droite donnée et passant par un autre point également donné.

68. Décrire une circonférence coupant une droite en deux points donnés et passant par un autre point également donné.

69. Mener à une circonférence donnée deux tangentes parallèles.

70. On demande le point d'une circonférence le plus éloigné d'un point donné.

71. Trouver sur une circonférence deux points également éloignés d'un point donné.

72. On demande de trouver un point également distant de trois points donnés non en ligne droite.

73. Si l'on double un arc, la corde qui correspondra au nouvel arc sera-t-elle le double de la première?

74. Comment s'assure-t-on que deux droites sont parallèles?

75. Quand une circonférence est-elle déterminée de grandeur et de position?

76. Quelle figure aura-t-on si l'on joint par des droites les extrémités de deux diamètres perpendiculaires l'un à l'autre?

77. Si d'un point quelconque pris dans l'intérieur d'un angle on abaisse des perpendiculaires sur les côtés de cet angle, le quadrilatère que déterminent les perpendiculaires sera inscriptible dans une circonférence.

78. L'angle A d'un triangle ABC vaut 73° 28', et l'angle B, 64°; on demande le plus grand côté du triangle ABC.

79. Trouver la plus courte distance d'une droite indéfinie à une circonférence.

80. Trouver la plus grande distance d'une droite indéfinie à une circonférence.

81. Par un point donné entre deux parallèles, faire passer une sécante de manière que la partie de la sécante comprise entre les deux parallèles soit égale à une grandeur donnée.

82. Tracer une circonférence tangente à deux parallèles données.

83. Tracer une circonférence tangente aux côtés d'un angle donné.

84. Tracer une circonférence d'un rayon donné tangente à deux droites concourantes données.

85. Tracer une circonférence d'un rayon donné et tangente à une droite et à une circonférence données.

86. Mener à une circonférence une tangente qui fasse avec une droite donnée un angle égal à un angle donné.

87. Tracer une circonférence tangente à trois droites qui se coupent.

88. Deux habitations sont séparées par une distance de 50 mètres; on demande de tracer entre ces habitations un chemin ayant 6 mètres de largeur et se trouvant à 12 mètres de chaque habitation.

89. On demande de déterminer un point situé à égale distance de deux droites concourantes qu'on ne peut prolonger.

90. Mener à un cercle donné une tangente parallèle à une droite donnée.

91. Les bissectrices de deux angles opposés par le sommet sont en ligne droite.

92. Tout angle inscrit est la moitié de l'angle au centre qui correspond au même arc.

A l'époque de la création de notre système de mesures, on divisa la circonférence en 400 parties égales appelées grades, le grade en 100 minutes, la minute en 100 secondes, etc.

93. Convertir en grades un angle de 33° 28' 15".

94. Convertir en degrés un angle de 120 grades 355.

95. Un quadrilatère a deux angles droits, le troisième angle vaut 64 grades 35 : combien le quatrième vaut-il en degrés?

96. Combien les trois angles d'un triangle valent-ils de grades?

97. Combien 64 grades 6754853 font-ils de degrés, minutes et secondes?

98. Trouver en degrés le complément d'un angle de 83 grades 25567.

99. Trouver en grades le supplément d'un angle de 18° 27' 34".

100. On demande de déterminer le rayon qui a servi à décrire la partie circulaire d'un chemin.

101. Par un point extérieur à un angle mener une droite qui fasse un triangle isocèle avec les deux côtés de l'angle.

102. Mener entre les deux côtés d'un angle une droite de longueur donnée et parallèle à une droite donnée.

103. Un triangle peut-il toujours être inscrit dans un cercle?

104. Dans quel cas l'un des côtés du triangle inscrit passera-t-il par le centre?

105. Comment est divisé un triangle rectangle lorsqu'on joint le sommet de l'angle droit au milieu de l'hypoténuse?

106. Dans quel cas les côtés d'un triangle inscrit ne comprennent-ils pas le centre du cercle, et dans quel cas le comprennent-ils?

On nomme médiane d'un triangle la droite qui joint un sommet au milieu du côté opposé.

107. Comment les médianes divisent-elles les angles d'un triangle équilatéral?

108. Dans un triangle équilatéral les médianes sont égales entre elles et égales aux hauteurs.

109. Si l'on joint deux à deux les milieux des côtés d'un triangle équilatéral ABC, on décompose le triangle total en 4 triangles équilatéraux égaux.

110. Si par le milieu du côté AB d'un triangle quelconque ABC, on mène EF parallèle à AC:

1° Le côté BC sera divisé en deux parties égales, et l'on aura 2° $EF = \dfrac{AC}{2}$.

111. Trouver le lieu des sommets des triangles ayant même base et même hauteur.

112. La somme des trois lignes qui joignent un point O, pris dans l'intérieur d'un triangle ABC, aux trois sommets est plus petite que la somme et plus grande que la demi-somme des trois côtés du triangle.

113. Les bissectrices des angles B et C d'un triangle ABC se rencontrent en formant un angle égal à un droit, plus la moitié de A.

114. Dans un triangle équilatéral deux bissectrices forment un angle égal à deux fois l'un des angles du triangle.

115. Inscrire un cercle dans un triangle ABC.

116. Dans un triangle rectangle, le milieu de l'hypoténuse est également distant des trois sommets.

117. Lorsque dans un triangle ABC le milieu D d'un côté

5.

AC est également distant des trois sommets le triangle est rectangle.

118. Par un point donné dans l'intérieur d'un cercle, mener une corde dont ce point soit le milieu.

119. Deux parallèles sont coupées par une sécante : quel angle font entre elles les bissectrices des angles intérieurs non adjacents ?

120. Les bissectrices des angles alternes internes, des angles correspondants et des angles alternes externes sont parallèles.

121. Quelle est la mesure d'un angle formé par une corde et le prolongement d'une autre corde ?

122. Étant donnés deux points A,B situés du même côté d'une droite CD, trouver la plus courte distance du point A au point B en touchant toutefois la droite CD.

123. Quel angle font entre elles les bissectrices de deux angles adjacents à un côté d'un parallélogramme ?

124. Dans quel cas une circonférence pourra-t-elle passer par 4 points donnés ?

125. Quelle espèce de triangle déterminent les bissectrices des deux angles adjacents à l'un des côtés non parallèles dans un trapèze ?

126. Deux lignes se coupent : comment peut-on, à l'aide du compas, prouver qu'elles sont ou non perpendiculaires l'une à l'autre?

127. Un rectangle peut-il toujours être inscrit dans un cercle ?

128. Inscrire un rectangle donné dans un cercle.

129. Dans un cercle donné inscrire un rectangle.

130. Sans mesurer les angles d'un quadrilatère comment peut-on reconnaître s'il est ou non inscriptible dans un cercle?

131. Un trapèze dont les deux côtés non parallèles sont égaux (trapèze isocèle) est inscriptible dans un cercle.

132. Décrire un cercle d'un rayon donné tangent à deux cercles extérieurs.

133. Décrire un cercle tangent à deux cercles intérieurs.

134. Décrire un cercle tangent à deux cercles tangents extérieurement.

135. Un parallélogramme proprement dit peut-il être inscrit dans un cercle ?

136. Décrire un cercle d'un rayon donné tangent à deux cercles sécants.

137. Deux cercles sont tangents extérieurement : on demande de décrire un cercle de manière que les deux premiers soient tangents intérieurement au troisième.

158. Construire un triangle isocèle connaissant sa base et sa hauteur.

159. Construire un triangle isocèle connaissant la base et et les deux angles adjacents à la base.

140. Construire un triangle isocèle connaissant la hauteur et un angle de la base.

141. Construire un triangle isocèle connaissant la hauteur et l'angle opposé à la base.

142. Construire un triangle isocèle connaissant la base et l'angle opposé à la base.

145. Construire un triangle isocèle connaissant la somme des deux côtés égaux et un angle de la base.

144. Construire un triangle isocèle connaissant la hauteur et la somme des côtés égaux.

145. Construire un triangle isocèle connaissant la hauteur et la distance du pied de la hauteur aux côtés égaux.

146. Construire un triangle isocèle connaissant la base et le rayon du cercle circonscrit.

147. Construire un triangle isocèle connaissant la base et le rayon du cercle inscrit.

148. Construire un triangle isocèle de manière que si l'on joint son sommet au milieu de la base on obtienne trois triangles isocèles.

149. Construire un triangle rectangle connaissant l'hypoténuse et un angle aigu.

150. Construire un triangle rectangle connaissant les deux côtés de l'angle droit.

151. Construire un triangle rectangle connaissant l'hypoténuse et un côté de l'angle droit.

152. Construire un triangle rectangle connaissant l'hypoténuse.

155. Construire un triangle rectangle connaissant un côté de l'angle droit et un angle aigu.

154. Construire un triangle rectangle connaissant la position de l'hypoténuse et du point d'intersection des bissectrices des angles aigus.

155. Construire un triangle rectangle connaissant un côté de l'angle droit AB et la distance du point A à l'hypoténuse.

156. Construire un triangle rectangle connaissant le rayon du cercle circonscrit.

157. Un triangle rectangle isocèle est le quart du carré construit sur son hypoténuse.

158. Construire un triangle connaissant un côté, un angle adjacent et la somme des deux autres côtés.

159. Construire un carré dont le côté est donné.

160. Construire un carré connaissant sa diagonale.

161. Construire un parallélogramme connaissant deux côtés et l'angle qu'ils comprennent.

162. Construire un losange dont on connaît les deux diagonales.

163. Deux droites inégales se coupent à angles droits en leur milieu ; si l'on joint les extrémités de ces droites, quelle figure obtiendra-t-on ?

164. Construire un trapèze connaissant les deux bases et les angles adjacents à l'une d'elles.

165. Construire un losange connaissant le côté et l'une des diagonales.

166. Construire un rectangle connaissant un côté et une diagonale.

167. Construire un parallélogramme connaissant la base et les deux diagonales.

168. Lorsque les diagonales d'un quadrilatère se coupent en parties égales, la figure est un parallélogramme.

169. Quel nom porte un parallélogramme dont les diagonales sont égales sans se couper à angles droits ?

170. Si l'on joint par des droites les milieux des côtés d'un carré on obtient un nouveau carré qui est la moitié du premier.

171. Les côtés opposés d'un quadrilatère quelconque circonscrit à un cercle ajoutés deux à deux donnent des sommes égales.

172. Dans un carré et dans un losange les bissectrices se confondent avec les diagonales.

173. Les bissectrices des angles d'un quadrilatère forment un second quadrilatère dont les angles opposés sont supplémentaires.

174. Les bissectrices des angles d'un parallélogramme forment un rectangle.

175. Trouver le polygone dont l'angle vaut $\frac{4}{5}$ d'angle droit.

176. Lorsque les diagonales d'un parallélogramme sont égales, la figure est un rectangle.

177. Si l'on mène par les sommets d'un quadrilatère des parallèles à ses diagonales, on forme un parallélogramme double du quadrilatère.

178. Démontrer que toute sécante passant par le point de rencontre des diagonales d'un parallélogramme le divise en deux parties égales.

179. Le périmètre d'un polygone convexe est plus petit qu'une ligne enveloppante quelconque.

180. La somme des diagonales d'un quadrilatère convexe est plus petite que la somme de ses côtés et plus grande que leur demi-somme.

181. Trouver le lieu de tous les points situés à une distance donnée d'une circonférence également donnée.

On nomme centre de figure un point qui divise en deux parties égales toute droite qui passe par ce point et se termine au périmètre de la figure.

182. Trouver le lieu des centres des parallélogrammes qui ont même base et même hauteur.

183. La plus longue corde et la plus petite qui passent par un point P intérieur à un cercle sont deux droites perpendiculaires dont l'une est un diamètre.

184. Mener dans un cercle une corde d'une grandeur donnée.

185. Par un point P donné dans un cercle, faire passer une corde de grandeur également donnée.

186. Inscrire un cercle dans un triangle quelconque.

187. Trouver le lieu des points d'où partent les tangentes à une circonférence donnée égales à une droite donnée. Les tangentes sont limitées à la circonférence donnée.

188. Par un point P donné dans un cercle, faire passer deux cordes d'égale longueur.

189. Quel est le lieu des centres des circonférences qui passent par deux points donnés ?

190. Trouver le lieu des centres des circonférences tangentes à deux droites parallèles.

191. Trouver le lieu des centres des circonférences tangentes à deux droites concourantes.

192. Mener la bissectrice d'un angle formé par deux droites qu'on ne peut prolonger jusqu'à leur rencontre.

193. Inscrire dans un cercle une corde donnée et parallèle à une droite extérieure donnée.

194. Par un point donné hors d'un cercle mener une sécante de manière à obtenir une corde de grandeur donnée.

195. Construire deux droites connaissant leur somme et leur différence.

196. Les trois médianes d'un triangle quelconque ABC concourent au même point O : ce point divise chacune d'elles en deux parties, dont l'une, celle qui part du sommet, est double de l'autre.

197. Les perpendiculaires élevées sur les milieux des côtés d'un triangle concourent au même point.

198. Les bissectrices des trois angles d'un triangle concourent au même point.

199. Les trois hauteurs d'un triangle ABC concourent au même point O.

200. Les parallèles menées par les trois sommets d'un triangle aux côtés opposés forment un triangle quadruple du premier.

201. Dans un triangle équilatéral et dans un triangle isocèle, les médianes se rencontrent au tiers de la hauteur du triangle.

202. Dans un triangle équilatéral les hauteurs, les médianes, les bissectrices et les perpendiculaires concourent au même point qui est au $\frac{1}{3}$ de la hauteur du triangle.

203. Dans un triangle équilatéral, la somme des trois perpendiculaires est égale à la hauteur du triangle.

204. Au plus grand côté correspond la plus petite médiane.

205. Chaque médiane est plus petite que la demi-somme des côtés adjacents.

206. La somme des médianes d'un triangle est 1° plus petite que la somme des côtés du triangle; 2° plus grande que leur demi-somme.

LIVRE TROISIÈME

LIGNES PROPORTIONNELLES ET POLYGONES SEMBLABLES

Lignes proportionnelles

202. Il est évident que les propriétés établies en algèbre[1] sur les proportions sont vraies, quelles que soient les grandeurs que l'on considère. Ces grandeurs peuvent donc être des lignes.

Le rapport de deux lignes quelconques n'est que le rapport des nombres qui expriment leurs longueurs mesurées avec la même unité.

Si quatre lignes droites AB, CD, EF, GH sont telles que le rapport des deux premières est égal

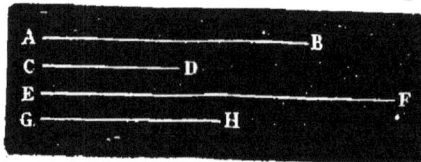

Fig. 129.

1. Pages 95, 96... 104, de notre *Nouveau Cours d'Algèbre*.

à celui des deux dernières, ces quatre lignes forment une proportion, et l'on a

$$\frac{AB}{CD} = \frac{EF}{GH}.$$

203. Lignes proportionnelles. En général, on appelle lignes proportionnelles des lignes qui, comparées deux à deux, forment une suite de rapports égaux. Si, par exemple, les lignes A, B, C, D sont proportionnelles aux lignes A′, B′, C′, D′, on aura :

$$\frac{A}{A'} = \frac{B}{B'} = \frac{C}{C'} = \frac{D}{D'}.$$

204. Quatrième proportionnelle. On nomme quatrième proportionnelle à trois lignes une quatrième ligne qui peut former une proportion avec les trois lignes données. Ainsi, les trois lignes données étant AB, CD, EF, une quatrième proportionnelle sera GH (*fig.* 129).

205. Moyenne proportionnelle. Une moyenne proportionnelle à deux lignes est une troisième ligne dont le carré de la longueur est égal au produit des longueurs des deux autres ; si l'on a

$$\frac{AB}{CD} = \frac{CD}{EF}$$

ou, ce qui est la même chose,

$$\overline{CD}^2 = AB \times EF,$$

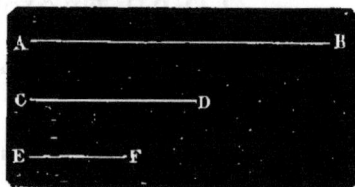

Fig. 130.

CD sera la moyenne proportionnelle entre AB et EF.

206. Troisième proportionnelle. Dans le cas d'une moyenne proportionnelle, chacune des lignes AB, EF est une troisième proportionnelle.

THÉORÈME

207. *Toute parallèle à l'un des côtés d'un triangle divise les deux autres en parties proportionnelles.*

La ligne DE étant parallèle à AC, on aura

$$\frac{BD}{AD} = \frac{BE}{CE}.$$

En effet, supposons qu'une commune mesure BF soit contenue trois fois dans BD et deux fois dans AD, ces deux lignes seront entre elles comme les nombres 3 et 2, et l'on aura

$$\frac{BD}{AD} = \frac{3}{2}.$$

Par les points de division de AB, menons des parallèles à la ligne AC, ces parallèles partage-

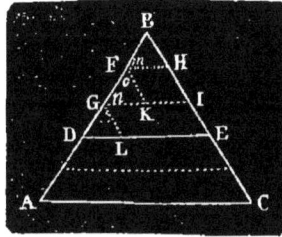

Fig. 131.

ront aussi BC en parties égales ; car si, par les points de division F, G,..., nous menons des parallèles à BC, nous formerons une série de triangles égaux BFH, FGK, GDL, comme ayant un côté égal adjacent à deux angles égaux. Considérons deux quelconques de ces triangles, par exemple, BFH et FGK : BF = FG par construction, l'angle B = l'angle o comme correspondants ; pour la même raison on a aussi angle m = angle n, donc ces deux triangles sont égaux, et FK = BH, mais FK = HI (111), donc on a FK = BH = HI = IE, donc le côté BC est partagé en 5 parties égales. 3 de ces parties étant dans BE et 2 dans CE, on a

$$\frac{BE}{CE} = \frac{3}{2}.$$

Les quantités $\frac{BD}{AD}$ et $\frac{BE}{CE}$ étant égales l'une et l'autre à $\frac{3}{2}$ sont égales entre elles, et l'on a

$$\frac{BD}{AD} = \frac{BE}{CE}.$$

REMARQUE. Cette démonstration, étant indépendante de la longueur de la commune mesure BF, serait encore rigoureuse dans le cas où cette commune mesure serait plus petite que toute quantité appréciable, et par conséquent, dans le cas où les lignes BD et DA seraient incommensurables.

208. Corollaire I. On a : 1° $\dfrac{AB}{BD}=\dfrac{5}{3}$ et $\dfrac{BC}{BE}=\dfrac{5}{3}$, donc,

$$\frac{AB}{BD}=\frac{BC}{BE}.$$

2° $\dfrac{AB}{AD}=\dfrac{5}{2}$ et $\dfrac{BC}{CE}=\dfrac{5}{2}$, donc

$$\frac{AB}{AD}=\frac{BC}{CE}.$$

209. Corollaire II. Si, dans ces rapports égaux, l'on change les moyens de place, on trouvera d'autres rapports, tels que :

$$\frac{AB}{BC}=\frac{BD}{BE}, \quad \frac{BC}{AB}=\frac{BE}{BD}, \text{ etc.}$$

210. Corollaire III. Dans un triangle ABC, si l'on mène plusieurs parallèles DE, FG... à l'un des côtés AC, les deux autres côtés AB, BC, seront divisés en parties proportionnelles, et l'on aura :

$$\frac{BF}{BG}=\frac{FD}{GE}=\frac{DA}{EC}.$$

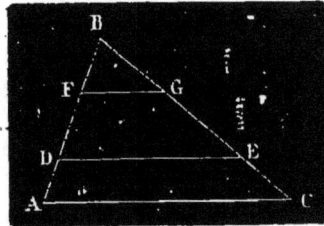

Fig. 132.

THÉORÈME RÉCIPROQUE

211. *Toute droite qui partage deux côtés d'un triangle en parties proportionnelles est parallèle au troisième côté.*

Si $\dfrac{BD}{AD}=\dfrac{BE}{CE}$, la droite DE sera parallèle à AC.

Car, si une autre droite DM pouvait être cette parallèle, on aurait (207) :

$$\frac{BD}{AD}=\frac{BM}{MC}.$$

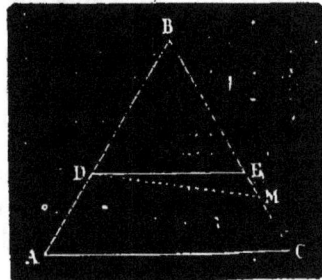

Fig. 133.

Mais on a déjà par hypothèse

$$\frac{BD}{AD} = \frac{BE}{CE},$$

donc on devrait avoir

$$\frac{BM}{MC} = \frac{BE}{CE}.$$

Or, cette égalité est impossible : BM étant $>$ BE et MC $<$ CE, le premier rapport est plus grand que le second ; donc DE est parallèle à AC.

THÉORÈME

212. *La bissectrice d'un angle d'un triangle divise le côté opposé en deux parties proportionnelles aux côtés adjacents.*

BD étant bissectrice de l'angle B, on aura

$$\frac{CD}{AD} = \frac{BC}{AB}.$$

Pour le démontrer, menons une parallèle à BD, jusqu'à la rencontre du prolongement de BC. Dans le triangle AEC, BD étant parallèle à AE, on a

$$\frac{CD}{AD} = \frac{BC}{BE}.$$

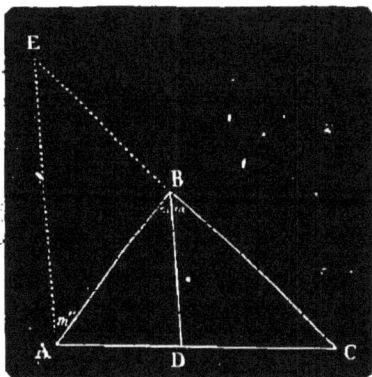

Fig. 134.

Or, les angles E et m sont égaux comme correspondants, les angles m', m'' égaux comme alternes internes ; E $= m$ $= m' = m'$; les angles E et m' étant égaux, le triangle ABE est isocèle, et AB $=$ BE. Si dans l'égalité $\frac{CD}{AD} = \frac{BC}{BE}$, on substitue à BE sa valeur, on aura

$$\frac{CD}{AD} = \frac{BC}{AB}.$$

C. Q. F. D.

213. *Si un point* D *partage un côté* AC *d'un triangle* ABC, *de manière qu'on ait* $\dfrac{CD}{AD} = \dfrac{BC}{AB}$, *la droite* BD *est bissectrice de l'angle* B (fig. 134).

En effet, le parallélisme des droites AE et BD donne (207)

$$\frac{CD}{AD} = \frac{BC}{BE}.$$

Mais on a déjà par hypothèse

$$\frac{CD}{AD} = \frac{BC}{AB},$$

donc

$$\frac{BC}{BE} = \frac{BC}{AB}.$$

L'égalité des numérateurs entraîne celle des dénominateurs : BE=AB.

Le triangle ABE est donc isocèle et

$$m' = E.$$

Mais on a aussi

$$m' = m' \text{ (ces angles sont alternes internes)},$$

par conséquent

$$E = m'.$$

Or, on a encore

$$m = E \text{ (ces angles sont correspondants)};$$

donc enfin,

$$m' = m.$$

La droite BO est par conséquent bissectrice de l'angle B.

Polygones semblables

214. On appelle *polygones semblables* ceux qui ont leurs angles égaux chacun à chacun, et dont les côtés homologues sont proportionnels.

Dans les polygones semblables, on nomme côtés homologues ceux qui sont placés de la même manière. Dans les triangles semblables, les côtés homologues sont opposés aux angles égaux.

THÉORÈME

215. *Toute parallèle* DE *à l'un des côtés d'un triangle* ABC *détermine un second triangle* BDE *semblable au premier*.

Les deux triangles BDE et BAC ont les angles égaux chacun à chacun, car l'angle B est commun, l'angle $D = A$, son correspondant, et l'angle E est aussi égal à son correspondant C. Il faut prouver maintenant que ces triangles ont leurs côtés homologues proportionnels. La parallèle DE donne

$$\frac{AB}{BD} = \frac{BC}{BE}.$$

Une parallèle à AB menée par le point E donne

$$\frac{BC}{BE} = \frac{AC}{AF};$$

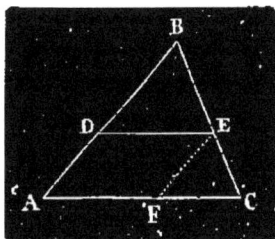

Fig. 135.

mais la figure ADEF étant un parallélogramme, $AF = DE$. Si l'on remplace AF par sa valeur DE, on aura

$$\frac{BC}{BE} = \frac{AC}{DE}.$$

Donc

$$\frac{AB}{BD} = \frac{BC}{BE} = \frac{AC}{DE}.$$

Les deux triangles BDE et ABC ayant leurs angles égaux et leurs côtés homologues proportionnels sont semblables.

Cas principaux de similitude des Triangles

216. Deux triangles sont semblables,

1° *Quand ils sont équiangles;*

2° *Quand ils ont les côtés homologues proportionnels;*

3° *Quand ils ont un angle égal compris entre côtés propor-tionnels;*

4° *Quand ils ont les côtés parallèles ou perpendiculaires chacun à chacun.*

217. 1° *Deux triangles sont semblables lorsqu'ils ont leurs trois angles égaux chacun à chacun.*

Dans les triangles ABC, DEF on a A=D, B=E, C=F. Nous allons démontrer que ces triangles sont sem-blables.

Prenons sur AB une longueur BG=ED et, par le point G, menons GH parallèle à AC, le triangle BGH est semblable à ABC (215); si nous prouvons qu'il est égal à EDF nous aurons démontré que EDF est semblable à ABC. Or les triangles BGH et DEF ont un côté égal adjacent

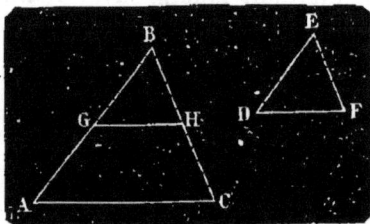

Fig. 136.

à deux angles égaux : le côté BG=DE, l'angle B=l'angle E, l'angle G=l'angle D, car G=A=D; donc ces deux triangles sont égaux et DEF est semblable à ABC.

218. COROLLAIRE I. *Deux triangles sont semblables lorsqu'ils ont deux angles égaux chacun à chacun*, car le troisième est alors égal de part et d'autre.

219. COROLLAIRE II. *Deux triangles rectangles sont semblables lorsqu'ils ont un angle aigu égal.*

220. 2° *Deux triangles* ABC, DEF *qui ont les côtés pro-portionnels sont semblables.*

On a

$$\frac{AB}{DE} = \frac{BC}{EF} = \frac{AC}{DF} \ (1).$$

Nous allons démontrer que les deux triangles A BC et DEF sont semblables.

Prenons sur BA une longueur BG=DE et par le point G menons GH parallèle à AC. Le triangle BGH est semblable à ABC (215) et nous avons

$$\frac{AB}{BG} = \frac{BC}{BH} = \frac{AC}{GH};$$

mais BG=DE; en remplaçant BG par sa valeur DE, il vient

$$\frac{AB}{DE} = \frac{BC}{BH} = \frac{AC}{GH} \quad (2).$$

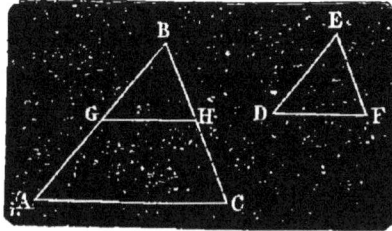

Fig. 137.

Les six rapports (1) et (2) ayant le rapport $\frac{AB}{DE}$ de commun sont tous égaux. De

$$\frac{BC}{BH} = \frac{BC}{EF}$$

on déduit de l'égalité des numérateurs celle des dénominateurs :

$$BH = EF.$$

De même

$$\frac{AC}{GH} = \frac{AC}{DF}$$

d'où

$$GH = DF.$$

Les deux triangles BGH et EDF ont par conséquent les trois côtés égaux chacun à chacun, donc ils sont égaux et EDF est semblable à ABC.

THÉORÈME

221. 3° *Deux triangles ABC, DEF qui ont un angle égal compris entre côtés proportionnels sont semblables* (*fig.* 137).

On a B=E et $\frac{AB}{DE} = \frac{BC}{EF}$.

Nous allons démontrer que les deux triangles ABC, DEF sont semblables.

Prenons sur AB une longueur BG = DE et par le point G menons GH parallèle à AC. Le triangle BGH est semblable à ABC et nous avons

$$\frac{AB}{BG} = \frac{BC}{BH};$$

mais BG = DE ; en remplaçant BG par sa valeur DE, il vient

$$\frac{AB}{DE} = \frac{BC}{DH};$$

mais on a déjà par hypothèse $\frac{AB}{DE} = \frac{BC}{EF}$, donc $\frac{BC}{BH} = \frac{BC}{EF}$;

on déduit de l'égalité des numérateurs celle des dénominateurs

$$BH = EF.$$

Les deux triangles BGH et DEF ont un angle égal compris entre côtés égaux chacun à chacun, donc ils sont égaux et DEF est semblable à ABC.

THÉORÈME

222. 4° *Deux triangles qui ont les côtés parallèles ou qui les ont perpendiculaires chacun à chacun sont semblables.*

Appelons A, B, C les trois angles de l'un des triangles, et A′, B′, C′ les trois angles de l'autre. Les angles A et A′, B et B′, C et C′ ont leurs côtés parallèles ou perpendiculaires. Or, nous savons (n° 95, 96) que deux angles qui ont les côtés parallèles ou perpendiculaires sont égaux ou supplémentaires.

On ne peut donc faire que trois hypothèses :

1° A + A′ = 2 droits ; B + B′ = 2 droits ; C + C′ = 2 droits ;
2° A + A′ = 2 droits ; B + B′ = 2 droits ; C = C′ ;
3° A = A′ ; B = B′ ; C = C′.

Les deux premières hypothèses sont inadmissibles, car la somme des 6 angles vaudrait plus de 4 droits.

Donc les deux triangles sont équiangles et par conséquent semblables.

225. *Deux polygones semblables* ABCDE, A'B'C'D'E' *sont décomposables en un même nombre de triangles semblables et semblablement placés.*

Par les diagonales issues des sommets homologues A et A' décomposons ces deux polygones en un même nombre de triangles.

Les deux triangles ABC et A'B'C' sont semblables comme ayant un angle égal, $B = B'$, compris entre côtés proportionnels, puisque ce sont des côtés homologues de polygones semblables. Les deux triangles ACD et

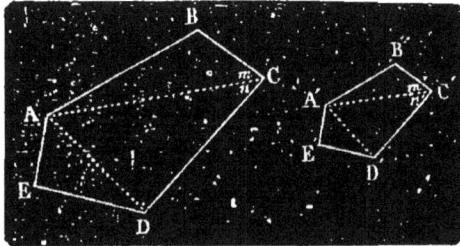

Fig. 138.

A'C'D' sont aussi semblables, car la similitude des triangles ABC et A'B'C' donne $m = m'$; si nous retranchons ces deux angles respectivement des angles égaux C et C' des polygones, les deux restes seront égaux et l'on aura $n = n'$. Or, la similitude des triangles ABC et A'B'C' donne

$$\frac{BC}{B'C'} = \frac{AC}{A'C'},$$

et celle des polygones

$$\frac{BC}{B'C'} = \frac{CD}{C'D'}.$$

Les deux quantités $\frac{AC}{A'C'}$ et $\frac{CD}{C'D'}$ étant l'une et l'autre égales à $\frac{BC}{B'C'}$ sont égales entre elles :

$$\frac{AC}{A'C'} = \frac{CD}{C'D'}.$$

Les deux triangles ACD et A'C'D' ayant aussi un angle égal compris entre côtés proportionnels sont semblables.

On prouverait de même la similitude des triangles suivants, quel que soit le nombre des côtés du polygone.

Remarque. Dans deux polygones semblables, les diagonales homologues sont entre elles dans le même rapport que les côtés homologues, car on a

$$\frac{AC}{A'C'} = \frac{CD}{C'D'}, \text{ etc.}$$

THÉORÈME RÉCIPROQUE

224. *Deux polygones* ABCDE *et* A'B'C'D'E' *composés d'un même nombre de triangles semblables et semblablement placés sont semblables (fig.* 138).

En effet, les triangles étant placés comme le montre la figure, on voit aisément que les angles des polygones sont égaux chacun à chacun : les angles tels que B et B', E et E' sont égaux comme angles homologues des triangles semblables ; les angles tels que C et C', D et D' le sont comme étant chacun formés de deux angles égaux. D'ailleurs la similitude des triangles ABC, A'B'C' donne

$$\frac{AB}{A'B'} = \frac{BC}{B'C'} = \frac{AC}{A'C'};$$

celle des triangles ACD, A'C'D',

$$\frac{AC}{A'C'} = \frac{CD}{C'D'} = \frac{AD}{A'D'};$$

enfin celle des triangles ADE, A'D'E',

$$\frac{AD}{A'D'} = \frac{DE}{D'E'} = \frac{AE}{A'E'}.$$

Le rapport $\frac{AC}{A'C'}$ étant commun aux deux premières séries de rapports égaux et le rapport $\frac{AD}{A'D'}$ aux deux dernières, on a

$$\frac{AB}{A'B'} = \frac{BC}{B'C'} = \frac{CD}{C'D'} = \frac{DE}{D'E'} = \frac{AE}{A'E'}.$$

6

Les deux polygones ayant leurs angles égaux et leurs côtés proportionnels sont semblables.

THÉORÈME

225. *Les périmètres ou contours de deux polygones semblables sont entre eux dans le même rapport que deux côtés homologues quelconques (fig. 138).*

Les polygones ABCDE, A'B'C'D'E' étant semblables, nous avons

$$\frac{AB}{A'B'} = \frac{BC}{B'C'} = \frac{CD}{C'D'} = \frac{DE}{D'E'} = \frac{AE}{A'E'}.$$

Mais dans une suite de rapports égaux la somme des numérateurs est à la somme des dénominateurs comme un numérateur quelconque est à son dénominateur; donc

$$\frac{AB + BC + CD + DE + AE}{A'B' + B'C' + C'D' + D'E' + A'E'} = \frac{AB}{A'B'}.$$

Le numérateur du premier rapport représentant le périmètre du premier polygone, et son dénominateur le périmètre du second, si l'on désigne par P et P' ces périmètres on a

$$\frac{P}{P'} = \frac{AB}{A'B'}.$$

THÉORÈME

226. *Si du sommet de l'angle droit d'un triangle rectangle* ABC, *on abaisse la perpendiculaire* BD *sur l'hypoténuse,*

1° *Cette perpendiculaire* BD *partage le triangle* ABC *en deux triangles partiels* ABD, DBC *semblables au triangle total et semblables entre eux;*

2° *La perpendiculaire* BD *est moyenne proportionnelle entre les deux segments qu'elle détermine sur l'hypoténuse;*

3° *Chaque côté de l'angle droit est moyen proportionnel entre l'hypoténuse entière et le segment qui lui est adjacent.*

1° Les triangles ABC et ABD sont semblables, car ils ont un angle commun A et chacun un angle droit (219). Les triangles ABC et BDC sont semblables pour la même

raison. Les deux triangles partiels ABD et BDC sont semblables aussi, car ils ont
chacun un angle droit,
et l'angle C complément
de l'angle A est égal à
l'angle c complément
du même angle A, donc
ces deux triangles ont

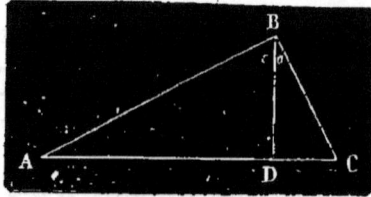

Fig. 139.

les trois angles égaux chacun à chacun, donc ils sont
semblables.

2° On doit avoir $\dfrac{AD}{BD}=\dfrac{BD}{DC}$ ou $\overline{BD}^2=AD\times DC$.

En effet, les triangles ABD et BDC étant semblables
(le côté AD du premier triangle opposé à l'angle c est
l'homologue du côté BD dans le second triangle opposé à
l'angle C$=c$, et le même côté BD du premier triangle opposé à l'angle A est l'homologue du côté DC dans le second opposé à l'angle $a=$A) on a

$$\frac{AD}{BD}=\frac{BD}{DC} \text{ ou } \overline{BD}^2=AD\times DC \text{ (1)}.$$

L'égalité $\overline{BD}^2=AD\times DC$ fait connaître que le carré du
nombre qui exprime la longueur de la perpendiculaire BD
est égal au produit des nombres qui expriment la longueur
des segments AD et DC.

3° On doit avoir $\dfrac{AC}{AB}=\dfrac{AB}{AD}$ et $\dfrac{AC}{BC}=\dfrac{BC}{DC}$ ou $\overline{AB}^2=AC\times AD$
et $\overline{BC}^2=AC\times DC$.

En effet, les deux triangles rectangles ABC et ABD
étant semblables (l'hypoténuse du premier est à l'hypoténuse du second dans le même rapport que le côté AB
du premier triangle opposé à l'angle C est à AD du second triangle opposé à l'angle $c=$C) on a

$$\frac{AC}{AB}=\frac{AB}{AD} \text{ ou } \overline{AB}^2=AC\times AD \text{ (2)}.$$

La similitude des triangles ABC donne de même

$$\frac{AC}{BC}=\frac{BC}{DC} \text{ ou } \overline{BC}^2=AC\times DC \text{ (3)}.$$

227. Corollaire I. Si l'on ajoute membre à membre les égalités (2) et (3), il vient

$$\overline{AB}^2 + \overline{BC}^2 = AC \times AD + AC \times DC = AC\,(AD + DC);$$

mais

$$AD + DC = AC,$$

donc on a

$$\overline{AB}^2 + \overline{BC}^2 = AC \times AC = \overline{AC}^2 \text{ ou } \overline{AC}^2 = \overline{AB}^2 + \overline{BC}^2 \ (4).$$

En retranchant de chaque membre de la dernière égalité la quantité $\overline{BC}^2$, il vient

$$\overline{AC}^2 - \overline{BC}^2 = \overline{AB}^2 \text{ ou } \overline{AB}^2 = \overline{AC}^2 - \overline{BC}^2 \ (5);$$

on aurait de même

$$\overline{BC}^2 = \overline{AC}^2 - \overline{AB}^2 \ (6).$$

L'égalité (4) prouve que dans un triangle rectangle le carré du nombre qui exprime la mesure de l'hypoténuse est égal à la somme des carrés des nombres qui expriment la mesure des côtés de l'angle droit et les égalités (5), (6) que le carré du nombre qui exprime la mesure d'un des côtés de l'angle droit est égal à la différence des carrés des nombres qui expriment la mesure des autres côtés.

228. Corollaire II. ABCD étant un carré, on a

$$\frac{AC}{AD} = \sqrt{2}.$$

En effet, le triangle rectangle ADC donne $\overline{AC}^2 = \overline{AD}^2 + \overline{DC}^2$, mais $\overline{AD}^2 = \overline{DC}^2$, donc

$$\overline{AC}^2 = 2\overline{AD}^2,$$

d'où

$$\frac{\overline{AC}^2}{\overline{AD}^2} = 2,$$

$$\frac{AC}{AD} = \sqrt{2}.$$

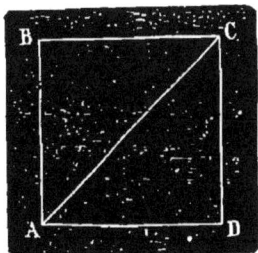

Fig. 140.

La racine carrée de 2 ne pouvant s'obtenir exactement, les lignes AC et AD n'ont pas de commune mesure. La diagonale d'un carré et son côté n'ont donc pas de commune mesure.

APPLICATIONS NUMÉRIQUES

229. 1° On fait (*fig.* 139) $AD = 35^m,20$, $DC = 19^m,80$; trouver AC, BD, AB, BC :

$$AC = AD + DC = 35,20 + 19,80 = 55 \text{ mètres.}$$

L'égalité (1) donne

$$\overline{BD}^2 = AD \times DC = 35,20 \times 19,80 = 696,96;$$
$$BD = \sqrt{696,96} = 26^m,40.$$

L'égalité (2) donne

$$\overline{AB}^2 = AC \times AD = 55 \times 35,20 = 1936;$$
$$AB = \sqrt{1936} = 44 \text{ mètres.}$$

Enfin l'égalité (3) donne

$$\overline{BC}^2 = AC \times DC = 55 \times 19,80 = 1089;$$
$$BC = \sqrt{1089} = 33 \text{ mètres.}$$

230. 2° On fait $AB = 12$ mètres, $BC = 5$ mètres; trouver AC, AD, DC, BD à 0,001 près.

L'égalité (4) donne

$$\overline{AC}^2 = \overline{AB}^2 + \overline{BC}^2 = 144 + 25 = 169;$$
$$AC = \sqrt{169} = 13 \text{ mètres.}$$

Déterminons AD et DC; l'égalité (2) donne

$$\overline{AB}^2 = AC \times AD,$$

d'où $AD = \dfrac{AB^2}{AC} = \dfrac{144}{13} = 11^m,\frac{1}{13} = 11^m,077;$

et l'égalité (3),

$$\overline{BC}^2 = AC \times DC,$$

d'où $DC = \dfrac{\overline{BC}^2}{AC} = \dfrac{25}{13} = 1^m,\frac{12}{13} = 1^m,923.$

Enfin l'égalité (1) donne

$$\overline{BD}^2 = AD \times DC = \frac{144}{13} \times \frac{25}{13} = \frac{3600}{13 \times 13};$$

$$BD = \sqrt{\frac{3600}{13 \times 13}} = \frac{60}{13} = 4^m,\frac{8}{13} = 4^m,615.$$

6.

231. On appelle *projection* d'un point A sur une droite

XY le pied de la perpendiculaire abaissée du point A sur la droite, et projection d'une ligne AB sur XY la portion *ab* de cette ligne qui se trouve comprise entre les projections des points A et B.

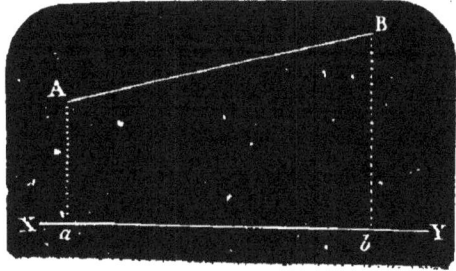

(Fig. 141.

232. REMARQUE En algèbre on démontre

1° Que le carré de la somme de deux quantités est égal au carré de la première plus le carré de la seconde, plus 2 fois le produit de la première par la seconde. Si l'on désigne ces quantités par a et b, on a

$$(a+b)^2 = a^2 + b^2 + 2ab \ (1);$$

2° Que le carré de la différence de deux quantités est égal au carré de la première, plus le carré de la seconde, moins 2 fois le produit de la première par la seconde. Si les quantités sont a et b, on a

$$(a-b)^2 = a^2 + b^2 - 2ab \ (2).$$

THÉORÈME

233. *Dans un triangle quelconque ABC, le carré du côté* opposé à un angle aigu est égal à la somme des carrés des deux autres côtés, moins deux fois le produit de l'un de ces côtés par la projection de l'autre sur celui-là.

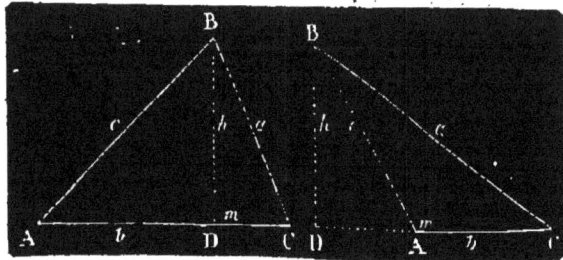

Fig. 142.   Fig. 143.

Le côté AB (fig. 142) étant opposé à l'angle aigu C et CD étant la projection du côté BC, si l'on fait pour abréger AB $=c$, AC $=b$, BC $=a$, CD $=m$ et la perpendiculaire BD $=h$, on aura

$$c^2 = a^2 + b^2 - 2bm.$$

En effet

$$c^2 = h^2 + \overline{AD}^2 \ (1);$$

mais

$$h^2 = a^2 - m^2$$

et

$$AD = b - m,$$

d'où

$$\overline{AD}^2 = (b - m)^2 = b^2 + m^2 - 2bm \ (232, \ 2°).$$

Si dans l'équation (1) l'on substitue à h^2 et à $\overline{AD}^2$ leurs valeurs, il vient

$$c^2 = a^2 - m^2 + b^2 + m^2 - 2bm,$$

$-m^2$ et $+m^2$ se détruisent, on a

$$c^2 = a^2 + b^2 - 2bm.$$

254. REMARQUE. Si comme dans la figure (143) la perpendiculaire tombe hors du triangle, on a toujours

$$c^2 = a^2 + b^2 - 2bm \ (m = DC),$$

car

$$c^2 = h^2 + \overline{AD}^2;$$

mais

$$h^2 = a^2 - m^2$$

et

$$AD = m - b,$$

d'où

$$\overline{AD}^2 = m^2 + b^2 - 2bm \ ;$$

si l'on remplace h^2 et $\overline{AD}^2$ par leurs valeurs, on a

$$c^2 = a^2 + b^2 - 2bm,$$

$-m^2$ et $+m^2$ se détruisant.

THÉORÈME

255. *Dans un triangle quelconque ABC, le carré du côté opposé à un angle obtus est égal à la somme des carrés des deux autres côtés, plus deux fois le produit de l'un de ces côtés par la projection de l'autre sur celui-là.*

Le côté a étant opposé à l'angle obtus A et AD, ou m étant la projection du côté c, on aura

$$a^2 = b^2 + c^2 + 2bm.$$

En effet,

$$a^2 = h^2 + (b+m)^2 = h^2 + b^2 + m^2 + 2bm;$$

mais (227)

$$h^2 = c^2 - m^2.$$

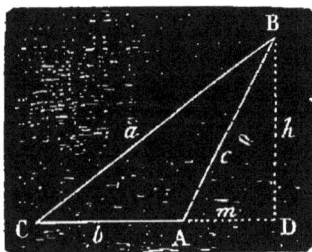

[Fig. 144.

En substituant à h^2 sa valeur, il vient

$$a^2 = c^2 - m^2 + b^2 + m^2 + 2bm;$$

$-m^2$ et $+m^2$ se détruisant, on a

$$a^2 = c^2 + b^2 + 2bm.$$

THÉORÈME

256. *Si d'un point A pris dans le plan d'un cercle on mène des sécantes, le produit des distances de ce point aux deux points d'intersection de chaque sécante avec la circonférence est constant.*

1° *Le point donné est dans l'intérieur du cercle.*

On aura $AB \times AE = AC \times AD$.

En effet, si nous menons les droites BC et DE, nous formerons deux triangles BAC et DAE, dans lesquels les angles B et D sont égaux comme ayant l'un et l'autre pour mesure la moitié de l'arc EC, et les angles C et E égaux comme ayant l'un et l'autre pour mesure la moitié de l'arc DB; donc ces deux triangles sont semblables et les côtés homologues donnent

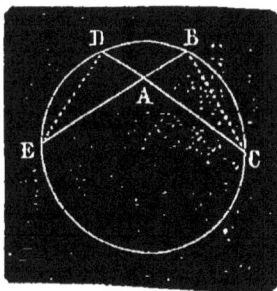

Fig. 145.

$$\frac{AB}{AD} = \frac{AC}{AE} \quad \text{ou} \quad AB \times AE = AC \times AD.$$

2° *Le point donné est hors du cercle.*

On aura $AB \times AE = AC \times AD$.

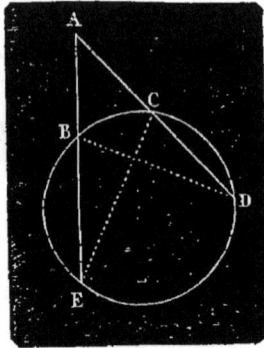

Pour le démontrer, joignons par des droites les points B et D, E et C, nous formerons ainsi deux triangles AEC et ABD, dans lesquels l'angle A est commun et E=D comme ayant l'un et l'autre pour mesure la moitié de l'arc BC; donc ces deux triangles sont semblables, et leurs côtés homologues donnent

$$\frac{AB}{AC} = \frac{AD}{AE},$$

d'où $\qquad AB \times AE = AC \times AD.$

Fig. 146.

THÉORÈME

257. *Une tangente* AB *est moyenne proportionnelle entre une sécante quelconque* AC *et sa partie extérieure* AD.

On aura $\dfrac{AC}{AB} = \dfrac{AB}{AD}$ ou $\overline{AB}^2 = AC \times AD.$

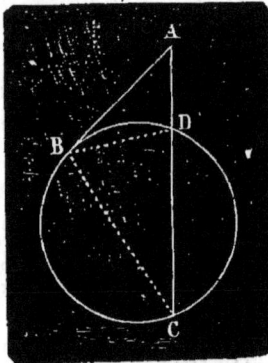

En effet, menons les droites BC et BD. Les deux triangles ABC et ABD ont un angle A de commun, et C=ABD, car ces deux angles ont l'un et l'autre pour mesure la moitié de l'arc BD, le premier comme angle inscrit, le second comme angle formé par une corde et une tangente : donc ces deux triangles sont semblables, et leurs côtés homologues donnent

$$\frac{AC}{AB} = \frac{AB}{AD},$$

Fig. 147.

d'où $\qquad \overline{AB}^2 = AC \times AD.$

PROBLÈME

238. *Diviser une droite* AB *en un certain nombre de parties égales.*

Soit à diviser AB en cinq parties égales.

Menons par le point A une droite AL faisant avec la ligne AB un angle quelconque. Sur la droite AL, à partir du point A, portons consécutivement cinq longueurs égales entre elles et joignons le dernier point de division C au point B, puis, par

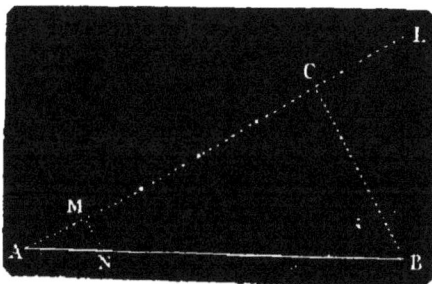

Fig. 148.

le premier point de division de la ligne AL, menons la droite MN parallèle à BC : la longueur AN sera la cinquième partie de AB; par conséquent, cette longueur portée 5 fois sur AB divisera cette ligne en 5 parties égales.

En effet, à cause du parallélisme des droites MN et BC, nous avons (208)

$$\frac{AC}{AM} = \frac{AB}{AN};$$

comme la quantité AM est la cinquième partie de la ligne AC, AN sera aussi la cinquième partie de la ligne AB.

PROBLÈME

239. *Diviser une droite* AB *en parties proportionnelles à des longueurs données* M, N, P.

Par le point A menons une droite AL faisant avec AB un angle quelconque.

Sur la droite AL, à partir de A, portons les longueurs AC=M, CD=N, DE=P : joignons E et B, puis par les points D et C menons les parallèles DF, CG à BE : les parties AG, GF, FB de AB seront proportionnelles aux droites données M, N, P.

En effet, le triangle ABE donne (209)

$$\frac{AG}{AC}=\frac{GF}{CD}=\frac{FB}{DE}$$

ou

$$\frac{AG}{M}=\frac{GF}{N}=\frac{FB}{P}.$$

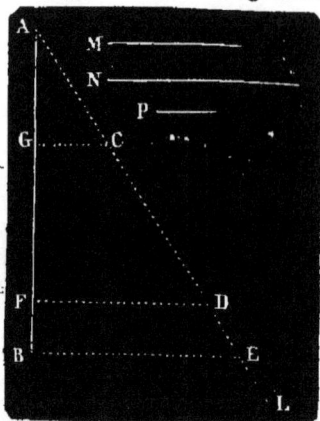

Fig. 149.

PROBLÈME

240. *Trouver une quatrième proportionnelle aux trois lignes données* M, N, P.

La quatrième ligne étant représentée par x, on doit avoir

$$\frac{M}{N}=\frac{P}{x}.$$

Menons les droites indéfinies AB, AC faisant entre elles un angle quelconque. A partir de A prenons sur AB des longueurs AD=M, AE=N, et sur AC une longueur AF=P; joignons par une droite les points D et F, puis menons EG parallèle

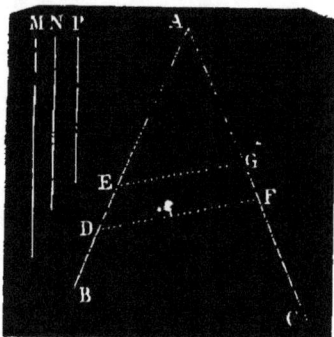

Fig. 150.

à DF : AG=x, ou est la quatrième proportionnelle demandée.

En effet, la similitude des triangles DAF et EAG donne

$$\frac{AD}{AE}=\frac{AF}{AG};$$

mais AD$=$M, AE$=$N, AF$=$P, donc on a

$$\frac{M}{N}=\frac{P}{AG} \text{ ou } \frac{M}{N}=\frac{P}{x}.$$

PROBLÈME

241. *Trouver une moyenne proportionnelle à deux lignes données* M *et* N.

Cette ligne étant représentée par x, on doit avoir

$$\frac{M}{x}=\frac{x}{N}.$$

Sur une droite indéfinie AB prenons les longueurs AC $=$M, CD$=$N. Sur AD comme diamètre décrivons une demi-circonférence, et au point C élevons la perpendiculaire CE. Cette droite est la moyenne proportionnelle demandée.

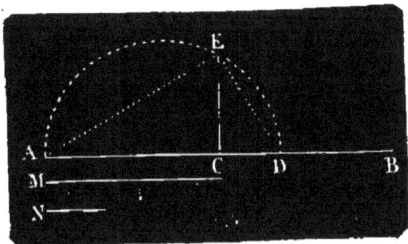
Fig. 151.

En effet, si l'on mène les cordes AE et ED, on obtiendra un triangle AED rectangle en E. Or, la perpendiculaire EC abaissée du sommet de l'angle droit sur l'hypoténuse est moyenne proportionnelle (226, 2°) entre les segments AC et CD, donc

$$\frac{AC}{EC}=\frac{EC}{CD},$$

mais AC$=$M, CD$=$N, on a par conséquent

$$\frac{M}{EC}=\frac{EC}{N} \text{ ou } \frac{M}{x}=\frac{x}{N}.$$

PROBLÈME

242. *Partager une droite donnée* AB *en moyenne et extrême raison.*

(Partager une ligne en moyenne et extrême raison, c'est

la partager en deux parties telles que la plus grande soit moyenne proportionnelle entre la ligne entière et la plus petite.)

La ligne AB étant partagée au point C en moyenne et extrême raison, on doit avoir

$$\frac{AB}{AC} = \frac{AC}{CB}.$$

Au point B élevons la perpendiculaire $BD = \frac{AB}{2}$, et du point D comme centre, avec DB pour rayon, décrivons une circonférence;

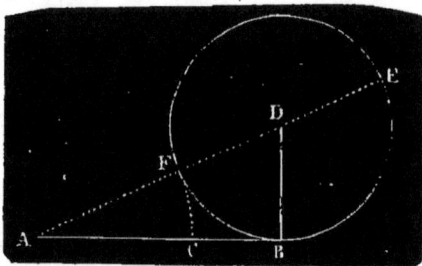

Fig. 152.

menons la sécante ADE, puis portons la longueur AF de A en C, et la ligne sera divisée comme il est demandé.

En effet, la sécante AE et la tangente AB donnent (237)

$$\frac{AE}{AB} = \frac{AB}{AF} \quad (1);$$

mais dans toute proportion [1] la différence des deux premiers termes est au second terme comme la différence des deux derniers est au quatrième, donc

$$\frac{AE - AB}{AB} = \frac{AB - AF}{AF} \quad (2).$$

Or $AE - AB = AE - FE = AF = AC$

et $AB - AF = AB - AC = BC.$

A l'égalité (2) on peut donc substituer la suivante :

$$\frac{AC}{AB} = \frac{BC}{AF},$$

$$\frac{AC}{AB} = \frac{BC}{AC}, \text{ car } AF = AC,$$

ou enfin [2] $$\frac{AB}{AC} = \frac{AC}{BC}.$$

1. *Nouveau Cours d'Algèbre*, pages 99 et 100.

2. Voyez, dans notre *Nouveau Cours de Problèmes d'Algèbre*, la solution algébrique de cette question.

245. *Mener une tangente commune à deux cercles.*

La tangente à deux cercles peut être 1° *extérieure;* 2° *intérieure.* Elle sera extérieure lorsqu'elle laissera les deux cercles du même côté, et intérieure lorsqu'elle passera entre les deux cercles.

1° Supposons le problème résolu. Soit AA′ une tan-gente com-mune exté-rieure et O le point de rencontre de la tan-gente et de la ligne des centres pro-longées.

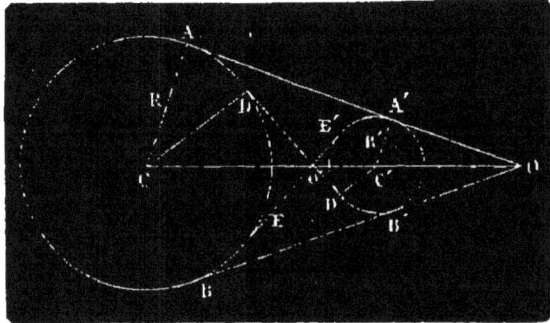

Fig. 153.

Menons aux points de contact les rayons CA ou R, C′A′ ou R′. Les triangles semblables CAO, C′A′O donnent

$$\frac{R}{R'} = \frac{OC}{OC'};$$

d'où [1]

$$\frac{R-R'}{R'} = \frac{OC-OC'}{OC'} = \frac{CC'}{OC'},$$

$$\frac{R-R'}{R'} = \frac{CC'}{OC'}.$$

La ligne OC′ est une quatrième proportionnelle aux trois lignes connues R—R′, R′, CC′ : on peut facilement la trouver (240).

Donc, pour mener une tangente commune extérieure à un cercle CA et à un cercle C′A′, il faut chercher une quatrième proportionnelle aux trois longueurs R—R′, R′, CC′, et porter la longueur trouvée sur le prolongement de

1. *Nouveau Cours d'Algèbre,* n° 173.

CC' de C' en O. Enfin mener du point O une tangente à cercle C'A' qui sera aussi tangente à cercle CA.

On peut, du reste, facilement le prouver.

Menons CA parallèle à C'A' jusqu'à la rencontre de OA' prolongée. Nous allons montrer que CA = R. Les triangles semblables CAO, C'A'O donnent

$$\frac{CA}{CA'} = \frac{OC}{OC'} \ (1).$$

Or, on a par construction $\frac{R-R'}{R'} = \frac{CC'}{OC'}$; d'où l'on tire

$$\frac{R-R'+R'}{R'} = \frac{CC'+OC'}{OC'}$$

ou

$$\frac{R}{R'} = \frac{OC}{OC'} \ (2).$$

Les égalités (1) et (2) donnent

$$\frac{CA}{CA'} = \frac{R}{R'};$$

mais CA'=R', donc CA=R. Le point A est par conséquent sur la circonférence, de plus angle A = A' = 1ᵈ., donc OA tangente à cercle C'A' l'est aussi à cercle CA.

Il est évident que B'B est encore une tangente; le problème admet donc deux solutions lorsque le point O est extérieur.

2ᵇ Supposons encore le problème résolu. Soit DD' une tangente commune intérieure.

Menons les rayons CD ou R, C'D' ou R'.

Les triangles semblables CDO', C'D'O' donnent

$$\frac{R}{R'} = \frac{CO'}{C'O'};$$

d'où

$$\frac{R+R'}{R'} = \frac{CO'+C'O'}{C'O'}.$$

$$\frac{R+R'}{R'} = \frac{CC'}{C'O'}$$

La ligne C'O' est une quatrième proportionnelle aux trois longueurs connues R+R', R', CC' : on peut facilement la trouver (240).

Donc, pour mener une tangente intérieure commune à

cercle CA et à cercle C'A', il faut chercher une quatrième proportionnelle aux trois longueurs R+R', R', CC', et porter la longueur trouvée de C' vers C jusqu'en O'. Enfin mener du point O' une tangente à cercle C'D', qui sera aussi tangente à cercle CD. On le prouverait comme pour la tangente extérieure.

Dans ce cas, il y a encore deux solutions, car EE' est encore une tangente intérieure.

REMARQUE. Le problème proposé admet donc quatre solutions lorsque les deux circonférences sont extérieures (voir les détails donnés au n° 200, REMARQUE).

PROBLÈME

244. *Sur une droite donnée* A'B' *construire un polygone semblable à un polygone donné* ABCDE.

Menons, dans le polygone donné, les diagonales AC, AD et faisons au point B' un angle B'=B, et au point A' un angle $m'=m$; les deux lignes A'C', B'C' se couperont en C' et les triangles ABC, A'B'C' ayant par construc-

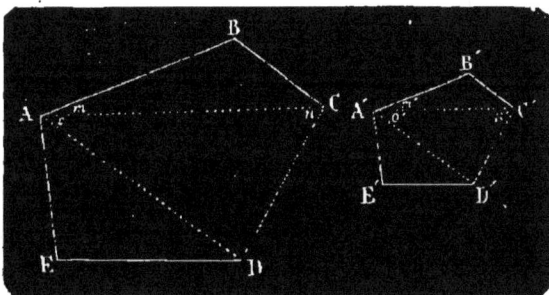

Fig. 154.

tion leurs angles égaux chacun à chacun seront semblables. Sur A'C' homologue de AC formons de même les angles o', n' respectivement égaux aux angles o et n; le triangle A'C'D' ainsi obtenu sera semblable au triangle ACD. Sur A'D', homologue de AD, on construira de même un triangle A'D'E' semblable au triangle ADE.

Les deux polygones ABCDE, A'B'C'D'E' étant l'un et l'autre composés d'un même nombre de triangles semblables et semblablement disposés sont semblables.

Des Polygones réguliers

245. *On appelle polygone régulier un polygone qui a ses côtés égaux et ses angles égaux.* Le triangle équilatéral et le carré sont des polygones réguliers.

246. Un polygone est dit inscrit dans un cercle lorsque tous ses sommets sont sur la circonférence de ce cercle. Réciproquement le cercle est dit circonscrit au polygone.

247. Un polygone est dit circonscrit à un cercle lorsque tous ses côtés sont tangents à la circonférence de ce cercle. Réciproquement le cercle est dit inscrit dans le polygone.

248. *Tout polygone régulier* ABCDE *peut être inscrit dans un cercle et lui être circonscrit.*

1° *Tout polygone régulier* ABCDE *peut être inscrit dans un cercle.*

Soit O le centre d'une circonférence passant par les trois sommets consécutifs (198) A, B, C. Démontrons qu'elle passera aussi par le sommet D. Menons OF perpendiculaire sur le milieu de BC, et autour de OF faisons tourner le quadrilatère OFBA pour le rabattre sur le quadrilatère OFCD; les angles en F étant égaux ainsi que les côtés BF et FC, BF prendra la direction de FC et le point B tombera au point C; mais les angles B et C étant égaux ainsi que les côtés BA et CD, BA prendra la direction de CD et le point A tombera au point D; par conséquent, OA et OD se confondront, et la circonférence décrite avec OA pour rayon passera aussi au point D. On prouverait de même qu'elle passerait par les autres sommets, quel qu'en soit le nombre.

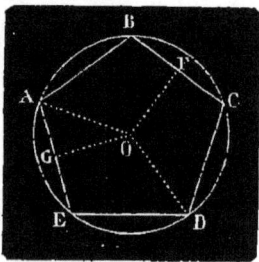

Fig. 155.

2° *Tout polygone régulier* ABCDE *peut être circonscrit à un cercle.*

Dans la circonférence circonscrite, les côtés AB, BC, CD... du polygone régulier sont des cordes égales et par conséquent également éloignées du centre ; si donc on décrit une circonférence avec l'une des perpendiculaires OF, OG... pour rayon, cette circonférence sera tangente aux côtés du polygone et passera par leur milieu.

249. COROLLAIRE I. *Le cercle inscrit et le cercle circonscrit à un polygone régulier ont le même centre.*

250. COROLLAIRE II. *Les côtés* AB, BC, CD... *du polygone régulier inscrit sont des cordes égales, les arcs qu'ils sous-tendent sont aussi égaux, et par conséquent les angles au centre* AOB, BOC. *La valeur de l'un deux s'obtiendra en divisant 4 droits par le nombre des côtés du polygone.*

THÉORÈME

251. *Deux polygones réguliers d'un même nombre de côtés sont semblables.*

Considérons deux hexagones réguliers ABCDEF , A'B'C'D'E'F' (*fig.* 156), on aura

1° $A = A'$, $B = B'$, $C = C'$, $D = D'$, $E = E'$, $F = F'$;

2° $$\frac{AB}{A'B'} = \frac{BC}{B'C'} = \frac{CD}{C'D'} = \frac{DE}{D'E'} = \frac{EF}{E'F'} = \frac{AF}{A'F'} ;$$

car dans l'un et dans l'autre la somme des angles est égale à huit droits (103). L'angle A est la sixième partie de cette somme, aussi bien que l'angle A' ; ces angles sont par conséquent égaux. On prouverait de même l'égalité des autres angles : donc

1° $A = A'$, $B = B'$, $C = C'$, $D = D'$, $E = E'$, $F = F'$,

2° on a $$\frac{AB}{A'B'} = \frac{BC}{B'C'} = \frac{CD}{C'D'} = \frac{DE}{D'E'} = \frac{EF}{E'F'} = \frac{AF}{A'F'} ;$$

car les deux polygones étant réguliers, tous les numérateurs de ces rapports sont égaux ; il en est de même des dénominateurs.

THÉORÈME

252. *Le rapport des périmètres de deux polygones régu-liers d'un même nombre de côtés est le même que celui des rayons des cercles circonscrits et des cercles inscrits.*

Considérons les deux hexagones ABCDEF, A'B'C'D'E'F', et menons les rayons OA, O'A' des cercles circonscrits et les rayons ON, O'N' des cercles inscrits. Si l'on appelle P le périmètre du premier polygone et P' celui du second, on aura

$$\frac{P}{P'} = \frac{OA}{O'A'} = \frac{ON}{O'N'}.$$

En effet, les deux triangles AOB, A'O'B' sont isocèles (OA $=$ OB, O'A' $=$ O'B') et de plus l'angle O $=$ O', car l'un et l'autre sont le sixième de 4 droits (250); les perpendiculaires ON, O'N' sont donc bissectrices des

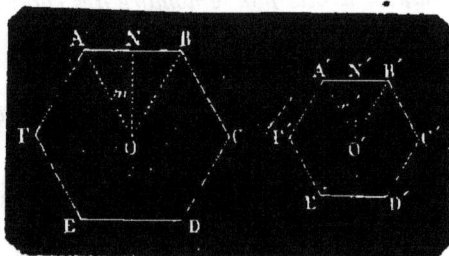

Fig. 156.

angles O et O', par conséquent l'angle $m = m'$ et les deux triangles AON, A'O'N' sont semblables ; leur similitude donne

$$\frac{OA}{O'A'} = \frac{ON}{O'N'} = \frac{AN}{A'N'} = \frac{2AN}{2A'N'} = \frac{AB}{A'B'} = \frac{6AB}{6A'B'} = \frac{P}{P'}$$

ou

$$\frac{P}{P'} = \frac{OA}{O'A'} = \frac{ON}{O'N'}.$$

PROBLÈME

253. *Inscrire un carré dans un cercle.*

Joignons les extrémités des diamètres perpendiculaires AB, CD : le quadrilatère ACBD est un carré.

En effet, les angles au centre en O étant égaux interceptent des arcs égaux (163),
lesquels sont sous-tendus par
des cordes égales, donc AC
= CB = BD = DA. D'ailleurs
chacun des angles est droit
comme inscrit dans une demi-
circonférence. Par exemple,
l'angle CAD a pour mesure la
moitié de la demi-circonférence CBD.

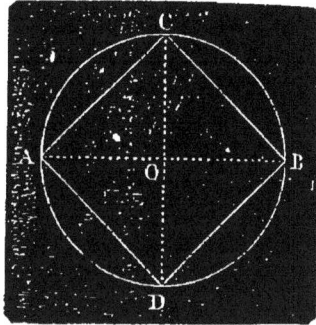

Fig. 157.

254. Corollaire. Le triangle rectangle ACO donne

$$\overline{AC}^2 = \overline{AO}^2 + \overline{CO}^2 = R^2 + R^2 = 2R^2,$$
$$AC = \sqrt{2R^2},$$
$$AC = R\sqrt{2}.$$

Ainsi, *le côté AC du carré inscrit est égal au rayon du cercle multiplié par la racine carrée de 2.*

PROBLÈME

255. *Inscrire un hexagone régulier dans un cercle d'un rayon donné.*

Supposons le problème résolu, et que AB est le côté de
l'hexagone. Menons les rayons
OA et OB. AOB vaut le sixième
de 360 degrés ou 60 degrés, les
deux autres angles du triangle
AOB valent donc ensemble
$180° — 60° = 120°$; mais ces
deux angles sont égaux, car
OA = OB, chacun d'eux vaut
par conséquent 60°, et le triangle AOB est équiangle et équilatéral, donc AB = AO = R.

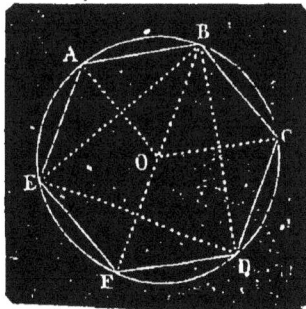

Fig. 158.

Le côté de l'hexagone régulier inscrit étant égal au
rayon, il suffira, pour inscrire ce polygone, de porter

six fois consécutivement le rayon comme corde sur la circonférence.

256. Corollaire. En joignant deux à deux les côtés de l'hexagone régulier inscrit, on a le triangle équilatéral inscrit BDE ; et si l'on mène le diamètre BF on obtient le triangle rectangle BEF qui donne

$$\overline{BE}^2 + \overline{FE}^2 = \overline{BF}^2 ;$$

mais FE = R et BF = 2R,

donc on a
$$\overline{BE}^2 + R^2 = 2R \times 2R,$$
$$\overline{BE}^2 + R^2 = 4R^2,$$
$$\overline{BE}^2 = 4R^2 - R^2 = 3R^2,$$

d'où
$$BE = \sqrt{3R^2},$$
$$BE = R\sqrt{3}.$$

Ainsi, *le côté* BE *du triangle équilatéral inscrit est égal au rayon multiplié par la racine carrée de* 3.

PROBLÈME

257. *Inscrire un décagone régulier dans un cercle.*

Soit AB le côté du décagone inscrit. L'angle au centre ou $O = \dfrac{360°}{10} = 36°$. Les angles A et B du triangle isocèle AOB valent ensemble $180 - 36 = 144°$, et comme ces angles sont égaux, chacun d'eux vaut $\dfrac{144}{2} = 72°$, ou le double de l'angle au centre. Si nous divisons l'angle B en deux parties égales par la droite BC, nous aurons l'angle

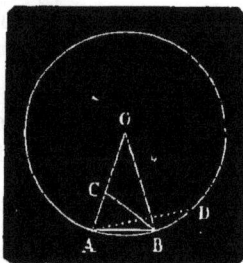

Fig. 159.

CBO = O, le triangle OBC est isocèle : donc OC = CB. Mais dans le triangle ABC l'angle A = 72° et l'angle CBA = 36° ; donc l'angle ACB = 72° et le triangle ABC est encore isocèle ; donc AB = CB, et par conséquent OC = AB.

7.

Dans le triangle AOB, BC étant bissectrice de l'angle B, on a (212)

$$\frac{AC}{OC} = \frac{AB}{OB}, \text{ ou bien } \frac{OB}{AB} = \frac{OC}{AC},$$

ou enfin $\frac{OA}{OC} = \frac{OC}{AC}$, car OB=OA, AB=OC.

Comme on le voit, la ligne OC=AB, côté du décagone régulier inscrit, est le plus grand segment du rayon OA divisé en moyenne et extrême raison.

Pour inscrire un décagone régulier dans un cercle, il faut donc diviser le rayon en moyenne et extrême raison et porter consécutivement dix fois le plus grand segment sur la circonférence.

258. REMARQUE I. Ayant inscrit le décagone régulier, on obtiendra le pentagone régulier inscrit en joignant deux à deux les sommets du décagone.

259. REMARQUE II. Si l'on porte le rayon du cercle égal au côté de l'hexagone de A en D, on aura BD=AD —AB=60°—36°=24°=$\frac{360}{15}$. La corde BD, qui sous-tend cet arc, est donc le côté du pentédécagone.

PROBLÈME

260. *Un polygone régulier étant inscrit, inscrire un polygone régulier d'un nombre double de côtés.*

Pour résoudre ce problème, il suffit de diviser en deux parties égales les arcs sous-tendus par les côtés du polygone donné et de joindre chaque point de division aux sommets voisins.

Ainsi, à l'aide d'un hexagone inscrit, on obtient successivement les polygones de 12, de 24, de 48... côtés.

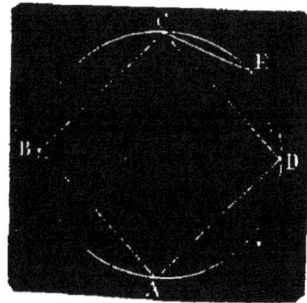

Fig. 160.

A l'aide du carré inscrit ABCD on obtient l'octogone inscrit, puis les polygones de 16, de 32... côtés.

261. Une quantité est *variable* lorsqu'elle peut passer successivement par différents états de grandeur.

On nomme *limite* d'une quantité variable une grandeur fixe dont cette quantité variable peut approcher autant qu'on le veut sans jamais pouvoir l'atteindre.

Dans la *fig.* 160, on a $CE + ED > CD$; par conséquent, si l'on double les côtés d'un polygone inscrit, le périmètre du nouveau polygone augmente : donc, si l'on double les côtés d'un polygone inscrit, puis celui du nouveau polygone obtenu, et ainsi de suite, on forme une série de polygones inscrits dont le périmètre se rapproche de plus en plus de la circonférence et pourra en différer aussi peu qu'on voudra.

Une circonférence peut donc être considérée comme la limite vers laquelle tend un polygone régulier inscrit dont le nombre des côtés augmente indéfiniment.

Il suit de là que la circonférence n'est qu'un polygone régulier composé d'une infinité de côtés, et que, par conséquent, elle jouit des propriétés de tous les polygones réguliers.

262. *Le rapport de la circonférence au diamètre est un nombre constant.*

Considérons deux circonférences quelconques (*fig.* 161), C et C' étant ces circonférences et R et R' leurs rayons; nous aurons

$$\frac{C}{2R} = \frac{C'}{2R'}.$$

En effet, en inscrivant dans ces deux circonférences

deux polygones réguliers d'un même nombre de côtés, si l'on désigne par P et P′ les périmètres de ces polygones, on a (252)

$$\frac{P}{P'} = \frac{R}{R'}.$$

Or, cette égalité a lieu, quelque grand que soit le nombre des côtés des polygones inscrits, elle existera donc encore dans le cas où le nombre des côtés devenant infiniment grand, les périmètres P et P′ se confondent avec les circonférences C et C′; donc on a

$$\frac{C}{C'} = \frac{R}{R'} \ (1)$$

ou

$$\frac{C}{C'} = \frac{2R}{2R'} \ (2),$$

et enfin

$$\frac{C}{2R} = \frac{C'}{2R'} \ (3).$$

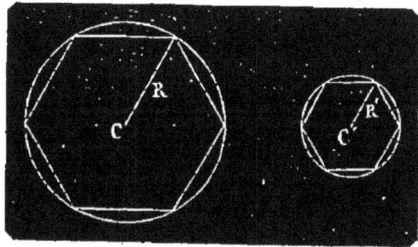

Fig. 161.

Les égalités (1) *et* (2) *font connaître que le rapport de deux circonférences est le même que le rapport de leurs rayons ou de leurs diamètres, et l'égalité* (3), *que le rapport d'une circonférence* C *à son diamètre* 2R *est le même que celui d'une circonférence quelconque* C′ *à son diamètre* 2R′. CE RAPPORT EST DONC UN NOMBRE CONSTANT, on le désigne ordinairement par la lettre grecque π (*pi*), de sorte qu'on a

$$\frac{C}{2R} = \pi,$$

$$C = 2\pi R.$$

La lettre π est la première du mot grec *periphereia*, qui signifie circonférence. π est une valeur incommensurable, on ne peut donc l'obtenir que par approximation.

Détermination de π, ou du rapport de la circonférence au diamètre

DÉFINITION

263. Des figures sont dites *isopérimètres*[1], lorsqu'elles ont le même périmètre.

PROBLÈME

264. *Étant donnés le côté* AB, *le rayon* OA *et l'apothème* OC *d'un polygone régulier, trouver l'apothème et le rayon d'un autre polygone régulier* ISOPÉRIMÈTRE *et d'un nombre double de côtés.*

Désignons par R et r le rayon et l'apothème connus, et par R' et r' le rayon et l'apothème inconnus. Le polygone cherché devant avoir le même périmètre que le premier et un nombre double de côtés, il est évident qu'un quelconque de ses côtés sera la moitié du côté AB et son angle au centre la moitié de l'angle au centre AOB. Cela étant posé, prolongeons OC jusqu'au point D de la circonférence OA, puis joignons le point D aux points A

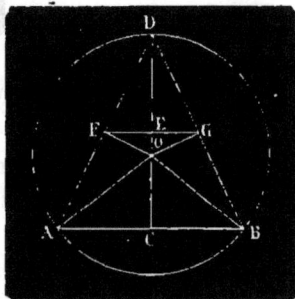

Fig. 162.

et B, enfin menons à la corde AD la perpendiculaire OF et tirons FG parallèle à AB. L'angle ADB ayant pour mesure $\dfrac{AB}{2}$ est la moitié de l'angle AOB : c'est donc l'angle au centre du polygone cherché. On voit aussi que FG est son côté, car les deux triangles semblables (215) ADB et FDG donnent

$$\frac{DF}{DA} = \frac{FG}{AB}.$$

1. Du grec *isos*, égal ; *perimetron*, contour.

Mais $DF = \dfrac{DA}{2}$, donc $FG = \dfrac{AB}{2}$; les droites DF, DE sont par conséquent le rayon R' et l'apothème r' cherchés.

Déterminons maintenant leurs valeurs en fonction de R et de r.

Le triangle rectangle DFO donne

$$\overline{DF}^2 = DO \times DE \text{ ou } R'^2 = R \times r', \text{ d'où } R' = \sqrt{Rr'}.$$

Nous avons d'un autre côté

$$r' = DE = \frac{DE + EC}{2} \ (215),$$

$$r' = \frac{DO + OC}{2} = \frac{R + r}{2},$$

$$r' = \frac{R + r}{2} \ (1),$$

$$R' = \sqrt{Rr'} \ (2).$$

Telles sont les valeurs de r' et de R' en fonction de r et de R. r' qui figure dans l'équation (2) n'est plus une inconnue, puisque sa valeur est donnée par l'équation (1).

265. Corollaire. L'équation (1) prouve que r' est $> r$, et l'équation (2) que R' est $< R$: on a par conséquent

$$R' - r' < R - r;$$

donc, si l'on continue à calculer par ces formules, les apothèmes et les rayons des polygones isopérimètres dont le nombre des côtés devient de plus en plus grand, les apothèmes se rapprocheront toujours des rayons et en différeront aussi peu qu'on voudra, puisque la multiplication des côtés des polygones isopérimètres peut être poussée à l'infini. Or, lorsque les apothèmes et les rayons ne diffèrent plus, par exemple, qu'à la dixième ou douzième décimale, il est évident que le polygone pourra être considéré comme un véritable cercle. Et comme on connaîtra sa circonférence et son rayon, ou son diamètre, il sera facile d'en déterminer le rapport.

PROBLÈME

266. *Trouver π ou le rapport de la circonférence au diamètre.*

Si nous appelons r, R l'apothème et le rayon du carré dont le côté est 1 et le périmètre 4; r', R'; r'', R''; r''', R'''; r^{IV}, R^{IV} ... les apothèmes et les rayons des polygones réguliers isopérimètres de 8, 16, 32... côtés, nous aurons

$$r' = \frac{R+r}{2}; \quad R' = \sqrt{Rr'}; \quad r'' = \frac{R'+r'}{2}; \quad R'' = \sqrt{R'r''} \ldots$$

mais

$$r' = \tfrac{1}{2} = 0,5,$$

et (254)

$$R = \frac{1}{\sqrt{2}} = \frac{1 \times \sqrt{2}}{\sqrt{2} \times \sqrt{2}} = \tfrac{1}{2}\sqrt{2} = 0,7071068 \ldots$$

Les valeurs de r et de R donneront r'; cette dernière fera connaître R'; R' et r' donneront r''... et nous aurons le tableau ci-dessous.

Périmètre = 4.		
NOMBRE des côtés DES POLYGONES.	VALEURS de r, r', r'', . . .	VALEURS de R, R', R'', . . .
4	r = 0,50000	R = 0,70710
8	r' = 0,60355	R' = 0,65328
16	r'' = 0,62841	R'' = 0,64072
32	r''' = 0,63457	R''' = 0,63764
64	r^{IV} = 0,63640	R^{IV} = 0,63687
128	r^{V} = 0,63649	R^{V} = 0,63668
256	r^{VI} = 0,63658	R^{VI} = 0,63663
512	r^{VII} = 0,63661	R^{VII} = 0,63662
1024	r^{VIII} = 0,63662	R^{VIII} = 0,63662

Si nous prenons 0,63662 pour le rayon du cercle circonscrit, le diamètre sera 1,27324; mais nous avons supposé le périmètre égal à 4; donc le rapport *approché* de cette circonférence et en général d'une circonférence quelconque (262) à son diamètre est

$$\frac{4}{1,27324} = 3,141591...$$

267. REMARQUE I. Cette valeur approchée de π n'est exacte que jusqu'à la cinquième décimale. Comme les valeurs de r', R', r', R'... dépendent toutes de R, si l'on veut un plus grand degré d'approximation, il suffira de calculer R avec un plus grand nombre de décimales.

268. REMARQUE II. Pour déterminer π nous avons pris pour point de départ le polygone régulier de 4 côtés; mais il est évident que nous aurions pu prendre un tout autre polygone régulier, par exemple l'hexagone.

269. REMARQUE III. π étant une grandeur incommensurable, on ne peut obtenir sa valeur exactement, mais on peut, comme nous venons de le voir, en approcher autant qu'on le veut : le Hollandais Van Ceulen a poussé le calcul jusqu'à 35 décimales, l'Anglais Machin à 72, le Français Lagny à 127, l'Autrichien Véga à 139, et l'Anglais Rutherford à 208. Voici les 21 premières décimales :

$$\pi = 3,141.592.653.589.793.238.462...$$

La valeur de π convertie en fraction continue donne les réduites suivantes :

$$\frac{3}{1}, \quad \frac{22}{7}, \quad \frac{333}{106}, \quad \frac{355}{113}, \quad \text{etc.}$$

Ces valeurs, à partir de la première, sont alternativement trop petites et trop grandes [1] :

$$\frac{22}{7} = 3,1428...\ldots\ldots \text{ est le rapport d'Archimède};$$

$$\frac{333}{106} = 3,14150\ldots\ldots \text{ est celui de Rivard};$$

$$\frac{355}{113} = 3,1415920 \ldots \text{ est celui d'Adrien Métius.}$$

1. Voyez, dans notre *Nouveau Cours d'Algèbre*, le chapitre sur les fractions continues, pages 186, 187.

Le rapport d'Archimède diffère de la vraie valeur de π à la 3ᵉ décimale, celui de Rivard à la 5ᵉ et celui de Métius seulement à la 7ᵉ. Dans la pratique, on fait généralement $\pi = 3,1416$.

Autre méthode pour déterminer π ou le rapport de la circonférence au diamètre[1]

PROBLÈME

270. *Connaissant le côté d'un polygone régulier inscrit et le rayon du cercle, calculer le côté du polygone régulier inscrit d'un nombre double de côtés.*

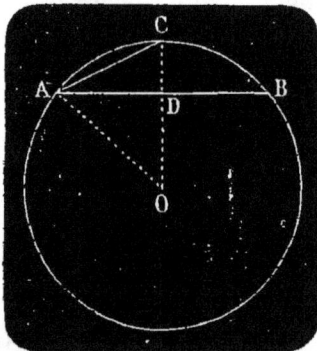

Fig. 163.

AB est le côté donné. Du centre O abaissons la perpendiculaire OC et menons la corde AC; cette corde est le côté du polygone inscrit d'un nombre double de côtés, car (139) l'arc ACB est divisé au point C en deux parties égales.

Pour abréger, posons $AB = c$ ($AD = \frac{c}{2}$), $OC = R$ et $AC = c'$.

Le triangle acutangle AOC donne

$$\overline{AC}^2 = \overline{AO}^2 + \overline{CO}^2 - 2CO \times DO$$

ou

$$c'^2 = R^2 + R^2 - 2R \times DO,$$

$$c'^2 = 2R^2 - 2R \times DO \ (1);$$

mais le triangle rectangle ADO donne

$$\overline{DO}^2 = R^2 - \overline{AD}^2;$$

1. Cette seconde méthode n'est pas exigée.

or $AD = \dfrac{c}{2}$, $\overline{AD}^2 = \dfrac{c^2}{4}$, donc

$$\overline{DO}^2 = R^2 - \frac{c^2}{4},$$

$$\overline{DO}^2 = \frac{4R^2}{4} - \frac{c^2}{4} = \frac{4R^2 - c^2}{4},$$

$$DO = \sqrt{\frac{4R^2 - c^2}{4}} = \frac{\sqrt{4R^2 - c^2}}{2}.$$

En portant cette valeur dans l'égalité (1), on a

$$c'^2 = 2R^2 - 2R\frac{\sqrt{4R^2 - c^2}}{2},$$

$$c'^2 = 2R^2 - R\sqrt{4R^2 - c^2} = R(2R - \sqrt{4R^2 - c^2}),$$

$$c'^2 = R(2R - \sqrt{4R^2 - c^2}).$$

AUTRE DÉMONSTRATION

Le triangle rectangle ACD donne

$$\overline{AC}^2 = \overline{AD}^2 + \overline{CD}^2 \ (1);$$

mais $\quad CD = R - DO,$

$$\overline{CD}^2 = R^2 + \overline{DO}^2 - 2R \times DO \ (2);$$

or, le triangle rectangle ADO donne

$$\overline{DO}^2 = R^2 - \overline{AD}^2, \quad DO = \sqrt{R^2 - \overline{AD}^2}.$$

Si l'on porte dans l'égalité (2) les valeurs de $\overline{DO}^2$ et de DO, il vient

$$\overline{CD}^2 = R^2 + R^2 - \overline{AD}^2 - 2R\sqrt{R^2 - \overline{AD}^2}.$$

La valeur de $\overline{CD}^2$ dans l'égalité (1) donne

$$\overline{AC}^2 = \overline{AD}^2 + 2R^2 - \overline{AD}^2 - 2R\sqrt{R^2 - \overline{AD}^2},$$

$$\overline{AC}^2 = 2R^2 - 2R\sqrt{R^2 - \overline{AD}^2}.$$

Comme nous avons fait $AC = c'$ et $AD = \frac{c}{2}$, on a

$$c'^2 = 2R^2 - 2R\sqrt{R^2 - \frac{c^2}{4}},$$

$$c'^2 = 2R^2 - 2R\sqrt{\frac{4R^2 - c^2}{4}},$$

$$c'^2 = 2R^2 - 2R\frac{\sqrt{4R^2 - c^2}}{2} = 2R^2 - R\sqrt{4R^2 - c^2},$$

$$c'^2 = R(2R - \sqrt{4R^2 - c^2}).$$

REMARQUE. Si l'on suppose n côtés dans le polygone dont le côté est c, son périmètre sera nc, et le polygone dont le côté est c' ayant un nombre double de côtés, aura pour périmètre $2nc'$. Si l'on appelle P le périmètre du premier polygone et P' celui du second, on aura

$$P = nc,$$

$$P' = 2nc'.$$

PROBLÈME

271. *Trouver une valeur approchée de π.*

Puisque π est une quantité constante, supposons que dans l'égalité $\frac{C}{2R} = \pi$ on fasse 2R ou D = 1, on aura $\frac{C}{1} = \pi$ ou $C = \pi$. Ainsi, quand le diamètre est l'unité, la circonférence est égale à π, de sorte que pour trouver π, il suffit de calculer la longueur d'une circonférence dont le diamètre est 1.

Or, nous savons déjà (261) que le périmètre d'un polygone régulier inscrit se rapproche d'autant plus de la circonférence que le nombre de ses côtés devient plus considérable. On pourra donc approcher de la valeur de π autant qu'on le désirera, si l'on sait mesurer le périmètre d'un polygone régulier d'un nombre de côtés aussi grand que l'on voudra, inscrit dans un cercle dont le diamètre

est 1. Pour être dans la possibilité de mesurer ce périmètre, il faut savoir résoudre le problème suivant :

Connaissant le périmètre P d'un polygone régulier de
n côtés, inscrit dans un cercle dont le diamètre est l'unité,
trouver le périmètre P' d'un polygone régulier inscrit
d'un nombre double de côtés, ou de $2n$ côtés.

Pour arriver à notre but, servons-nous de la formule
que nous venons d'obtenir.

$$c'^2 = R \left(2R - \sqrt{4R^2 - c^2} \right).$$

Si dans cette formule on fait $D = 1$, $R = \frac{1}{2}$, il vient

$$c'^2 = \frac{1}{2} \left(2 \times \frac{1}{2} - \sqrt{4 \times \frac{1}{4} - c^2} \right),$$

$$c'^2 = \frac{1}{2} \left(1 - \sqrt{1 - c^2} \right) \quad (1).$$

Les côtés c et c' étant considérés comme appartenant
aux polygones dont les périmètres sont P et P', on a

$$nc = P, \quad n^2 c^2 = P^2, \quad \text{d'où } c^2 = \frac{P^2}{n^2};$$

$$2nc' = P', \quad 4n^2 c'^2 = P'^2, \quad \text{d'où } c'^2 = \frac{P'^2}{4n^2}.$$

Si l'on remplace dans l'équation (1) c^2 et c'^2 par leurs
valeurs, on obtient

$$\frac{P'^2}{4n^2} = \frac{1}{2} \left(1 - \sqrt{1 - \frac{P^2}{n^2}} \right);$$

mais

$$1 - \sqrt{1 - \frac{P^2}{n^2}} = 1 - \sqrt{\frac{n^2 - P^2}{n^2}} = 1 - \frac{\sqrt{n^2 - P^2}}{n} = \frac{n - \sqrt{n^2 - P^2}}{n};$$

donc

$$\frac{P'^2}{4n^2} = \frac{1}{2} \left(\frac{n - \sqrt{n^2 - P^2}}{n} \right),$$

$$P'^2 = \frac{4n^2}{2} \left(\frac{n - \sqrt{n^2 - P^2}}{n} \right) = 2n \left(n - \sqrt{n^2 - P^2} \right),$$

$$P'^2 = 2n \left(n - \sqrt{n^2 - P^2} \right).$$

Emploi de cette formule

272. L'emploi de cette formule est facile : on suppose que P représente le périmètre d'un polygone régulier dont le côté c est connu. En partant du carré inscrit, nous aurons (254)

$$c = R\sqrt{2}, \quad n = 4, \quad n^2 = 16; \quad P = nc = 4R\sqrt{2};$$

dans le cas où le diamètre est l'unité, $R = \frac{1}{2}$, et par conséquent

$$c = \tfrac{1}{2}\sqrt{2}, \quad nc = 4 \times \tfrac{1}{2}\sqrt{2} = 2\sqrt{2} = P,$$
$$P^2 = (2\sqrt{2})^2 = 4 \times 2 = 8, \quad P = 2\sqrt{2} = 2{,}82842.$$

2,82842, tel est le périmètre du carré inscrit dans un cercle dont le diamètre est l'unité.

Si, dans la formule

$$P'^2 = 2n\left(n - \sqrt{n^2 - P^2}\right),$$

on substitue aux lettres leurs valeurs, il vient

$$P'^2 = 2 \times 4 \left(4 - \sqrt{16 - 8}\right),$$
$$P'^2 = 8\left(4 - \sqrt{8}\right) = 8\left(4 - 2{,}8285\right) = 9{,}372,$$
$$P' = \sqrt{9{,}372} = 3{,}0615.$$

3,0615 est le périmètre de l'octogone régulier inscrit.

Passons maintenant à la détermination de P' ou du périmètre du polygone régulier inscrit de 16 côtés.

On a

$$P'^2 = 2n\left(n - \sqrt{n^2 - P'^2}\right);$$

mais $n = 8$, $n^2 = 64$, $P'^2 = 9{,}372$, donc

$$P'^2 = 2 \times 8 \left(8 - \sqrt{64 - 9{,}372}\right),$$
$$P'^2 = 16\left(8 - \sqrt{54{,}628}\right) = 16\left(8 - 7{,}391\right) = 9{,}744,$$
$$P' = \sqrt{9{,}744} = 3{,}1216.$$

3,1216, voilà le périmètre du polygone régulier inscrit de 16 côtés.

On peut déterminer P''', P^{iv}... avec la même facilité et par conséquent approcher de la valeur de π autant qu'on le voudra.

275. REMARQUE. Nous venons de supposer que, pour déterminer π, l'on partait du polygone régulier de 4 côtés; mais on pourrait aussi facilement partir du polygone de 6 côtés, puis chercher successivement les périmètres des polygones de 12, 24, 48... côtés.

APPLICATIONS

PROBLÈME

274. *Calculer à moins d'un millimètre près la longueur d'une circonférence décrite avec un rayon de* $3^m,75$.

Si, dans la formule

$$C = 2\pi R$$

on remplace les lettres par leurs valeurs, il vient

$$C = 2 \times 3,1416 \times 3,75 = 23,562.$$

PROBLÈME

275. *On demande la longueur d'un arc de* $120° 14'$ *décrit avec un rayon de* $2^m,50$.

Cherchons d'abord la longueur de la circonférence

$$C = 2 \times 2,50 \times 3,1416 = 15,708.$$

Si $360°$ correspondent à une longueur de $15^m,708$, $1°$ correspondra à une longueur égale à $\dfrac{15,708}{360}$; et $120° 14'$ correspondront à une longueur égale à $\dfrac{15,708 \times 120° 14'}{360}$.

Avant d'effectuer, on réduit $14'$ en décimales :

$$14' = \tfrac{14}{60} \text{ de } 1° = 0,233;$$

de sorte que

$$\frac{15,708 \times 120° 14'}{360} = \frac{15,708 \times 120,233}{360} = 6^m,254.$$

On pourrait encore réduire tout en minutes et l'on aurait

$$\frac{15,708\times120°\;14'}{360}=\frac{15,708\times120\times60+14}{360\times60}=6^m,254.$$

PROBLÈME

276. *Une circonférence a* 6^m,80 *de long; quelle est, à* 0,001 *près, la longueur du rayon qui a servi à la décrire?*

De la formule

$$C=2\pi R$$

on tire

$$R=\frac{C}{2\pi}.$$

Si l'on substitue aux lettres leurs valeurs, on a

$$R=\frac{6,80}{2\times3,1416}=1,098.$$

PROBLÈME

277. *Quelle est, à* 0,001 *près, la longueur d'un degré dans une circonférence décrite avec un rayon de* 5^m,60?

Déterminons d'abord la longueur de la circonférence. On a

$$C=2\pi R=2\times3,1416\times5,60=35^m,18592.$$

La longueur d'un degré sera

$$\frac{35^m,18592}{360}=0^m,097.$$

PROBLÈMES ET EXERCICES

SUR LE LIVRE TROISIÈME

207. Deux lignes quelconques peuvent-elles toujours former un rapport?

208. A quoi est égal le rapport de deux lignes égales?

209. Combien de rapports peuvent former deux lignes inégales?

210. Trois lignes étant données, peut-on toujours en trouver une quatrième qui fasse une proportion avec les trois lignes données ?

211. Trouver une quatrième proportionnelle à trois lignes qui ont 25 mètres, 32 mètres et 48 mètres.

212. Trouver une moyenne proportionnelle à deux lignes qui ont 28 mètres et 45 mètres.

213. On demande une troisième proportionnelle à deux lignes qui ont 36 mètres et 24 mètres.

214. Construire un triangle semblable à un triangle rectangle dont un angle aigu a 28°.

215. Construire un triangle semblable à un triangle isocèle dont un angle de la base vaut 64°.

216. Construire un triangle semblable à un triangle isocèle dont l'angle du sommet vaut 45°.

217. Construire un triangle semblable à un triangle donné dont les angles adjacents au même côté sont 49° et 28° 30'.

218. Construire un triangle semblable à un triangle donné dont on connaît les trois côtés.

219. Construire un triangle semblable à un triangle dont les côtés sont proportionnels aux nombres 5, 7 et 8.

220. Tous les triangles équilatéraux sont-ils semblables ?

221. Dans un triangle ABC, on a AB = 20 mètres, BC = 22 mètres, AC = 30 mètres : quels sont les deux segments déterminés sur AC par la bissectrice partant de l'angle B ?

222. Dans un triangle ABC, la bissectrice BM de l'angle B partage le côté AC en deux segments, tels que AM = 9, CM = 11 ; on sait de plus que AB = 8 : on demande la valeur de BC.

223. Des droites issues du même point C déterminent sur deux droites parallèles des segments proportionnels.

224. La droite qui joint les milieux des diagonales d'un trapèze est égale à la demi-différence des bases.

225. Le produit de deux côtés AB, BC d'un triangle ABC est égal au carré de la bissectrice BD de l'angle B, plus le produit des deux segments déterminés sur AC par la bissectrice.

226. Dans tout quadrilatère inscrit, le produit des diagonales est·égal à la somme des produits des côtés opposés.

227. Une perpendiculaire partant d'un point P rencontre deux parallèles en M et en N, on a PM = 15 mètres et PN = 23 mètres ; une oblique partant du même point P rencontre également les deux parallèles en K et en·L, de manière que KM = 8 mètres : on demande la valeur de LN, PK, KL.

228. Deux obliques partant d'un même point P rencontrent deux parallèles, la première coupe les parallèles en K et en L, et la seconde en M et en N, de manière que KL = 15 mètres, KM = 10 mètres, LN = 16 mètres : on demande la valeur de PK, PM, MN.

229. Par un point P donné entre deux droites concourantes qu'on ne peut prolonger, mener une troisième droite qui passe par le point de concours.

230. Résoudre le même problème lorsque le point P est hors des droites.

231. Trouver une droite qui soit à une droite donnée dans le rapport de $\frac{2}{3}$ à $\frac{3}{4}$.

232. Les tangentes extérieures communes à deux cercles rencontrent la ligne des centres en un même point O, et les tangentes intérieures la rencontrent aussi au même point O'.

233. Dans deux cercles, les sécantes qui joignent les extrémités des rayons parallèles concourent en un même point O situé sur la ligne des centres.

234. Mener, d'après le problème précédent, une tangente commune à deux circonférences.

235. Les trois côtés d'un triangle sont 120 mètres, 80 mètres, 75 mètres ; quels seront les trois côtés d'un triangle semblable dont le côté homologue à 120 mètres doit avoir 90 mètres ?

236. Un polygone a un périmètre de 280 mètres et un côté qui a 15 mètres, un polygone semblable a un périmètre de 160 mètres : on demande la longueur du côté homologue au côté de 15 mètres.

237. Des extrémités d'une droite AB partent en sens opposé deux droites parallèles AM, BN, si l'on joint par une autre droite les points M et N, la droite AB se trouvera partagée en deux segments proportionnels aux lignes AM, BN.

238. Partager une droite AB en parties réciproquement proportionnelles à deux droites M, N, parallèles placées aux points A, B et dirigées dans le même sens.

239. Dans un triangle ABC, on a AB = 68 mètres, BC = 80 mètres, AC = 92 mètres, une droite MN parallèle à AC coupe AB à 36 mètres du point B : à quelle distance du même point B la droite MN rencontrera-t-elle le côté BC ?

240. Déterminer dans le même triangle la longueur de MN.

241. Construire deux polygones dont les périmètres soient entre eux dans le rapport de deux lignes données.

242. Si l'on joint les milieux des côtés d'un quadrilatère quelconque, on formera un parallélogramme.

243. Faire passer par un point P situé dans l'intérieur d'un angle une droite terminée aux côtés de l'angle, et de manière que le point P divise cette droite en deux parties égales.

244. Les deux côtés de l'angle droit d'un triangle rectangle sont respectivement de 15 mètres et de 20 mètres : on demande la longueur de l'hypoténuse.

245. Dans le problème précédent, quelle sera la longueur des segments déterminés sur l'hypoténuse par la perpendiculaire qui part du sommet de l'angle droit ?

246. La perpendiculaire abaissée du sommet de l'angle droit d'un triangle rectangle sur l'hypoténuse partage celle-ci en deux segments dont l'un a $3^m,20$ et l'autre $1^m,80$: on demande la longueur des deux côtés de l'angle droit et la longueur de la perpendiculaire.

247. Dans un triangle rectangle, un côté de l'angle droit a 3 mètres, le segment adjacent à ce côté, déterminé sur l'hypoténuse par la perpendiculaire qui part du sommet de l'angle droit, a $1^m,80$: on demande les deux côtés inconnus.

248. Le mur d'une maison a $6^m,50$ de hauteur ; quelle longueur faudrait-il à une échelle pour atteindre le sommet ? Le pied de l'échelle doit se trouver à 3 mètres du pied du mur.

249. Dans le problème précédent, si l'on rapprochait du mur le pied de $0^m,50$, de combien la même échelle dépasserait-elle le mur ?

250. Les trois côtés d'un triangle rectangle sont respectivement de 15 mètres, 20 mètres, 25 mètres : déterminer la longueur de la perpendiculaire abaissée du sommet de l'angle droit sur l'hypoténuse.

251. La droite qui joint le sommet A d'un triangle isocèle ABC au milieu de la base BC a 38 mètres de longueur et rencontre BC à 25 mètres du point B : on demande la longueur des trois côtés du triangle.

252. Calculer la hauteur d'un triangle équilatéral dont le côté a 4 mètres.

253. Trouver à quoi est égale la somme des trois perpendiculaires dans un triangle équilatéral dont le côté est a.

254. Peut-on construire numériquement un triangle rectangle isocèle ?

255. Dans un triangle équilatéral dont le côté est a, déterminer le rapport des trois hauteurs au périmètre du triangle.

256. Les rayons de deux cercles qui se coupent à angle droit sont 3 mètres et 4 mètres : on demande la distance des centres.

. 257. Dans un triangle rectangle, l'hypoténuse surpasse les côtés de l'angle droit de 1 et de 8 : quels sont les trois côtés du triangle ?

258. L'hypoténuse d'un triangle rectangle est égale à 55 mètres, la somme des deux côtés de l'angle droit est 77 : on demande ces deux côtés.

259. Dans un triangle rectangle, les deux côtés de l'angle droit diffèrent de 7, le carré de l'hypoténuse est 169 : on demande les trois côtés du triangle.

260. Trouver un triangle rectangle dont les trois côtés soient trois nombres consécutifs.

261. Trouver les trois côtés d'un triangle rectangle, sachant que la somme de ses côtés est égale à 30 mètres, et que la somme de leurs carrés est égale à 338.

262. La somme des trois côtés d'un triangle rectangle est égale à 60 mètres, la différence entre les deux côtés de l'angle droit est 5 mètres : on demande les trois côtés du triangle rectangle.

263. Les données étant les mêmes, déterminer dans ce triangle la longueur de la perpendiculaire abaissée du sommet de l'angle droit sur l'hypoténuse.

264. Dans un triangle ABC, on a AB=10 mètres, BC=14 mètres, AC=20 mètres : calculer la longueur des segments du côté AC déterminés par la perpendiculaire partant du point B.

265. Connaissant les rayons AO, ao de deux cercles et la distance Oo de leurs centres, savoir AO=8 mètres, ao=3 mètres, Oo=15 mètres, trouver la longueur Aa de la tangente commune menée extérieurement à ces cercles.

266. Les rayons de deux cercles sont 7 mètres et 8 mètres, la distance de leurs centres est de 12 mètres : on demande la longueur de la corde commune.

267. Lorsqu'on joint le sommet B d'un triangle ABC au milieu M du côté opposé, on a entre les carrés des nombres qui expriment la mesure des côtés et la médiane BM l'égalité suivante :

$$\overline{AB}^2 + \overline{BC}^2 = 2\overline{BM}^2 + \frac{\overline{AC}^2}{2}.$$

268. Les deux côtés de l'angle droit d'un triangle rectangle sont 5 mètres et 12 mètres : calculer les segments déterminés sur chaque côté par la bissectrice de l'angle opposé.

269. Dans le même triangle, calculer les deux bissectrices.

270. Calculer aussi les trois médianes.

271. Un triangle ABC dont les côtés sont a, b, c, et les média-

nes $m\ m'\ m'$ (a est opposé à l'angle A, b à B, c à C; m est issue du sommet A, m' du sommet B et m' du sommet C) donne

$$m=\sqrt{\frac{b^2}{2}+\frac{c^2}{2}-\frac{a^2}{4}},$$

$$m'=\sqrt{\frac{a^2}{2}+\frac{c^2}{2}-\frac{b^2}{4}},$$

$$m'=\sqrt{\frac{a^2}{2}+\frac{b^2}{2}-\frac{c^2}{4}}.$$

272. Les côtés d'un triangle sont 8 mètres, 9 mètres et 10 mètres : calculer les segments que détermine sur chaque côté la bissectrice de l'angle-opposé.

Dans le même problème :

273. Calculer les trois bissectrices.
274. Les trois médianes.
275. Les trois hauteurs.
276. Les trois côtés d'un triangle sont respectivement de 5 mètres, 12 mètres, 13 mètres : de quelle espèce est le plus grand angle de ce triangle ?
277. Les trois côtés d'un triangle sont 8 mètres, 9 mètres, 15 mètres : de quelle espèce est le plus grand angle de ce triangle ?
278. De quelle espèce est le plus grand angle d'un triangle dont les trois côtés sont 8 mètres, 20 mètres, 25 mètres ?
279. La somme des carrés des côtés d'un parallélogramme est égale à la somme des carrés des diagonales.
280. Trouver deux droites qui se coupent de manière que le produit des deux segments de l'une soit égal au produit des deux segments de l'autre.
281. Deux cordes passent par un point P; les deux segments de l'une ont 5 mètres et 7 mètres, un segment de l'autre a 4 mètres : on demande la longueur de cette corde.
282. Trouver un point tel qu'il divise toute droite passant par ce point en deux segments dont le produit soit constant.
283. Une sécante passant par le centre d'un cercle a 9 mètres de longueur, une autre aboutissant au même point extérieur a 8 mètres de long ; on sait d'ailleurs que la corde formée par cette dernière a 5 mètres de long : on demande le rayon du cercle.
284. Deux sécantes à un cercle partent d'un même point, l'une a une longueur de 3 mètres, et son segment extérieur

a 2 mètres; l'autre a 5 mètres de longueur : on demande de déterminer son segment extérieur.

285. Dans un cercle qui a 2 mètres de rayon, une sécante passe par le centre, la partie extérieure de cette sécante a 9 mètres : on demande la longueur de la tangente qui se terminerait à l'extrémité de cette sécante.

286. Une sécante à un cercle rencontre une tangente au même cercle en formant, à partir du point de contact, un segment de 5 mètres : on demande la longueur de la sécante limitée à la tangente, on sait d'ailleurs que la distance du point de rencontre de ces deux lignes au point où la sécante coupe le cercle est de 3 mètres.

287. On sait que la tangente est moyenne proportionnelle entre la sécante et sa partie extérieure : démontrer, d'après ce théorème, que d'un même point extérieur à un cercle on peut mener deux tangentes à ce cercle, et que les tangentes partant d'un même point sont égales.

288. Déterminer graphiquement la longueur d'une droite dont on connaît les $\frac{7}{9}$.

289. Faire le problème numériquement.

290. Trouver une droite x telle qu'on ait $x^2 = m\,(m+n)$.

291. Une droite m étant donnée, trouver une autre droite x telle que $x^2 = \frac{3}{5}\,m^2$.

292. Connaissant a et b, trouver une droite x telle qu'on ait $x^2 = (a^2 + b^2)$.

293. a et b étant donnés, trouver une autre droite x telle que $x^2 = a^2 - b^2$.

294. On donne les droites l, m, n : trouver une autre droite telle qu'on ait $\dfrac{x^2}{l^2} = \dfrac{m}{n}$.

295. Les carrés de deux cordes AM, AN issues du même point A de la circonférence sont entre eux dans le même rapport que les projections de ces cordes sur le diamètre AB.

296. Des perpendiculaires à une droite donnée MN sont telles, que le carré de la longueur de chacune est égal au produit des segments qu'elles déterminent sur la droite donnée : trouver le lieu des extrémités de ces perpendiculaires.

297. Un losange quelconque peut toujours être circonscrit à un cercle.

298. Diviser par le calcul une ligne de 60 mètres en moyenne et extrême raison.

299. Diviser une droite a en moyenne et extrême raison et trouver les rapports de la droite aux deux segments.

8.

500. Les segments de deux droites divisées en moyenne et extrême raison sont proportionnels.

501. Connaissant AB grand segment d'une droite divisée en moyenne et extrême raison, retrouver la droite.

502. Un polygone régulier étant inscrit dans une circonférence, circonscrire un polygone régulier semblable.

503. Un carré est inscrit dans un cercle d'un mètre de rayon : on demande de calculer la longueur de l'apothème.

504. Prouver que dans un triangle équilatéral inscrit, le rayon est double de l'apothème.

505. Le périmètre du triangle équilatéral circonscrit est double de celui du triangle équilatéral inscrit.

506. Trouver le côté du décagone dans un cercle de 4 mètres de rayon.

507. Inscrire le pentagone.

508. Inscrire le pentédécagone.

509. Calculer le côté et l'apothème de l'octogone régulier inscrit dans un cercle d'un mètre de rayon.

510. Faire le même calcul pour le polygone de 10 côtés inscrit dans le même cercle.

511. Quelle est la valeur de l'arc sous-tendu par le polygone inscrit de 64 côtés ?

512. L'angle au centre d'un polygone inscrit vaut 15° : combien ce polygone a-t-il de côtés ?

513. Quel est le polygone régulier inscrit dont les côtés sous-tendent des arcs de 36° ?

514. Quelle est la valeur de l'arc sous-tendu par une corde égale au rayon ?

515. Une circonférence a $3^m,60$: quelle est dans cette circonférence la longueur d'un arc de 90° ?

516. Dans une circonférence, 5° répondent à une longueur de $1^m,80$: quelle est la longueur du rayon qui a servi a construire cette circonférence ?

517. La distance du pôle à l'équateur est de 10000000 de mètres : quelle est en lieues de 4 kilomètres la longueur d'un méridien ?

518. Combien vaut en kilomètres une seconde d'un méridien ?

519. Quelle est la distance moyenne en kilomètres d'un point d'un méridien au centre de la terre ?

520. Les circonférences C et C′ étant données, construire une circonférence égale à C+C′.

521. Les circonférences C et C' étant données, construire une circonférence égale à C—C'.

522. Les circonférences C, C', C' étant données, trouver une circonférence égale à $\frac{1}{3}$ C $+\frac{1}{4}$ C' $-\frac{1}{5}$ C'.

523. Trouver deux circonférences qui soient entre elles dans le rapport de deux droites données.

524. Calculer à $0^m,01$ près le diamètre d'une circonférence égale à $225^m,50$.

525. La somme des carrés des segments formés par deux cordes qui se coupent rectangulairement est égale au carré du diamètre.

LIVRE QUATRIÈME

MESURE DES AIRES

DÉFINITIONS

278. On appelle *aire* ou *surface* d'une figure plane la partie du plan limitée par le périmètre de cette figure.

279. Mesurer une surface, c'est chercher combien elle contient une surface connue prise pour unité.

280. Le *mètre carré*, ou carré d'un mètre de côté, est l'unité de surface.

281. Mesurer une surface, c'est donc chercher combien elle contient de mètres carrés et de parties du mètre carré.

282. On appelle figures équivalentes celles qui ont la même étendue sans avoir la même forme. Ainsi, dans le cas où la surface d'un triangle est égale à celle d'un carré, on dit que ces deux figures sont équivalentes.

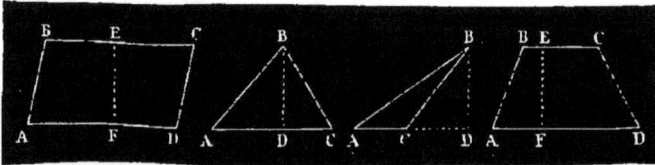

Fig. 164.   Fig. 165.   Fig. 166.   Fig. 167.

283. La *hauteur* d'un parallélogramme ABCD (*fig.* 164) est la perpendiculaire EF, qui mesure la distance des deux côtés BC, AD, pris pour *bases*.

284. La *hauteur* d'un triangle ABC (*fig.* 165 et *fig.* 166) est la perpendiculaire BD abaissée de l'un de ses sommets sur le côté opposé AC, qui prend le nom de *base*.

285. La *hauteur* d'un trapèze ABCD (*fig.* 167) est la perpendiculaire EF, qui mesure la distance des deux *bases* ou côtés parallèles BC, AD.

286. REMARQUE. La ligne appelée *hauteur* ne tombe pas toujours dans l'intérieur des figures; ainsi, dans le triangle ABC (*fig.* 166) elle tombe sur le prolongement de la base AC.

THÉORÈME

287. *L'aire d'un rectangle est égale au produit de sa base par sa hauteur.*

1° Supposons que la base AD = 7 mètres et la hauteur AB = 4 mètres : nous aurons pour la surface du rectangle $7 \times 4 = 28$ mètres carrés.

En effet, on peut former un mètre carré sur chacun des 7 mètres de la base, ce qui donne une tranche contenant 7 mètres carrés et ayant 1 mètre de hauteur. Or les 4 mètres de la hauteur AB permettront de former 4 tranches contenant chacune 7 mètres carrés. Le rectangle contiendra en tout 4 fois 7 mètres carrés = 28 mètres carrés, ou le produit de 7, base du rectangle, multiplié par 4, hauteur du rectangle. Donc, pour obtenir l'aire d'un rectangle, il suffit de multiplier le nombre de mètres de la base par le nombre de mètres de la hauteur.

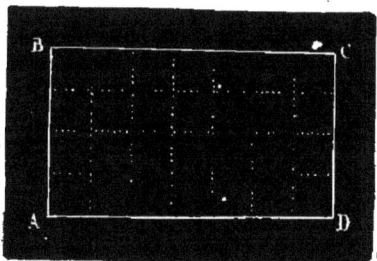

Fig. 168.

2° Supposons que AD = 7,30 = 730 centimètres et AB = 3,75 = 375 centimètres.

Le nombre de centimètres carrés contenus dans ce

rectangle est $720 \times 375 = 273750$ centimètres carrés $= 27^{m \cdot q} \cdot 3750$, car le centimètre carré est la dix-millième partie du mètre carré.

Or, 27, 3750 est le produit des deux nombres décimaux 7,30 et 3,75, qui mesurent la base et la hauteur du rectangle.

Donc, dans tous les cas, l'aire d'un rectangle est égale au produit de sa base par sa hauteur.

En désignant par R l'aire d'un rectangle quelconque, et par B et H sa base et sa hauteur, on a la formule

$$R = B \times H.$$

288. Corollaire. *Le rapport de deux rectangles est égal au rapport des produits de leurs bases par leurs hauteurs,* car si l'on désigne un premier rectangle par R, et ses dimensions par B et H, on a

$$R = B \times H;$$

un second rectangle R' et dont les dimensions sont B' et H' donne

$$R' = B' \times H'.$$

Si l'on divise ces égalités membre à membre, il vient

$$(1) \quad \frac{R}{R'} = \frac{B \times H}{B' \times H'}.$$

De là il résulte que :

1° *Deux rectangles de même base sont entre eux comme leurs hauteurs,* car si l'on fait dans l'égalité (1) B = B', on a

$$\frac{R}{R'} = \frac{B \times H}{B \times H'} = \frac{H}{H'};$$

2° *Deux rectangles de même hauteur sont entre eux comme leurs bases,* car si l'on fait dans l'égalité (1) H = H', on a

$$\frac{R}{R'} = \frac{B \times H}{B' \times H} = \frac{B}{B'}.$$

289. Remarque. Un carré est un rectangle dont les côtés sont égaux : donc *l'aire d'un carré est égale au pro-*

duit d'un côté par lui-même ou au carré de son côté. Ainsi, la surface d'un carré dont le côté est *a* sera égale à $a \times a = a^2$.

THÉORÈME .

290. *L'aire d'un parallélogramme* ABCD *est égale au produit de sa base* AD *par sa hauteur* DF.

Formons le rectangle AEFD ayant même base AD que le parallélogramme et même hauteur DF.

Dans les deux triangles rectangles AEB et DFC l'hypoté-nuse AB = l'hypoténuse DC comme côtés opposés d'un parallélogramme ; pour la même raison AE = DF : donc (179) ils sont égaux. Mais si de la figure AECD on retran-

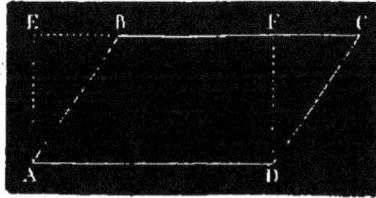

Fg. 169.

che *successivement* chacun de ces triangles égaux, les restes seront équivalents ; dans un cas, l'un de ces restes est le parallélogramme ABCD, et dans l'autre le rectangle AEFD ; donc ces deux figures sont équivalentes. L'aire du rectangle AEFD étant égale à AD×DF, celle du pa-rallélogramme sera aussi AD×DF, ou le produit de sa base par sa hauteur.

En désignant par P *l'aire d'un parallélogramme quel-conque, et par* B *et* H *sa base et sa hauteur, on a la formule*

$$P = B \times H.$$

291. Corollaire. *Le rapport de deux parallélogrammes est égal au rapport des produits de leurs bases par leurs hau-teurs.* D'où il résulte que :

1° *Deux parallélogrammes de même base sont entre eux comme leurs hauteurs ;*

2° *Deux parallélogrammes de même hauteur sont entre eux comme leurs bases.* (Même démonstration que pour le rec-tangle.)

THÉORÈME

292. *L'aire d'un triangle* ABC *est égale à la moitié du produit de sa base* AC *par sa hauteur* BD *ou* $\dfrac{AC \times BD}{2}$.

En effet, si par le point B nous menons BE parallèle à AC, et par le point C, CE parallèle à AB, nous obtiendrons un parallélogramme ABEC double du triangle ABC (110), mais l'aire du parallélogramme ABEC est égale à AC×BD;

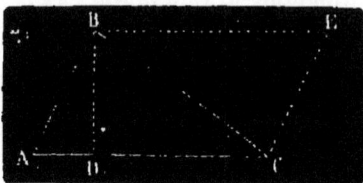

Fig. 170.

le triangle ABC étant égal à la moitié de ce parallélogramme aura pour mesure $\dfrac{AC \times BD}{2}$.

En désignant par T *l'aire d'un triangle quelconque, par* B *et* H *sa base et sa hauteur, on a la formule*

$$T = \frac{B \times H}{2}.$$

295. Corollaire. *Le rapport de deux triangles est égal au rapport des produits de leurs bases par leurs hauteurs,* car si l'on désigne un premier triangle par T et ses dimensions par B et H, on a

$$T = \frac{B \times H}{2};$$

un second triangle T′ et dont les dimensions sont B′ et H′ donne

$$T' = \frac{B' \times H'}{2}.$$

Si l'on divise ces deux égalités membre à membre, il vient

$$(1) \quad \frac{T}{T'} = \frac{B \times H}{2} \times \frac{2}{B' \times H'} = \frac{B \times H}{B' \times H'}.$$

De là il résulte que :

1° *Deux triangles de même base sont entre eux comme*

leurs hauteurs, car si l'on fait dans l'égalité (1) B=B', on a

$$\frac{T}{T'} = \frac{B \times H}{B \times H'} = \frac{H}{H'};$$

2° *Deux triangles de même hauteur sont entre eux comme leurs bases,* car si l'on fait dans l'égalité (1) H=H', on a

$$\frac{T}{T'} = \frac{B \times H}{B' \times H} = \frac{B}{B'}.$$

THÉORÈME

294. *L'aire d'un losange est égale à la moitié du produit de ses deux diagonales.*

En effet, losange ABCD = ABC + ACD;

or $\quad$ ABC = AC $\times \dfrac{BO}{2}$,

et $\quad$ ACD = AC $\times \dfrac{OD}{2}$;

donc

losange ABCD = AC $\times \dfrac{BO}{2}$ + AC

$\times \dfrac{OD}{2}$ = AC $\left(\dfrac{BO}{2} + \dfrac{OD}{2} \right)$,

losange ABCD = AC $\times \dfrac{BD}{2} = \dfrac{AC \times BD}{2}$.

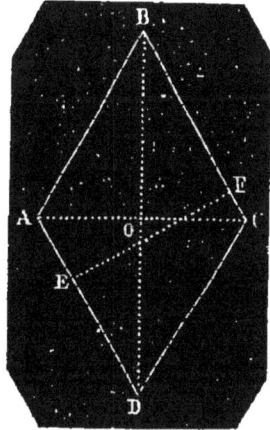

Fig. 171.

En désignant l'aire d'un losange par L et par D et d ses diagonales, on a la formule

$$L = \frac{D + d}{2}.$$

295. REMARQUE. Un losange a aussi pour mesure le produit d'un de ses côtés AD par la hauteur correspondante EF, car un losange est en même temps un parallélogramme.

THÉORÈME

296. *L'aire d'un trapèze ABCD est égale au produit de sa hauteur CF par la demi-somme de ses bases AD et BC.*

On aura donc : surface ABCD = CF $\left(\dfrac{AD + BC}{2} \right)$.

En effet, si nous menons la diagonale AC, nous aurons le triangle ACD

$= \dfrac{AD}{2} \times CF$ et

le triangle ABC

$= \dfrac{BC}{2} \times CF$:

donc ACD + ABC ou tra-

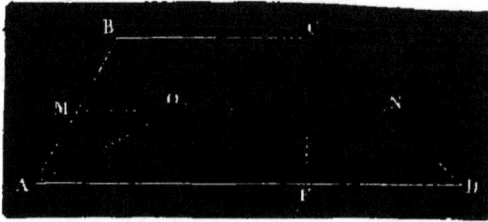

Fig. 172.

pèze $ABCD = \dfrac{AD}{2} \times CF + \dfrac{BC}{2} \times CF = CF \left(\dfrac{AD + BC}{2} \right)$.

297. Corollaire. Par le point M, milieu de AB, menons MN parallèle à AD, nous aurons (215) le triangle AMO, semblable au triangle ABC : d'où $\dfrac{AM}{AB} = \dfrac{MO}{BC} = \dfrac{AO}{AC}$ $= AM = \dfrac{AB}{2}$, donc $MO = \dfrac{BC}{2}$ et $AO = \dfrac{AC}{2}$. Le point O étant le milieu de AC et ON étant parallèle à AD, le point N sera aussi le milieu de CD, et pour la même raison que $MO = \dfrac{BC}{2}$ on aura $ON = \dfrac{AD}{2}$; par conséquent, MO + ON ou

$MN = \dfrac{BC}{2} + \dfrac{AD}{2} = \dfrac{AD + BC}{2}$.

Si dans l'expression $CF \left(\dfrac{AD + BC}{2} \right)$ on remplace $\dfrac{AD + BC}{2}$ par sa valeur MN, la surface du trapèze ABCD sera égale à CF×MN : donc on peut encore dire que *la surface d'un trapèze est égale au produit de sa hauteur par la droite qui joint les milieux des deux côtés non parallèles.*

Si l'on désigne par B et b les bases d'un trapèze quelconque, par H sa hauteur et par T sa surface, on aura

$$T = H \left(\dfrac{B + b}{2} \right).$$

PROBLÈME

298. *Trouver l'aire d'un polygone quelconque* ABCDEF (*fig.* 173).

9

On décompose le polygone en triangles en joignant l'un de ses sommets à tous les autres; on cherche l'aire

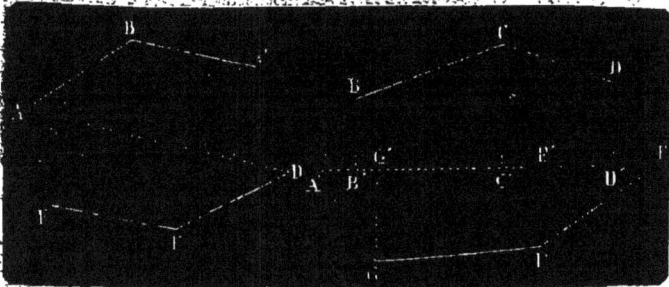

Fig. 173. Fig. 174.

de chaque triangle ainsi obtenu : la somme des aires trouvées est évidemment celle du polygone.

Plus généralement on mène la plus grande diagonale AE du polygone (fig. 174) et l'on abaisse de tous les autres sommets des perpendiculaires sur cette diagonale. Le polygone se trouve ainsi décomposé en triangles rectangles et trapèzes; on aura par conséquent

$$\text{Surface ABCDEFG}$$

$$= \frac{BB' \times AB' + (BB' + CC')\, B'C' + (CC' + DD')\, C'D' + DD' \times D'E}{2}$$

$$+ \frac{GG' \times AG' + (GG' + FF')\, G'F' + FF' \times F'E}{2}$$

Au lieu de cette formule on aura, en effectuant les multiplications indiquées :

$$\text{Surface ABCDEFG}$$

$$= \frac{BB' \times AB' + BB' \times B'C' + CC' \times B'C' + CC' \times C'D' + DD' \times C'D' + DD' \times D'E}{2}$$

$$+ \frac{GG' \times AG' + GG' \times G'F' + FF' \times G'F' + FF' \times F'E}{2}$$

$$= \frac{BB'\,(AB' + B'C') + CC'\,(B'C' + C'D') + DD'\,(C'D' + D'E)}{2}$$

$$+ \frac{GG'\,(AG' + G'F') + FF'\,(G'F' + F'E)}{2} = \tfrac{1}{2}\,(BB' \times AG'$$

$$+ CC' \times B'D' + DD' \times C'E + GG' \times AF + FF' \times G'E).$$

PROBLÈME

299. *Trouver l'aire approchée d'une figure plane limitée par une courbe quelconque.*

Dans le cas où le terrain est limité par une ligne courbe on prend sur cette ligne des points assez rapprochés pour que la cour- be comprise entre deux points consé- cutifs s'éloi- gne peu de la droite qui les joint ; puis on abaisse de ces différents points des perpendicu- laires sur la transversale AB prise pour base. On procède pour le reste comme il a été indiqué dans l'exemple précédent.

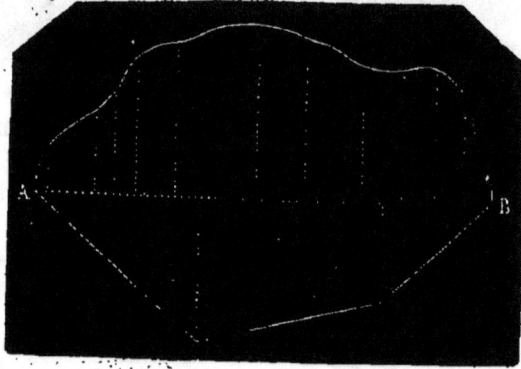

Fig. 175.

Carrés et Rectangle construits sur la somme et la différence de deux lignes

300. Les démonstrations précédentes (287 *et suivants*) font connaître que

1° $a \times a = a^2$ *est la surface d'un carré dont le côté est* a ;

2° $a \times b = ab$ *est la surface d'un rectangle dont l'une des dimensions est* a *et l'autre* b.

3° $(a + b)^2 = a^2 + b^2 + 2ab$ *est la surface d'un carré con- struit sur la somme de deux lignes* a *et* b. Cette surface est égale à la somme des carrés construits sur ces lignes, plus deux fois le rectangle construit sur ces mêmes lignes.

4° $(a - b)^2 = a^2 + b^2 - 2ab$ *est la surface d'un carré con-*

struit sur la différence de deux lignes a et b. Cette surface est égale à la somme des carrés construits sur ces lignes, moins deux fois le rectangle construit sur ces mêmes lignes.

5° $(a+b)(a-b)=a^2-b^2$ est la surface d'un rectangle construit sur la somme et la différence de deux lignes a et b. Cette surface est égale à la différence des carrés construits sur ces lignes.

Les égalités que nous venons d'indiquer (3°, 4°, 5°) font connaître la vérité de trois propositions, dont voici pour chacune une démonstration géométrique.

THÉORÈME

301. Le carré construit sur la somme de deux lignes est égal à la somme des carrés construits sur ces lignes, plus deux fois le rectangle construit sur ces mêmes lignes.

Les deux lignes étant a et b, le carré construit sur leur somme sera $(a+b)^2 = a^2+b^2+2ab$.

Faisons $AB=a$, $BC=b$; construisons un carré sur AB et un sur $AC=a+b$; puis prolongeons BE jusqu'à la rencontre de FG et DE, jusqu'à la rencontre de CG : nous aurons, carré

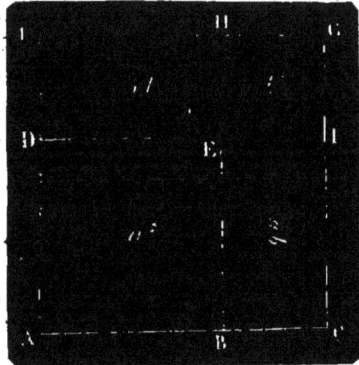

Fig. 176.

construit sur AC ou $\overline{AC}^2 = (a+b)^2 = \overline{AB}^2 + \overline{EI}^2 + EB \times BC + DE \times DF = a^2 + b^2 + ab + ab = a^2 + b^2 + 2ab$.

THÉORÈME

302. Le carré construit sur la différence de deux lignes est égal à la somme des carrés construits sur ces lignes, moins deux fois le rectangle construit sur ces mêmes lignes.

Les deux lignes étant a et b, le carré construit sur leur différence sera $(a-b)^2 = a^2 + b^2 - 2ab$.

Faisons $AC = a$, $BC = b$; construisons un carré sur AC et un sur $AB = AC - BC = a - b$, puis prolongeons BE jusqu'à la rencontre de FG, et DE jusqu'à la rencontre de CG : nous aurons, carré construit sur AB ou $\overline{AB}^2 = (a-b)^2 = AFGC$

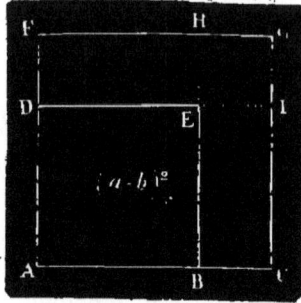

Fig. 177.

$-BHGC - DFHE$; mais $-DFHE = -DFGI + EHGI$, donc $\overline{AB}^2$ ou $(a-b)^2 = AFGC - BHGC - DFGI + EHGI = a^2 - ab - ab + b^2 = a^2 + b^2 - 2ab$.

THÉORÈME

303. *Le rectangle construit sur la somme et la différence de deux lignes est équivalent à la différence des carrés de ces mêmes lignes.*

Les deux lignes étant a et b, le rectangle construit sur leur somme et sur leur différence sera $(a+b)(a-b) = a^2 - b^2$.

Faisons $AB = a$, $BC = b$, $AE = a - b$.

Sur AC construisons le rectangle AEDC et sur AB le carré ABGF; puis prolongeons FG jusqu'à la rencontre de

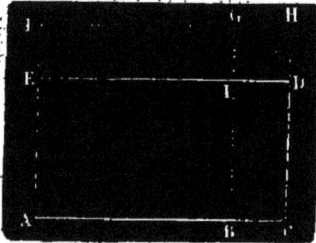

Fig. 178.

CD aussi prolongée; nous aurons : $AEDC = (AB + BC)(AF - EF) = (a+b)(a-b) = AFGB + BGHC - EFGI - IGHD = a^2 + ab - ab - b^2 = a^2 - b^2$.

Théorème du carré construit sur l'hypoténuse, etc.

THÉORÈME

304. *Le carré construit sur l'hypoténuse d'un triangle rectangle est équivalent à la somme des carrés construits sur les deux côtés de l'angle droit.*

Le triangle ABC étant rectangle en B, nous aurons $\overline{AC}^2 = \overline{AB}^2 + \overline{BC}^2$.

Du sommet B de l'angle droit, abaissons la perpendiculaire BK, qui divisera le carré ACDE en deux rectangles R et R′, nous allons démontrer que le rectangle R est équivalent au carré M, et que le rectangle R′ est équivalent au carré M′. Pour cela menons les diagonales BE, FC : le triangle ABE a même base AE que le rectangle R et

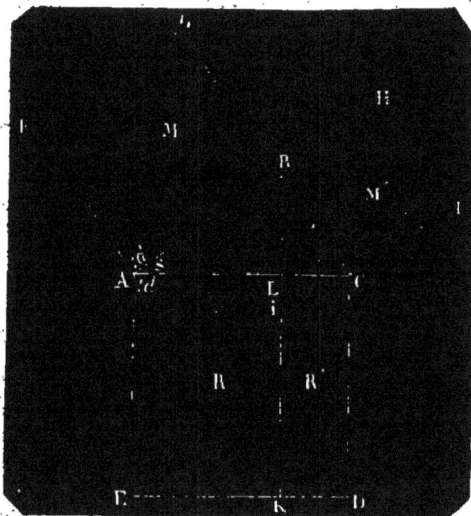

Fig. 179.

même hauteur AL (AL égale la hauteur du triangle abaissée du *sommet* B sur le *prolongement* de la base) : le triangle est donc équivalent à la moitié du rectangle; le triangle ACF a même base AF que le carré M et même hauteur AB (AB égale la hauteur du triangle abaissée du *sommet* C sur le *prolongement* de la base) : le triangle est donc équivalent à la moitié du carré. Mais les deux triangles ABE, ACF sont égaux comme ayant un angle égal compris entre côtés égaux chacun à chacun, savoir :

Angle BAE=FAC, car l'un et l'autre valent 1 droit+S;
Côté AE=côté AC, ce sont des côtés d'un même carré;
Côté AB=côté AF, ce sont des côtés d'un même carré;

Donc, la moitié du rectangle équivaut à la moitié du carré, et par conséquent R=M.

On prouverait de même que R'=M';

Donc R+R'=M+M' ou $\overline{AC}^2=\overline{AB}^2+\overline{BC}^2$.

305. COROLLAIRE I. On a

$$M=R=AE\times AL,$$
$$M'=R'=CD\times CL=AE\times CL;$$

donc

$$\frac{M}{M'}=\frac{AE\times AL}{AE\times CL}=\frac{AL}{CL}.$$

Par conséquent, *les carrés construits sur les côtés de l'angle droit sont entre eux dans le même rapport que les segments adjacents de l'hypoténuse.*

306. COROLLAIRE II. On a

$$M=\overline{AB}^2=R=AE\times AL=AC\times AL,$$
$$\overline{AC}^2=AC\times AC;$$

donc

$$\frac{\overline{AB}^2}{\overline{AC}^2}=\frac{AC\times AL}{AC\times AC}=\frac{AL}{AC}.$$

Par conséquent, *les carrés construits sur l'un des côtés de l'angle droit et sur l'hypoténuse sont dans le même rapport que le segment adjacent à ce côté et l'hypoténuse entière.*

THÉORÈME

507. *Dans tout triangle, le carré construit sur un côté opposé à un angle aigu est équivalent à la somme des carrés construits sur les deux autres côtés, moins deux fois le rectangle qui aurait pour base l'un des côtés de l'angle aigu et pour hauteur la projection de l'autre côté sur le premier.*

Des sommets A, B, C du triangle abaissons les perpendiculaires BK, AT, CP. B étant un angle aigu, on aura

$$\overline{AC}^2 = \overline{AB}^2 + \overline{BC}^2 - 2AB \times BO.$$

En effet, menons les diagonales BE, CF, nous aurons en
surface, rectan-
gle R = rectangle
M; rectangle R'
= rectangle M'
(même démons-
tration que pour
le carré de l'hy-
poténuse); on a
aussi N = N', car
si l'on mène les
diagonales GC,
HA (menez-les),
le triangle BCG
sera équivalent à
la moitié du rec-
tangle N comme
ayant même base
BG et même hau-

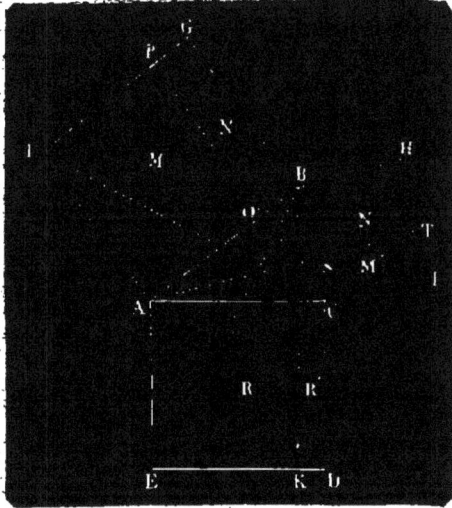

Fig. 180.

teur BO, et le triangle ABH sera équivalent à la moitié du
rectangle N', comme ayant même base BH et même hauteur BS; de plus, les triangles BGC, ABH seront égaux
comme ayant un angle égal compris entre côtés égaux
chacun à chacun, savoir : angle GBC, composé d'un droit
et de la partie OBS, égale angle ABH, composé d'un droit
et de la partie OBS; côté GB = côté AB et côté BC = côté
BH, par conséquent N = N'; donc

R + R' = M + M' = M + N + M' + N' — 2N, puisque N = N',

d'où $\overline{AC}^2 = \overline{AB}^2 + \overline{BC}^2 - 2N$;

mais N = GB × BO = AB × BO.

donc $\overline{AC}^2 = \overline{AB}^2 + \overline{BC}^2 - 2AB \times BO.$

Il est évident que BO est la projection du côté BC sur AB.

THÉORÈME

308. *Dans tout triangle, le carré construit sur un côté op-*
posé à un angle obtus est équivalent à la somme des carrés con-
struits sur les deux autres côtés, plus deux fois le rectangle
qui aurait pour base l'un des côtés de l'angle aigu et pour
hauteur la projection de
l'autre côté sur le premier.

Des sommets A, B, C
du triangle ABC, abais-
sons les perpendiculai-
res BK, AT, CP. B étant
un angle obtus, on aura

$$\overline{AC}^2 = \overline{AB}^2 + \overline{BC}^2 + 2AB \times BO.$$

Menons les diagonales
BE, FC, nous aurons
la surface R = AFPO,
R′ = CITS (menez AI, et
la démonstration sera la
même que pour le carré
de l'hypoténuse); on a
aussi BGPO = BHTS, on

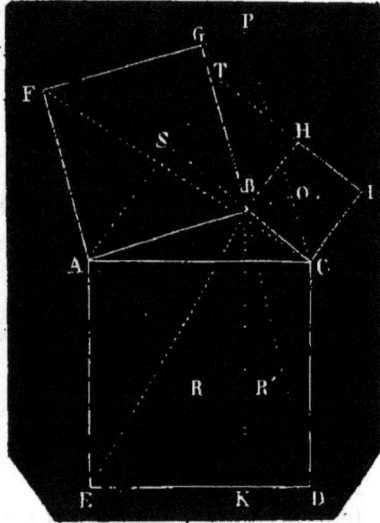

Fig. 181.

le prouverait en menant les diagonales GC, HA (menez-
les et faites le même raisonnement que dans le théorème
précédent), donc

$$R + R' = AFPO + CITS = ABGF + BGPO + BCIH + BHTS,$$
$$R + R' = \overline{AB}^2 + BGPO + \overline{BC}^2 + BHTS,$$
$$\overline{AC}^2 = \overline{AB}^2 + \overline{BC}^2 + 2BGPO, \text{ car } BHTS = BGPO,$$
$$\overline{AC}^2 = \overline{AB}^2 + \overline{BC}^2 + 2BG \times BO;$$

mais BG = AB, donc enfin

$$\overline{AC}^2 = \overline{AB}^2 + \overline{BC}^2 + 2AB \times BO.$$

Il est évident que BO est la projection du côté BC sur AB.

9.

Aire d'un polygone régulier.—Du cercle et du secteur circulaire

309. Apothème. On appelle *apothème* la perpendiculaire abaissée du centre d'un polygone régulier sur l'un de côtés de ce polygone. L'apothème est donc égale au rayon du cercle inscrit.

THÉORÈME

310. *L'aire d'un polygone régulier est égale au produit de son périmètre par la moitié de son apothème.*

Menons l'apothème OM et joignons le centre O aux différents sommets du polygone, nous le décomposerons ainsi en autant de triangles égaux qu'il a de côtés. Or, l'un d'eux a pour mesure $AB \times \frac{OM}{2}$, tous auront même surface.

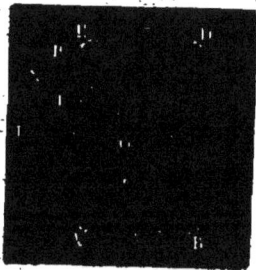

Le polygone étant un hexagone, sa surface sera égale à $6AB \times \frac{OM}{2}$,

Fig. 182.

ou le périmètre de l'hexagone, 6AB, multiplié par la moitié de l'apothème, $\frac{OM}{2}$.

Si en général on désigne par P le périmètre d'un polygone régulier, par a son apothème et par S sa surface, on aura

$$S = P \times \frac{a}{2}.$$

311. REMARQUE. Si l'on double successivement le nombre des côtés d'un polygone régulier inscrit, ces côtés deviennent de plus en plus petits : on a en effet (*fig.* 82) FN < FE; car dans le triangle FEN le côté FE est opposé au plus grand angle N; or, les côtés des polygones inscrits sont des cordes, et nous avons démontré que les plus petites cordes sont les plus éloignées du centre; on a par conséquent apothème OP $>$ apothème OI. L'apothème se rapprochant de plus en plus du rayon à mesure que le nombre des côtés du polygone augmente, pourra en différer aussi peu qu'on voudra. Le rayon est donc la limite vers laquelle tend l'apothème d'un polygone régulier inscrit dont le nombre des côtés augmente indéfiniment.

A la limite on a rayon R=apothème a.

THÉORÈME

312. *L'aire d'un cercle est égale au produit de sa circonférence par la moitié de son rayon.*

En effet, la circonférence étant la limite vers laquelle tend le périmètre d'un polygone régulier dont on double indéfiniment le nombre des côtés (261), et le rayon la limite de l'apothème (remarque précédente), l'aire du cercle sera la limite de l'aire de ce même polygone.

Or, l'égalité (310)

$$\text{Polygone régulier} = P \times \frac{a}{2} \ (1)$$

est vraie, quel que soit le nombre des côtés du polygone; elle existera donc encore à la limite, mais alors Polygone régulier=Cercle, P=C et a=R; ces valeurs substituées dans l'égalité (1) donnent :

$$\text{Cercle} = C \times \frac{R}{2}.$$

313. Corollaire. En appelant R le rayon d'une circonférence C, on a (262)

$$C = 2\pi R.$$

Si l'on substitue la valeur de C dans l'égalité précédente, il viendra

$$\text{Cercle} = C \times \frac{R}{2} = 2\pi R \times \frac{R}{2} = \pi R^2.$$

Ainsi, *l'aire d'un cercle est égale au produit du nombre constant π par le carré du rayon.*

THÉORÈME

314. *L'aire d'un secteur* ACB *a pour mesure la longueur de son arc* AB *par la moitié du rayon.*

Si l'on appelle R le rayon du cercle, sa circonférence sera $2\pi R$ et sa surface πR^2; mais (164, REMARQUE II) on a

$$\frac{\pi R^2}{\text{Secteur ABC}} = \frac{2\pi R}{AB}.$$

Si l'on multiplie par $\dfrac{R}{2}$ les deux termes du second rapport, il ne changera pas de valeur, et l'on aura

$$\frac{\pi R^2}{\text{Secteur ABC}} = \frac{2\pi R\frac{R}{2}}{AB\frac{R}{2}}.$$

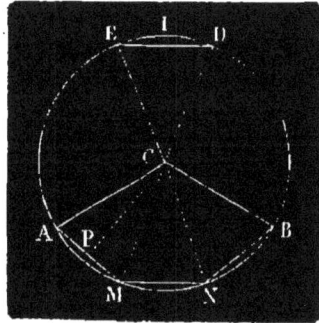

Fig. 183.

Les numérateurs sont égaux, car l'un et l'autre expriment la surface d'un cercle dont le rayon est R : donc les dénominateurs sont aussi égaux, et

$$\text{Secteur ABC} = AB \times \frac{R}{2}.$$

315. AUTRE DÉMONSTRATION. Divisons l'arc AB en un certain nombre de parties égales, par exemple en trois parties; joignons les points de division deux à deux et menons CM, CN, nous obtiendrons ainsi trois triangles isocèles égaux; or, l'un d'eux a pour mesure $AM \times \dfrac{CP}{2}$, le secteur polygonal AMNBC a donc pour mesure $3AM \times \dfrac{CP}{2}$

$$= \text{périmètre AMNB} \times \frac{CP}{2}.$$

Cette égalité existera quel que soit le nombre des côtés de la ligne brisée; elle sera donc encore vraie à la limite, c'est-à-dire lorsque le nombre des côtés de la ligne polygonale sera devenu assez considérable pour qu'elle se confonde avec l'arc AB, l'apothème CP avec le rayon R, et la surface du secteur polygonal avec la surface du secteur ACB : donc on a à la limite

$$\text{Secteur } ACB = \text{arc } AB \times \frac{R}{2}.$$

316. Corollaire I. Si l'on représente par C la circonférence du cercle dont le rayon est R et par n le nombre de degrés que comprend l'arc AB, on aura une autre expression de l'aire du secteur, car

$$\text{Secteur } ACB = AB \times \frac{R}{2},$$

et

$$\pi R^2 = C \times \frac{R}{2}.$$

En divisant ces égalités membre à membre, il vient

$$\frac{\text{Secteur } ACB}{\pi R^2} = \frac{AB \times \dfrac{R}{2}}{C \times \dfrac{R}{2}} = \frac{AB}{C} = \frac{n}{360°}$$

ou

$$\text{Secteur } ACB = \pi R^2 \times \frac{n}{360°}.$$

317. Corollaire II. La surface du segment EID est égale à celle du secteur CEID, moins celle du triangle CED.

Rapport des aires de deux figures semblables

THÉORÈME

318. *Le rapport des aires de deux triangles semblables est égal à celui des carrés des côtés homologues.*

On aura $\dfrac{ABC}{A'B'C'} = \dfrac{\overline{AB}^2}{\overline{A'B'}^2}.$

En effet, les deux triangles ABC et A'B'C' étant semblables, on a

$$\frac{AC}{A'C'} = \frac{AB}{A'B'} \quad (1).$$

Si des sommets B et B' on abaisse les perpendiculaires BD et B'D', on obtiendra deux triangles rectangles ABD,

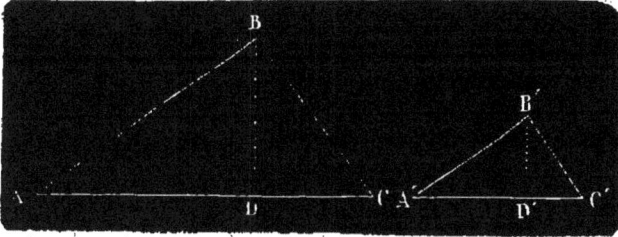

Fig. 184.

A'B'D' semblables aussi, car (219) l'angle A = A'. Ces triangles donnent

$$\frac{BD}{B'D'} = \frac{AB}{A'B'} \ (2).$$

Multipliant les égalités (1) et (2) membre à membre, il vient

$$\frac{AC \times BD}{A'C' \times B'D'} = \frac{\overline{AB}^2}{\overline{A'B'}^2}$$

ou

$$\frac{\frac{AC \times BD}{2}}{\frac{A'C' \times B'D'}{2}} = \frac{\overline{AB}^2}{\overline{A'B'}^2};$$

mais $\frac{AC \times BD}{2}$ et $\frac{A'C' \times B'D'}{2}$ représentent les aires des triangles, donc enfin

$$\frac{ABC}{A'B'C'} = \frac{\overline{AB}^2}{\overline{A'B'}^2}.$$

Nous aurons

$$\frac{ABCDE}{A'B'C'D'E'} = \frac{\overline{BC}^2}{\overline{B'C'}^2}.$$

THÉORÈME

319. *Le rapport des aires de deux polygones semblables est égal à celui des carrés des côtés homologues.*

En effet, par deux sommets homologues A et A', menons les diagonales qui décomposent les polygones en

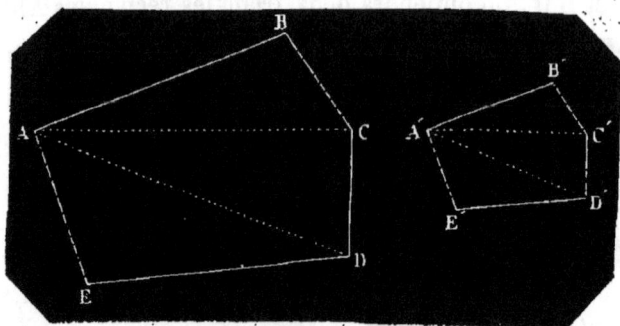

Fig. 185.

autant de triangles semblables (223) qui donnent, d'après le théorème précédent

$$\frac{ABC}{A'B'C'} = \frac{\overline{BC}^2}{\overline{B'C'}^2},$$

$$(1) \quad \frac{ACD}{A'C'D'} = \frac{\overline{CD}^2}{\overline{C'D'}^2},$$

$$\frac{ADE}{A'D'E'} = \frac{\overline{ED}^2}{\overline{E'D'}^2}.$$

Mais, par suite de la similitude des polygones, on a

$$\frac{BC}{B'C'} = \frac{CD}{C'D'} = \frac{ED}{E'D'}.$$

Si l'on élève au carré les deux termes de chaque rapport[1], il viendra

$$\frac{\overline{BC}^2}{\overline{B'C'}^2} = \frac{\overline{CD}^2}{\overline{C'D'}^2} = \frac{\overline{ED}^2}{\overline{E'D'}^2},$$

ce qui montre que dans les égalités (1), les seconds membres sont tous égaux ; par suite, les premiers le sont aussi, et l'on a

$$\frac{ABC}{A'B'C'} = \frac{ACD}{A'C'D'} = \frac{ADE}{A'D'E'}.$$

1. Voyez notre *Nouveau Cours d'Algèbre*, page 101.

Or, dans une suite de rapports égaux, la somme des numérateurs est à la somme des dénominateurs comme un numérateur quelconque est à son dénominateur; donc

$$\frac{ABC+ACD+ADE}{A'B'C'+A'C'D'+A'D'E'}=\frac{ABC}{A'B'C'}=\frac{\overline{BC}^2}{\overline{B'C'}^2}$$

ou
$$\frac{ABCDE}{A'B'C'D'E'}=\frac{\overline{BC}^2}{\overline{B'C'}^2}.$$

C. Q. F. D.

THÉORÈME

520. *Le rapport des aires de deux cercles est égal à celui des carrés de leurs rayons.*

$$\text{Cercle R}=\pi R^2$$

et
$$\text{Cercle R}'=\pi R'^2.$$

Divisant membre à membre, il vient

$$\frac{\text{Cercle R}}{\text{Cercle R}'}=\frac{\pi R^2}{\pi R'^2}=\frac{R^2}{R'^2}.$$

PROBLÈME

521. *Calculer l'aire d'un cercle dont le rayon a* $4^m,20$.

On a surface du cercle $= \pi R^2$.

Si l'on substitue aux lettres leurs valeurs, il vient

Surface du cercle $=3,1416\times(4^m,20)^2=55^{m.q.},417824$.

PROBLÈME

522. *Trouver le rayon d'un cercle dont l'aire est égale à* 24 *mètres carrés.*

On a
$$\pi R^2=24.$$

$$R^2=\frac{24}{\pi}.$$

$$R=\sqrt{\frac{24}{\pi}}=2^m,76.$$

PROBLÈME

323. *Un arc de 3° 36′ a une longueur de 4ᵐ,28 : quelle est la surface du secteur limité par cet arc ?*

$$3° \ 36′ = 4^m,28,$$

$$1° = \frac{4,28}{3° \ 36′},$$

Circonférence ou $360° = \dfrac{4,28 \times 360}{3° \ 36′}$.

En réduisant en minutes

Circonférence ou $360° = \dfrac{4,28 \times 360 \times 60}{3 \times 60 + 36} = 428$ mètres.

La circonférence étant 428 mètres, on a

$$2\pi R = 428,$$

d'où
$$R = \frac{428}{2\pi} = 68^m,11.$$

La surface du secteur égale $\pi R^2 \times \dfrac{n}{360}$.

Si l'on substitue aux lettres leurs valeurs, il vient

Surf. du secteur $= 3,1416 \times (68,11)^2 \times \dfrac{3° \ 36′}{360} = 145^{m. q.},7747.$

PROBLÈME

324. *Un secteur a 26ᵐ·ᑫ,96 de surface, et l'arc qui lui sert de base a 32° 8′ : on demande la longueur de cet arc.*

$$26^{m. q.},96 = \pi R^2 \times \frac{32° \ 8′}{360},$$

$$26,96 \times 360 = \pi R^2 \times 32° \ 8′,$$

$$\pi R^2 \times 32° \ 8′ = 26,96 \times 360,$$

$$R^2 = \frac{26,96 \times 360}{\pi \times 32° \ 8′}.$$

Réduisant en minutes et extrayant la racine carrée, on a

$$R = \sqrt{\frac{26,96 \times 360 \times 60}{\pi \ (32 \times 60 + 8′)}} = 8,80.$$

Si R=8,80, la valeur de la circonférence ou 2πR sera égale à $2\pi\times8,80=55^m,29$.

La circonférence ou $360°=55^m,29$,

$$1°=\frac{55,29}{360},$$

et la longueur de l'arc ou $32°\ 8'=\frac{55,29\times32°\ 8'}{360}=4^m,92.$

PROBLÈME

325. *Deux villes sont sur le même méridien, un arc de $12°\ 28'$ les sépare : on demande leur distance en lieues de 4 kilomètres.*

Soit x la distance cherchée :

Le méridien$=40000000$ de mètres$=10000$ lieues,

donc $\dfrac{x}{12°\ 28'}=\dfrac{10000}{360°},$

d'où $x=\dfrac{10000\times12°\ 28'}{360°}=346^{lieues},29.$

Pour tenir compte des sinuosités des routes, on ajoute à ce nombre le quart de sa valeur

$$346,29+86,57=432^{lieues},86.$$

PROBLÈME

326. *Trouver 1° la surface d'un triangle équilatéral dont le côté est a ; 2° celle de l'hexagone dont le côté est également a, et enfin 3° celle des six segments que détermine le cercle circonscrit à l'hexagone.*

1° ABCDEF étant un hexagone régulier, AO=AB et le triangle AOB est équilatéral. Faisons, pour abréger, AB$=a$ et OP$=h$.

Triangle $AOB = h \times \frac{a}{2}$; mais le triangle rectangle OPB donne

$$h^2 = a^2 - \overline{PB}^2, \quad PB = \frac{a}{2}, \quad \overline{PB}^2 = \frac{a^2}{4},$$

$$h^2 = a^2 - \frac{a^2}{4},$$

$$h^2 = \frac{4a^2}{4} - \frac{a^2}{4},$$

$$h^2 = \frac{3a^2}{4},$$

$$h = \sqrt{\frac{3a^2}{4}} = \frac{a\sqrt{3}}{2};$$

donc triangle $AOB = \frac{a\sqrt{3}}{2} \times \frac{a}{2} = \frac{a}{2} \times \frac{a\sqrt{3}}{2} = \frac{a^2\sqrt{3}}{4}$.

$\frac{a^2\sqrt{3}}{4}$, telle est la surface d'un triangle équilatéral en fonction de son côté a.

2° L'hexagone ABCDEF étant égal à 6 triangles égaux à AOB, sa surface sera $\frac{6a^2\sqrt{3}}{4} = \frac{3a^2\sqrt{3}}{2}$.

$\frac{3a^2\sqrt{3}}{2}$, voilà la surface

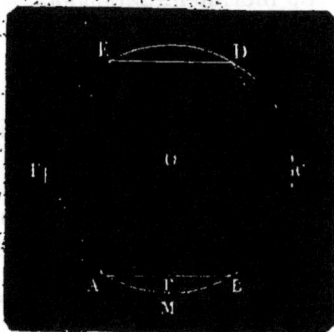

Fig. 186.

d'un hexagone en fonction de son côté ou du rayon du cercle circonscrit.

Il est évident que la surface des six segments est égale à la surface du cercle, moins celle de l'hexagone : or, le rayon du cercle est égal au côté de l'hexagone, l'aire des six segments sera donc

$$\pi a^2 - \frac{3a^2\sqrt{3}}{2} = \frac{2\pi a^2 - 3a^2\sqrt{3}}{2} = \frac{a^2(2\pi - 3\sqrt{3})}{2}.$$

PROBLÈME

527. *Trouver la superficie d'un triangle* ABC, *connaissant les trois côtés.*

Posons, pour abréger, $BC = a$, $AC = b$, $AB = c$.

Ainsi nous connaissons a, b, c.

Décrivons les cercles inscrits et *ex-inscrits* (on appelle ainsi les cercles tangents à l'un des côtés d'un triangle et aux prolongements des deux autres).

Les centres de ces cercles sont sur la bissectrice de l'angle A (81).

La bissectrice de l'angle ACB détermine le centre O du cercle inscrit, car le point O appartenant en même temps

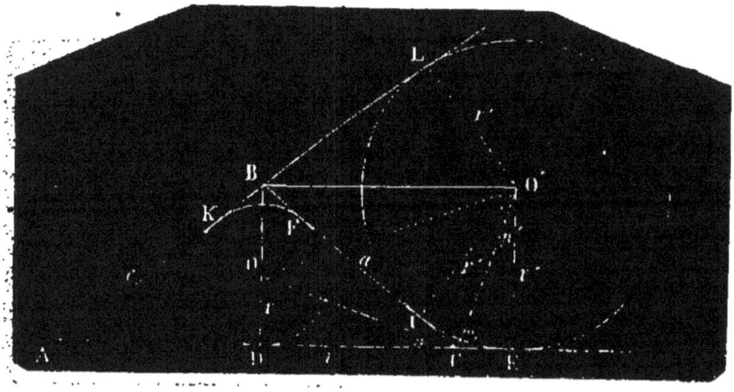

Fig. 187.

aux bissectrices AO et OC est à égale distance des trois côtés du triangle ABC. On prouverait de même que la bissectrice de l'angle BCE détermine le centre O' du cercle ex-inscrit. Cela étant posé, cherchons la surface du triangle ABC ou T en fonction des trois côtés, de r et de r'. Nous avons

1°
$$T = AOC + BOC + AOB,$$

et 2°
$$T = ACO' + ABO' - BCO'.$$

Calculons la première valeur de T :

$$AOC = \frac{r}{2} \times b,$$

$$BOC = \frac{r}{2} \times a,$$

$$AOB = \frac{r}{2} \times c ;$$

donc

$$T = \frac{r}{2} \times b + \frac{r}{2} \times a + \frac{r}{2} \times c,$$

$$T = \frac{r}{2}(a + b + c).$$

Calculons la seconde valeur de T :

$$ACO' = \frac{r'}{2} \times b,$$

$$ABO' = \frac{r'}{2} \times c,$$

$$BCO' = \frac{r'}{2} \times a ;$$

donc

$$T = \frac{r'}{2} \times b + \frac{r'}{2} \times c - \frac{r'}{2} \times a,$$

$$T = \frac{r'}{2}(b + c - a).$$

Si nous faisons $a + b + c = 2p$, nous aurons

1° $\quad\quad\quad T = pr \quad (1),$

et 2° $\quad\quad\quad T = (p - a) r' \quad (2) ;$

car $\quad\quad\quad b + c - a + 2a = 2p,$

donc $\quad\quad\quad b + c - a = 2p - 2a = 2(p - a).$

Maintenant éliminons r et r'. Les angles en C valent deux droits, donc la moitié de ces angles ou l'angle OCO' vaut un droit; par conséquent l'angle n, complément de l'angle m, égale n', complémentaire du même angle m :

donc les deux triangles rectangles DOC, CO'E sont semblables, et

$$\frac{r}{CD} = \frac{CE}{r'}$$

ou $\qquad rr' = CD \times CE.$

Or $\qquad 2p = AD + AK + BK + BF + FC + CD$;

mais (199, REMARQUE) $AD = AK$, $BK = BF$, $FC = CD$:

donc $\qquad 2p = 2AK + 2BK + 2CD$,

$\qquad p = AK + BK + CD = c + CD$,

$\qquad CD = p - c.$

De même

$$2p = AC + CI + AB + BI = AE + AL;$$

mais (199, REMARQUE) $AE = AL$:

donc $\qquad 2p = 2AE = 2(b + CE)$,

$\qquad p = b + CE$,

$\qquad CE = p - b;$

par conséquent

$$rr' = CD \times CE = (p - c)(p - b) \quad (3).$$

Si nous multiplions les équations (1) et (2) l'une par l'autre, nous aurons

$$T^2 = pr \times (p - a) \, r' = prr' \, (p - a).$$

Remplaçant rr' par la valeur trouvée, équation (3), il viendra

$$T^2 = p \, (p - c) \, (p - b) \, (p - a)$$

ou $\qquad T = \sqrt{p \, (p - a) \, (p - b) \, (p - c)}.$

Cette formule fait connaître que pour avoir l'aire d'un triangle lorsqu'on connaît les trois côtés, *il faut de leur demi-somme retrancher chacun d'eux, faire le produit des trois restes et de la même demi-somme, et enfin extraire la racine carrée de ce résultat.*

Si, pour exemple, nous faisons, dans le triangle donné

$$a = 391$$
$$b = 620$$
$$c = 381$$

nous aurons

$$2p = 391 + 620 + 381,$$

$$p = \frac{391 + 620 + 381}{2} = 696,$$

$$p - a = 696 - 391 = 305,$$

$$p - b = 696 - 620 = 76,$$

$$p - c = 696 - 381 = 315,$$

$$T = \sqrt{696 \times 305 \times 76 \times 315} = 71288 \text{ mètres carrés},$$

$$T = 71288 \text{ mètres carrés}.$$

PROBLÈME

328. *Transformer un polygone quelconque en un triangle équivalent.*

Soit le polygone ABCDE.

Menons la diagonale AD et du point E sa parallèle EF jusqu'à la rencontre du prolongement de BA; enfin, tirons DF qui détermine le triangle ADF équivalent au triangle ADE comme ayant même base AD et des hauteurs égales, car leurs sommets F et E se trouvent sur une même parallèle EF à la

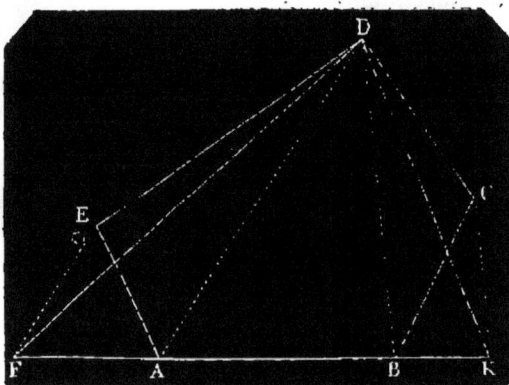

Fig. 188.

base. Nous pouvons donc remplacer le triangle ADE par le triangle ADF, et nous n'aurons plus que le quadrilatère FDCB. En appliquant cette construction à ce dernier, nous le transformerons en un triangle FDK équivalent, lequel est par conséquent équivalent au pentagone donné.

529. Remarque. Dans le cas où le polygone ABCDE serait concave, on suivrait la même méthode.

Ce procédé est indépendant du nombre des côtés du

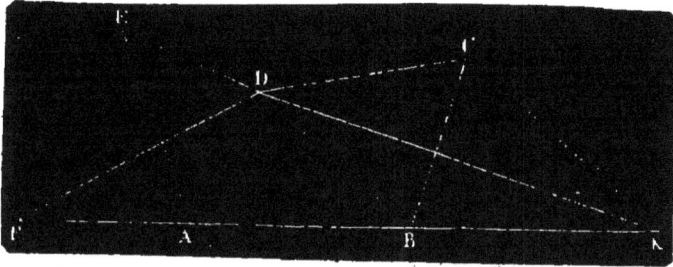

Fig. 189.

polygone, donc on peut transformer un polygone quelconque en un triangle.

PROBLÈME

530. *Construire un carré équivalent à un polygone donné.*

1° Si le polygone donné est un triangle, en désignant par B sa base, par H sa hauteur et par X le côté du carré, l'aire du triangle étant $B \times \frac{1}{2}H$ et celle du carré X^2, nous aurons

$$X^2 = B \times \tfrac{1}{2}H,$$

ou

$$\frac{B}{X} = \frac{X}{\frac{1}{2}H}.$$

Le côté X du carré demandé est donc une moyenne proportionnelle entre la base B et la moitié de la hauteur H.

2° Si la surface du polygone donné a pour mesure le produit de deux lignes connues, comme il arrive pour le rectangle, le parallélogramme, etc., on démontre par un raisonnement analogue au précédent que le côté du carré demandé est une moyenne proportionnelle entre les deux lignes dont le produit exprime l'aire du polygone donné.

3° Si l'aire du polygone donné ne s'exprime pas immédiatement par le produit de deux lignes droites, on transforme ce polygone en un triangle équivalent, puis on construit le carré équivalent à ce triangle.

531. Remarque. D'après ce qui précède, la construction d'un carré équivalent à une figure plane terminée par des lignes droites, ou la *quadrature* d'une telle figure, est toujours possible. La quadrature d'un cercle donné ne peut se faire qu'approximativement, en construisant une moyenne proportionnelle entre la longueur approchée de sa circonférence et la moitié de son rayon.

PROBLÈME

332. *Construire un carré équivalent à la somme ou à la différence de deux carrés donnés.*

1° Pour construire un carré équivalent à la somme de deux carrés dont les côtés sont A et B, faisons un angle droit C, et sur les côtés de cet angle prenons les longueurs CD=A et CE=B, puis tirons DE, qui sera le côté du carré demandé, car le triangle rectangle CDE donne

$$\overline{DE}^2 = \overline{CD}^2 + \overline{CE}^2 = A^2 + B^2.$$

2° Pour construire un carré équivalent à la différence des carrés dont les côtés sont A et B, faisons encore un angle droit C, puis prenons CE=B et du point E comme centre, avec A pour rayon, dé-

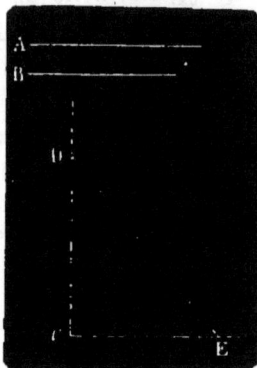

Fig. 190.

crivons un arc de cercle qui coupe l'autre côté de l'angle droit au point D; la droite CD sera le côté du carré demandé, car le triangle rectangle CDE donne

$$\overline{CD}^2 = \overline{DE}^2 - \overline{CE}^2 = A^2 - B^2.$$

PROBLÈME

333. *Construire un carré qui soit à un carré donné dans le rapport de deux droites données.*

Si nous désignons par A le côté du carré donné, par X celui du carré demandé et par B et C les deux lignes données, on devra avoir

$$\frac{X^2}{A^2} = \frac{B}{C}.$$

Sur une droite indéfinie, prenons DE=B, et à la suite
portons une lon-
gueur EF=C. Sur
DF comme dia-
mètre, décrivons
une demi-circon-
férence, au point
E élevons la per-
pendiculaire EG,
tirons ensuite les
cordes GD, GF et
prolongeons - les
indéfiniment, sur

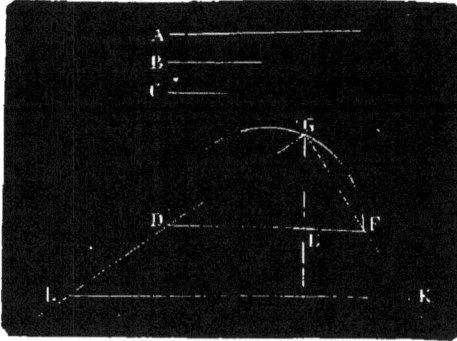

Fig. 191.

GF portons une longueur GK=A et par le point K menons
enfin KL parallèle à DF : GL sera le côté du carré demandé.

En effet, les triangles semblables GLK, GDF donnent

$$\frac{GL}{GK} = \frac{GD}{GF}$$

ou

$$\frac{\overline{GL}^2}{\overline{GK}^2} = \frac{\overline{GD}^2}{\overline{GF}^2}.$$

Mais le triangle rectangle GDF donne (305)

$$\frac{\overline{GD}^2}{\overline{GF}^2} = \frac{DE}{EF},$$

donc

$$\frac{\overline{GL}^2}{\overline{GK}^2} = \frac{DE}{EF}$$

ou

$$\frac{\overline{GL}^2}{A^2} = \frac{B}{C}, \text{ car } GK = A.$$

La droite GL est par conséquent le côté X du carré demandé.

PROBLÈME

554. *Construire un polygone* X *semblable à un polygone
donné* A *et tel que le premier soit au second dans le rapport de
deux droites données* b *et* c.

Soient x et a deux côtés homologues des polygones X et A.

On a par hypothèse

$$\frac{X}{A} = \frac{b}{c}.$$

D'ailleurs les polygones, étant semblables, sont entre eux dans le rapport des carrés de leurs côtés homologues (319) par conséquent

$$\frac{X}{A} = \frac{x^2}{a^2},$$

donc

$$\frac{x^2}{a^2} = \frac{b}{c}.$$

La question est ramenée au problème précédent.

Lorsque x sera déterminé, il suffira de construire sur cette ligne un polygone semblable au polygone donné A (244). On ne devra pas oublier, toutefois, que la droite x est homologue du côté a.

555. REMARQUE. Dans le cas où le rapport de deux polygones doit égaler celui de deux nombres, on détermine deux lignes b et c qui soient dans le même rapport que les nombres, et on opère ensuite comme il vient d'être indiqué.

PROBLÈME

556. *Un polygone quelconque étant donné, construire une figure semblable, mais dont la surface soit 1° double, triple, quadruple, etc., ou 2° la moitié, le tiers, le quart, etc.*

1° Soit A le polygone donné, a un de ses côtés et x le côté homologue de a dans le polygone demandé.

Si l'on veut, par exemple, un polygone équivalent à trois fois le polygone donné, on posera, à cause de la similitude des figures (319),

$$\frac{3A}{A} = \frac{x^2}{a^2},$$

$$3 = \frac{x^2}{a^2},$$

$$x^2 = 3a^2 = 3a \times a.$$

Le côté x est donc moyen proportionnel entre $3a$ et

a. Sur la droite *x*, homologue de *a*, on construira un polygone semblable au polygone donné A.

2° Si l'on veut, par exemple, un polygone qui soit le cinquième du polygone donné, en conservant les mêmes annotations, on posera, à cause de la similitude des polygones,

$$\frac{\frac{1}{5}A}{A}=\frac{x^2}{a^2},$$

$$\frac{1}{5}=\frac{x^2}{a^2},$$

$$x^2=\tfrac{1}{5}a^2=\tfrac{1}{5}a\times a.$$

Le côté *x* est donc moyen proportionnel entre $\frac{1}{5}a$ et *a*. Sur la droite *x*, homologue de *a*, on construira un polygone semblable au polygone A.

PROBLÈME

537. *Étant donnés deux polygones semblables* A *et* B, *en construire un troisième* X *semblable aux deux premiers et qui soit équivalent à leur somme ou à leur différence.*

Soient *a*, *b* et *x* trois côtés homologues des polygones A, B et X.

On a par hypothèse

$$X=A\pm B.$$

La similitude des polygones donne

$$\frac{X}{x^2}=\frac{A}{a^2}=\frac{B}{b^2},$$

d'où on tire

$$\frac{X}{x^2}=\frac{A\pm B}{a^2\pm b^2},$$

et par suite (les numérateurs sont égaux par hypothèse, les dénominateurs sont par conséquent égaux aussi),

$$x^2=a^2\pm b^2.$$

Pour résoudre ce problème, il suffit donc de chercher le côté *x* d'un carré équivalent à la somme ou à la différence de deux carrés donnés (333).

Sur la droite *x*, homologue de *a*, on construit un polygone semblable au polygone A.

538. *Construire un rectangle équivalent à un carré donné et dont les côtés adjacents fassent une somme ou aient entre eux une différence donnée.*

1° Construire un rectangle équivalent à un carré donné b^2 et dont les côtés adjacents fassent une somme donnée a.

Sur AB$=a$ comme diamètre décrivons une demi-circonférence, au point A élevons une perpendiculaire AD $=b$, côté du carré donné; par le point D menons DE parallèle à AB, et du point E abaissons sur AB la perpendiculaire EF : les deux segments AF, FB seront les dimensions du rectangle, car (24).

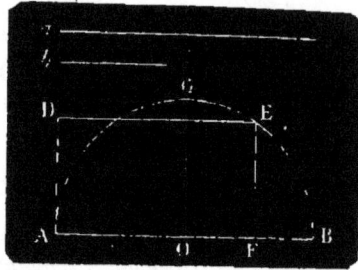

$$\overline{EF}^2 = b^2 = AF \times FB.$$

Fig. 192.

Pour que le problème soit possible, il est évident que le côté b du carré ne doit pas excéder le rayon OG.

Lorsque b est égal au rayon, les dimensions du rectangle sont égales : par conséquent le rectangle n'est autre chose que le carré lui-même.

REMARQUE. *Ce problème revient évidemment à construire deux lignes dont la somme* a *et le produit* b² *sont donnés.*

2° Construire un rectangle équivalent à un carré donné b^2 et dont les côtés adjacents fassent une différence donnée a.

Sur AB$=a$ comme diamètre, décrivons une circonférence; au point A élevons la perpendiculaire AD$=b$, côté du carré. Du point D tirons la sécante DF passant par le centre O du cercle. Les lignes FD, DE se-

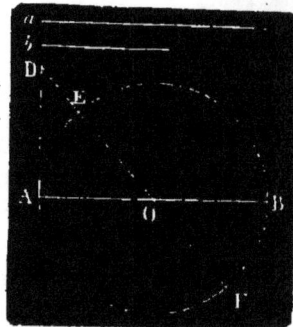

[Fig. 193.

10.

ront les dimensions du rectangle, car leur différence EF
$=a$, et (237)

$$DF \times DE = \overline{AD}^2 = b^2.$$

REMARQUE. *Il est évident que ce problème revient à construire deux lignes dont la différence* a *et le produit* b² *sont donnés.*

Application à la construction des racines des équations du second degré à une inconnue

539. Construire les racines d'une équation est une opération qui consiste à substituer, aux calculs qu'il faudrait effectuer pour obtenir les valeurs des racines, des constructions graphiques dont le but est de faire connaître les lignes inconnues à l'aide des lignes données.

Avant de parler de la construction des racines des équations du second degré, occupons-nous d'abord de la construction de la valeur d'une équation du premier degré à une inconnue.

Équations du premier degré

540. La valeur de l'inconnue dans une équation du premier degré se présente généralement sous l'une des formes suivantes :

$$x = a \pm b \quad (1),$$

$$x = \frac{ab}{c} \quad (2),$$

$$x = \frac{a^2}{b} \quad (3),$$

$$x = \frac{abc}{de} \quad (4),$$

$$x = \frac{abc + def}{gh} \quad (5),$$

$$x = \frac{abc + def}{gh + lm} \quad (6).$$

Construisons successivement ces différentes valeurs de x.

(1) La première valeur de x se construira en ajoutant à la longueur a ou en retranchant la longueur b.

(2) Il est visible que la seconde valeur de x est une quatrième proportionnelle aux trois longueurs a, b, c.

(3) La troisième valeur de x est encore une quatrième proportionnelle aux trois lignes a, a, b.

(4) Dans la quatrième forme, $x = \dfrac{a}{d} \times \dfrac{bc}{e} = \dfrac{abc}{de}$:

Si l'on fait $y = \dfrac{bc}{e}$, on aura

$$x = \frac{a}{d} \times y = \frac{ay}{d}.$$

La valeur de y est une quatrième proportionnelle aux trois lignes b, c, e; connaissant y, il sera facile de construire x, ce sera une quatrième proportionnelle aux lignes a, y, d.

(5) Dans la cinquième forme, $x = \dfrac{abc + def}{gh} = \dfrac{abc}{gh} + \dfrac{def}{gh}$, on fera

$$y = \frac{abc}{gh} \text{ et } z = \frac{def}{gh}.$$

On construira y et z comme on a construit x dans la quatrième forme, ce qui donnera

$$x = y + z.$$

(6) Dans la sixième forme $x = \dfrac{abc + def}{gh + kl}$, on fera

$$gh = dy \text{ et } kl = dz;$$

d'où $\qquad x = \dfrac{abc + def}{dy + dz} = \dfrac{abc + def}{d\,(y + z)}.$

De l'équation $gh = dy$ on tire

$$y = \frac{gh}{d},$$

et de l'équation $kl = dz$,

$$z = \frac{kl}{d}.$$

Les lignes y et z sont par conséquent quatrièmes pro-portionnelles à des quantités connues g, h, d, k, l, d. Si l'on fait leur somme égale à s, on aura

$$x = \frac{abc + def}{d(y+z)} = \frac{abc + def}{ds}.$$

Cette dernière valeur de x se trouvera comme dans le cas précédent.

Équations du second degré.

541. Considérons d'abord l'équation incomplète

$$x^2 = A.$$

Si l'on fait $A = ab$ ou $A = a^2 \pm b^2$, l'équation incomplète se présentera sous ces deux formes

$$x^2 = ab,$$
$$x^2 = a^2 \pm b^2.$$

Dans les deux cas, l'inconnue a deux valeurs égales et de signes contraires : il suffit donc de construire celle qui est positive.

Or, dans la première équation, cette valeur est une moyenne proportionnelle entre a et b, et celle de la se-conde s'obtiendra en construisant le côté d'un carré égal à la somme ou à la différence des carrés dont les côtés sont a et b (332).

Soit en second lieu l'équation complète du second degré. Comme dans cette équation le terme x^2 doit tou-jours être positif, elle ne pourra se présenter que sous l'une de ces quatre formes :

$$x^2 - ax = -b^2 \quad (1),$$
$$x^2 + ax = -b^2 \quad (2),$$
$$x^2 - ax = +b^2 \quad (3),$$
$$x^2 + ax = +b^2 \quad (4).$$

Si dans la deuxième et la quatrième équation on change x en $-x$, elles deviennent identiques aux deux autres : il suffit donc de construire les racines des équations (1) et (3).

Soit en premier lieu l'équation

$$x^2 - ax = -b^2.$$

Les deux racines de cette équation sont positives, puis-que (*Alg.*, n° 264) leur somme est $+a$ et leur produit $+b^2$.

Si donc on les désigne par x' et x'', on aura

$$x' + x'' = a,$$
$$x'\, x'' = b^2.$$

Ces deux égalités font connaître qu'il s'agit de construire deux lignes x' et x'' dont la somme a et le produit b^2 sont donnés : or cette construction est connue (338, 1°, RE-MARQUE).

En résolvant l'équation (1) on a

$$x = \frac{a}{2} \pm \sqrt{\frac{a^2}{4} - b^2}.$$

Pour que la quantité placée sous le radical soit positive, ou, en d'autres termes, pour que les racines soient réelles, il faut qu'on ait $\frac{a^2}{4} > b^2$ ou $\frac{a}{2} > b$ ou enfin $a > 2b$.

Soit, en second lieu, l'équation

$$x^2 - ax = + b^2.$$

Les deux racines de cette équation sont de signes con-traires, puisque (*Alg.*, n° 264) leur somme est $+a$ et leur produit $-b^2$. Si donc on désigne par x' celle qui est po-sitive et par x'' la valeur absolue de celle qui est négative, on aura

$$x' - x'' = a,$$
$$x' \times - x'' = - b^2,$$
ou
$$x' x'' = b^2.$$

Les égalités

$$x' - x'' = a,$$
$$x' x'' = b^2,$$

font connaître qu'il s'agit de construire deux lignes x' et x'' dont la différence a et le produit b^2 sont donnés. Or, cette construction est connue (338, 2°, REMARQUE).

La partie du programme comprenant : *Notions sur le levé des plans et l'arpentage, — levé au mètre, — levé au graphomètre, — levé à l'équerre d'ar-penteur, — levé à la planchette*, est traitée à la fin du *Cours*.

EXERCICES ET PROBLÈMES

526. Trouver l'aire d'un rectangle dont la base a 45 mètres et la hauteur 27 mètres.

527. Trouver la surface d'un carré de 25 mètres de côté.

528. Calculer l'aire d'un rectangle dont les dimensions sont 58^m,45 et 24^m,60.

529. Enoncer 57678 mètres carrés en hectares, ares et centiares.

530. A quoi est égal l'hectomètre carré?

531. Que devient la surface d'un rectangle dont on double l'une des dimensions?

532. Une chambre a 4^m,80 de long sur 4 mètres de large : combien coûtera-t-elle à faire planchéier en chêne, si l'on paye 6 fr. du mètre carré?

533. Un embranchement de chemin de fer doit avoir 40 kilomètres de long sur 12 mètres de large : on demande combien le terrain a acquérir coûtera, si l'on paye, prix moyen, 4500 fr. l'hectare.

534. Deux parallélogrammes de même base et de même hauteur sont-ils équivalents?

535. Trouver l'aire d'un parallélogramme dont les dimensions sont 25^m,40 et 18^m,25.

536. Un triangle ABC a un angle obtus, prenez successivement les trois côtés pour bases, et menez les hauteurs correspondantes.

537. Trouver l'aire d'un losange dont les diagonales sont 3 mètres et 2 mètres.

538. Transformer un triangle quelconque en un triangle isocèle.

539. Lorsque deux triangles ont même base et même hauteur, sont-ils équivalents?

540. Calculer la surface d'un triangle dont la base a 54^m,65 et la hauteur 19^m,25.

541. Un propriétaire fait construire un mur qui a 45^m,50 de long sur 2 mètres de hauteur : combien payera-t-il aux maçons pour ce mur, s'il donne 6 fr. pour 4 mètres carrés?

542. Combien vaut un pré rectangulaire dont les dimensions sont de 75^m,30 sur 35^m,20? Les $\frac{2}{5}$ de ce pré sont estimés à raison de 70 fr. l'are et l'autre $\frac{4}{5}$, 60 fr. l'are.

543. Quelle est la surface d'un trapèze dont la hauteur a 12 mètres et les bases 48^m,50 et 25 mètres ?

544. Quelle est la hauteur d'un rectangle dont la base a 65 mètres et la surface 1430 mètres carrés.

545. Trouver la superficie d'un triangle rectangle isocèle dont la base a 25 mètres.

546. Une chambre a 4^m,50 de long sur 3^m,80 de large : on demande le nombre de planches qu'il faudra pour la planchéier, si les planches ont 2 mètres de long sur 0^m,20 de large.

547. Combien faudra-t-il de carreaux pour paver une cuisine qui a 3^m,40 sur 3 mètres? On sait qu'un carreau a 0^m,16 de côté.

548. Un rectangle a une surface de 756 mètres carrés : on demande ses dimensions, sachant qu'elles sont entre elles dans le rapport de 3 à 7.

549. Construire un carré équivalent à un rectangle.

550. Construire un carré équivalent à un parallélogramme.

551. Construire un carré équivalent à un triangle.

552. Construire un carré équivalent à un trapèze.

553. Construire un carré équivalent à un polygone régulier.

554. Construire un carré équivalent à un cercle.

555. Construire un triangle rectangle équivalent à un triangle quelconque.

556. Construire un carré équivalent à la somme de plusieurs carrés donnés.

557. Construire un carré qui soit les $\frac{5}{7}$ d'un carré donné.

558. Sur une droite donnée, construire un rectangle équivalent à un rectangle donné.

559. Sur une droite donnée, construire un rectangle équivalent à un triangle donné.

560. Construire une série de triangles équivalents à un triangle donné.

561. Construire un triangle équivalent à un rectangle.

562. Construire un triangle équivalent à un carré.

563. Construire un triangle équivalent à un quadrilatère quelconque.

564. Construire un triangle équivalent à un polygone convexe quelconque.

565. Construire un triangle équivalent à un polygone concave quelconque.

566. Construire un triangle équivalent à un cercle.

567. Un propriétaire qui a anticipé sur son voisin doit rendre sur une longueur de 60 mètres une parcelle rectangulaire ayant 38 centiares de surface : quelle largeur doit-on prendre ?

568. Un triangle a 378 mètres carrés de surface et 42 mètres de base : on demande sa hauteur.

569. Un triangle ABC a 875 mètres de surface, le rapport de la base AC de ce triangle à sa hauteur $BD = \frac{14}{5}$: on demande ses dimensions.

570. Dans le même triangle on détache, à partir du point A, en allant de A en C, un petit triangle dont la surface doit être de 60 mètres carrés : on demande la longueur à prendre sur AC.

571. Partager un triangle en un certain nombre de parties équivalentes par des droites partant d'un des angles.

572. Diviser un triangle en parties proportionnelles à des nombres donnés par des droites issues d'un sommet.

573. Diviser un triangle en parties égales ou proportionnelles à des nombres donnés par des droites issues d'un point quelconque du triangle.

574. Diviser un carré, un rectangle, un parallélogramme, un losange en parties égales par des parallèles aux côtés.

On a pour la surface d'un trapèze

$$T = \frac{B+b}{2} H.$$

575. Déterminer B, connaissant b, H, T.

576. Déterminer H, connaissant T, B, b.

577. Déterminer b, connaissant T, B, H.

578. Dans la formule

$$T = \frac{B+b}{2} H$$

on a B=36 mètres, b=22 mètres, H=16 mètres : calculer T.

579. Dans le problème précédent, calculer la surface du triangle limité par le prolongement des côtés non parallèles du trapèze et la petite base.

580. Calculer la surface d'un carré dont la diagonale a 16 mètres.

581. Trouver la surface du carré inscrit dans un cercle d'un mètre de rayon.

582. Trouver la superficie d'un carré circonscrit au même cercle.

583. Déterminer le côté du carré équivalent à la surface d'un triangle de 62 mètres de base et 24 mètres de hauteur.

584. Deux triangles qui ont un angle égal sont entre eux dans le même rapport que les rectangles des côtés qui comprennent l'angle.

585. On joint le $\frac{1}{3}$ du côté d'un carré au $\frac{1}{4}$ du côté adjacent : on demande de trouver en fonction du côté a du carré la surface du triangle ainsi déterminé et la surface de la partie restante du carré.

586. La perpendiculaire abaissée du sommet de l'angle droit d'un triangle rectangle sur l'hypoténuse la divise en deux segments qui ont 3 mètres et 5 mètres : on demande la surface du cercle circonscrit au triangle.

587. Un terrain de forme rectangulaire est estimé 60 fr. l'are : on demande sa surface et ses dimensions, sachant qu'il a été vendu 3725 fr., et que la hauteur est le $\frac{1}{5}$ de la base.

588. Dans le problème précédent, quelles seraient les dimensions du rectangle si la base n'avait que 4 mètres de plus que la hauteur ?

589. On demande l'aire d'un losange dont la grande diagonale a 5 mètres et le côté 3 mètres.

590. Diviser un trapèze en deux parties équivalentes par une droite allant d'une base à l'autre.

591. Diviser un trapèze en deux parties équivalentes par une droite qui rencontre les deux bases en passant par un point donné sur la petite.

592. Diviser un trapèze en un certain nombre de parties équivalentes par des droites allant d'une base à l'autre.

593. Construire un carré sur la somme de deux lignes M, N.

594. Dans le problème précédent, quelle sera la surface du carré si l'on fait M=25 mètres et N=18 mètres ?

595. Construire un carré sur la différence de deux lignes M, N.

596. Quelle sera la surface du carré si l'on fait dans le problème précédent M=25 mètres, N=18 mètres ?

597. Construire un rectangle sur la somme et la différence de deux lignes M et N.

598. Quelle sera la surface du rectangle si l'on fait M=25 mètres et N=18 mètres ?

599. Trouver combien il faudra de carreaux de forme hexagonale de $0^m,12$ de côté pour carreler une chambre ayant 4 mètres sur 5 mètres.

400. Trouver le rayon d'un cercle dont la surface est de $28^{m.\,q.},62$.

401. La surface d'un secteur vaut 48 mètres carrés dans un cercle de 25 mètres de rayon : on demande, à moins d'une seconde, la graduation de l'arc qui sert de base au secteur.

402. Trouver la surface d'un secteur dont l'arc a 25° 33' dans un cercle de 3 mètres de rayon.

11

403. La surface d'un secteur vaut 20$^{m.\,q.}$,6250, et l'arc qui lui sert de base 65° 15′ : quelle est la longueur de cet arc ?

404. Trouver l'aire du segment compris entre l'arc de 60° et sa corde dans un cercle dont le rayon a 2 mètres.

405. Deux cercles concentriques ont l'un, 3 mètres de rayon, et l'autre, 5 mètres : on demande la surface de la couronne.

406. Dans le problème précédent, trouver le rayon du cercle dont la surface est égale à celle de la couronne.

407. Une pièce de 100 fr. en or a 35 millimètres de diamètre, et une de 5 fr. en argent a 37 millimètres : trouver la différence des deux surfaces.

408. Trouver la surface du cercle en fonction du rayon.

409. Trouver la surface du cercle en fonction du diamètre.

410. Trouver la surface du cercle en fonction de la circonférence.

411. On a deux cercles concentriques dont les rayons sont 5^m,30 et 3^m,20 ; on mène par le centre O de ces deux cercles deux rayons OA et OB faisant entre eux un angle de 42° : on demande de calculer la surface de la partie du plan comprise entre les rayons et les circonférences des deux cercles.

412. Deux circonférences concentriques laissent entre elles une couronne circulaire de 25$^{m.\,q.}$,1328 ; l'épaisseur de cette couronne est de 2 mètres : on demande le rayon de chaque circonférence.

413. Partager un quadrilatère quelconque en deux parties équivalentes.

414. Le carré construit sur la diagonale d'un carré donné est le double du carré donné : le démontrer graphiquement.

415. Trouver une ligne dont la longueur soit égale à $\sqrt{3}$: on sait d'ailleurs que $\sqrt{2}$ est égale à la longueur de la diagonale du carré qui a 1 mètre de côté.

416. Trouver la surface d'un triangle dont le périmètre a 14 mètres et le rayon du cercle inscrit 1^m,07.

417. Le côté d'un triangle équilatéral est a : quelle est en fonction de a la surface du cercle circonscrit à ce triangle.

418. Trouver la surface du dodécagone régulier inscrit en fonction du rayon.

419. Dans le cas où l'on fera R=1, quelle sera la surface du dodécagone.

420. Diviser un cercle par une circonférence concentrique en deux parties équivalentes.

421. Trouver le rayon d'un cercle équivalent en surface à celle de trois cercles donnés.

422. Trouver le rayon d'un cercle dont la surface soit égale à la différence des surfaces de deux cercles donnés.

423. Les aires de deux secteurs terminés par des arcs ayant le même nombre de degrés sont proportionnelles aux carrés de leurs rayons.

424. Lorsque deux circonférences sont concentriques, la corde tangente à la petite est le diamètre d'un cercle dont la surface est égale à celle de la couronne.

425. Si l'on double, triple, etc., les dimensions d'un triangle, que deviendra la surface?

426. Un cercle a 3 mètres de rayon : quel sera le rayon d'un cercle quadruple en surface ?

427. Diviser graphiquement un triangle ABC en deux parties équivalentes par une parallèle à l'un des côtés.

428. Dans le problème précédent, on suppose que la droite qui partage le triangle soit menée parallèle à AC : à quelle distance du point B cette parallèle rencontre-t-elle AB, si l'on fait AB = 20 mètres?

429. Diviser un triangle ABC en deux parties par une parallèle à l'un des côtés et qui soient dans le rapport de m à n.

430. Diviser un triangle ABC en un nombre quelconque de parties équivalentes par des parallèles à l'un des côtés.

431. Diviser un triangle en deux parties équivalentes ou dans un rapport donné par une perpendiculaire à l'un des côtés.

432. Construire un triangle équilatéral équivalent au double d'un triangle équilatéral donné.

433. Trouver la surface de l'hexagone régulier en fonction de son côté a.

434. La surface d'un triangle équilatéral égale 6 mètres carrés : trouver le rayon du cercle inscrit.

435. La superficie d'un triangle dont la base a 40 mètres est de 12 ares 20 : on demande la valeur d'un triangle semblable dont la base a 28 mètres, estimé 24 fr. l'are.

436. Un terrain polygonal a une surface de 28 ares 40, un autre polygone semblable a été payé 2350 fr. à raison de 0 fr. 15 le mètre carré : on demande dans le second polygone la longueur d'un côté homologue à un côté de 25 mètres dans le premier polygone.

437. Diviser un trapèze en deux parties équivalentes ou dans un rapport donné par une parallèle aux bases.

438. Diviser un trapèze par des parallèles à ses bases en un nombre quelconque de parties équivalentes.

439. Diviser un trapèze par des parallèles à ses bases en parties proportionnelles à des nombres donnés.

440. Diviser un trapèze par des parallèles à ses bases en parties égales à des grandeurs données.

441. La somme des perpendiculaires abaissées d'un point intérieur sur les côtés d'un polygone régulier est égale à l'apothème multiplié par le nombre des côtés.

442. Calculer la surface d'un octogone régulier en fonction de son côté a.

443. Trouver le rapport de la surface du cercle à celle du triangle équilatéral inscrit.

444. Trouver le rapport de la surface du triangle équilatéral à celle de l'hexagone inscrit dans le même cercle.

445. Trouver le rapport de la surface du cercle à celle de l'hexagone inscrit.

446. Dans le cas où l'on fait $R=1$, quelle est la surface du cercle, celle du triangle équilatéral et de l'hexagone inscrits.

447. Trouver le rapport de l'hexagone régulier inscrit à l'hexagone régulier circonscrit.

448. Trouver le rapport du triangle équilatéral inscrit au triangle équilatéral circonscrit.

449. Trouver en fonction du rayon l'aire de l'octogone régulier inscrit.

450. L'aire d'un triangle équilatéral inscrit étant $4^{m.q}$,50, on demande l'aire du carré inscrit dans le même cercle.

451. Quelle est la surface de l'hexagone inscrit dans le même cercle?

452. Trouver aussi l'aire du dodécagone régulier inscrit également dans ce cercle.

453. L'aire d'un octogone régulier étant égale à 20 mètres carrés, calculer le rayon du cercle inscrit et du cercle circonscrit.

454. L'aire d'un triangle équilatéral inscrit étant 20 mètres carrés, trouver le côté du triangle équilatéral circonscrit au même cercle.

455. Calculer la surface d'une couronne, sachant qu'une corde du grand cercle tangente au petit a 8 mètres.

456. Calculer à 0^m,001 près le rayon d'un cercle, sachant que la surface de l'octogone régulier inscrit surpasse d'un mètre carré la surface de l'hexagone régulier inscrit.

457. L'une des bases d'un trapèze égale 10 mètres, la hauteur est de 4 mètres, la surface de 32 mètres carrés. A une distance de 1 mètre de la base donnée on lui mène une parallèle : on demande la longueur de la partie de cette droite comprise dans l'intérieur du trapèze.

458. La surface d'un cercle et celle d'un triangle équilatéral inscrit dans ce cercle valent ensemble 4 mètres carrés : calculer la surface du cercle et celle du triangle.

459. Calculer à 0m,01 près la hauteur d'un triangle dont la base a 60 mètres et dont la surface doit être moyenne proportionnelle entre celles de deux rectangles ayant 4 mètres de hauteur et pour bases 46m,80 et 54m,60.

460. Les côtés d'un triangle sont 42 mètres, 40 mètres et 37 mètres : calculer à 0m,001 près les côtés d'un second triangle semblable au premier et ayant une surface quadruple.

461. Connaissant dans un trapèze B, b et H, trouver la formule

$$T = \frac{B + b}{2} H$$

en considérant le trapèze comme étant la différence entre deux triangles dont le sommet commun serait au point de rencontre des côtés du trapèze non parallèles, et dont l'un des triangles aurait pour base B et l'autre b.

462. Trouver la surface d'un carré, sachant que la différence entre le côté du carré et sa diagonale est égale à 6 mètres.

463. La surface d'un triangle rectangle est de 726 mètres carrés, l'hypoténuse a 55 mètres : on demande les deux côtés de l'angle droit.

464. Trouver les dimensions d'un rectangle dont la diagonale a 120 mètres : cette propriété, vendue à raison de 0 fr. 50 le mètre carré, a coûté 2000 fr.

465. Le côté d'un triangle équilatéral est a : trouver en fonction de a la surface du carré inscrit dans le triangle.

466. Dans le problème précédent, quelle sera la surface du triangle et celle du carré si l'on fait a = 6.

467. Trouver le rapport de ces deux surfaces.

468. Un polygone régulier a un périmètre de 320 mètres : on demande le côté du carré équivalent à ce polygone, sachant que les côtés du polygone sont tous tangents à un cercle de 40 mètres de rayon.

469. On a deux octogones réguliers, qui ont respectivement 54 mètres carrés et 62 mètres carrés : trouver le côté du troisième octogone régulier dont la surface soit égale à la somme des surfaces des deux premiers.

470. On donne le côté C d'un polygone régulier inscrit dans un cercle dont le rayon est R : trouver la surface d'un polygone d'un nombre double de côtés.

471. Les surfaces d'un polygone régulier inscrit et d'un polygone régulier semblable circonscrit étant données, trouver

les surfaces des polygones réguliers inscrit et circonscrit d'un nombre double de côtés.

472. Trouver, d'après ce problème, le rapport approché de la circonférence au diamètre.

473. Construire la racine de l'équation $x = \dfrac{abc - def}{gh}$.

474. Construire la racine de l'équation $x = \dfrac{abc - def}{gh - kl}$.

475. Construire les racines de l'équation $x = \sqrt{a^2 \pm b^2}$.

476. Construire les racines de l'équation $x = \sqrt{a^2 + b^2 + c^2 - d^2}$.

SECONDE PARTIE

GÉOMÉTRIE DANS L'ESPACE

LIVRE CINQUIÈME

DU PLAN ET DE LA LIGNE DROITE

DÉFINITIONS

342. Plan. Le *plan* (21) est une surface telle, qu'elle contient tout entière la *droite* qui joint deux de ses points *pris à volonté.*

343. Une droite et un plan sont parallèles lorsqu'ils ne peuvent se rencontrer, à quelque distance qu'on les prolonge.

344. Deux plans sont dits parallèles dans le même cas.

345. Le plan a une étendue illimitée, mais pour faciliter les démonstrations et fixer les idées, on le représente par des figures limitées, ordinairement par un parallélogramme.

THÉORÈME

346. *Par deux droites* AB, AC *qui se coupent,* 1° *on peut faire passer un plan;* 2° *on n'en peut faire passer qu'un.*

1° Concevons un plan contenant la droite AB; si nous le faisons tourner autour de cette droite, il rencontrera dans son mouvement le point C; alors sa position sera complétement déterminée, et la ligne AC, qui aura deux points, A et C, dans ce plan, s'y trouvera tout entière.

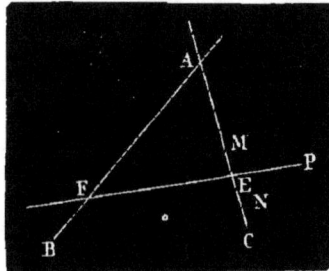

Fig. 194.

2° Si deux plans M, N contiennent les deux lignes AB, AC, ils se confondront, et tout point P pris dans le plan M appartiendra aussi au plan N. En effet, menons dans le plan M qui contient le point P une droite PEF qui rencontre AB, AC en deux points E et F; puisque le plan N contient les droites AB, BC, il contient aussi les points E et F et par suite la droite FEP et le point P.

547. Corollaire I. *Trois points* A, B, C *non en ligne droite déterminent la position d'un plan*, car si l'on joint le point A aux points B et C, on aura deux droites AB, AC qui se couperont et qui, par conséquent, détermineront la position d'un plan.

548. Corollaire II. *Deux parallèles* AB, CD *déterminent la position d'un plan.* Ces parallèles sont dans un même plan (84), et l'on ne peut en concevoir un autre qui les

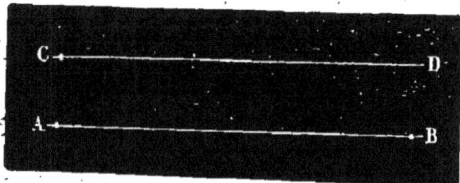
Fig. 195.

contienne toutes les deux, car, par les trois points A, B, C, non en ligne droite et situés sur ces deux lignes, on ne peut faire passer qu'un seul plan.

THÉORÈME

549. *L'intersection de deux plans est une ligne droite.*

En effet, si trois points seulement de cette intersection pouvaient ne pas être en ligne droite, les deux plans qui auraient ces trois points de commun se confondraient, ce qui serait contre l'hypothèse.

Condition pour qu'une droite soit perpendiculaire à un plan

DÉFINITIONS

550. Une droite AB (*fig.* 196) est *perpendiculaire* à un plan MN lorsqu'elle est perpendiculaire à toutes les droites

BD, BE, BF... que l'on peut mener par son pied B dans ce plan. Le plan MN est dit aussi dans ce cas perpendiculaire à AB.

Le *pied* d'une perpendiculaire à un plan est le point où cette droite rencontre le plan.

Une droite non perpendiculaire à un plan est *oblique* à ce plan.

THÉORÈME

351. *Par un point* B *pris sur une droite* AC *située dans l'espace, on peut mener une infinité de perpendiculaires à cette droite.*

En effet, par la droite AC on peut faire passer une infinité de plans ACD, ACE, ACF..., et mener dans chacun d'eux une perpendiculaire à AC au point B. Par exemple, BD sera perpendiculaire dans le plan ACD, BE, dans le plan ACE, etc.

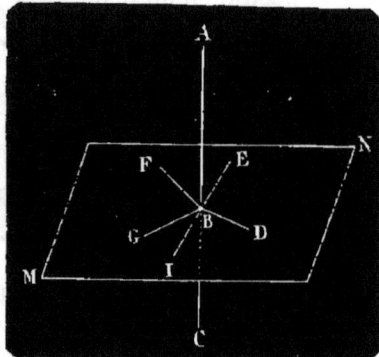

Fig. 196.

THÉORÈME

352. *Toute droite* AB *perpendiculaire à deux autres* BC, BD *passant par son pied dans un plan* MN *est perpendiculaire à une autre droite quelconque* BE *menée par son pied dans le même plan et par suite perpendiculaire à ce plan.*

Pour le prouver, prolongeons AB d'une quantité BF =AB, menons dans le plan MN une droite CD qui rencontre les lignes BC, BE, BD, et joignons les points d'intersection C, E, D aux points A et F.

Les deux triangles CDA, CDF sont égaux, car ils ont les trois côtés égaux chacun à chacun, savoir CD commun, AC=CF, puisque ce sont deux obliques qui s'écar-

11.

tent également du pied B de la perpendiculaire CB à AF,
AD=DF, puisque ce sont deux obliques qui s'écartent
également du pied B de
la perpendiculaire DB
à AF. Mais de l'égalité
des triangles CDA, CDF,
on conclut celle des an-
gles ACE, FCE et par
suite celle des triangles
CEA, CEF, car ils ont
un angle égal compris
entre côtés égaux cha-
cun à chacun : l'angle
ACE=FCE, le côté CE
est commun et AC=CF.
Les deux triangles ACE

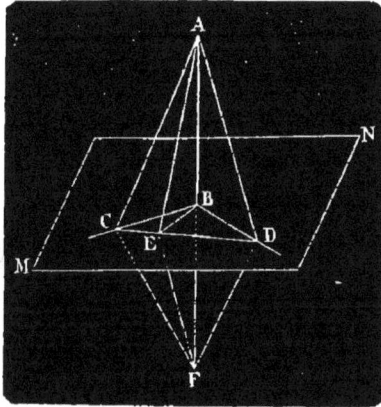

Fig. 197.

et CEF étant égaux, on a AE=EF. Donc le triangle AEF
est isocèle, et la ligne EB qui joint le sommet E au milieu B de la base AF est perpendiculaire sur cette base.

THÉORÈME

355. *Toutes les perpendiculaires menées à la même droite*
AB, *perpendiculaire au plan* MN, *par le même point* B *de*
cette droite sont contenues
dans le plan MN.

En effet, si BD, l'une
d'elles, n'était pas dans
le plan MN, le plan mené
par ABD rencontrerait
MN (puisqu'on suppose
les plans illimités) sui-
vant une droite BC qui
serait perpendiculaire à
AB (352), mais alors,

Fig. 198.

dans le même plan ABC, on aurait à la même droite
AB deux perpendiculaires BD et BC, ce qui est impossible.

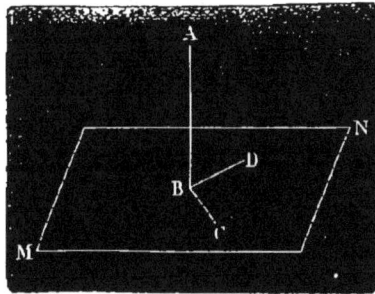

THÉORÈME

554. *D'un point A on ne peut mener qu'une seule perpendiculaire à un plan MN.*

1° Le point A est donné sur le plan MN.

AB et AC ne peuvent être l'une et l'autre perpendiculaires au plan MN; car si l'on mène le plan de ces droites (le plan qui les contient), il rencontrera MN suivant une certaine ligne EF, et alors dans le même plan BAC on aurait deux perpendiculaires BA, CA élevées en un même point A d'une droite EF, ce qui ne peut avoir lieu (39).

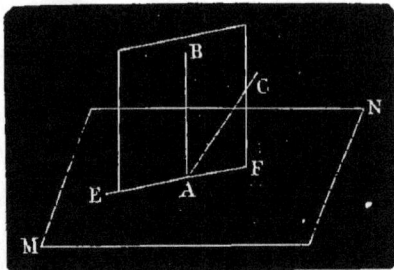

Fig. 199.

2° Le point A est donné hors du plan MN.

AB et AC ne peuvent être perpendiculaires l'une et l'autre au plan MN; car si nous joignions leurs pieds B et C, nous aurions, dans un même plan, ABC du point A, deux perpendiculaires à la même droite BC, ce qui ne peut également avoir lieu.

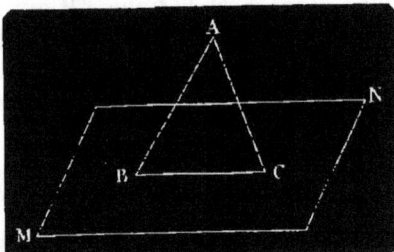

Fig. 200.

Propriétés de la perpendiculaire et des obliques menées d'un même point à un plan

THÉORÈME

555. *Si, du même point A pris hors d'un plan MN, on mène à ce plan une perpendiculaire et différentes obliques,*

1° *La perpendiculaire AB est plus courte que toute oblique AC;*

2° *Deux obliques* AC, AD *qui s'écartent également du pied de la perpendiculaire sont égales ;*

3° *De deux obliques* AD, AE *qui s'écartent inégalement du pied de la perpendiculaire, celle* AE *qui s'écarte le plus est la plus longue.*

1° On a AB $<$ AC.

En effet, dans le plan ABC, la perpendiculaire AB à BC est plus courte (74) que AC oblique à la même droite BC.

2° Si BC $=$ BD, les deux triangles rectangles ABC, ABD sont égaux, et AC $=$ AD.

3° BE $>$ BD donnera AE $>$ AD.

En effet, prenons sur BE une longueur BF $=$ BD, on aura (2°) AF $=$ AD, mais dans le plan ABE des deux obliques AE et AF, AE est la plus longue, donc on a AE $>$ AD.

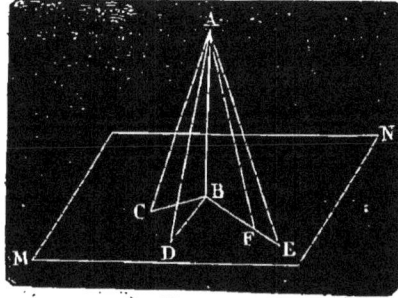

Fig. 201.

356. **Corollaire I.** *La perpendiculaire abaissée d'un point sur un plan mesure la distance de ce point à ce plan.*

357. **Corollaire II.** BC $=$ BD $=$ BF..., donc, si du point B on décrit une circonférence avec BC pour rayon, cette circonférence passera par tous les pieds des obliques égales AC, AD, AF... qui partent du même point A ; cette circonférence sera par conséquent le lieu géométrique des obliques égales qui partent du point A.

Il résulte de là que, pour abaisser d'un point A une perpendiculaire AB sur un plan MN, il suffira de prendre sur le plan MN trois points C, D, F également éloignés du point A : le centre du cercle passant par ces trois points sera le pied B de la perpendiculaire AB.

THÉORÈME

358. *Si du pied B, d'une perpendiculaire* AB *à un plan.*

MN, *on mène une perpendiculaire* BC *à une droite* DE *située dans le plan* MN, *puis qu'on joigne un point quelconque* A *de* AB *au point* C, AC *sera aussi perpendiculaire sur* DE.

Pour le démontrer, faisons CD = CE et joignons les points D et E aux points B et A : les obliques BD, BE s'écartant également du pied C de la perpendiculaire BC sont égales (BD = BE), par suite (355, 2°) AD = AE : le triangle ADE est donc isocèle, et la droite AC qui joint le sommet au milieu de la base est une perpendiculaire.

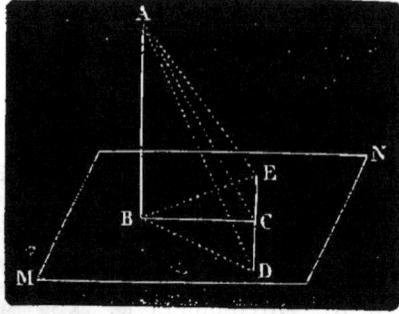

Fig. 202.

359. REMARQUE I. DC étant perpendiculaire à BC et à AC, est perpendiculaire au plan BAC (352), et réciproquement le plan BAC est perpendiculaire à DC.

360. REMARQUE II. Ce théorème est désigné sous le nom de théorème des *trois perpendiculaires* AB, BC, AC.

THÉORÈME

361. *Deux droites* AB *et* CD *perpendiculaires à un même plan* M *sont parallèles.*

En effet, menons BD et élevons dans le plan M, ED perpendiculaire a BD, enfin tirons AD. Le plan ABD est perpendiculaire à la droite ED (359); mais CD étant perpendiculaire au plan M l'est aussi à ED située dans ce plan : donc CD et AD perpendiculaires au point D à une même droite ED sont dans un même

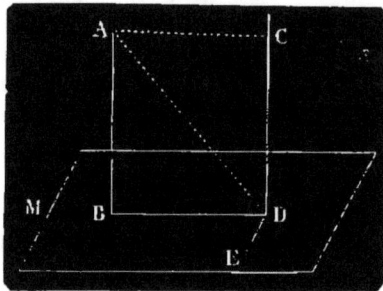

Fig. 203.

plan (353); or AD se trouve dans le plan ABD, donc CD y est également. Ainsi les droites AB et CD sont dans un même plan et perpendiculaires à la même droite BD, donc elles sont parallèles.

THÉORÈME RÉCIPROQUE

362. *Si deux droites* AB, CD (*fig.* 203) *sont parallèles, et que l'une d'elles* AB *soit perpendiculaire au plan* M, *l'autre* CD *sera perpendiculaire au même plan.*

En effet, si du point D nous élevons une perpendiculaire au plan M, elle sera parallèle à AB (361); cette droite se confondra donc avec la ligne CD, puisque, par un point, on ne peut mener qu'une seule parallèle à une droite.

363. Corollaire. *Deux droites* A *et* B *parallèles à une troisième* C *sont parallèles entre elles.*

En effet, si la droite C est perpendiculaire à un plan quelconque M, ses parallèles A et B seront perpendiculaires au même plan (362) et seront par conséquent parallèles (361).

Parallélisme des droites et des plans

THÉORÈME

364. *Toute droite* AB *parallèle à une droite* CD *située dans un plan* MN *est parallèle à ce plan.*

En effet, AB étant dans le plan ABCD des parallèles AB, CD, ne pourra rencontrer MN sans rencontrer CD, mais AB ne peut rencontrer sa paral-

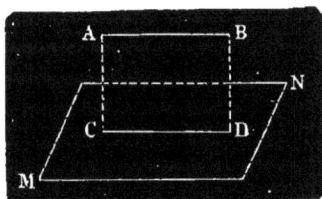
Fig. 204.

lèle CD : donc AB parallèle à CD est aussi parallèle au plan MN.

THÉORÈME

365. *Lorsqu'une droite* AB *est parallèle à un plan* MN *(fig. 204), tout plan mené par cette droite coupe le plan* MN *suivant une ligne* CD *parallèle à* AB.

La ligne CD étant dans le plan MN, AB ne peut la rencontrer sans rencontrer aussi ce plan, ce qui est impossible, puisque, par hypothèse, AB est parallèle au plan MN : donc AB est parallèle à CD.

THÉORÈME

366. *Lorsqu'une droite* AB *est parallèle à un plan* MN *(fig. 204), une droite* CD *menée parallèlement à* AB *par un point* C *du plan est tout entière dans ce plan.*

En effet, d'après le théorème précédent, le plan des parallèles AB, CD coupe le plan MN suivant une droite parallèle à AB passant par le point C ; donc cette droite ne peut être que CD, sans quoi on aurait du même point C, et dans le même plan ABCD, deux parallèles à AB, ce qui est impossible.

THÉORÈME

367. *Deux plans* M, N *perpendiculaires à une même droite* AB *sont parallèles entre eux.*

Car s'ils pouvaient se rencontrer suivant une ligne CO, en joignant un point P de leur intersection aux points A et B, on aurait (352) dans le plan M, PA perpendiculaire à AB, dans le plan N, PB aussi

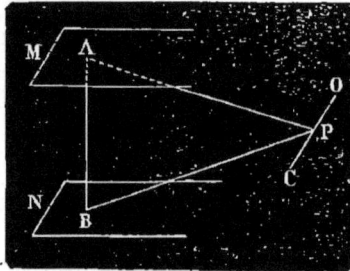

Fig. 205.

perpendiculaire à AB ; du même point P on aurait donc deux perpendiculaires à AB, ce qui est impossible : donc les plans M et N sont parallèles entre eux.

THÉORÈME

568. *Les intersections* AB, CD *de deux plans parallèles* M *et* N *par un troisième* AD *sont parallèles.*

En effet, les plans M, N ne peuvent se rencontrer : donc AB et CD qui sont dans ces plans ne se rencontreront pas non plus; d'ailleurs, ces deux lignes se trouvent dans le même plan AD, donc elles sont parallèles.

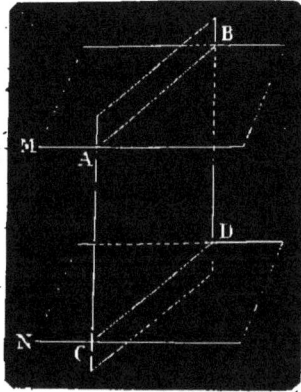

Fig. 206.

THÉORÈME

569. *Lorsque deux plans* M *et* N *sont parallèles, toute droite* AB *perpendiculaire sur l'un* M *est aussi perpendiculaire sur l'autre.*

Pour le démontrer, menons dans le plan N par le point B une droite quelconque BC qui sera parallèle au plan M. Le plan des droites AB, BC coupera le plan M suivant la trace AD qui sera parallèle à BC (365). Or AB étant perpendiculaire au plan M est

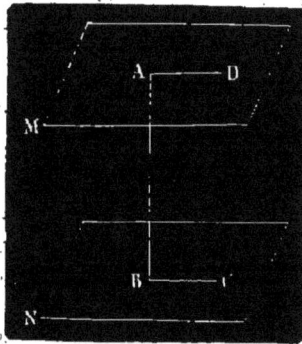

Fig. 207.

perpendiculaire à AD située dans ce plan : donc AB est aussi perpendiculaire à sa parallèle BC. Mais comme cette ligne a été menée quelconque dans le plan N, AB est perpendiculaire à ce plan.

570. COROLLAIRE. *Deux plans* M *et* N *parallèles à un* *troisième* P *sont parallèles entre eux*, car si l'on mène une perpendiculaire au plan P, elle le sera aussi aux plans M et N, qui sont par conséquent parallèles, comme perpendiculaires à une même droite (367).

371. *Les parallèles* AB, CD *comprises entre deux plans parallèles sont égales.*

En effet, le plan des parallèles AB, CD coupe les plans M, N suivant les droites AC, BD qui sont parallèles (368); donc la figure ABDC est un parallélogramme et AB=CD.

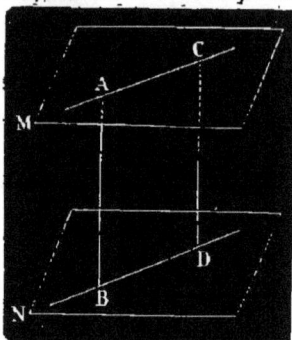

372. Corollaire. *Deux plans parallèles sont partout également distants*, car nous pouvons supposer que les parallèles AB, CD sont deux perpendiculaires.

Fig. 208.

THÉORÈME

373. *Si deux angles* BAC, EDF *non situés dans un même plan ont leurs côtés parallèles,* 1° *ces angles sont égaux ou supplémentaires;* 2° *leurs plans sont parallèles.*

1° Les angles BAC, EDF sont égaux.

Pour le prouver, faisons AB =DE, AC=DF, et menons AD, BE, CF, BC, EF. Les lignes AB, DE étant parallèles par hypothèse et égales par construction, la figure ABED est un parallélogramme et AD=BE. On prouverait de même que AD=CF, les lignes BE, CF étant égales et parallèles à une troisième AD sont égales et parallèles entre

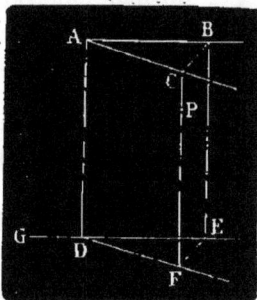

Fig. 209.

elles (363); par conséquent, la figure CBEF est un parallélogramme : donc BC = EF. Les deux triangles ABC,
DEF ayant leurs trois côtés égaux chacun à chacun sont
égaux, et l'angle BAC = EDF.

Les angles BAC et GDF qui ont aussi les côtés parallèles sont supplémentaires, car GDF est le supplément
de EDF et par conséquent de BAC.

2° Les plans des angles sont parallèles.

En effet, si le plan ABC n'était pas parallèle à DEF, on
pourrait toujours, par le point A, mener à DEF un plan
qui lui serait parallèle. Ce plan rencontrerait CF ou son
prolongement en un certain point P, on aurait alors
(371) PF = AD; mais on a déjà CF = AD : donc PF
serait égale à CF, ce qui est absurde; donc les plans ABC,
DEF sont parallèles.

THÉORÈME

574. *Deux lignes quelconques* AB, CD *qui rencontrent
trois plans parallèles* M, N, P *sont
divisées en parties proportionnelles.*

On aura $\dfrac{AE}{B} = \dfrac{CF}{DF}$.

Pour le démontrer, menons
par le point A, AG parallèle à
CD. Le plan des lignes AB, AG
rencontre les plans parallèles N
et P suivant les droites EH, BG,
qui sont parallèles (368); or le
triangle BAG dans lequel EH est
parallèle à BG, donne $\dfrac{AE}{BE} = \dfrac{AH}{HG}$;

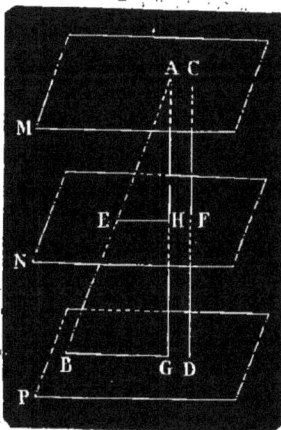

Fig. 210.

mais (371) AH = CF et HG = DF; donc enfin on a

$$\frac{AE}{BE} = \frac{CF}{DF}.$$

Angle dièdre. — Génération des angles dièdres par la rotation d'un plan autour d'une droite. — Dièdre droit.

DÉFINITIONS

575. Angle dièdre. On appelle *angle dièdre*, ou simplement *dièdre*, la figure formée par deux plans qui se coupent et se terminent à leur commune intersection.

Les deux plans CB, DB sont les *faces* du dièdre et leur intersection AB en est *l'arête*. Un livre entr'ouvert présente l'image d'un dièdre.

En général, on désigne un dièdre par quatre lettres en mettant les deux de l'arête au milieu. Par exemple, on dit le dièdre CABD. Lorsque le dièdre est isolé, qu'il n'y a par conséquent pas lieu à confusion, on le désigne par

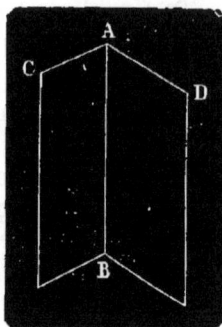

Fig. 211.

les deux lettres de l'arête. Par exemple, on dit le dièdre AB.

576. Génération des angles dièdres. On peut considérer les angles dièdres comme se formant à la manière des angles rectilignes.

Si l'on suppose que le plan C, d'abord appliqué sur MN, se relève en tournant autour de AB de droite à gauche, il formera deux dièdres NABC, MABC ; dans ce mouvement, le

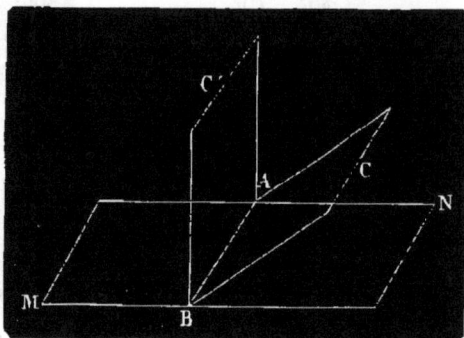

Fig. 212.

premier augmentera et le second diminuera d'une manière continue, le plan C arrivera donc à prendre une position telle que C′, qui rendra les deux dièdres C′ABN et C′ABM égaux. On dit alors que le plan C′ est perpendi-

culaire sur le plan MN. Chacun des angles dièdres adjacents et égaux C′ABN et C′ABM est appelé *angle dièdre
droit* ou simplement *dièdre droit.*

Les propriétés dont jouissent les angles dièdres sont analogues à celles des angles rectilignes et donnent lieu à des
propositions qui correspondent à celles que nous avons
vues dans le premier livre, et qui se démontrent de la même
manière. Le lecteur peut donc s'exercer à prouver que :

1° *Par une droite AB située dans un plan MN on ne peut
mener qu'un seul plan C′ perpendiculaire au plan MN;*

2° *Tous les dièdres droits sont égaux entre eux;*

3° *La somme de deux dièdres adjacents est égale à deux
dièdres droits,* etc.

Angle plan. — Mesure des angles dièdres

DÉFINITIONS

377. Angle plan. On appelle *angle plan* (ou *rectiligne*)
correspondant à un dièdre donné,
l'angle formé par deux perpendiculaires menées en un même point de
l'arête du dièdre et dans chacune de
ses faces. Ainsi, l'angle GHI formé
par les perpendiculaires GH dans
le plan AF, et IH dans le plan AE,
est l'angle correspondant au dièdre
AB.

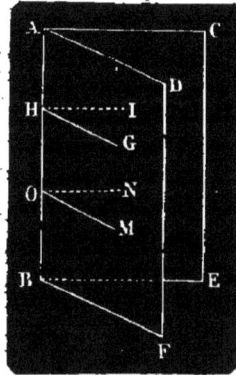

Cet angle est le même, quel que
soit le point de l'arête que l'on
choisisse; car deux angles tels que
GHI, MON formés de cette ma-
nière ont leurs côtés parallèles et sont égaux (373).

Fig. 213.

THÉORÈME

378. *Si deux dièdres AB, EF sont égaux, les angles plans
CBD, GFH sont aussi égaux.*

Portons le dièdre EF sur le dièdre AB, la face EFG sur
la face ABC, de manière que l'arête EF soit sur l'arête AB

et le point F au point B. La face EFH coïncidera avec la face ABD; car s'il en était autrement, le dièdre EF serait où plus petit ou plus grand que le dièdre AB, ce qui n'est pas. Les faces des dièdres coïncidant et l'arête EF étant sur l'arête AB, la perpendiculaire GF à EF se confondra avec la perpendiculaire CB à AB, il en sera de même de HF et DB; par conséquent,

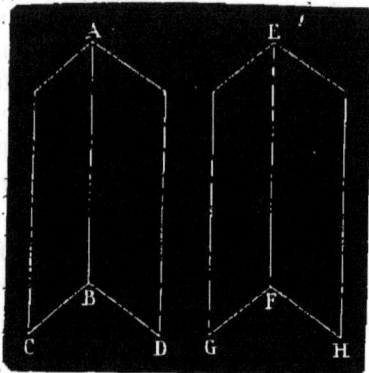

Fig. 214.

les angles plans CBD, GFH coïncideront et seront égaux.

THÉORÈME RÉCIPROQUE

379. *Si deux angles plans CBD, GFH (fig. 214) sont égaux, les dièdres correspondants AB, EF sont égaux aussi.*

En effet, portons la face EFG sur la face ABC de manière que l'arête EF soit sur l'arête AB, le point F au point B et le côté FG sur le côté BC; dans cette position la face EFG se confondra avec la face ABC (346, 2°). Mais à cause de l'égalité des angles plans CBD, GFH, le côté FH s'appliquera sur le côté BD, et les deux faces EFH, ABD se confondront aussi (346, 2°), et par suite les deux dièdres : donc ils seront égaux.

380. COROLLAIRE. *A un angle plan droit correspond un angle dièdre droit,* parce que si les deux angles plans adjacents CDE, CDF sont égaux, les dièdres adjacents CABN, CABM le seront aussi, et par conséquent seront droits.

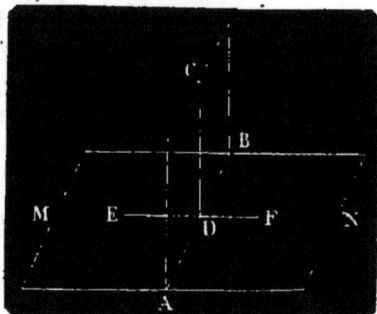

Fig. 215.

THÉORÈME

581. *Le rapport de deux angles dièdres AB, CD est égal à celui de leurs angles plans EBI, KDN correspondants.*

Ainsi, on aura

$$\frac{AB}{CD} = \frac{EBI}{KDN}.$$

En effet, supposons que les angles plans EBI, KDN aient une commune mesure EBF et qu'elle soit contenue quatre fois dans EBI et trois fois dans KDN. Ces deux angles seront entre eux comme les nombres 4 et 3, et nous aurons

$$\frac{EBI}{KDN} = \frac{4}{3}.$$

Si nous menons les plans ABF, ABG, ABH et les plans CDL, CDM, les diè-dres AB, CD seront parta-gés l'un et l'autre en petits

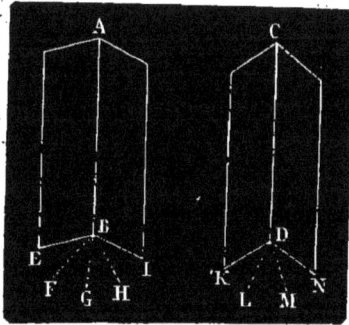

Fig. 216.

dièdres tous égaux entre eux comme correspondant à des angles plans égaux. Mais quatre de ces dièdres sont contenus dans AB et trois dans CD : donc ces dièdres sont entre eux comme les nombres 4 et 3, d'où

$$\frac{AB}{CD} = \frac{4}{3}.$$

Les quantités $\frac{AB}{CD}$, $\frac{EBI}{KDN}$ étant l'une et l'autre égales à $\frac{4}{3}$, sont égales entre elles, donc enfin

$$\frac{AB}{CD} = \frac{EBI}{KDN}.$$

582. REMARQUE. Cette démonstration étant indépen-

dante de la commune mesure EBF serait encore rigoureuse dans le cas où cette commune mesure serait plus
petite que toute quantité appréciable, et, par conséquent,
dans le cas où les arcs seraient incommensurables.

383. Mesure des Angles dièdres. Les dièdres étant dans
le même rapport que les angles plans qui leur correspondent, ceux-ci pourront servir de mesure aux premiers.
Voilà pourquoi l'on dit qu'*un angle dièdre a pour mesure
l'angle plan correspondant.* Un dièdre s'évaluera par conséquent en degrés, minutes et secondes comme l'angle
plan qui le mesure.

L'unité des angles dièdres est le *dièdre droit,* qui vaut
90°, puisqu'il correspond à l'angle plan droit.

Propriétés des Plans perpendiculaires entre eux

THÉORÈME

384. *Lorsqu'une droite* AB *est perpendiculaire à un plan*
MN, *tout plan* ACD *conduit suivant cette droite est perpendiculaire au premier.*

En effet, dans le plan
MN menons BE per-
pendiculaire à l'inter-
section CD des deux
plans. AB étant per-
pendiculaire au plan
MN est perpendicu-
laire aux droites CD,
BE; par conséquent
l'angle ABE est l'angle
plan correspondant au
dièdre ACDN; or cet

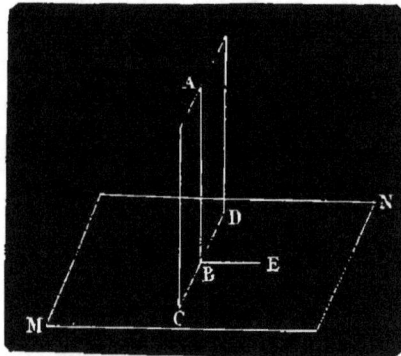

Fig. 217.

angle est droit, donc le plan ACD est perpendiculaire sur
MN.

THÉORÈME

385. *Lorsque deux plans* AC, MN *(fig. 217) sont perpendiculaires l'un à l'autre, toute droite* AB *menée dans l'un d'eux* AC *perpendiculairement à leur intersection* CD *est perpendiculaire sur l'autre plan* MN.

En effet, du point B menons dans le plan MN la droite BE perpendiculaire à CD, l'angle plan ABE correspondra au dièdre ACDN, mais ce dièdre formé par les plans perpendiculaires AC, MN, est droit; par conséquent, l'angle plan ABE l'est aussi : donc AB perpendiculaire à CD et à BE est perpendiculaire au plan MN.

THÉORÈME

386. *Si deux plans* M, N *sont perpendiculaires l'un à l'autre et que d'un point quelconque* A *pris dans l'un d'eux* N *on mène à l'autre* M *une perpendiculaire, elle est tout entière dans le premier plan* N.

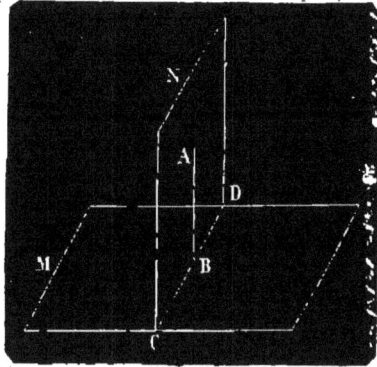

Fig. 218.

En effet, si du point A nous menons à l'intersection CD la perpendiculaire AB, elle sera tout entière dans le plan N et de plus perpendiculaire au plan M (385), mais c'est l'unique perpendiculaire qu'on puisse mener du point A au plan M (354, 2°) : donc la perpendiculaire abaissée du point A sur le plan M est tout entière dans le plan N.

THÉORÈME

387. *Lorsque deux plans* N, P *sont perpendiculaires à un* *troisième* M, *leur intersection* AB *est perpendiculaire à ce troisième plan.*

En effet, le point A étant un point de l'intersection appartient aux deux plans; si donc nous abaissons de ce point une perpendiculaire au plan M, elle devra, d'après le théorème précédent, se trouver dans le plan N et dans le plan P, donc elle ne pourra être que l'intersection de ces deux plans.

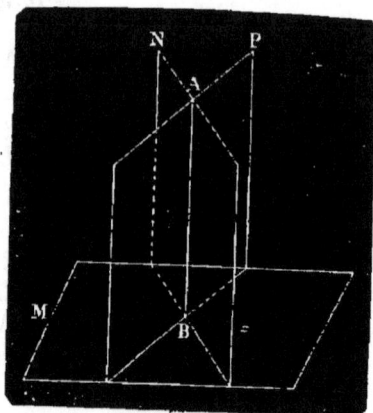

Fig. 219.

Angle trièdre. — Cas d'égalité et de symétrie

588. On appelle angle *polyèdre* ou angle *solide* la figure formée par plusieurs plans qui se coupent au même point S, et limités à leurs intersections consécutives SA, SB... Le point commun S est le *sommet* de l'angle solide, les intersections SA, SB, SC... en sont les *arêtes;* enfin les angles ASB, BSC, CSD... que forment les arêtes sont les *faces* ou les *angles plans* de l'angle solide.

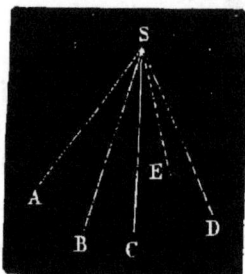

Fig. 220.

589. On appelle *trièdre* l'angle solide qui n'a que trois faces.

L'angle trièdre se compose de six parties ou éléments déterminés : les trois faces ASB, ASC, BSC et les trois dièdres SA, SB, SC formés par les faces.

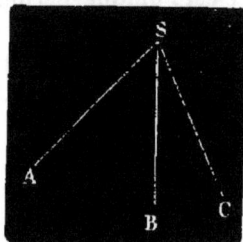

Fig. 221.

12

390. On nomme angles polyèdres *convexes* ceux dans lesquels une face quelconque prolongée laisse toutes les autres du même côté. Nous considérerons seulement cette sorte d'angles solides.

rème

591. *Deux angles trièdres sont égaux lorsqu'ils ont un angle dièdre égal compris entre deux faces égales chacune à chacune et disposées dans le même ordre.*

On a

$$\text{Dièdre } SA = S'A',$$
$$\text{Face } ASB = A'S'B',$$
$$\text{Face } ASC = A'S'C'.$$

Je dis que trièdre S = trièdre S'.

En effet, plaçons le trièdre S' sur le trièdre S de manière que la face A'S'B' soit sur son égale ASB. Les dièdres SA et S'A' étant égaux et les faces ASC, A'S'C' étant placées du même côté du plan ASB, la face A'S'C' coïncidera avec son égale ASC et par consé-

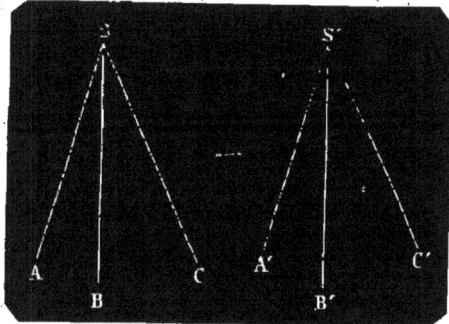

Fig. 222.

quent S'C' avec l'arête SC : les deux trièdres coïncident donc dans toutes leurs parties, donc ils sont égaux.

rème

592. *Deux trièdres sont égaux lorsqu'ils ont une face égale adjacente à deux angles dièdres égaux chacun à chacun et semblablement disposés (fig. 222).*

On a

$$\text{Face ASB} = \text{face A'S'B'},$$
$$\text{Dièdre SA} = \text{dièdre S'A'},$$
$$\text{Dièdre SB} = \text{dièdre S'B'}.$$

Je dis que trièdre S = trièdre S'.

En effet, plaçons la face A'S'B' sur son égale ASB, de manière que les arêtes SA, S'A', SB, S'B' coïncident. Comme les dièdres SA, S'A' sont égaux, la face A'S'C' se posera sur la face ASC ; à cause de l'égalité des dièdres SB, S'B', la face B'S'C' se posera aussi sur la face BSC : donc l'arête S'C' se trouvera dans les deux faces ASC, BSC, et se confondra par conséquent avec SC, et les deux trièdres seront égaux.

THÉORÈME

393. *Deux trièdres SABC, SA'B'C' dont les arêtes de l'un sont les prolongements des arêtes de l'autre, sont égaux, mais non superposables.*

En effet, tous les éléments du second sont égaux à ceux du premier, les faces sont égales comme opposées par le sommet et deux dièdres quelconques SA', SA, égaux comme formés des mêmes plans (il faut considérer les plans comme illimités), donc ces deux trièdres sont égaux.

Ils ne sont d'ailleurs pas superposables, car si l'on place les trièdres de manière que l'arête SA' soit sur l'arête SA et l'arête SC' sur l'arête SC, l'arête SB se trouvera d'un côté du plan ASB (en avant), tandis que l'arête SB' se trouvera de l'autre côté du même plan (derrière).

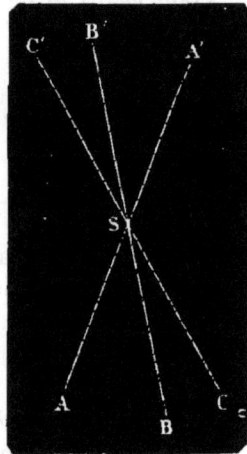

Fig. 223.

Deux trièdres tels que SABC, SA'B'C', dont tous les

éléments de l'un sont égaux à tous les éléments de l'autre, sans que ces trièdres soient cependant superposables, sont appelés trièdres *symétriques*.

THÉORÈME

594. *Deux trièdres* SABC, S'A'B'C' *qui ont leurs faces égales chacune à chacune ont leurs angles dièdres égaux chacun à chacun et sont égaux ou symétriques.*

Faisons SA = S'A', et par les points A et A' menons les plans ABC, A'B'C' respectivement perpendiculaires aux arêtes SA, S'A'. Les triangles SAB, S'A'B' sont rectangles en A et en A'; de plus, l'angle ASB = A'S'B' par hypothèse; et par construction SA = S'A'; donc ces triangles sont égaux,

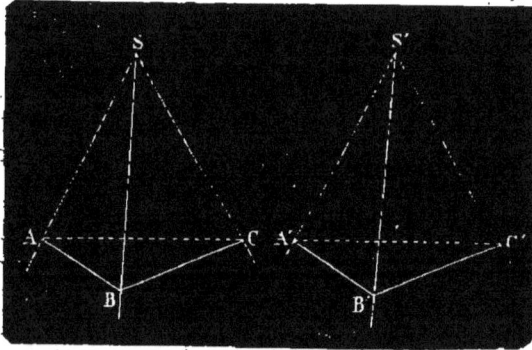

Fig. 224.

et SB = S'B'. On prouverait de même que les triangles rectangles ASC, A'S'C' sont égaux : donc SC = S'C'. Les deux triangles SBC, S'B'C' ayant l'angle BSC = B'S'C', le côté SB = S'B' et le côté SC = S'C' sont égaux; donc les triangles ABC, A'B'C' sont égaux aussi comme ayant les trois côtés égaux chacun à chacun, par suite l'angle plan BAC est égal à l'angle plan B'A'C'. Mais à des angles plans égaux correspondent des dièdres égaux (379), donc dièdre SA = dièdre S'A'.

Par une construction analogue on prouverait que dièdre SB = dièdre S'B' et dièdre SC = dièdre S'C'. Les trièdres SABC, S'A'B'C' ayant leurs éléments égaux chacun à chacun sont égaux; ils seront superposables si leurs faces sont semblablement disposées et symétriques s'il en est autrement.

395. REMARQUE. Les dièdres égaux sont compris entre des faces égales chacune à chacune et opposées aux faces égales; par exemple, les dièdres égaux SA, S′A′ sont, le premier compris entre les faces SAB, SAC égales chacune à chacune aux faces S′A′B′, S′A′C′ qui comprennent le second; d'ailleurs, le premier est opposé à la face BSC et le second à la face égale B′S′C′.

Propriétés de l'Angle trièdre supplémentaire

THÉORÈME

396. *Les perpendiculaires* CD, CE *abaissées d'un point* C *pris dans l'ouverture d'un angle diè- dre* AB *sur les faces* MA, NA *de ce dernier font un angle* DCE *qui est le supplément de l'angle dièdre.*

Si du point C pris dans l'ouver- ture du dièdre AB on abaisse sur les plans MA, NA les perpendicu- laires CD, CE, le plan CDE sera per- pendiculaire aux faces du dièdre et par conséquent à son arête AB (387). Donc, si F est le point où CDE rencontre AB, le dièdre aura pour mesure l'angle rectiligne DFE. Or, les quatre angles d'un quadrilatère valent quatre droits, et comme les angles en D et en E sont droits, on a

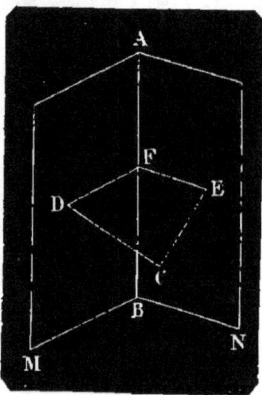

Fig 225.

$$DFE + DCE = 2 \text{ droits.}$$

THÉORÈME

397. *Les perpendiculaires* S′A′, S′B′, S′C′, *menées d'un point* S′ *pris dans l'intérieur d'un trièdre* S *sur les faces de ce trièdre forment un second trièdre* S′ *dont les angles plans sont les suppléments des angles dièdres du premier, et* RÉCI-

PROQUEMENT *les angles plans du premier sont les suppléments des angles dièdres du second.*

En effet, d'après le théorème précédent, on a d'abord

Angle A'S'B' + dièdre SC = 2 droits,

Angle A'S'C' + dièdre SB = 2 droits,

Angle B'S'C' + dièdre SA = 2 droits.

Pour démontrer la seconde partie de l'énoncé, il suffit de faire voir que le premier trièdre se trouve dans les mêmes conditions que le second, c'est-à-dire que ses arêtes sont perpendiculaires aux faces du second. Or, le plan S'B'C', conduit selon les perpendiculaires S'B', S'C', est perpendiculaire aux faces SAC, SAB, et par suite à l'arête SA, donc réciproquement

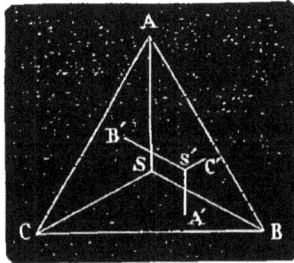

Fig. 226.

ment SA est perpendiculaire au plan S'B'C'; on prouverait de même que les arêtes SC, SB sont respectivement perpendiculaires aux plans S'A'B', S'A'C'.

598. REMARQUE. Les angles trièdres S et S' sont dits *supplémentaires.*

THÉORÈME

599. *Deux angles trièdres sont égaux lorsqu'ils ont leurs dièdres égaux chacun à chacun.*

En effet, si deux trièdres T et T' ont leurs dièdres égaux chacun à chacun, leurs supplémentaires S et S' ont leurs angles plans (ou leurs faces) égaux chacun à chacun (397), donc ils sont égaux entre eux (394) et par conséquent leurs dièdres le sont aussi ; mais de l'égalité de ces dièdres résulte (378) l'égalité des angles plans des trièdres T et T' : ceux-ci ayant leurs angles plans (ou leurs faces) égaux, sont égaux.

Limite de la somme des Faces d'un Angle polyèdre convexe

THÉORÈME

400. *Dans tout angle trièdre SABC, une face*[1] *quelconque est plus petite que la somme des deux autres.*

Démontrons que la plus grande face ASB est plus petite que la somme des deux autres ASC, CSB.

Pour cela, formons dans l'angle ASB un angle ASD = ASC, puis menons une droite quelconque AB qui rencontre SD au point D; enfin prenons SC = SD et joignons les points A et B au point C; les triangles ASD, ASC ont un angle égal compris entre côtés égaux, savoir : l'angle ASD = l'angle ASC par construction, le côté

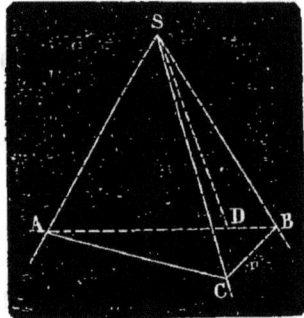

Fig. 227.

AS est commun et l'on a fait SD = SC : donc ces deux triangles sont égaux et AD = AC. Mais le triangle ABC donne

$$AD + DB < AC + CB ;$$

retranchant de part et d'autre les quantités égales AD, AC, il vient

$$DB < CB.$$

Or, les deux triangles BSD, BSC ont SB commun; SD = SC et DB < BC, par conséquent (65) on a angle BSD < BSC : donc

$$ASD + DSB < ASC + BSC$$

ou

$$ASB < ASC + BSC.$$

401. COROLLAIRE. *Dans tout trièdre une face quelconque*

---

1. Il ne faut pas oublier que les mots *face* et *angle plan* désignent la même chose; le premier de ces mots est celui du programme.

est plus grande que la différence des deux autres, car si de
l'inégalité

$$ASC + BSC > ASB,$$

on retranche ASC de part et d'autre, on obtient

$$BSC > ASB - ASC.$$

THÉORÈME

402. *La somme des faces d'un angle polyèdre convexe
quelconque vaut moins de quatre angles droits, et est plus
grande que zéro.*

Menons un plan quelconque qui coupe toutes les faces
du polyèdre : ce plan déterminera le polygone ABCDE,
qui donnera lieu à une série de trièdres ABES, BACS...
dans lesquels l'une des faces sera toujours plus petite que
la somme des deux autres (400) ; on aura donc

$$EAB < SAE + SAB,$$
$$ABC < SBA + SBC,$$
$$BCD < SCB + SCD,$$
$$CDE < SDC + SDE,$$
$$DEA < SED + SEA.$$

Si l'on additionne toutes ces inégalités membre à
membre, on obtiendra d'une
part la somme des angles du
polygone ABCDE, et de l'autre
la somme des angles adjacents
aux bases des triangles dont le
sommet commun est en S.

En désignant par n le nombre
des côtés du polygone ABCDE,
par S la somme des angles en
S : la somme des angles du
polygone ABCDE sera (103)
$2n$ droits — 4 droits, et celle

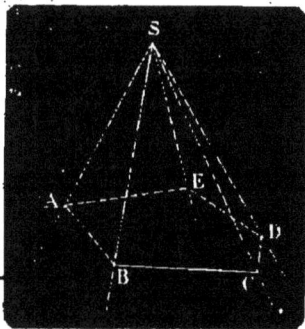

Fig. 228.

des angles adjacents aux bases des triangles dont le sommet commun est en S, $2n$ droits — S (puisqu'il y a autant

de triangles dont le sommet est en S que de côtés dans le polygone ABCDE) : donc on aura

$$2n \text{ droits} - 4 \text{ droits} < 2n \text{ droits} - S.$$

Si l'on ajoute à chaque membre de cette inégalité $4 \text{ droits} + S$, il vient

$$2n \text{ droits} - 4 \text{ droits} + 4 \text{ droits} + S < 2n \text{ droits} - S + 4 \text{ droits} + S,$$

ou après réduction faite

$$S < 4 \text{ droits} ;$$

mais les angles en S composent les faces de l'angle polyèdre : donc la somme des faces d'un angle polyèdre est plus petite que 4 droits. Il est d'ailleurs évident que cette somme est plus grande que zéro.

405. REMARQUE. Voici une démonstration sensible de ce théorème.

Si l'on suppose tous les plans (ou faces) a, b, c, d, e, f, g sur un même plan, leur somme en S vaut 4 droits (46) ; or il est visible qu'on ne pourra former un angle polyèdre (un *creux*) en S qu'autant qu'on retranchera quelque chose à l'une des faces, par exemple une petite portion telle que n, mais alors la somme des faces restantes ne vaudra plus 4 droits : donc la somme des faces d'un angle polyèdre quelconque vaut moins de 4 droits, et elle est d'ailleurs plus grande que zéro.

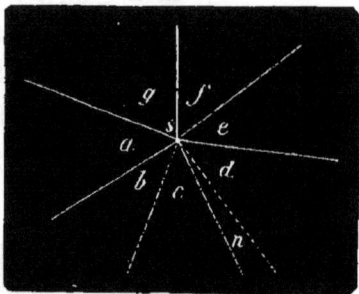

Fig. 229.

Limites de la somme des Angles dièdres d'un Angle trièdre

THÉORÈME

404. *La somme des dièdres d'un trièdre quelconque est plus grande que deux droits et moindre que six.*

En désignant par A, B, C les dièdres du trièdre proposé

et par a, b, c les angles plans correspondants du trièdre supplémentaire, on a

$A = 2$ droits $- a$; car (397) $A + a = 2$ droits,
$B = 2$ droits $- b$,
$C = 2$ droits $- c$.

Si l'on additionne, il vient

$A + B + C = 6$ droits $- (+ a + b + c)$.

Or, les trois angles plans a, b, c donnent (402)

$a + b + c < 4$ droits et $>$ zéro,
donc on a $A + B + C > 6 - 4$ ou 2 droits

et $A + B + C < 6$ droits.

Analogie et Différence entre les Angles trièdres et les Triangles rectilignes

Triangles rectilignes	Trièdres
405. Deux triangles sont égaux :	Deux trièdres sont égaux :
1° Lorsqu'ils ont un angle égal compris entre côtés égaux chacun à chacun ;	1° Lorsqu'ils ont un angle dièdre égal compris entre deux faces égales chacune à chacune et disposées dans le même ordre ;
2° Lorsqu'ils ont un côté égal adjacent à deux angles égaux chacun à chacun ;	2° Lorsqu'ils ont une face égale adjacente à deux angles dièdres égaux chacun à chacun et semblablement disposés ;
3° Lorsqu'ils ont les trois côtés égaux chacun à chacun.	3° Lorsqu'ils ont les trois faces égales chacune à chacune et semblablement disposées.
4° Un côté quelconque d'un triangle est moindre que la somme des deux autres.	4° Une face quelconque d'un trièdre est moindre que la somme des deux autres.
5° Un côté quelconque	5° Une face quelconque

d'un triangle est plus grand que la différence des deux autres.

6° Si deux triangles ont les trois côtés égaux chacun à chacun, les angles opposés aux côtés égaux sont égaux.

7° Pas d'analogie.

8° Pas d'analogie.

9° Pas d'analogie.

d'un trièdre est plus grande que la différence des deux autres.

6° Si deux angles trièdres ont les trois faces égales chacune à chacune, les angles dièdres opposés aux faces égales sont égaux.

7° Deux trièdres sont égaux lorsque leurs trois angles dièdres sont égaux chacun à chacun.

8° La somme des faces d'un trièdre est moindre que quatre droits, et plus grande que zéro.

9° La somme des dièdres d'un trièdre quelconque est plus grande que deux droits et plus petite que six droits.

406. Remarque. Plus loin nous ferons voir l'analogie parfaite qui existe entre les trièdres et les triangles sphériques; mais le lecteur peut faire lui-même beaucoup d'autres rapprochements, par exemple entre les *perpendiculaires* et les *obliques* à une *droite* et à un *plan*, entre l'*égalité* et la *similitude*, etc. De telles comparaisons ont l'avantage de soulager la mémoire en diminuant le nombre des principes, et d'étendre nos connaissances en nous faisant passer sans difficulté des propriétés connues d'une figure aux propriétés de la figure correspondante.

PROBLÈMES ET EXERCICES

SUR LE CINQUIÈME LIVRE

477. Une portion de courbe plane détermine-t-elle la position d'un plan?

478. Par un point donné sur un plan horizontal, élever une perpendiculaire à ce plan.

479. Par un point donné sur un plan ayant une position quelconque, élever une perpendiculaire à ce plan.

480. Par un point donné dans l'espace, mener une perpendiculaire à un plan horizontal.

481. Par un point donné dans l'espace, mener une perpendiculaire à un plan ayant une position quelconque.

482. Trouver sur un plan trois points à égale distance d'un point donné hors de ce plan.

483. Par un point A pris hors d'un plan MN, on mène une perpendiculaire AB à ce plan, et l'on trace dans le même plan une droite quelconque BC. Dans le cas où AB = 15 mètres et BC = 8 mètres, on demande la valeur de AC.

484. Une oblique AB ayant 4 mètres de long rencontre un plan MN au point B, la perpendiculaire Aa abaissée du point A sur MN a 3 mètres, on demande la valeur de Ba.

485. Un point A est à 7 mètres au-dessus du centre d'un cercle qui a 20 mètres carrés de surface, on demande la distance du point A à la circonférence du cercle.

486. Par un point donné sur une droite, mener un plan perpendiculaire à cette droite.

487. Par un point donné hors d'une droite, faire passer un plan qui soit perpendiculaire à la droite.

488. Trouver dans l'espace le lieu de tous les points également distants de trois points donnés non en ligne droite.

489. Trouver sur un plan le lieu de tous les points également distants d'un point donné A hors de ce plan.

490. Trouver une série d'obliques égales partant d'un même point A et telles que le carré de chacune d'elles soit égal à la somme des carrés de deux lignes AB, CD.

Une droite AB rencontre un plan MN au point B; la projection du point A sur le plan MN est le pied a de la perpendiculaire abaissée du point A sur le plan MN, et la droite qui joint le point B au point a du plan est la projection de la droite BA sur le même plan MN. L'angle ABa est l'angle d'une droite AB et d'un plan MN.

491. Démontrer que l'angle d'une droite et d'un plan est le plus petit des angles que fait cette ligne avec les droites qui passent par son pied dans le plan.

492. Par un point donné, mener une parallèle à un plan.

493. Trouver le lieu des perpendiculaires menées dans l'espace en un point donné d'une droite.

494. Trouver le lieu des points de l'espace également distants de deux points donnés A et B.

495. Trouver le lieu des points également distants de deux plans parallèles.

496. Trouver le lieu des parallèles menées à un plan MN par un point quelconque P.

497. Par un point donné, mener un plan parallèle à un plan donné.

498. Comment se mesure la distance d'un point à un plan?

499. Comment se mesure la distance de deux plans parallèles?

500. Trois plans parallèles M, N, P sont rencontrés par deux droites AB, CD, la droite AB rencontre les plans en A, E, B, et la droite CD en C, F, D; on a AE = 6 mètres, EB = 5 mètres, CD = 12 mètres. Calculer CF et ED.

501. Par deux points donnés ou par une droite donnée sur un plan, faire passer un second plan perpendiculaire au premier.

502. Par deux points donnés ou par une droite donnée hors d'un plan, faire passer un second plan perpendiculaire au premier.

503. Par une droite donnée AB, mener un plan parallèle à une autre droite donnée CD.

504. Par un point donné P, faire passer un plan parallèle à deux droites AB, CD qui ne sont pas situées dans le même plan.

505. Mener trois plans parallèles M, N, P passant par trois points, A, B, C, non en ligne droite.

506. Trouver la plus courte distance de deux droites AB, CD, données dans l'espace et non situées dans un même plan.

507. Comment mesurer l'angle formé par deux murs qui se rencontrent?

508. Peut-on s'assurer par le calcul si deux murs sont ou non perpendiculaires?

509. Mener un plan bissecteur d'un dièdre (c'est-à-dire un plan qui divise le dièdre en deux parties égales).

510. Démontrer, 1° que tout point du bissecteur est également distant des faces du dièdre; 2° que tout point pris dans l'intérieur du dièdre, hors du bissecteur, est inégalement distant des faces du dièdre.

511. Trouver le lieu de tous les points également distants des deux faces d'un dièdre.

512. Un méridien coupe un mur vertical selon une verticale.

513. A 6 mètres d'un plan MN, on décrit une circonférence sur ce plan avec un rayon de 8 mètres : on demande la surface du cercle tracé sur MN.

13

514. Du point A hors d'un plan MN, on décrit une circonférence sur ce plan, puis on mène une tangente BC à la circonférence, et enfin on joint le point A au point C. Calculer AC à $0^m,01$ près, sachant que la distance du point A au plan MN, ou AO, égale 12 mètres, le rayon OB=7 mètres, et la tangente BC=15 mètres.

515. Dans le problème précédent, si l'on avait AO=12 mètres, OB=10 mètres et AC=20 mètres, quelle serait la longueur de la tangente BC?

516. Trouver sur deux plans le lieu des points également distants d'un point donné.

517. Dans un angle trièdre, la plus grande face est opposée au plus grand angle dièdre, et réciproquement.

LIVRE SIXIÈME

DES POLYÈDRES

DÉFINITIONS

407. Un *polyèdre*[1] est un corps terminé de toutes parts par des plans.

408. On appelle *faces* d'un polyèdre les plans qui le terminent. ABGF, BCHG... sont des faces.

409. Les *sommets* sont les sommets des *angles* solides formés par les faces. Ex. : les sommets A, B, C...

410. On nomme *arêtes* les lignes suivant lesquelles les faces se coupent. AF, BG, CH sont des arêtes.

411. Les *diagonales* sont les droites qui unissent deux sommets non situés dans la même face. FD est une diagonale.

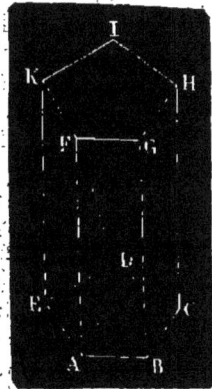

Fig. 230.

412. Un polyèdre est *régulier* lorsque ses angles sont

---

1. Du grec *polus*, plusieurs; *edra*, base.

égaux et que ses faces sont des polygones réguliers égaux. Nous verrons plus loin qu'il n'existe que cinq polyèdres réguliers.

413. Quelques polyèdres ont des noms particuliers; on appelle :

Tétraèdre[1], le polyèdre qui a 4 faces,
Pentaèdre[2] — 5 —
Hexaèdre[3] — 6 —
Octaèdre[4] — 8 —
Dodécaèdre[5] — 12 —
Icosaèdre[6] — 20 —

Les autres polyèdres se désignent par le nombre de leurs côtés.

414. On nomme *prisme*[7] un polyèdre qui a deux faces égales et parallèles et dont toutes les autres sont des parallélogrammes.

Voici comment on peut construire un prisme : on prend un polygone quelconque ABCDE (*fig.* 230), et dans un plan parallèle, on forme un second polygone FGHIK dont les côtés soient deux à deux égaux à ceux du premier, parallèles et dirigés dans le même sens; on joint ensuite les sommets homologues par les droites AF, BG, CH... Le volume AH ainsi formé est un prisme, car deux de ses faces sont égales et parallèles et toutes les autres sont des parallélogrammes.

415. Les deux faces ABCDE, FGHIK égales et parallèles sont les *bases* du prisme; toutes les autres faces constituent la *surface latérale* ou *convexe* du prisme.

416. La *hauteur* d'un prisme est la perpendiculaire abaissée d'un point de la base supérieure sur le plan de la base inférieure.

---

1. Du grec *tetra*, quatre; *edra*, base.
2. Du grec *pente*, cinq; *edra*, base.
3. Du grec *ex*, six; *edra*, base.
4. Du grec *okto*, huit; *edra*, base.
5. Du grec *dodeka*, douze; *edra*, base.
6. Du grec *eikosi*, vingt; *edra*, base.
7. Du grec *prisma*, formé de *priô*, scier.

417. Un prisme est *droit* lorsque ses arêtes sont perpendiculaires aux plans des bases ; il est *oblique* dans le cas contraire.

418. Un prisme tire son nom de ses bases : ainsi un prisme est dit *triangulaire, quadrangulaire, pentagonal,* etc., selon que ses bases sont des triangles, des quadrilatères, des pentagones, etc.

419. Le prisme quadrangulaire, qui a pour bases des parallélogrammes et dont, par conséquent, les six faces sont des parallélogrammes, prend le nom particulier de *parallélipipède* [1].

420. Le parallélipipède dont toutes les faces sont des rectangles, s'appelle *parallélipipède rectangle ;* et il porte le nom de *cube* [2] si elles sont des carrés égaux.

THÉORÈME

421. *Il n'y a que 5 polyèdres réguliers,* savoir : le tétraèdre, dont la surface est composée de 4 triangles équilatéraux assemblés 3 à 3 autour de chaque sommet, l'hexaèdre, de 6 carrés réunis 3 à 3, l'octaèdre, de 8 triangles équilatéraux groupés 4 à 4, le dodécaèdre, de 12 pentagones assemblés 3 à 3, et l'icosaèdre, de 20 triangles équilatéraux réunis 5 à 5.

En effet, un angle solide exigeant au moins trois faces et la somme de ces faces ne pouvant jamais égaler 360° (402), il suffit d'examiner quels sont les polygones réguliers dont les angles assemblés 3 à 3, 4 à 4, 5 à 5... fassent une somme moindre que 4 droits. Or, chacun des angles d'un triangle équilatéral valant 60°, pour construire un angle solide, on ne peut réunir ces angles que 3 à 3, 4 à 4 ou 5 à 5, ce qui donne le tétraèdre, l'octaèdre et l'icosaèdre. Il est évident que ces angles ne peuvent être réunis 6 à 6, car un angle solide a moins de 360°, et 6 fois 60°=360°. Les angles d'un carré valant 90°, on ne peut

1. Du grec *parallélos,* parallèle ; *epi,* sur ; *pédion,* surface plane.
2. Du grec *kubos,* dé à jouer.

assembler ces angles que 3 à 3, ce qui donne l'hexaèdre. Pour le pentagone, chacun des angles valant 108°, on ne pourra non plus réunir les angles que 3 à 3, ce qui donnera le dodécaèdre. Chaque angle d'un hexagone valant 120°, il est impossible de construire un angle solide en réunissant 3 de ces angles ; l'impossibilité de construire un angle solide, en réunissant trois angles d'un polygone régulier, existe à *fortiori* si ce polygone a plus de six côtés : donc, enfin, il n'y a que cinq polyèdres réguliers.

THÉORÈME

422. *Dans tout parallélipipède, les faces opposées sont égales et parallèles.*

Soit le parallélipipède AG. Par définition, les deux bases AC et EG sont égales et parallèles ; il reste à démontrer que la même chose a lieu pour deux faces opposées quelconques, par exemple, pour les faces AH et BG. Toutes les faces de ce solide étant des parallélogrammes, les arêtes AE et DF (ce sont les côtés opposés du parallélogramme AF) sont égales et parallèles ; il en est de même de AD et de BC. Par conséquent, les angles EAD, FBC sont égaux et leurs plans sont parallèles ; de plus, les parallélogrammes AH et BG sont égaux comme ayant un angle égal compris entre côtés égaux chacun à chacun.

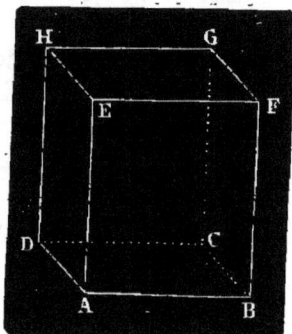

Fig. 231.

423. REMARQUE. Puisque dans un parallélipipède quelconque, deux faces opposées sont égales et parallèles, il est évident qu'on peut prendre pour bases une face et son opposée.

THÉORÈME

424. *La surface latérale d'un prisme droit quelconque est égale au produit du périmètre de sa base par sa hauteur.*

En effet, la surface latérale du prisme se compose de rectangles ayant pour hauteur commune AA', qui est la hauteur du prisme, et pour base les côtés AB, BC..., dont la somme constitue le périmètre de la base du prisme. Donc surface latérale du prisme = (AB+BC +CD+DE+EF+FA) AA', ou le produit du périmètre de la base du prisme par sa hauteur.

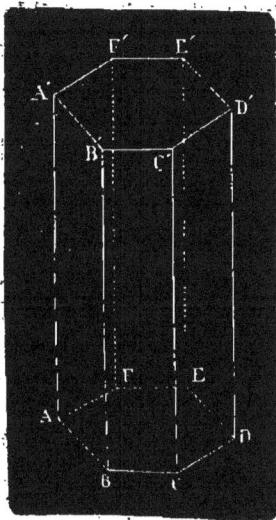

Fig. 232.

THÉORÈME

425. *Deux prismes droits qui ont des bases égales et des hauteurs égales sont égaux.*

En effet, plaçons la base A'B'C'D'E' sur son égale ABCDE, de manière que ces deux bases coïncident parfaitement; les arêtes A'F', B'G'..., perpendiculaires sur le plan A'B'C'D'E', prendront les directions de leurs homologues AF, BG...,

Fig. 233.

perpendiculaires sur le plan ABCDE, et puisqu'elles sont

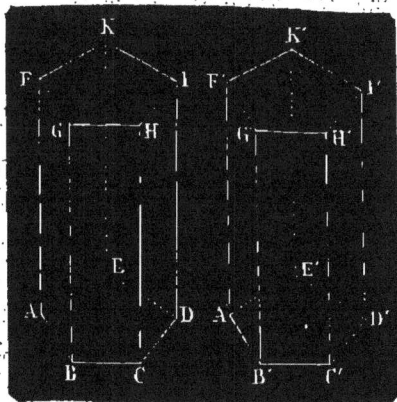

égales, leurs extrémités se confondront, et il en sera de même des deux prismes.

DÉFINITION

426. On appélle *section plane* ou simplement *section* d'un polyèdre tout plan sécant qui rencontre les arêtes du polyèdre.

THÉORÈME

427. *Des sections parallèles* LMNOP, QRSTU *faites dans un prisme* AI *sont des polygones égaux.*

Car deux côtés homologues quelconques LM, QR sont parallèles comme étant les intersections de deux plans parallèles, LN, QS, par un troisième AG, et de plus égaux, puisque ce sont des parallèles comprises entre parallèles. Deux angles quelconques LMN, QRS, sont aussi égaux, car ils ont leurs côtés parallèles et dirigés dans le même sens. Ces deux polygones, ayant leurs côtés et leurs angles égaux, sont égaux.

428. COROLLAIRE I. *Toute section parallèle à la base est égale à cette base.*

429. COROLLAIRE II. *Toute section faite dans un parallélipipède par un plan qui rencontre deux faces opposées est un parallélogramme,* car cette section est un quadrilatère dont les côtés opposés sont parallèles comme intersections de deux plans parallèles coupés par un troisième.

Fig. 234.

430. REMARQUE. On appelle *section droite* d'un prisme toute section faite par un plan perpendiculaire aux arêtes latérales.

THÉORÈME

431. *Tout prisme oblique* AG *est équivalant au prisme*

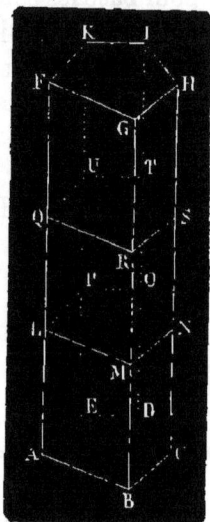

droit qui a pour base la section droite du premier, et pour hauteur une de ses arêtes latérales.

Par un point quelconque I de l'arête AE, menons un plan IL perpendiculaire aux arêtes latérales du prisme oblique; prolongeons ensuite EA, FB, GC, HD, de manière à avoir AN = IE, BO = KF, DQ = MH, CP = LG, et par le point N, conduisons un plan NP parallèle à IL, nous obtiendrons ainsi un prisme droit NL équivalent au prisme oblique AG. Prouvons d'abord que les solides NC et IG sont égaux.

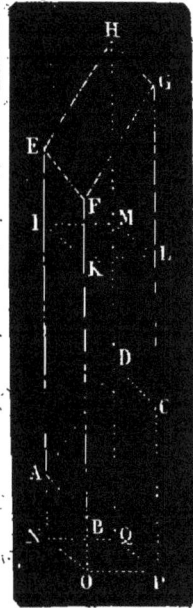

En effet, si nous portons la section NP sur son égale (427) IL de manière qu'elles coïncident dans toute leur étendue, les arêtes NA, OB, PC, QD, perpendiculaires au plan NP, prendront respectivement les directions des arêtes IE, KF, LG, MH, perpendiculaires au plan IL; mais nous avons fait AN = IE, BO = KF, PC = LG, QD = MH; donc, les points N, O, P, Q, tomberont aux points E, F, G, H : les deux solides NG, IG coïncideront dans toute leur étendue et seront par conséquent égaux.

Fig. 235.

Or, si de la figure totale NG nous retranchons successivement les solides égaux, NC, IG, les deux restes qu'on obtient, ou les prismes AG, NL sont équivalents.

452. Corollaire. Il résulte de ce théorème que *deux prismes qui ont des sections droites égales et les arêtes perpendiculaires à la section droite égales sont équivalents.*

455. Remarque. Il est évident que les sections NP, IL auraient pu être perpendiculaires à l'arête BF aux points B et F, la démonstration aurait été la même : donc, si, par les deux extrémités d'une arête d'un prisme oblique on mène des sections droites, on obtient un prisme droit équivalent au prisme oblique.

THÉORÈME

454. *Si l'on mène un plan* BDHF *par deux arêtes oppo-sées d'un parallélipipède* AG, *on obtient deux prismes trian-gulaires* BH, AF *équivalents.*

En effet, par un point quel-conque I de AE, menons une section droite IL, qui sera un parallélogramme (429); or, ce parallélogramme se trouve par-tagé par le plan DBFH en deux triangles IKM, KLM égaux et qui sont les sections droites des prismes triangulaires BH, AF. Ces deux prismes ayant des sec-tions droites égales et des arrêtes latérales égales (432) sont équivalents.

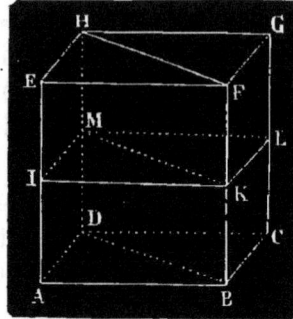

Fig. 236.

Mesure des Volumes

455. Mesurer un volume quelconque c'est chercher son rapport avec l'unité de volume, ou déterminer com-bien il contient cette unité ou de parties de cette unité.

En général, on prend pour unité de volume le *mètre cube*, c'est-à-dire un cube dont chaque arête a un mètre de longueur.

Mesure des Parallélipipèdes

THÉORÈME

456. *Le volume d'un parallélipipède rectangle* (dont les faces sont des rectangles) *a pour mesure le produit de sa base par sa hauteur, ou le produit de ses trois dimensions.*

Ainsi nous aurons parallélipipède $AG = AB \times AD \times AE$.

En effet, supposons d'abord que les dimensions du parallélipipède AG soient exprimées en nombres en-

13.

tiers et que AB=7 mètres, AD=3 mètres, AE=5 mètres.

La surface de la base du parallélipipède, ou rectangle ABCD, sera égale à 7 × 3 = 21 mètres carrés. Sur chaque mètre carré de la base on peut placer un mètre cube, ce qui fera une tranche de 21 mètres cubes ayant 1 mètre de hauteur. Or, chaque mètre de hauteur peut donner lieu à une tranche de 21 mètres cubes. Ce parallélipipède contiendra donc 5 fois 21 ou 105 mètres cubes : 105 est précisément

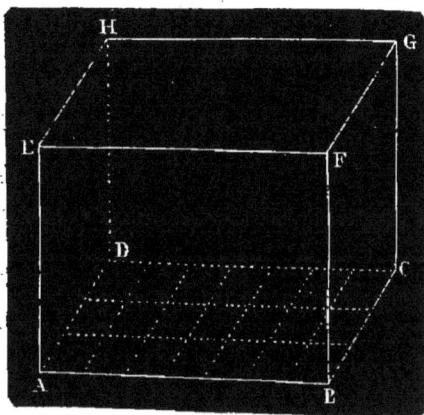

Fig. 237.

le produit de la base 21 par la hauteur 5, ou le produit des trois dimensions 7 mètres, 3 mètres, 5 mètres.

2° Supposons maintenant que les dimensions du parallélipipède ne soient pas exprimées en nombres entiers, et qu'on ait AB=6^m,50, AD=3^m,25 et AE=4^m,75. Si nous réduisons ces dimensions en centimètres, nous aurons AB=650, AD=325 et AE=475.

En raisonnant comme nous venons de le faire, nous trouverons que le parallélipipède contiendra un nombre de centimètres cubes égal à

$$650 \times 325 \times 475 = 100343750;$$

mais le centimètre cube est la millionième partie du mètre cube; donc le volume en mètres cubes sera 100,343750. Or, ce nombre représente le produit des trois dimensions 6,50, 3,25, 4,75.

Donc, en général, parallélipipède AG = AB × AD × AE.

437. REMARQUE. Dans ce second cas, nous avons admis pour commune mesure le centimètre, mais il est évident que la commune mesure aurait pu être quelconque, aussi petite que possible, le théorème est donc vrai dans tous les cas.

458. Corollaire. *Le volume du cube est égal au cube de son arête, car dans un cube les trois dimensions sont égales.* En désignant par *a* l'arête d'un cube et par C son volume, on a donc $C = a \times a \times a = a^3$.

THÉORÈME

459. *Le volume d'un parallélipipède droit* (dont les bases sont des parallélogrammes) *a pour mesure le produit de sa base par sa hauteur.*

Soit le parallélipipède AG dont la base est ABCD et la hauteur AE.

Nous aurons parallélipipède AG = ABCD $\times$ AE.

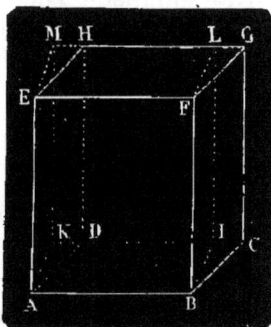

Fig. 238.

En effet, si nous remplaçons les parallélogrammes de ses bases par les rectangles équivalents ABIK, EFLM, nous formerons ainsi un parallélipipède rectangle AL ayant même hauteur AE que AG et des bases équivalentes ; mais nous aurons en outre deux prismes triangulaires droits ADKEHM, BCIFGL, égaux comme ayant des bases et des hauteurs égales (425).

Or, si de la figure totale on retranche successivement les prismes égaux AH, BG, les restes qu'on obtient, ou les parallélipipèdes AG, AL, sont équivalents.

Mais le parallélipipède AL a pour mesure (436) ABIK $\times$ AE, donc le parallélipipède AG, qui lui est équivalent, aura aussi cette mesure, ou ABCD $\times$ AE, car le rectangle ABIK peut se remplacer par le parallélogramme ABCD. Donc enfin le volume d'un parallélipipède droit a pour mesure le produit de sa base par sa hauteur.

THÉORÈME

440. *Le volume d'un parallélipipède quelconque a pour mesure le produit de sa base par sa hauteur.*

Car tout parallélipipède oblique AG peut être transformé en parallélipipède droit équivalent (433) IP, qui a pour mesure (439) IKLM $\times$ IE, mais le rectangle IKLM

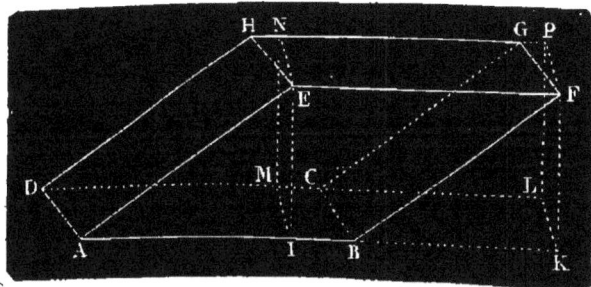

Fig. 239.

équivaut au parallélogramme ABCD (ils ont des bases et des hauteurs égales); donc on peut donner pour mesure au parallélipipède IP.

$$ABCD \times IE.$$

Le parallélipipède AG, qui lui est équivalent, aura aussi cette mesure ou enfin le produit de sa base par sa hauteur.

En désignant par P *le volume d'un parallélipipède quelconque, par* B *et* H, *sa base et sa hauteur, on a la formule :*

$$P = B \times H.$$

441. COROLLAIRE. *Deux parallélipipèdes quelconques sont entre eux dans le même rapport que les produits de leurs bases par leurs hauteurs, ou que les produits de leurs trois dimensions.*

Un parallélipipède dont la base est B et la hauteur H donne

$$P = B \times H \quad (1)$$

et un parallélipipède P′ dont les dimensions sont H′ et B′ donne

$$P' = B' \times H' \ (2).$$

D'où, en divisant membre à membre ces égalités :

$$\frac{P}{P'} = \frac{B \times H}{B' \times H'} \ (3).$$

De là, il résulte que :

1° *Deux parallélipipèdes de bases équivalentes sont entre eux dans le même rapport que leurs hauteurs*, car si, dans l'égalité (3) on fait B = B′, on a

$$\frac{P}{P'} = \frac{B \times H}{B' \times H'} = \frac{H}{H'};$$

2° *Deux parallélipipèdes de hauteurs égales sont dans le même rapport que leurs bases*, car si l'on fait dans la même égalité H = H′, on a

$$\frac{P}{P'} = \frac{B \times H}{B' \times H} = \frac{B}{B'}.$$

Volume du Prisme

THÉORÈME

442. *Le volume d'un prisme a pour mesure le produit de sa base par sa hauteur.*

1° Soit le prisme triangulaire ABCDEF. Ce prisme est la moitié du parallélipipède CH (434).

Or, CH a pour mesure AGBC × FK ou 2ABC × FK (FK est la perpendiculaire abaissée du sommet sur le plan de la base); donc le prisme triangulaire ABCDEF, qui est la moitié de ce parallélipipède,

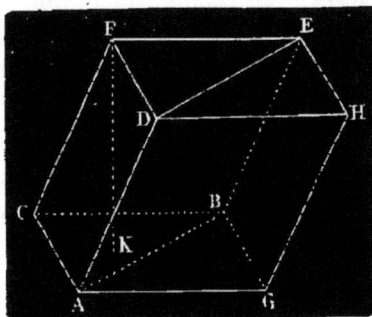

Fig. 240.

aura pour mesure $\dfrac{2ABC \times FK}{2} = ABC \times FK$, ou le produit de sa base par sa hauteur.

2° Soit un prisme polygonal quelconque ABCDEFGHIK.

Décomposons-le en prismes triangulaires par des plans menés selon l'arête AF et les arêtes CH, DI, ces prismes ont même hauteur que le prisme total. Si nous appelons H la hauteur commune, nous aurons :

Prisme ABCFGH $= ABC \times H$,

Prisme ACDFHI $= ACD \times H$,

Prisme ADEFIK $= ADE \times H$.

Donc le prisme polygonal, qui est la somme de ces prismes triangulaires aura pour mesure $ABC \times H + ACD \times H + ADE \times H = (ABC + ACD + ADE) \times H = ABCDE \times H$, ou la surface de sa base par sa hauteur.

443. **Corollaire I.** Un prisme peut avoir pour base un polygone *quelconque*, son volume n'en sera pas moins égal au produit de sa base par sa hauteur, puisque ce prisme pourra toujours être décomposé en prismes triangulaires ABEFSK, BEDSKI...

444. **Corollaire II.** *Deux prismes qui ont des bases équivalentes et des hauteurs égales sont équivalents.*

En désignant par Pr. *le volume d'un prisme quelconque, par* B *et* H *sa base et sa hauteur, on a la formule*

$$Pr. = B \times H.$$

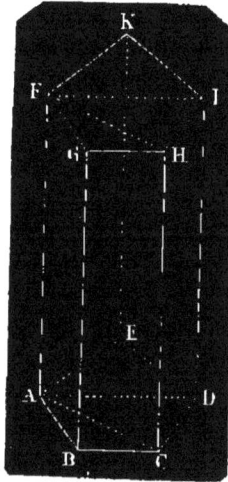
Fig. 241.

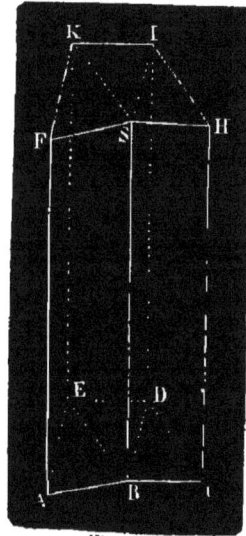
Fig. 242.

De la Pyramide

445. On appelle *pyramide* le solide formé par un plygone ABCDE et des triangles ayant un sommet commun S et pour bases respectives les côtés du polygone.

446. Le point S est le *sommet* de la pyramide; le polygone ABCDE en est la *base;* les triangles ASB, BSC... en forment la *surface latérale* ou *convexe*. Son *apothème* est la perpendiculaire SK menée du sommet S sur un côté quelconque CD de la base, et enfin sa *hauteur* est la perpendiculaire SO abaissée du sommet sur le *plan* de la base. La perpendiculaire peut tomber hors de la base.

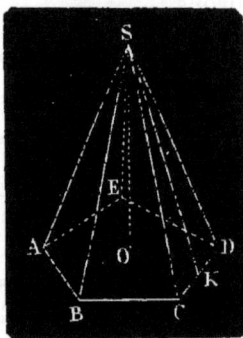

Fig. 243.

447. Une pyramide tire son nom de sa base : ainsi une pyramide est dite *triangulaire, quadrangulaire, pentagonale...* etc., selon que sa base est un triangle, un quadrilatère, un pentagone, etc.

448. Une pyramide est *régulière* lorsque sa base est un polygone régulier et que sa hauteur tombe au *centre* de ce polygone; dans ce cas la hauteur est *l'axe* de la pyramide.

449. Quand on coupe une pyramide par un plan quelconque rencontrant toutes les arêtes, la portion de ce solide, comprise entre la base et le plan sécant, est appelée *pyramide tronquée*, ou encore *tronc de pyramide*.

THÉORÈME

450. *La surface latérale d'une pyramide quelconque régulière* SABCDE *a pour mesure le périmètre de sa base* ABCDE *multiplié par moitié de son apothème* SK.

En effet, la surface latérale de la pyramide se compose de triangles isocèles égaux, car tous ont même base et même hauteur; or l'un d'eux ASB a pour surface $AB \times \frac{SK}{2}$. La surface latérale entière, composée, dans ce cas, de cinq triangles égaux à ASB, sera donc $5AB \times \frac{SK}{2}$, ou le périmètre de la base multiplié par la moitié de l'apothème.

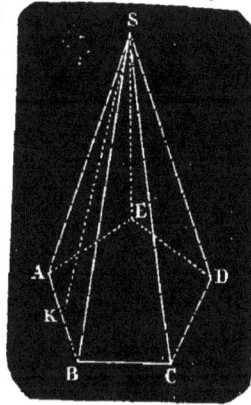

Fig. 244.

THÉORÈME

451. *Quand on coupe une pyramide par un plan parallèle à la base,* 1° *la section obtenue est un polygone semblable à la base;* 2° *ces polygones sont entre eux dans le même rapport que les carrés de leurs distances au sommet.*

1° Les plans ABCD et *abcd* étant parallèles, le polygone *abcd* sera semblable à la base ABCD.

En effet, deux côtés homologues quelconques AB et *ab* sont parallèles comme étant les intersections de deux plans parallèles coupés par un troisième SAB (368). Les polygones *abcd* et ABCD ayant leurs côtés parallèles deux à deux et dirigés dans le même sens, ont leurs angles égaux. Ils ont aussi

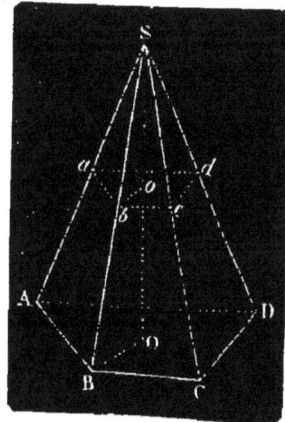

Fig. 245.

leurs côtés homologues proportionnels, car les triangles semblables S*ab*, SAB, S*bc*, SBC... donnent

$$\frac{Sb}{SB} = \frac{ab}{AB} = \frac{bc}{BC} = \frac{Sc}{SC} = \frac{cd}{CD} = \cdots$$

Ces polygones ayant leurs angles égaux et leurs côtés homologues proportionnels sont semblables.

2° On aura aussi $\dfrac{abcd}{\text{ABCD}} = \dfrac{\overline{So}^2}{\overline{SO}^2}$, car la similitude des polygones $abcd$, ABCD donne

$$\frac{abcd}{\text{ABCD}} = \frac{\overline{ab}^2}{\overline{AB}^2} \ (1),$$

et si l'on conduit un plan par l'arête SB et par la hauteur SO, on a, à cause des triangles semblables Sbo, SBO,

$$\frac{Sb}{\text{SB}} = \frac{So}{\text{SO}};$$

mais on a aussi

$$\frac{Sb}{\text{SB}} = \frac{ab}{\text{AB}};$$

d'où

$$\frac{ab}{\text{AB}} = \frac{So}{\text{SO}};$$

par conséquent

$$\frac{\overline{ab}^2}{\overline{AB}^2} = \frac{\overline{So}^2}{\overline{SO}^2} \ (2).$$

Les deux égalités (1) et (2) ayant un rapport de commun, les deux autres rapports forment une égalité, et l'on a enfin

$$\frac{abcd}{\text{ABCD}} = \frac{\overline{So}^2}{\overline{SO}^2}.$$

THÉORÈME

452. *Lorsque deux pyramides ont des hauteurs égales, les sections faites par des plans parallèles aux bases, et à des distances égales des sommets, sont dans le même rapport que les bases.*

Soient les deux pyramides S et S′, et les sections abc, $defg$ faites à égale distance des sommets par des plans parallèles aux bases, on aura

$$\frac{abc}{defg} = \frac{\text{ABC}}{\text{DEFG}}.$$

En effet, d'après le théorème précédent, on a

$$\frac{abc}{ABC} = \frac{\overline{So}^2}{\overline{SO}^2}$$

et $\dfrac{defg}{DEFG} = \dfrac{\overline{So'}^2}{\overline{SO'}^2}.$

Mais, par hypothèse, $So = S'o'$ et $SO = S'O'$, donc

$$\frac{abc}{ABC} = \frac{defg}{DEFG},$$

ou bien

$$\frac{abc}{defg} = \frac{ABC}{DEFG}.$$

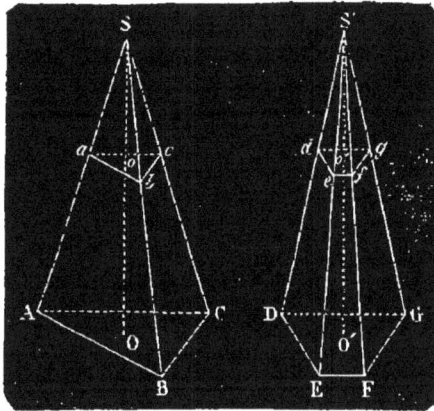

Fig. 246.

453. REMARQUE. Si les bases ABC, DEFG étaient équivalentes, les sections abc, $defg$ le seraient aussi.

THÉORÈME

454. *Deux pyramides triangulaires* S, S' *de bases équivalentes et de hauteurs égales sont équivalentes.*

Supposons les bases ABC, A'B'C' sur le même plan; divisons la hauteur commune H en un certain nombre de parties égales, et par les points de division menons des plans parallèles aux bases. Ces plans partageront les deux pyramides en un même nombre de tranches ayant même épaisseur. Puisque les bases sont équivalentes dans les pyramides, deux sections correspondantes, telles que DEF, D'E'F' sont aussi équiva-

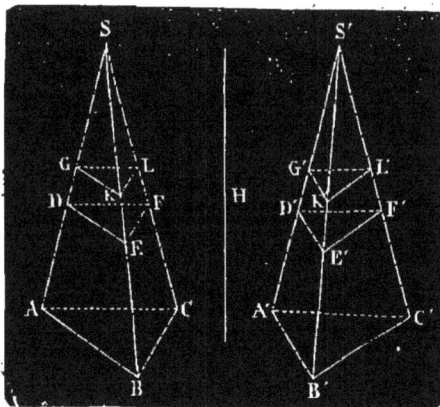

Fig. 247.

lentes (453). Or, deux tranches correspondantes DEFGKL, D'E'F'G'K'L' auront donc des bases équivalentes et même épaisseur; si l'on suppose cette épaisseur infiniment petite (ou H divisé en un nombre infini de parties égales), on pourra considérer, sans erreur sensible, ces deux tranches comme des prismes triangulaires de bases équivalentes et de même hauteur : donc elles seront équivalentes (444). On prouverait de même que deux tranches quelconques correspondantes sont équivalentes : les deux pyramides, étant composées d'un même nombre de tranches équivalentes chacune à chacune, sont équivalentes aussi.

AUTRE DÉMONSTRATION.

Si les deux pyramides ne sont pas équivalentes, supposons que S soit la plus grande.

Faisons $S - S' = D$, et D égal à un prisme ayant ABC pour base, et pour hauteur mx.

Divisons la hauteur H en un certain nombre de parties égales mn, no, op... moindres que mx, et par les points de division $n, o, p...$, menons des plans parallèles aux plans des bases. Puisque les bases sont équivalentes, les sections le seront aussi

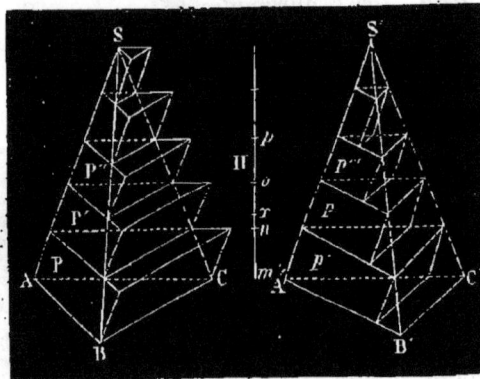

Fig. 248.

(453). Sur chacune des sections de chaque pyramide construisons des prismes triangulaires compris entre les plans parallèles[1]. Le volume des prismes P, P', P''... est évidemment plus grand que le volume de la pyramide S,

---

1. Il est facile de voir comment on peut construire ces prismes. Dans la pyramide S, la base ABC est la base *inférieure* du premier prisme; la

et le volume des prismes p', p'', p'''... plus petit que le volume de la pyramide S'. On a par conséquent

$$S < P + P' + P''...$$
$$S' > p' + p'' + p'''...$$

Si l'on retranche ces inégalités membre à membre, il vient

$$S - S' < P + P' + P''... - p' - p'' - p'''...;$$

mais les prismes P' et p'; P'' et p''..., ayant des bases équivalentes et même hauteur, sont équivalents : l'inégalité précédente se réduit donc à

$$S - S' < P.$$

Or, on fait $S - S' = D$: donc on devrait avoir

$$D < P.$$

Cette inégalité est impossible, car ces prismes ont même base ABC et la hauteur mx du premier est plus grande que la hauteur mn du second : donc $S = S'$.

Volume de la Pyramide, du Tronc de Pyramide à bases parallèles, du Tronc de Prisme triangulaire

THÉORÈME

455. *Le volume d'une pyramide quelconque a pour mesure le tiers du produit de sa base par sa hauteur.*

1° Soit d'abord la pyramide triangulaire SABC. Menons les droites AD, CE égales et parallèles à l'arête SB; puis achevons le prisme triangulaire ABCDES, qui a même base et même hauteur que la pyramide donnée : nous disons que cette dernière est le tiers du prisme.

En effet, le prisme se compose de la pyramide SABC et de la pyramide quadrangulaire SACED. Or, si nous conduisons le plan SDC, nous diviserons cette pyramide en deux pyramides triangulaires SACD, SCDE, qui ont des bases ACD, CDE égales et même hauteur, la distance

prempière section, la base inférieure du deuxième prisme, etc.; tandis que dans la pyramide S', la première section est la base supérieure du premier prisme; la seconde section, la base supérieure du deuxième prisme, etc.

du sommet S au plan ADEC; donc ces deux pyramides
sont équivalentes (454). Mais
la pyramide SCDE, au lieu
d'avoir son sommet en S, peut
l'avoir en C, et alors elle aura
DCE pour base, et sera par conséquent équivalente à la pyramide SABC; car elles auront
des bases égales ABC=DSE,
et pour hauteur commune SO,
la hauteur même du prisme.
La pyramide SDCE étant équivalente aux pyramides SACD,
SABC, les trois pyramides sont
donc équivalentes entre elles,

Fig. 249.

et l'une quelconque, SABC, est le $\frac{1}{3}$ du prisme. Or, le
prisme ABCDES a pour mesure ABC$\times$SO; donc la pyramide SABC a pour mesure ABC$\times\dfrac{SO}{3}$.

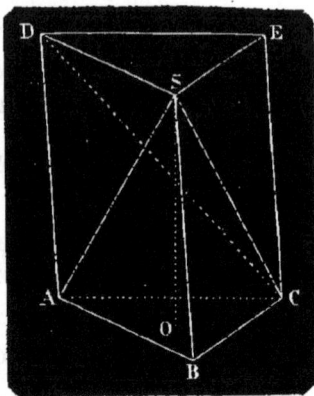

2° Soit en second lieu la pyramide polygonale SABCDE.

Décomposons-la en pyramides
triangulaires SABC, SACD, SADE
ayant même hauteur SO que la pyramide donnée, nous aurons

Pyramide SABC$=$ABC$\times\dfrac{SO}{3}$,

Pyramide SACD$=$ACD$\times\dfrac{SO}{3}$,

Pyramide SADE$=$ADE$\times\dfrac{SO}{3}$:

donc

Fig. 250.

Pyramide SABCDE$=$(ABC$+$ACD$+$ADE)$\dfrac{SO}{3}=$ABCDE$\times\dfrac{SO}{3}$.

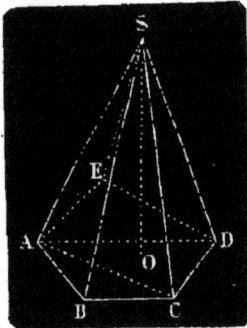

En désignant par P *le volume d'une pyramide quelconque,*
par B *sa base, et par* H *sa hauteur, on a*

$$P=B\times\frac{H}{3}.$$

456. COROLLAIRE I. *Deux pyramides qui ont des bases équivalentes et des hauteurs égales sont équivalentes.*

457. COROLLAIRE II. *Mesure d'un polyèdre quelconque.* On obtiendra le volume d'un polyèdre quelconque en le décomposant en pyramides : la somme des volumes de ces pyramides donnera le volume du polyèdre.

THÉORÈME

458. *Le volume d'un tronc de pyramide à bases parallèles est égal à la somme des volumes de trois pyramides ayant pour hauteur commune la hauteur même du tronc, et pour bases respectives la base inférieure du tronc, sa base supérieure et une moyenne proportionnelle entre ces deux bases.*

Soit d'abord le tronc de pyramide triangulaire ABCDEF, à bases, ABC, DEF, parallèles.

Si nous menons les plans AEC, DEC, nous partagerons le tronc en trois pyramides triangulaires EABC, EDFC, EDAC. La première EABC a pour base ABC, ou la base inférieure du tronc, et pour hauteur la hauteur même du tronc, car son sommet E se trouve sur le plan DEF. La seconde EDFC, au lieu d'avoir son sommet en E, peut l'avoir en C, et alors elle aura DEF pour base, ou la base supérieure du tronc ; d'ailleurs elle aura même hauteur que lui, puisque son sommet C est sur le

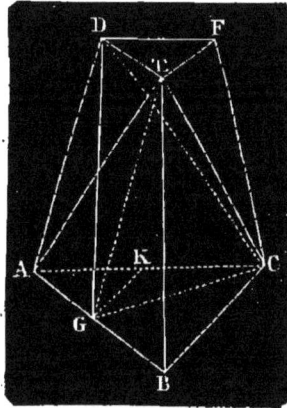

Fig. 251.

plan ABC. Les deux pyramides EABC, EDFC répondent déjà à l'énoncé du théorème.

Démontrons que la pyramide restante EDAC est bien équivalente à la troisième annoncée.

Pour cela, menons par le point E une droite EG parallèle à AD, et joignons le point G aux points D et C, nous formerons ainsi une nouvelle pyramide GADC équivalente à la pyramide EADC, car elles ont ADC pour base commune, et leurs sommets étant en G et en E, sur une parallèle EG au plan de la base, elles ont même hauteur; mais la pyramide GADC peut être considérée comme ayant son sommet en D, sa hauteur sera celle du tronc; nous n'avons plus qu'à prouver que sa base est moyenne proportionnelle entre les deux bases du tronc.

Menons GK parallèle à BC : le triangle AGK sera égal au triangle DEF, car AG=DE et les triangles sont de plus équiangles. Or, si l'on donne aux triangles AGK, et AGC le point G pour sommet, ils ont même hauteur et sont entre eux comme leurs bases AK, AC; donc

$$\frac{AGK}{AGC} = \frac{AK}{AC}.$$

De même, si l'on donne aux triangles AGC et ABC, le point C pour sommet, ils ont même hauteur et sont entre eux comme leurs bases AG, AB; donc

$$\frac{AGC}{ABC} = \frac{AG}{AB}.$$

Mais GK étant parallèle à BC, les rapports $\frac{AK}{AC}$ et $\frac{AG}{AB}$ sont égaux, et par conséquent

$$\frac{AGK}{AGC} = \frac{AGC}{ABC}$$

ou $\quad \dfrac{DEF}{AGC} = \dfrac{AGC}{ABC}$, car DEF=AGK.

Soit, en second lieu, le tronc de pyramide polygonale ABCDEFGH, qui a été obtenu en coupant la pyramyde SABCD par un plan parallèle à sa base. A côté de cette pyramide, concevons-en une triangulaire, S'IKL, ayant même hauteur et une base IKL équivalente à la base ABCD. Ces deux pyramides, ayant des bases équivalentes et même hauteur, sont équivalentes. Si nous les supposons sur un même plan, tout plan sécant parallèle

aux bases déterminera deux sections EFGH, MNP équivalentes (453). Les deux pyramides SEFGH, S'MNP, qui
ont des bases
équivalentes et
des hauteurs
égales, sont
équivalentes.

Mais si des
deux grandes
pyramides é-
quivalentes on
retranche les
deux petites, é-
galement équi-
valentes, les
deux restes ou
les troncs le se-

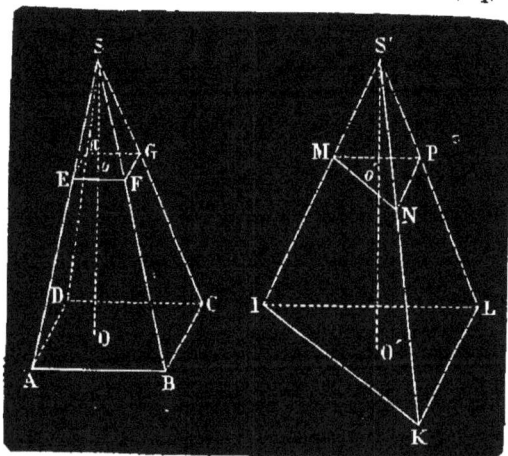
Fig. 252.

ront aussi. Le théorème vrai pour une pyramide triangulaire l'est donc de même pour le tronc de pyramide polygonale.

*En désignant par V le volume d'un tronc de pyramide,
par B et b ses bases, et par h sa hauteur, on a*

$$V = \tfrac{1}{3}h \times B + \tfrac{1}{3}h \times b + \tfrac{1}{3}h \times \sqrt{Bb}$$
$$V = \tfrac{1}{3}h\,(B + b + \sqrt{Bb}).$$

(Voir la remarque de la démonstration suivante.)

AUTRE DÉMONSTRATION

Un tronc de pyramide droit quelconque AG (*fig.* 252)
est la différence des deux pyramides SABCD, SEFGH. Si
nous désignons par B et b les bases de ces pyramides,
par $h+h'$ la hauteur de la première, par h' la hauteur de
la seconde et par V le volume du tronc, nous aurons

$$V = SABCD - SEFGH \ (1);$$
or
$$SABCD = \tfrac{1}{3}B\,(h+h') \ (2),$$
et
$$SEFGH = \tfrac{1}{3}bh' \ (3).$$

Mais h' est une inconnue qui ne doit point figurer dans l'expression du volume du tronc de pyramide, cherchons à l'éliminer. Les bases B et b étant entre elles dans le rapport des carrés des hauteurs correspondantes (451), on a

$$\frac{B}{b} = \frac{(h+h')^2}{h'^2},$$

ou

$$\frac{\sqrt{B}}{\sqrt{b}} = \frac{h+h'}{h'},$$

$$h'\sqrt{B} = h\sqrt{b} + h'\sqrt{b},$$

$$h'\sqrt{B} - h'\sqrt{b} = h\sqrt{b},$$

$$h' = \frac{h\sqrt{b}}{\sqrt{B} - \sqrt{b}}.$$

Substituant h' dans les équations (2) et (3), on a

$$SABCD = \tfrac{1}{3}B\left(h + \frac{h\sqrt{b}}{\sqrt{B} - \sqrt{b}}\right)$$

$$= \tfrac{1}{3}B\left(\frac{h\sqrt{B} - h\sqrt{b} + h\sqrt{b}}{\sqrt{B} - \sqrt{b}}\right)$$

$$= \tfrac{1}{3}\frac{hB\sqrt{B}}{\sqrt{B} - \sqrt{b}},$$

et

$$SEFG = \tfrac{1}{3}\frac{hb\sqrt{b}}{\sqrt{B} - \sqrt{b}} :$$

d'où

$$V = \tfrac{1}{3}\frac{hB\sqrt{B}}{\sqrt{B} - \sqrt{b}} - \tfrac{1}{3}\frac{hb\sqrt{b}}{\sqrt{B} - \sqrt{b}}$$

$$= \tfrac{1}{3}h\left(\frac{B\sqrt{B} - b\sqrt{b}}{\sqrt{B} - \sqrt{b}}\right).$$

Mais[1] $B\sqrt{B} = \sqrt{B^3}$, et $-b\sqrt{b} = -\sqrt{b^3}$; donc

$$V = \tfrac{1}{3}h\left(\frac{\sqrt{B^3} - \sqrt{b^3}}{\sqrt{B} - \sqrt{b}}\right).$$

1. *Nouveau Cours d'Algèbre*, n° 126.

14

En effectuant la division de $\sqrt{\mathrm{B}^3}-\sqrt{b^3}$ par $\sqrt{\mathrm{B}}-\sqrt{b}$, on a

$$V = \tfrac{1}{3}h\left(\sqrt{\mathrm{B}^2}+\sqrt{\mathrm{B}b}+\sqrt{b^2}\right)$$

ou

$$V = \tfrac{1}{3}h\left(\mathrm{B}+b+\sqrt{\mathrm{B}b}\right).$$

459. REMARQUE. Les deux bases B et b du tronc sont des polygones semblables (454); si l'on désigne par A et a deux côtés homologues de ces bases, on a

$$\frac{b}{\mathrm{B}}=\frac{a^2}{\mathrm{A}^2};$$

d'où

$$b = \mathrm{B}\times\frac{a^2}{\mathrm{A}^2}.$$

En substituant la valeur de b dans l'égalité

$$V = \tfrac{1}{3}h\left(\mathrm{B}+b+\sqrt{\mathrm{B}b}\right),$$

il vient

$$V = \tfrac{1}{3}h\left(\mathrm{B}+\mathrm{B}\times\frac{a^2}{\mathrm{A}^2}+\sqrt{\mathrm{B}\times\mathrm{B}\times\frac{a^2}{\mathrm{A}^2}}\right),$$

$$V = \tfrac{1}{3}h\left(\mathrm{B}+\mathrm{B}\times\frac{a^2}{\mathrm{A}^2}+\mathrm{B}\frac{a}{\mathrm{A}}\right),$$

$$V = \tfrac{1}{3}h\mathrm{B}\left(1+\frac{a}{\mathrm{A}}+\frac{a^2}{\mathrm{A}^2}\right).$$

Cette formule, n'exigeant pas d'extraction de racine, est plus commode dans la pratique que la précédente.

DÉFINITION

460. On appelle *tronc de prisme*, ou *prisme tronqué*, le solide obtenu en coupant toutes les arêtes d'un prisme par un plan non parallèle à ses bases.

THÉORÈME

461. *Un tronc de prisme triangulaire ABCDEF est équivalent à la somme de trois pyramides triangulaires ayant pour* *base commune la base* ABC *du prisme, et pour sommets respectifs les sommets* D, E, F *de l'autre base.*

1° Si nous menons le plan AEC, nous obtiendrons la pyramide EABC, qui est une des pyramides annoncées, car elle a pour base ABC et son sommet est au point E.

2° Cette pyramide détachée, il reste la pyramide quadrangulaire EACFD. Partageons-la par le plan ECD en deux pyramides EDAC, EDCF. A la première de ces pyramides nous pouvons substituer BACD, car elles ont la même base ADC et des hauteurs égales, puisque leurs sommets sont en E et en B sur une même parallèle BE au plan de cette base. Mais la

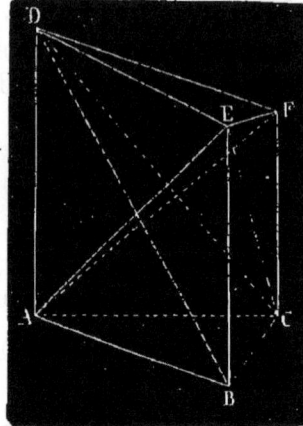

Fig. 253.

pyramide BACD peut avoir son sommet en D et sa base en ABC : cette pyramide est par conséquent la seconde annoncée.

3° Enfin, à la pyramide EDCF, nous pouvons substituer la pyramide BACF, car les triangles DCF et ACF, qui sont les bases de ces pyramides, sont équivalents (puisqu'ils ont même base CF et des hauteurs égales, comme ayant leurs sommets respectifs en D et en A, sur une parallèle AD à la base CF), de plus, les deux pyramides ont des hauteurs égales, car leurs sommets respectifs sont en E et en B, sur une parallèle EB au plan de leurs bases : donc ces deux pyramides, ayant des bases équivalentes et des hauteurs égales sont équivalentes. Mais la pyramide BACF peut avoir son sommet en F, et sa base sera ABC. Cette pyramide est par conséquent la troisième annoncée.

Donc enfin le théorème est démontré.

462. Corollaire. Si le tronc de prisme AE est droit, c'est-à-dire si ses arêtes sont perpendiculaires au plan de base inférieure, *en désignant son volume par* V, *on a*

$$V = ABC \left(\frac{AD + BE + CF}{3} \right).$$

463. REMARQUE. Pour obtenir le volume d'un tronc de prisme oblique, on mène une section droite (430) qui le décompose en deux troncs de prismes droits; la somme des volumes de ceux-ci donne évidemment le volume du tronc de prisme oblique, ou, ce qui revient au même, le *volume d'un tronc de prisme triangulaire oblique est égal à l'aire de sa section droite multipliée par le ⅓ de la somme de ses trois arêtes latérales.*

De la symétrie dans les polyèdres. — Plan de symétrie. — Centre de symétrie. — Comparaison des faces, des angles dièdres, des angles polyèdres homologues de deux polyèdres symétriques. — Équivalence de leurs volumes.

DÉFINITIONS

464. Deux points A et A' sont *symétriques* par rapport à un troisième point *c* lorsque celui-ci divise en deux parties égales la droite qui joint les deux premiers.

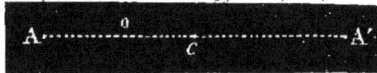

Fig. 254.

Le point *c* est appelé *centre de symétrie*.

465. Deux points A, A' sont *symétriques* par rapport à une droite XY, lorsque cette droite divise la droite AA' en deux parties égales et lui est perpendiculaire.

La droite XY est appelée *axe de symétrie*.

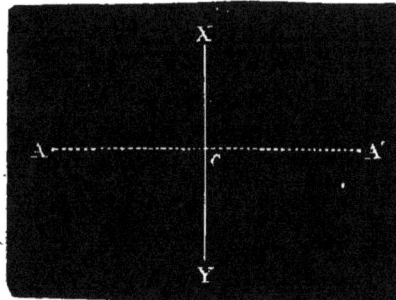

Fig. 255.

466. Deux points A, A' sont *symétriques* par rapport à un plan MN lorsque ce plan divise la droite AA' en deux parties égales et lui est perpendiculaire.

Le plan MN est appelé *plan de symétrie.*

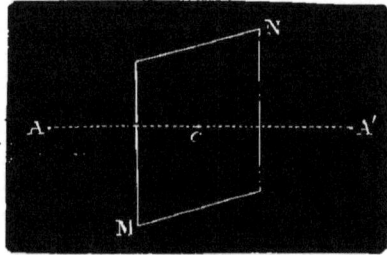

Fig. 256.

467. REMARQUE I. On dit que deux figures sont *symétriques* par rapport à un *centre*, à un *axe* ou à un *plan*, lorsque tout point pris sur l'une a son symétrique sur l'autre par rapport à ce centre, à cet axe ou à ce plan.

468. REMARQUE II. *On peut toujours faire coïncider deux figures symétriques par rapport à un axe.* Car, si dans la figure (255) nous faisons tourner Ac autour du point c, de telle sorte que Ac demeure toujours perpendiculaire à la droite XY, il est évident que le point A viendra coïncider avec le point A' lorsque la droite Ac aura décrit un arc de 180°. Par conséquent, si deux figures sont symétriques, on passera de l'une à l'autre en faisant tourner tous les points de la première simultanément de 180° autour de la même droite. Il est évident que dans ce mouvement la position relative des points de cette figure ne change pas.

469. REMARQUE III. *La symétrie par rapport à un centre se ramène à la symétrie par rapport à un plan.* Soient A et A' deux points symétriques par rapport au centre c, MN un plan passant par le centre, Bc une perpendiculaire à ce plan, et A' le symétrique de A par rapport à la droite Bc.

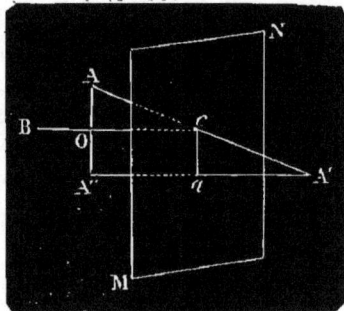

Fig. 257.

Démontrons que A'' et A' sont deux points symétriques par rapport au plan MN.

14.

Soit a le point ou A'A' rencontre le plan MN. Le point O étant le milieu de AA' et le point c le milieu de AA', la droite A'A' est parallèle à Bc (211) et par conséquent perpendiculaire au plan MN. D'un autre côté, la droite ac étant perpendiculaire à Bc (puisque Bc est par hypothèse perpendiculaire au plan MN), est parallèle à AA'', et comme le point c est le milieu de AA', le point a sera le milieu de A''A'. Donc les points A'' et A' sont symétriques par rapport au plan MN.

THÉORÈME

470. *Lorsque trois points* A, B, C *sont en ligne droite, leurs symétriques* A', B', C', *par rapport à un plan* MN, *sont aussi en ligne droite.*

En effet, le plan conduit selon AC perpendiculaire au plan MN contient les droites AA', BB', CC' (386).

Les points a, b, c où elles rencontrent le plan MN sont par conséquent en ligne droite (puisque ces trois points sont sur l'intersection des deux plans). Maintenant, si autour de ac nous faisons tourner AC, les trois points A, B, C viendront respectivement coïncider avec les trois points A', B', C' (468), et

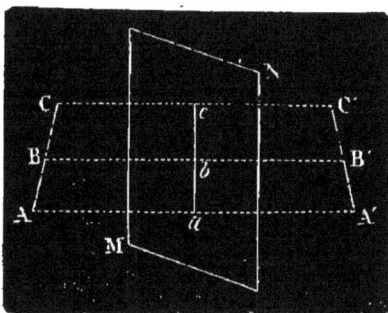

Fig. 258.

comme dans ce mouvement les premiers n'ont pas cessé d'être en ligne droite, les points A', B', C' avec lesquels ils viennent se confondre sont aussi en ligne droite.

471. COROLLAIRE I. *Deux droites* AB, A'B' *sont symétriques lorsque deux points* A *et* B *de l'une* (fig. 258) *sont symétriques de deux points* A' *et* B' *de l'autre.*

472. COROLLAIRE II. *La distance de deux points* A, B (fig. 258) *est égale à la distance de leurs symétriques* A', B'.

THÉORÈME

473. *Lorsque quatre points* A, B, C, D *sont dans un même plan, leurs symétriques A', B', C', D' sont aussi dans un même plan.*

En effet, menons la droite DEF, qui rencontre AC et BC aux points E et F.

Les trois points D, E, F étant en ligne droite, leurs symétriques D', E', F' seront aussi en ligne droite (470); mais

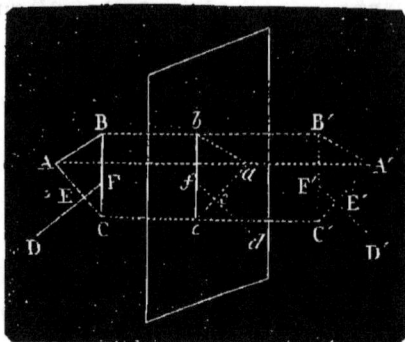

Fig. 259.

les points E', F' étant dans le plan A'B'C', la droite F', E' s'y trouve aussi et, par conséquent, le point D', qui est sur le prolongement de la droite F'E'.

474. COROLLAIRE I. *Deux plans sont symétriques lorsque trois points de l'un sont symétriques de trois points de l'autre,* puisque trois points déterminent un plan.

475. COROLLAIRE II. *Les triangles* ABC, A'B'C' (fig. 259) *sont égaux,* car (472) AB = A'B', AC = A'C', BC = B'C' : *donc deux triangles symétriques sont égaux.*

476. COROLLAIRE III. De l'égalité des triangles on conclut celle des angles : *donc l'angle de deux droites est le même que celui de leurs symétriques.*

477. COROLLAIRE IV. *Deux polyèdres sont symétriques lorsque leurs sommets sont symétriques deux à deux,* car tout point K d'une face quelconque de l'un des polyèdres a son symétrique K' dans la face homologue de l'autre polyèdre.

478. REMARQUE. Il résulte de ce corollaire que deux polyèdres symétriques sont décomposables en un même nombre de pyramides symétriques, car les sommets homologues de deux pyramides correspondantes quelconques seront symétriques comme aboutissant à des sommets symétriques des polyèdres en question.

THÉORÈME

479. *Dans deux polyèdres symétriques 1° les faces homologues sont égales chacune à chacune; 2° l'inclinaison de deux faces adjacentes dans l'un de ces corps est égale à l'inclinaison des faces homologues dans l'autre; 3° deux angles polyèdres homologues sont symétriques.*

1° Les faces homologues sont égales, car elles sont composées de triangles symétriques égaux.

2° Considérons trois arêtes dans l'un des polyèdres, et dans l'autre les trois arêtes homologues, nous aurons deux trièdres formés par des droites symétriques; les angles plans qui composeront les trièdres seront donc égaux (476), et il en sera de même de leurs inclinaisons (379).

3° Soient A et A' deux angles homologues de deux polyèdres symétriques, je dis que les angles A et A' sont symétriques.

En effet, leurs angles plans sont égaux chacun à chacun comme

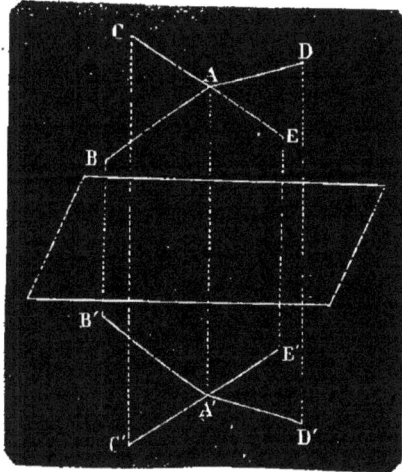

Fig. 260.

angles homologues de faces égales dans les deux polyèdres; en second lieu, leurs angles dièdres sont égaux comme mesurant les inclinaisons des faces du premier polyèdre et des faces homologues du second; enfin, il est visible que les parties égales sont disposées en sens inverse : donc ils sont symétriques.

THÉORÈME

480. *Deux polyèdres symétriques sont équivalents.*

Soient, en premier lieu, deux pyramides symétriques : ces pyramides ont des bases égales (479, 1°). Je dis que leurs hauteurs sont égales aussi, car si on place
ces pyramides de manière
que leurs bases coïnci-
dent et que leurs som-
mets S et S′ se trouvent
de différents côtés du
plan de leur base com-
mune ABCDE, les points
S et S′ seront symétri-
ques par rapport au plan
ABCDE ; on aura par con-
séquent SO=S′O ; les
deux pyramides, ayant

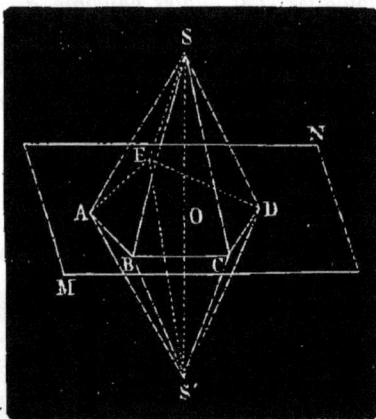

Fig. 261.

des bases égales et des hauteurs égales, sont équivalentes.

Soient, en second lieu, deux polyèdres symétriques. Ces polyèdres sont composés d'un même nombre de pyramides symétriques (478). Or, ces pyramides symétriques sont équivalentes deux à deux : donc les polyèdres sont aussi équivalents.

Polyèdres semblables. — Cas de similitude de deux pyramides triangulaires

481. On appelle *polyèdres semblables* ceux qui sont compris sous un même nombre de faces semblables chacune à chacune et dont les angles *polyèdres homologues* sont égaux.

Les angles polyèdres homologues sont ceux qui sont formés par des faces semblables.

THÉORÈME

482. *Si l'on coupe une pyramide* SABC *par un plan parallèle à sa base, on détermine une pyramide partielle* Sabc *semblable à la première.*

En effet, deux faces homologues SAB, *sab* sont semblables, puisque les lignes AB, *ab*, intersections de deux plans parallèles par un troisième SAB, sont parallèles. La section *abc* est semblable à ABC, puisqu'elle lui est parallèle (451); enfin deux angles trièdres homologues quelconques A et *a* ont, par suite de la similitude des faces, leurs angles plans égaux chacun à chacun (BAC=*bac*, SAB=*Sab*, SAC = *Sac*) et semblablement placés, donc ils sont égaux (394) et les

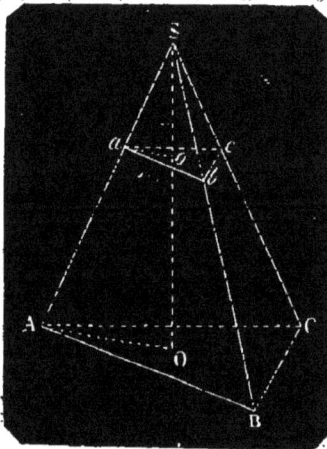

Fig. 262.

deux pyramides, ayant leurs faces semblables chacune à chacune et leurs angles polyèdres égaux, sont semblables.

483. Corollaire. *Dans deux pyramides semblables le rapport de deux arêtes homologues quelconques est égal à celui des hauteurs*, car les deux triangles semblables SAO, S*ao* donnent

$$\frac{SO}{So} = \frac{SA}{Sa};$$

mais (451)

$$\frac{SA}{Sa} = \frac{AB}{ab} = \frac{BC}{bc} = \dots$$

d'où

$$\frac{SO}{So} = \frac{SA}{Sa} = \frac{AB}{ab} = \dots$$

THÉORÈME

484. *Deux pyramides triangulaires qui ont un angle*

*dièdre égal, compris entre deux faces semblables et sembla-
blement placées, sont semblables.*

Soient les deux pyramides SABC, S'A'B'C'. Si l'on admet que le dièdre AB est égal au dièdre A'B', et les faces
SAB, ABC respec-
tivement sembla-
bles aux faces
S'A'B', A'B'C', ces
deux pyramides
sont semblables.

En effet, à par-
tir du point B pre-
nons une longueur
BM=A'B' et par le
point M, menons
le plan MNO paral-
lèle au plan ASC.
Ce plan détermine

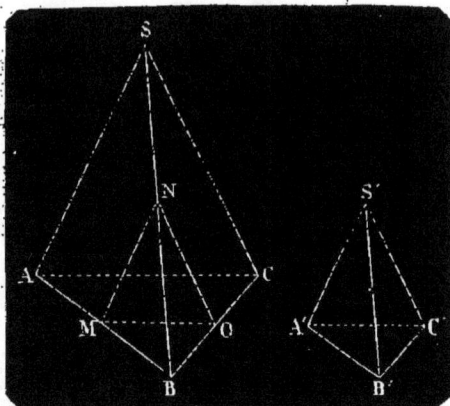

Fig. 263.

une pyramide BMNO semblable à la pyramide SABC (482).
Si nous prouvons qu'elle est égale à la pyramide S'A'B'C',
nous aurons démontré que cette dernière est semblable
à SABC.

Or, les dièdres BM, A'B' sont égaux par hypothèse, et
les triangles BMN, A'B'S', étant l'un et l'autre semblables
au même troisième BAS et ayant en outre leurs côtés
homologues BM, A'B' égaux par construction, sont égaux
entre eux ; il en est de même des triangles BMO, A'B'C'.
Si donc nous plaçons la pyramide S'A'B'C', sur la pyramide NMBO, de manière que les dièdres égaux BM, A'B'
coïncident dans toute leur étendue, les faces égales BMN,
B'A'S', BMO, B'A'C' coïncideront aussi, et par suite les
faces MNO, A'S'C' : donc ces pyramides sont égales, donc
enfin S'A'B'C' est semblable à SABC.

THÉORÈME

485. *Deux pyramides triangulaires* SABC, S'A'B'C'

comprises sous des faces semblables chacune à chacune sont semblables.

En effet, la similitude des faces entraîne l'égalité des angles plans et par suite l'égalité des trièdres homologues (394) : les deux pyramides triangulaires, ayant leurs faces sem-

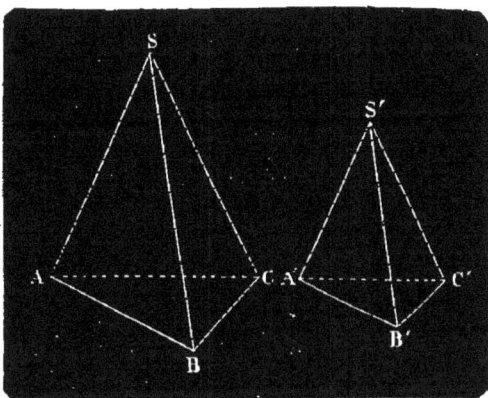

Fig. 264.

blables et leurs trièdres homologues égaux, sont semblables.

THÉORÈME

486. *Deux pyramides triangulaires dont les arêtes sont proportionnelles et disposées dans le même ordre sont semblables.*

Car la proportionnalité des arêtes entraîne la similitude des faces.

THÉORÈME

487. *Deux pyramides triangulaires sont semblables lorsque leurs angles plans sont égaux chacun à chacun.*

Car de l'égalité des angles plans résulte la similitude des faces.

THÉORÈME

488. *Deux pyramides triangulaires dont les trièdres sont égaux chacun à chacun sont semblables.*

Car l'égalité des trièdres entraîne évidemment la similitude des faces.

THÉORÈME

489. *Deux polyèdres semblables* P *et* P′ *peuvent être dé-composés en un même nombre de tétraèdres semblables et semblablement placés.*

Prenons deux sommets homologues quelconques G et G′. Décomposons toutes les faces qui n'aboutissent pas à ces sommets en triangles que nous considérerons comme les bases de tétraèdres dont les sommets respectifs seront en G et G′. Les polyèdres P et P′ se trouveront ainsi décomposés en un même nombre de tétraèdres semblables et semblablement placés.

En effet, soient d'abord les deux

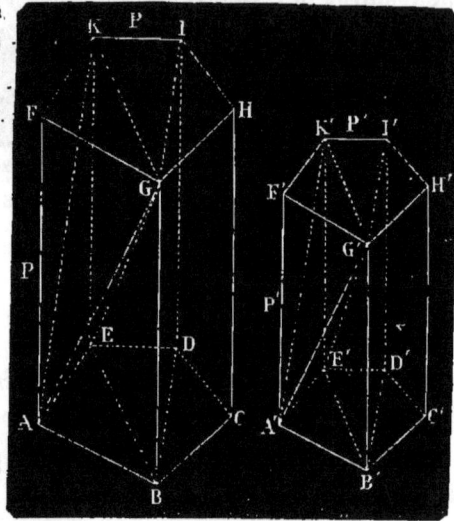

Fig. 265.

tétraèdres GABE, G′A′B′E′ : les polyèdres étant semblables, le dièdre AB=le dièdre A′B′ ; d'ailleurs, à cause de la similitude des polygones ABGF, A′B′G′F′ et des polygones ABCDE, A′B′C′D′E′, les triangles ABG, ABE, qui forment le dièdre AB, sont respectivement semblables aux triangles A′B′G′, A′B′E′ qui forment le dièdre A′B′ ; donc les tétraèdres GABE, G′A′B′E′, qui ont un dièdre égal compris entre deux faces semblables, sont semblables (484).

Considérons, en second lieu, les tétraèdres GKAE, G′K′A′E′, ils ont encore un dièdre égal compris entre deux faces semblables : car les deux dièdres KAEB et GAEB du polyèdre P et du tétraèdre GBAE sont respectivement égaux aux deux dièdres K′A′E′B′ et G′A′E′B′ du

15

polyèdre P' et du tétraèdre G'B'A'E', la différence des deux premiers, ou le dièdre KAEG, est égale à la différence des deux derniers ou au dièdre K'A'E'G'; d'ailleurs les triangles GAE, G'A'E' sont semblables comme faces homologues de tétraèdres semblables, les triangles KAE, K'A'E' sont aussi semblables, à cause de la similitude des polygones AEKF, A'E'K'F' : donc les tétraèdres GKAE, G'K'A'E' sont encore semblables. On prouverait de même que tous les autres tétraèdres sont semblables deux à deux.

THÉORÈME RÉCIPROQUE

490. *Deux polyèdres P et P' composés d'un même nombre de tétraèdres semblables et semblablement placés sont semblables.*

En effet, deux faces homologues quelconques ABCDE, A'B'C'D'E' sont semblables, car elles sont composées d'un même nombre de triangles semblables et semblablement placés. D'ailleurs deux angles solides homologues quelconques, B et B', sont égaux comme angles solides égaux dans des tétraèdres semblables, ou comme somme d'angles solides égaux dans des tétraèdres semblables aboutissant en B et B'.

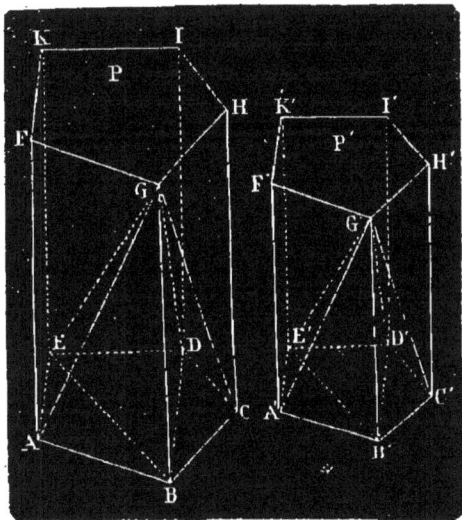

Fig. 266.

(Dans la figure les angles B et B' sont dans cette dernière condition). Les deux polyèdres auront donc leurs faces semblables chacune à chacune, et leurs angles solides homologues égaux, donc ils seront semblables.

491. REMARQUE. Nous avons supposé dans cette démonstration que, si *deux triangles adjacents* ABE, BED du polyèdre P sont dans un même plan, les triangles homologues A'B'E', B'E'D' du polygone P' sont aussi dans un même plan. Or, cela a toujours lieu, car si la somme des dièdres adjacents ABEG, DBEG vaut deux angles droits, la somme des dièdres A'B'E'G', D'B'E'G', égaux aux premiers, vaudra aussi deux droits, et, par conséquent, les deux triangles A'B'E', B'D'E' seront dans un même plan.

Rapport des volumes de deux polyèdres semblables

THÉORÈME

492. *Le rapport de deux polyèdres semblables est le même que celui des cubes de deux arêtes homologues.*

Prouvons-le d'abord pour deux tétraèdres semblables. Soient T et t deux tétraèdres semblables, B et b leurs bases, H et h leurs hauteurs, A et a deux côtés homologues des bases.

Puisque les tétraèdres sont semblables, leurs bases B et b le sont aussi et sont entre elles dans le rapport des carrés A^2, a^2, donc

$$\frac{B}{b} = \frac{A^2}{a^2}.$$

Mais (483)

$$\frac{H}{h} = \frac{A}{a}.$$

En multipliant ces deux égalités membre à membre, on a

$$\frac{B \times H}{b \times h} = \frac{A^3}{a^3};$$

d'où

$$\frac{\frac{1}{3} B \times H}{\frac{1}{3} b \times h} = \frac{A^3}{a^3}.$$

Or $\frac{1}{3} B \times H = T$ et $\frac{1}{3} b \times h = t$, donc

$$\frac{T}{t} = \frac{A^3}{a^3}.$$

2º Considérons, en second lieu, deux polyèdres semblables P et P'; soient T, T', T'... les tétraèdres dont se compose le premier, t, t', t'... les tétraèdres semblables dont se compose le second, A, A', A'... des arêtes des tétraèdres T, T', T'..., a, a', a'... leurs homologues dans les tétraèdres t, t', t'... D'après ce qui précède, nous avons

$$\frac{T}{t} = \frac{A^3}{a^3},$$

$$\frac{T'}{t'} = \frac{A'^3}{a'^3},$$

$$\frac{T'}{t'} = \frac{A'^3}{a'^3}.$$

$$\vdots \qquad \vdots$$

Mais les polyèdres semblables ayant leurs *lignes* (arêtes ou diagonales) homologues proportionnelles, leurs cubes sont aussi en proportion, et

$$\frac{A^3}{a^3} = \frac{A'^3}{a'^3} = \frac{A'^3}{a'^3} = \dots,$$

donc

$$\frac{T}{t} = \frac{T'}{t'} = \frac{T'}{t'} = \dots$$

Or, dans une suite de rapports égaux, la somme des numérateurs est à la somme des dénominateurs comme un numérateur quelconque est à son dénominateur, donc

$$\frac{T + T' + T'\dots}{t + t' + t'\dots} = \frac{T}{t} = \frac{A^3}{a^3}$$

ou

$$\frac{P}{P'} = \frac{A^3}{a^3}.$$

Pôle de similitude de deux polyèdres semblables et semblablement placés

THÉORÈME

493. *Si l'on joint un point quelconque O aux divers sommets d'un polyèdre* ABCDE *et qu'on prenne sur les* *droites* OA, OB, OC... *des distances* OA′, OB′, OC′..., *telles qu'on ait* $\dfrac{OA'}{OA} = \dfrac{OB'}{OB} = \dfrac{OC'}{OC} = ...$, *on obtient un polyèdre semblable au premier.*

En effet, une face quelconque BCDE du premier polyèdre est semblable à son homologue B′C′D′E′, du second ; car les triangles OBC, OB′C′ étant semblables, BC est parallèle à B′C′ ; de même, à cause de la similitude des triangles OBE, OB′E′, on a BE parallèle à B′E′ : les angles CBE, C′B′E′, ayant leurs côtés parallèles et l'ouverture tournée dans le même sens, sont égaux. On prouverait aussi aisément l'égalité des angles BED, B′E′D′, EDC... Les deux polygones BCDE, B′C′D′E′, ayant leurs côtés proportionnels (à cause de la similitude des triangles BCO, B′C′O, BEO, B′E′O...) et leurs angles égaux, sont semblables. La similitude des autres faces BAC, B′A′C′... s'établirait avec la même facilité.

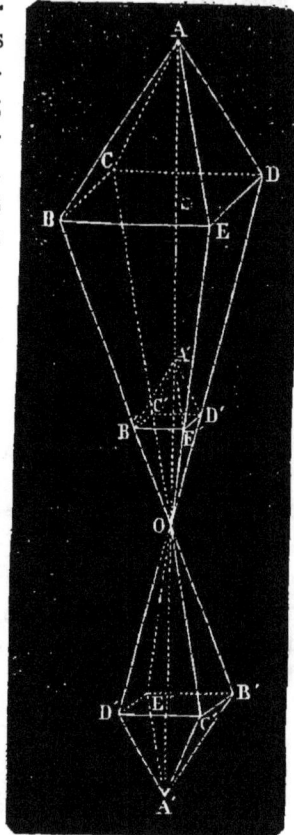

Fig. 267.

Deux angles polyèdres, tels que A et A′, ayant leurs arêtes homologues parallèles et dirigées dans le même sens, ont leurs faces (leurs angles-plans) homologues égales (373) et leurs angles dièdres homologues égaux (379) : donc ils sont égaux. Les deux polyèdres ABCDE, A′B′C′D′E′, ayant leurs faces homologues semblables et leurs angles polyèdres égaux, sont semblables.

494. REMARQUE I. Si les distances OA′, OB′... sont portées sur les prolongements des lignes OA, OB..., mais telles qu'on ait toujours $\dfrac{OA}{OA'} = \dfrac{OB}{OB'} = ...$ on obtient encore un polyèdre semblable au premier, mais inversement placé. La similitude des deux polyèdres se démontrerait comme ci-dessus. On voit d'ailleurs qu'ils sont inversement placés.

495. Remarque II. Dans le premier cas, le point O porte le nom de *pôle* ou de *centre*[1] *de similitude directe;* dans le second cas, il s'appelle *pôle ou centre de similitude inverse.*

APPLICATIONS

PROBLÈME

496. *Un bloc de pierre a 2 mètres de long, 0^m,80 de large et 0^m,70 de haut. La densité de cette pierre est 2,25, on demande le poids du bloc.*

Cette pierre a la forme d'un parallélipipède, son volume sera

$$2 \times 0{,}80 \times 0{,}70 = 1^{m.c.},120.$$

Mais le poids d'un corps s'obtient en multipliant son volume par sa densité, donc

Poids du bloc $= 1120 \times 2{,}25 = 2520$ kilog.

PROBLÈME

497. *Quel est le volume d'un prisme hexagonal qui a 3^m,20 de hauteur et dont le côté de l'hexagone a 1^m,30?*

En désignant par a le côté de l'hexagone, la surface de la base du prisme sera (323, 2°)

$$\frac{3a^2 \sqrt{3}}{2}.$$

---

1. Le mot *centre* est plus généralement employé que le mot *pôle :* ce dernier est cependant le mot du programme.

La hauteur du prisme étant $3^m,20$, son volume sera

$$\frac{3,20 \times 3a^2 \sqrt{3}}{2}$$

ou $\quad \dfrac{3,20 \times 3 \times 1,30 \times 1,30 \times \sqrt{3}}{2} = 14^{m.c.},0499,$

PROBLÈME

498. *Un bassin a pour fond horizontal un octogone régulier ayant 4 mètres de côté. La hauteur de l'eau dans ce bassin est de $0^m,80$: combien ce bassin, ainsi rempli, contient-il de litres d'eau, et quel est le poids de cette eau si sa densité est 1,03?*

Cherchons d'abord la surface du fond du bassin.

Soit AB le côté du carré inscrit, AC le côté de l'octogone régulier inscrit, et OC un rayon. La surface de l'octogone régulier sera égale à huit fois celle du triangle AOC, ou à quatre

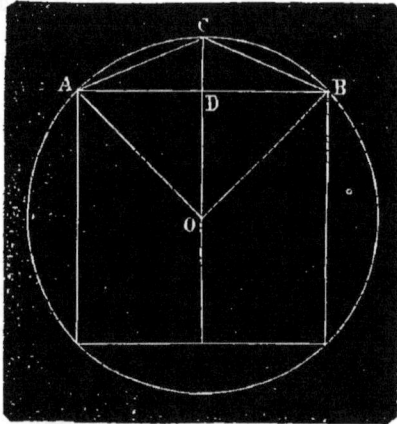

Fig. 268.

fois celle du quadrilatère AOBC. Connaissant cette surface, il suffira de la multiplier par 4 pour avoir celle de l'octogone.

Faisons, pour abréger, AC$=a$ et OC$=$R.

$$\text{Surface AOC} = \frac{R}{2} \times AD,$$

$$BOC = \frac{R}{2} \times DB,$$

$$\text{Surface AOBC} = \frac{R}{2} \times AD + \frac{R}{2} \times DB = (AD + DB) \times \frac{R}{2} = AB \times \frac{R}{2}.$$

Mais $AB = R\sqrt{2}$, car c'est le côté du carré inscrit, d'où

$$\text{Surface } AOBC = R\sqrt{2} \times \frac{R}{2} = \frac{R^2\sqrt{2}}{2},$$

4 surfaces AOBC

ou surface de l'octogone $= \frac{4R^2\sqrt{2}}{2} = 2R^2\sqrt{2}$ (1).

Déterminons maintenant la valeur de R^2 en fonction de a. Nous ferons remarquer que OD est la moitié du côté du carré inscrit, aussi bien que AD : donc

$$OD = AD = \frac{AB}{2} = \frac{R\sqrt{2}}{2}.$$

Mais le triangle rectangle ADC donne

$$a^2 = \overline{AD}^2 + \overline{CD}^2,$$

$$= \left(\frac{R\sqrt{2}}{2}\right)^2 + \left(R - \frac{R\sqrt{2}}{2}\right)^2,$$

$$= \frac{2R^2}{4} + R^2 - 2R \times \frac{R\sqrt{2}}{2} + \frac{2R^2}{4},$$

$$= \frac{R^2}{2} + R^2 - R^2\sqrt{2} + \frac{R^2}{2},$$

$$= \frac{2R^2}{2} + R^2 - R^2\sqrt{2},$$

$$= 2R^2 - R^2\sqrt{2},$$

$$a^2 = R^2 (2 - \sqrt{2});$$

d'où
$$R^2 = \frac{a^2}{2 - \sqrt{2}}.$$

Cette valeur de R^2 portée dans l'égalité (1) donne

$$\text{Surface octogone}[1] = \frac{2a^2\sqrt{2}}{2 - \sqrt{2}} \quad (2),$$

---

1. On peut obtenir plus facilement la superficie du fond du bassin (ou la surface d'un octogone en fonction de son côté),

$$\text{Surface octogone} = R + 2r + 4t.$$

$$\text{Contenance du bassin} = \left(\frac{2 \times 4 \times 4\sqrt{2}}{2-\sqrt{2}}\right) \times 0,80 = 61802^{\text{lit}},01,$$

$$\text{Poids de l'eau} \quad = \frac{(2a^2\sqrt{2})\,0,80 \times 1,03}{2-\sqrt{2}},$$

$$\text{Poids de l'eau} \quad = \frac{2 \times 4 \times 4\sqrt{2} \times 0,80 \times 1,03}{2-\sqrt{2}} = 63656^{\text{kg}},0703.$$

PROBLÈME

499. *La plus grande des pyramides d'Égypte est à base carrée ; le côté de cette base a 237 mètres, la hauteur du monument est de 146 mètres. Calculer le poids de cette pyramide supposée pleine et bâtie avec une pierre dont la densité est 2,75. Faire connaître en outre la longueur d'un mur qu'on*

Or $R = a\,(h+a+h)$, $r = a \times h$, $t = \dfrac{h \times h}{2}$.

Par conséquent

Surf. octog. $= a\,(2h+a) + 2ah + 2h^2$.

Déterminons les valeurs de h^2 et de h en fonction de a, et substituons-les dans cette dernière équation :

$$a^2 = h^2 + h^2 = 2h^2,$$
$$h^2 = \frac{a^2}{2},$$
$$h = \frac{a}{\sqrt{2}} = \frac{a \times \sqrt{2}}{\sqrt{2} \times \sqrt{2}} = \frac{a\sqrt{2}}{2}.$$

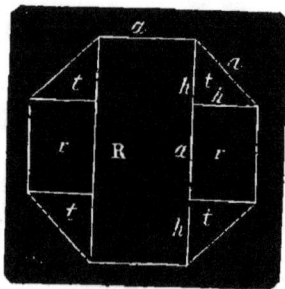

Fig. 269.

Donc

$$\text{Surf. octog.} = a\left(\frac{2a\sqrt{2}}{2}+a\right) + 2a \times \frac{a\sqrt{2}}{2} + \frac{2a^2}{2},$$
$$= a^2\sqrt{2} + a^2 + a^2\sqrt{2} + a^2,$$
$$= 2a^2 + 2a^2\sqrt{2},$$
$$\text{Surf. octog.} = 2a^2\,(1+\sqrt{2})\;(3).$$

La formule (2) divisée par la formule (3) donne pour quotient l'unité : donc ces deux formules ont même valeur.

15.

pourrait construire avec cette pierre, si l'on donnait au mur 2 mètres de hauteur et 0ᵐ,45 d'épaisseur.

En appelant V le volume de cette pyramide, on aura (455)

$$V = (237)^2 \times \frac{146}{3} = 2733558 \text{ mètres cubes} = 2733558000$$
$$\text{décimètres cubes.}$$

Le poids de la pyramide sera égal au volume multiplié par la densité, ou à

$$2733558000 \times 2,75 = 7517284500 \text{ kilog.}$$

Le volume du mur doit égaler celui de la pyramide. Si l'on représente la longueur du mur par x on aura (436)

$$2733558 = x \times 2 \times 0,45,$$

d'où.
$$x = \frac{2733558}{2 \times 0,45} = 3037286^m,66.$$

PROBLÈME

500. *Calculer le poids d'un obélisque en granit, à bases carrées ; le côté de la base inférieure a 2ᵐ,20, celui de la base supérieure 0ᵐ,70. La hauteur de l'obélisque est de 23 mètres et la densité du granit 2,70.*

Cet obélisque est un tronc de pyramide, son volume sera donné par la formule

$$V = \tfrac{1}{3}h\,(B + b + \sqrt{Bb}),$$

ou par cette autre

$$V = \tfrac{1}{3}hB\left(1 + \frac{a}{A} + \frac{a^2}{A^2}\right),$$

Si dans la première formule on substitue aux lettres leurs valeurs, il vient

$$V = \tfrac{1}{3} \times 23\,(\overline{2,2}^2 + \overline{0,70}^2 + \sqrt{2,20 \times 0,70}),$$
$$V = 50370 \text{ décimètres cubes;}$$

d'où le poids de l'obélisque $= 50370 \times 2,7 = 135999$ kilog.

PROBLÈME

501. *La caisse d'un tombereau* ABDCA'B'D'C' *a les dimensions suivantes : longueur au bord supérieur ou* AB=$1^m,50$, *longueur au fond ou* A'B'=$1^m,30$; *largeur au bord supérieur ou* BD=$0^m,80$, *largeur au fond ou* B'D'=$0^m,58$; *profondeur ou* GE'=$0^m,72$. *Cette caisse est remplie à ras-bords d'une terre dont la densité est* 2,65. *Quel est le poids de la terre contenue dans le tombereau?*

Les rectangles ABDC, A'B'D'C' n'étant pas semblables, puisqu'on n'a pas

$$\frac{AB}{A'B'} = \frac{AC}{A'C'}$$

où

$$\frac{1,50}{1,30} = \frac{0,80}{0,58},$$

la caisse n'est pas un tronc de pyramide. Nous ne pouvons donc avoir

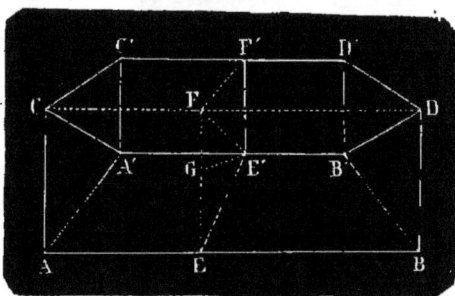

Fig. 270.

son volume en la considérant comme telle, cherchons donc un autre procédé. Supposons un plan passant par les arêtes opposées A'B' et CD, et un autre plan EFF'E' perpendiculaire aux mêmes arêtes. Le tombereau se trouvera ainsi décomposé en deux troncs de prismes triangulaires CA'C'D'B'D et ACA'B'DB.

Mais un tronc de prisme triangulaire a pour mesure sa section droite multipliée par le tiers de la somme de ses arêtes. Si nous faisons pour abréger AB=a, A'B'=a', BD=b, B'D'=b', E'G=h, nous aurons (462)

$$\text{Volume CA'C'D'B'D} = \text{FEF'} \times \frac{2a'+a}{3},$$

$$\text{Volume ACA'B'DB} = \text{EFE'} \times \frac{2a+a'}{3}.$$

Or, le triangle FEF' a pour base b' et pour hauteur h,

sa surface est par conséquent $\frac{b'h}{2}$; de même EFE' ayant

pour base b et pour hauteur h a $\frac{bh}{2}$ pour surface, donc

Volume $CA'C'D'B'D = \frac{b'h}{2} \times \frac{2a'+a}{3} = \frac{1}{6}b'h\,(2a'+a)$,

Volume $ACA'B'DB = \frac{bh}{2} \times \frac{2a+a'}{3} = \frac{1}{6}bh\,(2a+a')$;

et enfin

Volume de la caisse $= \frac{1}{6}b'h\,(2a'+a) + \frac{1}{6}bh\,(2a+a')$,

ou encore

Volume de la caisse $= \frac{1}{6}h\,[b'\,(2a'+a) + b\,(2a+a')]$.

Si l'on substitue aux lettres leurs valeurs, il vient, en prenant le centimètre pour unité,

Volume de la caisse $= \frac{72}{6}\,[58\,(2 \times 130 + 150) + 80$

$(2 \times 150 + 130)] = 698160$ cent. cubes $= 698^{\text{dm. c.}},160$.

Le poids du volume sera

$$678,16 \times 2,65 = 1850^{k},124.$$

502. REMARQUE. On peut employer la même formule pour calculer le volume de certains fossés, des tas de pierres que les cantonniers disposent le long des routes, etc.

PROBLÈMES ET EXERCICES

SUR LE LIVRE SIXIÈME

518. Combien de centimètres cubes dans $0^{\text{m. c.}},0543$?

519. Un bûcher a $6^{m},80$ de longueur sur $4^{m},30$ de largeur et $3^{m},90$ de hauteur : combien peut-il contenir de stères de bois?

520. Une règle a $0^{m},60$ de longueur sur $0^{m},03$ de largeur et $0^{m},001$ d'épaisseur : quel est son volume en millimètres cubes?

521. Un tas de bois à brûler a $4^{m},80$ de longueur sur $2^{m},70$

de largeur et 6ᵐ,30 de hauteur : quelle est la valeur de ce tas de bois, à raison de 15 francs le stère?

522. Quel est le poids de l'air contenu dans une chambre qui a 5 mètres de longueur sur 4 mètres de largeur et 3ᵐ,20 de hauteur? On sait qu'un litre d'air pèse 1ˢ,29.

523. Un cube a 2 mètres d'arête : quel est son volume en décimètres cubes?

524. Exprimer en décimètres cubes et en centimètres cubes le volume d'un cube qui a 2ᵐ,48 d'arête.

525. Quelle est la longueur d'un tas de bois contenant 25ˢᵗ·,5, et qui a 2 mètres de largeur sur une hauteur de 2ᵐ,80?

526. Quel est le volume d'un cube dont la diagonale du carré de la base a 4 mètres?

527. Des bûches ont 1ᵐ,10 de longueur : à quelle hauteur devra-t-on en mettre entre les montants du stère pour avoir 1 stère de bois?

528. Deux parallélipipèdes de bases équivalentes ont pour volume 7ᵐ·ᶜ·,8154, et 4ᵐ·ᶜ·,45; le premier a 2 mètres de hauteur : on demande la hauteur du second et les bases de chacun d'eux.

529. Un parallélipipède a un volume de 16ᵐ·ᶜ·,604 : on demande ses dimensions, sachant qu'elles sont proportionnelles aux fractions $\frac{4}{8}$, $\frac{4}{5}$, $\frac{5}{6}$.

530. Pour creuser une pièce d'eau on a enlevé 311ᵐ·ᶜ·,850 de terre, la surface du fond est de 164ᵐ·ᑫ·,950 : on demande sa profondeur et le nombre d'hectolitres d'eau qu'elle contiendrait si elle était remplie les $\frac{2}{7}$.

531. Un vase de forme cubique rempli d'alcool pèse 52 kilogr., le poids du vase vide est de 2 kilogr. : on demande la profondeur du vase, la densité de l'alcool étant 0,792.

532. Les quatre diagonales d'un parallélipipède se coupent mutuellement en 2 parties égales.

533. Dans un parallélipipède rectangle, le carré d'une diagonale est égal à la somme des carrés des trois dimensions du parallélipipède.

534. Dans un cube, la diagonale est égale à l'arête du cube multipliée par la racine carrée de 3.

535. Le point de concours des diagonales d'un parallélipipède est le centre de cette figure.

536. La distance du point de concours des diagonales d'un parallélipipède à un plan quelconque est le $\frac{1}{8}$ de la somme des distances des huit sommets du parallélipipède au même plan.

537. Lorsque différents points sont à la même distance du

centre O d'un parallélipipède, la somme des carrés des distances de chacun aux sommets du parallélipipède est la même pour tous.

538. Trouver le côté d'un cube équivalent à un parallélipède dont les dimensions sont 6 mètres, 3 mètres et 1^m,50.

539. L'arête d'un cube est a : quelle sera l'arête d'un cube double en volume?

540. Trouver la longueur de la diagonale d'un parallélipède rectangle en fonction des trois arêtes a, b, c du parallélipipède.

541. L'arête d'un cube est a. A partir d'un même sommet, on prend, sur les arêtes aboutissant à ce sommet, trois longueurs égales à $\dfrac{a}{2}$: on demande le rapport du cube au tétraèdre déterminé par la section passant par les trois points de division des arêtes.

542. Mener dans un cube une section qui détermine un carré.

543. Mener dans un cube une section qui détermine un triangle équilatéral.

544. Mener dans un cube une section qui détermine un triangle isocèle.

545. Mener dans un cube une section qui détermine un hexagone régulier.

546. Quel est le volume d'un prisme de 5 mètres de hauteur et qui a pour base un triangle équilatéral de 3 mètres de côté?

547. Dans le problème précédent, on suppose le prisme creux : combien l'eau qu'il peut contenir pèserait-elle, si cette eau a 0,97 pour densité?

548. Un prisme a pour base un triangle équilatéral dont le côté est a, la hauteur de ce prisme est également a : on demande son volume.

549. Combien le prisme du problème précédent pèsera-t-il s'il est en fonte et si $a = 2$ mètres? La densité de la fonte est 7,20.

550. Un prisme quadrangulaire de 3 mètres de hauteur a pour base un carré inscriptible dans un cercle de 2 mètres de rayon : on demande son volume.

551. Un prisme triangulaire a un volume de 4 mètres cubes et 1^m,20 de hauteur : on demande le côté du triangle équilatéral qui sert de base à ce prisme.

552. Un prisme qui a pour base un hexagone régulier a un

volume de 8$^{m.c.}$,54 et 2^m,50 de hauteur : on demande le côté de l'hexagone qui sert de base au prisme.

552. Combien un bassin de forme hexagonale peut-il contenir d'hectolitres, s'il a 0^m,90 de profondeur, et si le côté de l'hexagone a 2 mètres?

554. Un prisme a pour base un octogone de 0^m,04 de côté ; la hauteur du prisme est 0^m,80 : on demande son volume.

555. Dans le problème précédent, combien le prisme octogonal contiendrait-il de litres s'il était creux, et si l'on supposait, dans ce cas, que la matière qui le compose est égale à 1 décimètre cube?

556. Le volume d'un prisme triangulaire est égal à la moitié du produit de l'une de ses faces par la distance de cette face à l'arête qui lui est opposée.

557. On demande le volume d'un prisme droit dont la base est un octogone régulier de 2 mètres de côté, et dont la surface latérale est 28 mètres carrés.

558. Un prisme droit a pour base un hexagone régulier : on demande ses arêtes, sachant que son volume égale 6 mètres cubes, et sa surface latérale 30 mètres carrés.

559. Un prisme droit a pour base un octogone régulier. Le volume de ce prisme égale 8 mètres cubes, et sa hauteur est de 2^m,20 : on demande la surface latérale de ce prisme.

560. Trouver à 0,01 près le volume d'une pyramide qui a 2^m,25 de hauteur, et dont la base est un hexagone de 1^m,20 de côté.

561. Trouver le volume d'un tétraèdre en fonction de son arête a.

562. Un tétraèdre en argent pur a 0^m,06 d'arête : on demande sa valeur. On sait d'ailleurs que la densité de l'argent est 10,47, et que le kilogramme d'argent pur vaut 220 fr. 55 à la Monnaie.

563. Une pyramide régulière SABCD a pour base un carré dont la diagonale est a : on demande la surface entière de cette pyramide et son volume en fonction de a, dans le cas où l'arête SA est aussi égale à a.

564. Dans le problème précédent, quels seraient la surface et le volume si l'on faisait $a = 4$ mètres?

565. Trouver le rapport d'une pyramide hexagonale dont le côté est a et la hauteur a, à une pyramide ayant pour base un triangle équilatéral dont le côté est également a. On sait d'ailleurs que cette pyramide a aussi a pour hauteur.

566. Un plan mené selon l'arête d'un tétraèdre, et qui

passe par le milieu de l'arête opposée, divise le tétraèdre en deux parties équivalentes.

567. Les droites qui joignent les sommets d'un tétraèdre aux points de concours des médianes des faces opposées, concourent au même point situé aux ¾ de chacune de ces droites à partir du sommet.

568. Deux tétraèdres SABC, SA'B'C', qui ont le trièdre S de commun, sont entre eux dans le rapport des produits SA × SB × SC et SA' × SB' × SC'.

569. Dans un tétraèdre quelconque, le plan bissecteur d'un dièdre divise l'arête opposée en parties proportionnelles aux faces du dièdre.

570. Dans deux tétraèdres SABC, S'A'B'C', on a trièdre S=S', V=60 mètres cubes, SA=8 mètres, SB=6 mètres, SC=7 mètres, S'A'=4 mètres, S'B'=5 mètres, S'C'=7 mètres : on demande V'.

571. Une pyramide triangulaire régulière a pour base un triangle équilatéral de 2 mètres de côté; les arêtes de cette pyramide ont 3 mètres : on demande son volume.

572. Trouver la hauteur d'une pyramide régulière qui a pour base un carré dont la surface est de 36 mètres carrés. On sait d'ailleurs que les arêtes de cette pyramide ont 5 mètres de longueur.

573. On coupe une pyramide SABCDE par un plan MNPQR parallèle à la base; on a SA=15 mètres, SM=10 mètres, et surface ABCDE=375 mètres carrés : calculer MNPQR.

574. Une pyramide a 15 mètres de hauteur; sa base a une surface de 169 mètres carrés : on demande à quelle distance du sommet a été mené un plan parallèle à la base et dont la surface est de 100 mètres carrés.

575. Une pyramide a pour base un carré de 12 mètres de côté; à 4 mètres du sommet on mène un plan parallèle à la base, et l'on obtient un carré de 8 mètres de côté : on demande la hauteur de la pyramide.

576. La base d'une pyramide a 144 mètres carrés de surface; on mène un plan parallèle à la base à 4 mètres du sommet de cette pyramide, ce plan a 64 mètres carrés de surface : on demande le volume de la pyramide.

577. Deux pyramides ont même hauteur; la surface de la base de la première est égale à 120 mètres carrés, la surface de celle de la seconde est de 180 mètres carrés; une section faite parallèlement à la base dans la première a 70 mètres carrés de surface : on demande la surface de la section faite

dans la seconde parallèlement à la base et à une même hauteur.

578. Une pyramide dont la hauteur est de 12 mètres a pour base un carré de 8 mètres de côté : quelle serait la surface d'une section menée parallèlement à la base et à 4 mètres du sommet?

579. Deux pyramides ont même hauteur, 14 mètres; la première a pour base un carré de 9 mètres de côté, la seconde, un hexagone de 7 mètres de côté : quelle serait, dans chaque pyramide, la surface des sections menées parallèlement à la base et à 6 mètres du sommet dans l'une et dans l'autre?

580. Les bases d'un tronc de pyramide sont deux hexagones réguliers ayant respectivement 1 mètre et 2 mètres de côté : on demande de calculer la hauteur du tronc de pyramide, sachant que son volume est de 12 mètres cubes.

581. Les droites qui joignent les milieux des arêtes opposées d'un tétraèdre concourent au même point, qui est le milieu de chacune d'elles.

582. Un tronc de pyramide de 9 mètres de hauteur a pour bases deux octogones réguliers de 8 mètres et de 5 mètres de côté : on demande le volume de ce tronc.

583. Un tronc de pyramide de 6 mètres de hauteur a pour base inférieure un pentagone dont la surface est de 20 mètres carrés; un côté de ce pentagone a 4 mètres, son homologue dans la base supérieure a 3 mètres : quel est le volume du tronc?

584. L'une des bases d'un tronc de pyramide est un carré de 3 mètres de côté, le volume de ce tronc est 40 mètres cubes, sa hauteur est de 6 mètres : on demande la surface de l'autre base.

585. Les bases d'un tronc de pyramide ont 20 mètres carrés et 14 mètres carrés de surface, ce tronc a un volume de 140 mètres cubes : on demande sa hauteur.

586. Un prisme tronqué a pour base un triangle de 2 mètres carrés de surface : les trois sommets du prisme sont respectivement à 1 mètre, 0^m,80 et 0^m,60 du plan de la base : on demande le volume du prisme.

587. Les surfaces de deux pyramides semblables sont proportionnelles aux carrés de deux arêtes homologues.

588. L'arête SA d'une pyramide a 5 mètres : on demande de calculer les longueurs à prendre à partir du point S pour que la surface latérale de la pyramide soit divisée en quatre parties équivalentes par des plans parallèles à la base.

589. Couper une pyramide dont l'arête SA a 8 mètres par

un plan parallèle à la base, de manière que la surface latérale de la pyramide déterminée soit les $\frac{3}{4}$ de celle de la pyramide donnée.

590. Couper une pyramide par un plan parallèle à la base, de manière que la surface de la pyramide déterminée soit à la surface de la pyramide donnée dans le rapport de deux lignes m et n.

591. L'arête SA d'une pyramide a 8 mètres ; à partir du point S, on prend 5 mètres sur cette arête et l'on mène un plan parallèle à la base : déterminer dans quel rapport est la surface latérale de cette pyramide à la surface latérale de la pyramide entière.

592. Indiquer sur les faces d'une pyramide la trace d'un plan parallèle à la base, et qui divise la surface latérale en deux parties équivalentes.

593. ..... En deux parties qui soient dans le rapport de 3 à 4.

594 ..... En deux parties qui soient dans le rapport de deux lignes m et n.

595. Indiquer sur les faces d'une pyramide les traces de deux plans parallèles à la base, et qui divisent la surface latérale en trois parties équivalentes.

596. ..... En trois parties qui soient dans le rapport des nombres 3, 4 et 5.

597. ..... En parties de grandeurs données, 3 mètres carrés, 6 mètres carrés et 1 mètre carré.

598. Indiquer sur les faces d'un tronc de pyramide la trace d'un plan parallèle aux bases et qui divise la surface latérale en deux parties équivalentes.

599. ..... En deux parties qui soient dans le rapport des nombres 2 et 3.

600. ..... En deux parties qui soient dans le rapport de deux lignes données m et n.

601. Indiquer sur les faces d'un tronc de pyramide les traces de trois plans parallèles aux bases et qui divisent la surface latérale en quatre parties équivalentes.

602. ..... En parties qui soient dans le rapport des nombres 3, 4, 5 et 6.

603. L'arête Aa d'un tronc de pyramide à bases parallèles a 4 mètres, deux côtés homologues des bases ont 3 mètres et 2 mètres : calculer à 0,01 près les longueurs à prendre sur aA pour que des plans parallèles aux bases divisent la surface latérale en parties de grandeurs données, 3 mètres carrés, 2 mètres carrés, 4 mètres carrés.

604. Un tétraèdre a un volume de 30 mètres cubes et une arête de 5 mètres : on demande le volume d'un tétraèdre semblable dont l'arête homologue à celle du premier a 6 mètres.

605. Une pyramide de 8 mètres de hauteur a une arête de 9 mètres; une pyramide semblable a 10 mètres de hauteur : on demande la longueur de l'arête homologue à celle de 9 mètres.

606. Une pyramide a 7 mètres de hauteur et une arête de 8 mètres : on demande la hauteur d'une pyramide semblable dont l'arête homologue à celle de la première a 5 mètres.

607. Un polyèdre a un volume de 12 mètres cubes, un autre polyèdre semblable a 20 mètres cubes et une arête qui a 3 mètres : on demande l'arête homologue dans le premier.

608. L'arête SA d'une pyramide a 4 mètres : quelles longueurs faut-il prendre sur cette arête à partir du sommet pour qu'un plan parallèle à la base divise le volume de la pyramide en deux parties équivalentes?

609. L'arête SA d'une pyramide a 4 mètres : quelles longueurs faut-il prendre sur cette arête, à partir du sommet, pour que deux plans parallèles à la base divisent le volume de la pyramide en trois parties équivalentes?

610. L'arête SA d'une pyramide a 4 mètres : quelle longueur faut-il prendre sur cette arête à partir du sommet pour qu'un plan parallèle à la base divise le volume de la pyramide en parties qui soient entre elles comme les nombres 3 et 4?

611. L'arête SA d'une pyramide a 4 mètres : quelles longueurs faut-il prendre sur cette arête, à partir du sommet, pour que deux plans parallèles à la base divisent le volume de la pyramide en parties qui soient entre elles comme les nombres 4, 5 et 6?

612. L'arête SA d'une pyramide a 4 mètres : quelles longueurs faut-il prendre sur cette arête, à partir du sommet, pour que deux plans parallèles à la base divisent le volume de la pyramide en parties de grandeurs données, 2 mètres cubes, 3 mètres cubes et 5 mètres cubes.

613. L'arête Aa d'un tronc de pyramide à bases parallèles est de 4 mètres; deux côtés homologues des bases ont 3 mètres et 2 mètres : calculer à 0,001 près les longueurs à prendre sur aA pour qu'un plan parallèle aux bases divise le volume en deux parties équivalentes.

614. L'arête Aa d'un tronc de pyramide à bases parallèles est de 4 mètres, deux côtés homologues des bases ont 3 mètres et 2 mètres : calculer à 0,001 près les longueurs à prendre sur *a*A pour que deux plans parallèles aux bases divisent le volume en trois parties équivalentes.

615. ..... En trois parties proportionnelles aux nombres 3, 4 et 5.

616. ..... En parties de grandeurs données, 2 mètres cubes, 1 mètre cube et 4 mètres cubes.

617. L'arête SA d'une pyramide a 4 mètres; on prend sur SA une longueur S*a*=2^m,60, et par le point *a* on mène un plan parallèle à la base de la pyramide : quel est le rapport de la petite pyramide ainsi détachée à la pyramide entière?

618. L'arête SA d'une pyramide a 4 mètres; on prend sur SA une longueur S*a*=2^m,60, et par le point *a* on mène un plan parallèle à la base de la pyramide : quel est le rapport des volumes déterminés par le plan sécant?

619. L'arête SA d'une pyramide a 4 mètres; par un point *a* pris sur SA, on mène un plan parallèle à la base de la pyramide, et l'on détache ainsi une petite pyramide qui est le $\frac{1}{8}$ de la pyramide totale : quelle est la longueur de S*a*?

620. Couper une pyramide par un plan parallèle à sa base, de telle sorte que le volume de la petite pyramide soit $\frac{1}{8}$ du tronc obtenu.

621. Une caisse a les dimensions suivantes : 0^m,40, 0^m,30, 0^m,20 : on demande les dimensions d'une caisse semblable et dont la capacité doit être quadruple de la première.

622. Une pyramide triangulaire dont la base a pour côtés 2 mètres, 3 mètres et 4 mètres, et dont la hauteur égale 5 mètres, est coupée, à 1 mètre du sommet, par un plan parallèle à la base : on demande le volume du tronc de pyramide.

623. Une pyramide tronquée a pour bases deux octogones réguliers; l'octogone de la base inférieure a 4 mètres de côté, celui de la base supérieure 3 mètres, la hauteur du tronc est de 5 mètres : on demande le volume de la pyramide *totale*.

624. Une pyramide, qui a pour base un hexagone régulier, a 8 mètres de hauteur; à 3 mètres du sommet de cette pyramide on mène parallèlement à la base une section qui a 4 mètres de surface : on demande le volume de la pyramide.

625. Un tronc de pyramide, dont la hauteur est de 5 mètres, a pour bases deux hexagones réguliers dont les côtés ont 3 mètres et 2 mètres; en menant un plan parallèle à la base, on obtient un hexagone dont le côté a 2^m,60 : à quelle distance de la base supérieure la section a-t-elle été menée, et quel est le rapport des deux troncs de pyramide?

LIVRE SEPTIÈME

LES CORPS RONDS

Cylindre droit à base circulaire. — Mesure de la surface latérale et du volume. — Extension aux cylindres droits à base quelconque.

503. On appelle *cylindre*[1] *circulaire droit* le solide engendré par la révolution d'un rectangle ACED tournant autour d'un côté immobile CE.

504. Les cercles décrits par CA, ED sont les *bases* du cylindre, le côté immobile CE en est l'*axe* ou la *hauteur*, le côté AD est la *génératrice* de la *surface latérale* du cylindre.

505. Deux cylindres droits circulaires sont *semblables* si leurs hauteurs sont proportionnelles aux rayons de leurs bases, c'est-à-dire s'ils sont engendrés par des rectangles semblables.

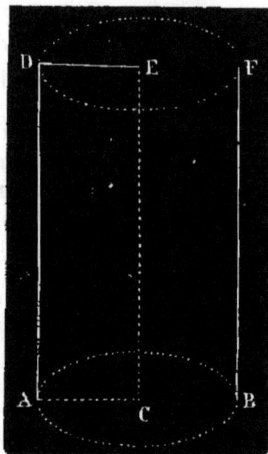

Fig. 271.

506. Plus généralement on donne le nom de cylindre à tout prisme dont les bases sont terminées par une infinité de petits côtés, c'est-à-dire par des lignes courbes. La figure 272 est un cylindre de ce genre.

507. Un cylindre quelconque est *droit* ou *oblique* suivant que ses arêtes latérales sont perpendiculaires ou non au plan de ses bases.

1. Du grec *kulindros*, cylindre; fait de *kulindô*, rouler.

Fig. 274.

THÉORÈME

508. *Le cylindre circulaire droit est la limite vers laquelle tend un prisme droit inscrit
qui a pour bases deux polygones
réguliers dont le nombre des côtés
augmente indéfiniment.*

En effet, inscrivons dans la base
inférieure du cylindre un polygone régulier ABCDE, et sur ce polygone, comme base, élevons un
prisme droit de même hauteur que
le cylindre, ce prisme sera inscrit
dans le cylindre et le touchera seulement par les arêtes AA′, BB′...
Mais si nous augmentons indéfiniment le nombre des côtés du
polygone inscrit dans la base, le
périmètre de ce polygone tendra
à se confondre avec la circonférence de cette base, et la surface

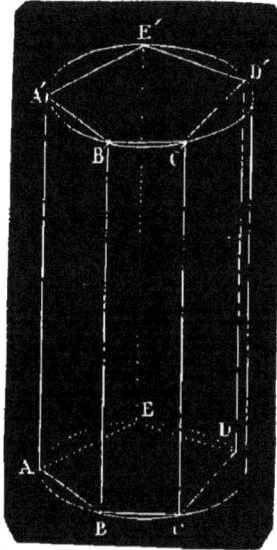

Fig. 273.

latérale du prisme avec la surface latérale du cylindre.

*Donc le cylindre circulaire droit peut être considéré
comme la limite vers laquelle tend un prisme droit inscrit à
mesure que les côtés de sa base deviennent plus nombreux et
ses faces plus petites.*

509. REMARQUE. Dans le cas où le cylindre n'est pas
à base circulaire, un raisonnement analogue à celui que
nous venons de faire, prouverait encore qu'il est la limite
vers laquelle tend le prisme droit inscrit, dont le nombre
des côtés augmente indéfiniment. Il est évident que dans
ce cas le polygone inscrit dans la base n'est plus un polygone régulier.

On peut donc, en général, considérer le cylindre droit
comme un prisme droit d'un nombre infini de faces
infiniment petites : donc toute propriété du prisme indépendante du nombre et de la grandeur de ses faces
latérales convient au cylindre.

THÉORÈME

510. *La surface latérale d'un cylindre circulaire droit a pour mesure la circonférence de sa base multipliée par sa hauteur.*

En effet, le cylindre circulaire droit n'étant qu'un prisme droit régulier d'un nombre infini de faces infiniment petites (509), sa surface latérale s'obtiendra comme celle d'un prisme droit, et sera par conséquent égale à la circonférence de sa base multipliée par sa hauteur.

En désignant par H la hauteur d'un cylindre circulaire droit, par R le rayon de sa base et par S sa surface latérale, on a la formule

$$S = 2\pi RH.$$

Les surfaces des bases du cylindre étant, l'une et l'autre, égales à πR^2 la surface totale du cylindre sera

$$2\pi RH + 2\pi R^2.$$

Si l'on représente par S' cette surface, on a

$$S' = 2\pi RH + 2\pi R^2$$
$$S' = 2\pi R (H + R).$$

THÉORÈME

511. *Le volume d'un cylindre circulaire droit a pour mesure le produit de sa base par sa hauteur.*

Cela est vrai, puisque le cylindre droit à base circulaire peut être considéré comme un prisme droit régulier d'une infinité de faces infiniment petites, et que le prisme a pour mesure le produit de sa base par sa hauteur.

En désignant par R le rayon de la base d'un cylindre, par H sa hauteur et par V son volume, on a la formule

$$V = \pi R^2 H.$$

THÉORÈME

512. *La surface latérale d'un cylindre à base non circulaire a pour mesure le périmètre de sa base multiplié par sa hauteur.*

Car le cylindre droit à base non circulaire peut être considéré (509) comme un prisme droit composé d'une infinité de faces infiniment petites.

THÉORÈME

513. *Le volume d'un cylindre droit à base non circulaire a pour mesure le produit.de sa base par sa hauteur.*

Car le cylindre droit à base non circulaire peut être considéré (509) comme un prisme droit composé d'une infinité de faces infiniment petites.

Cône droit à base circulaire. — Sections parallèles à la base. — Surface latérale du cône, du tronc de cône à bases parallèles. — Volume du cône, du tronc de cône à bases parallèles.

DÉFINITIONS

514. On appelle *cône*[1] *droit à base circulaire* le solide engendré par la révolution d'un triangle rectangle SAO tournant autour d'un des côtés SO de l'angle droit.

515. La *base* du cône[2] est le cercle engendré par le côté mobile AO. Ce cercle a son centre en O et AO pour rayon.

Le côté immobile SO est l'*axe* ou la *hauteur* du cône; le point S en est le *sommet*.

L'hypoténuse AS, qui décrit la *surface latérale du cône*, est appelée indifféremment *côté*, *apothème*, du cône, ou *génératrice* de la *surface conique*.

516. Deux cônes droits circulaires sont *semblables* lorsque leurs hauteurs sont proportionnelles aux rayons de leurs bases, c'est-à-dire quand ils

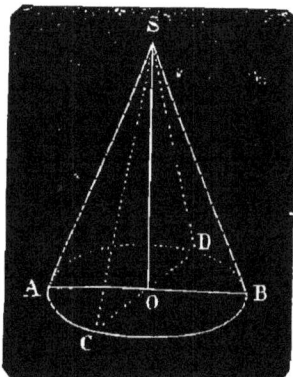

Fig. 274.

---

1. Du grec *kônos*, cône, toupie.
2. Pour être plus court, nous dirons souvent *cône* au lieu de *cône droit à base circulaire*.

sont engendrés par des triangles rectangles semblables.

517. Toute *section* faite dans un cône par un plan passant par l'axe est un triangle isocèle double du triangle
générateur, car le plan coupe la base selon un diamètre
COD, et la surface latérale selon deux génératrices SC, SD.

THÉORÈME

518. *Toute section faite dans un cône par un plan parallèle à la base est un cercle.*

En effet, d'un point quelconque
de la génératrice abaissons DO
perpendiculaire à l'axe; lorsque
AS décrira la surface latérale du
cône et AC la base, DO décrira
un cercle dont le plan perpendiculaire à SC sera parallèle à la
base.

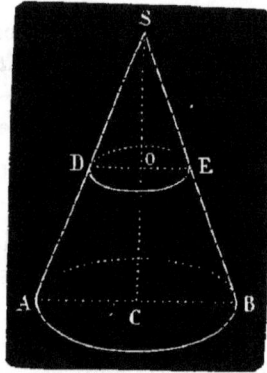

Fig. 275.

DÉFINITIONS

519. On appelle *cône tronqué* ou *tronc de cône* la portion du volume d'un cône comprise entre la base et un
plan parallèle à la base. Le volume AE (*fig.* 275) est un
tronc de cône. CO, ou la distance de ses deux bases, est
la *hauteur* du tronc, AD en est le *côté* ou l'*arête.*

Il est visible qu'un tronc de cône droit est engendré
par la révolution d'un trapèze rectangle (ACOD) tournant
autour d'un côté (CO) perpendiculaire à ses bases.

THÉORÈME

520. *Le cône circulaire droit est la limite vers laquelle
tend une pyramide inscrite qui a pour base un polygone
régulier dont le nombre des côtés croît indéfiniment.*

16

Car si dans la base du cône nous inscrivons un polygone régulier ABCD, et que nous considérions ce polygone comme la base d'une pyramide dont le sommet est en S, nous aurons ainsi une pyramide régulière SABCD évidemment inscrite dans le cône. Or, si nous augmentons indéfiniment le nombre des côtés du polygone, il tend à se confondre avec la base du cône et la pyramide avec le cône même. Donc, *le cône circulaire droit est la limite vers laquelle tend une pyramide régulière inscrite qui a pour base un polygone dont le nombre des côtés croît indéfiniment.* Par conséquent on peut considérer le cône comme une pyramide régulière d'un nombre infini de faces infiniment petites.

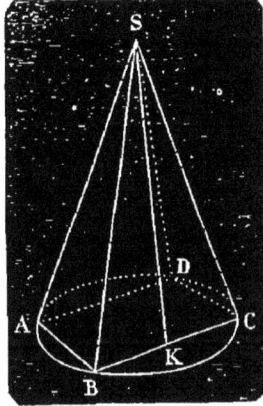

Fig. 270.

521. REMARQUE I. On voit, d'après ce qui précède, que l'apothème SK de la pyramide tend à se confondre avec le côté SB du cône à mesure que le nombre des côtés du polygone inscrit augmente.

522. REMARQUE II. Il est bien évident que *tout cône* peut être considéré comme la limite vers laquelle tend une pyramide inscrite de même hauteur, et dont le nombre des côtés de la base augmente indéfiniment.

Donc, *toute propriété de la pyramide, indépendante du nombre et de la grandeur des faces, convient au cône lui-même.*

THÉORÈME

523. *La surface latérale d'un cône droit à base circulaire a pour mesure le produit de la circonférence de sa base par la moitié de son côté.*

En effet, le cône n'étant qu'une (521) pyramide régulière d'un nombre infini de faces infiniment petites, sa surface latérale s'obtiendra comme celle d'une pyramide régulière, et sera par conséquent égale au produit de la circonférence de sa base multiplié par la moitié de son côté.

En désignant par R le rayon de la base du cône, par G son côté ou sa génératrice, et par S sa surface latérale, on a la formule

$$S = 2\pi R \times \frac{G}{2} = \pi RG.$$

524. REMARQUE. La surface de la base du cône est πR^2, la surface *totale* sera donc

$$\pi RG + \pi R^2.$$

Si l'on représente par S′ cette surface, on aura

$$S' = \pi RG + \pi R^2.$$

En mettant πR en facteur commun, il vient

$$S' = \pi R (G + R).$$

THÉORÈME

525. *La surface latérale d'un tronc de cône droit, à bases parallèles, a pour mesure la demi-somme des circonférences de ses bases multipliée par son côté.*

En effet, inscrivons dans le cône une pyramide régulière, et coupons ce solide par un plan parallèle à sa base, nous déterminerons un tronc de pyramide dont la surface latérale se compose de trapèzes tels que ABB′A′, BCC′B′..., ayant des bases parallèles égales (AB = BC = ... ; A′B′ = B′C′ = ...) et même hauteur (la distance entre ces bases). Or l'un d'eux, ABB′A′, a pour mesure $\frac{AB + A'B'}{2} \times FF'$. La surface laté-

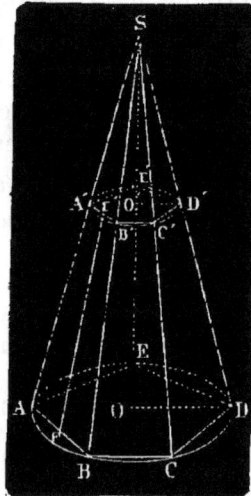

Fig. 277.

rale entière du tronc, composée de cinq trapèzes égaux à ABB'A', sera donc

$$\frac{5\,(AB+A'B')}{2}\times FF'=\frac{5AB+5A'B'}{2}\times FF',$$

ou la demi-somme des périmètres ABCDE, A'B'C'D'E' multipliée par la hauteur (commune aux trapèzes), ou apothème FF' du tronc.

Or, ce raisonnement est vrai quand le nombre des faces du tronc de pyramide augmente indéfiniment ; mais quand cela a lieu, le tronc de pyramide tend vers le tronc cône, les périmètres de ses bases vers les circonférences des bases du tronc, et l'apothème FF' vers le côté AB du tronc. *Le tronc de cône sera donc la limite du tronc de pyramide inscrit*, et aura pour surface latérale la demi-somme des circonférences de ses bases multipliée par son côté.

En désignant par R *le rayon de la grande base et par* r *le rayon de la petite, par* g *le côté du tronc, et par* S *sa surface latérale, on a*

$$S=\frac{2\pi R+2\pi r}{2}\times g=\pi g\times(R+r).$$

AUTRE DÉMONSTRATION

Soit le tronc de cône droit ABED, différence des deux cônes SBA, SED. Au point A élevons sur SA une perpendiculaire AG égale à la longueur de la circonférence qui a AC pour rayon, joignons les points S et G et menons DH parallèle à AG. Nous aurons DH = circonférence DF.

En effet, les triangles semblables SAC, SDF et SAG, SDH donnent la suite de rapports égaux.

$$\frac{DF}{AC}=\frac{SD}{SA}=\frac{DH}{AG}.$$

En multipliant les deux termes du premier rapport par 2π, nous aurons

$$\frac{2\pi DF}{2\pi AC}=\frac{DH}{AG}.$$

Or, par construction, les dénominateurs de ces deux

derniers rapports sont égaux, donc les numérateurs le sont aussi, et

2πDF ou circonférence DF $=$ DH.

La surface latérale du cône SAB, qui a pour mesure $\frac{1}{2}$ circonférence AC$\times$SA, est équivalente à la surface du

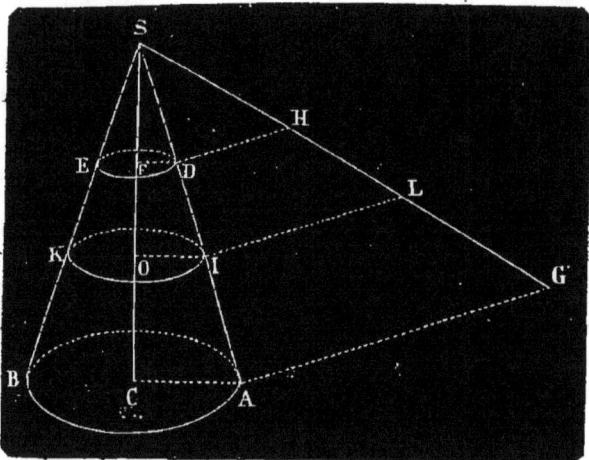

Fig. 278.

triangle rectangle SAC, qui a pour mesure $\frac{1}{2}$AG$\times$SA (AG $=$circonférence AC); par une raison semblable, la surface latérale du cône SDE, qui a pour mesure $\frac{1}{2}$ circonférence DF$\times$SD, est équivalente à la surface du triangle rectangle SDH, qui a pour mesure $\frac{1}{2}$DH$\times$SD (DH $=$ circonférence DF). Donc la surface latérale du tronc de cône ABED est équivalente à la surface du trapèze ADHG; mais celui-ci a pour mesure

$$\left(\frac{AG+DH}{2}\right)\times AD.$$

Donc la surface du tronc de cône a aussi pour mesure celte expression, ou

$$\left(\frac{\text{Circonférence AC} + \text{circonférence DF}}{2}\right) = AD,$$

ce qui revient à la formule déjà trouvée

$$S = \pi g \, (R + r).$$

16.

526. REMARQUE. Par le point I, milieu de AD, menons IL parallèle à AG, et le plan IK parallèle à la base du cône, nous aurons IL = circonférence OI ; mais $IL = \dfrac{AG + DH}{2}$; donc circonférence OI = $\dfrac{\text{circonférence AC} + \text{circonférence DF}}{2}$; donc encore surface latérale du tronc de cône = circonférence OI × AD, ou la circonférence d'un cercle mené à égale distance des deux bases multipliée par le côté du tronc.

THÉORÈME

527. *Le volume d'un cône quelconque a pour mesure le tiers du produit de sa base par sa hauteur.*

Cela est vrai, puisque le cône peut être considéré comme une pyramide d'une infinité de faces infiniment petites, et que la pyramide a pour mesure le tiers du produit de sa base par sa hauteur.

En désignant par R *le rayon de la base d'un cône, par* H *sa hauteur et par* V *son volume, on a*

$$V = \tfrac{1}{3}\pi R^2 H.$$

THÉORÈME

528. *Un tronc de cône quelconque à bases parallèles est équivalent à trois cônes qui ont pour hauteur commune la hauteur du tronc, et dont les bases respectives sont la base inférieure du tronc, sa base supérieure, et une moyenne proportionnelle entre ces deux bases.*

En effet, le volume du tronc de pyramide à bases parallèles est équivalent à trois pyramides ayant pour hauteur commune celle du tronc, et pour bases respectives la base inférieure du tronc, sa base supérieure et une moyenne proportionnelle entre ces deux bases. Or, le cône pouvant être considéré comme une pyramide d'une infinité de faces infiniment petites, le tronc de cône jouira

dés propriétés du tronc de pyramide et sera donc équivalent à trois cônes ayant pour hauteur commune la hauteur du tronc et dont les bases respectives sont la base
inférieure du tronc, sa base supérieure et une moyenne
proportionnelle entre ces deux bases.

En désignant par R, r *les rayons des bases parallèles, par*
h *la hauteur du tronc, et par* V *son volume, on a* .

$$V = \tfrac{1}{3}\pi R^2 h + \tfrac{1}{3}\pi r^2 h + \tfrac{1}{3}\pi R r h$$

ou
$$V = \tfrac{1}{3}\pi h \, (R^2 + r^2 + Rr).$$

(Voir la remarque qui se trouve après la démonstration suivante.)

AUTRE DÉMONSTRATION

Le tronc de cône ABED est la différence des deux cônes
SAB, SDE. Si nous désignons par
R, r les rayons des bases, par
$h + h'$ la hauteur du cône SAB,
par h' celle du cône SDE, et par V
le volume du tronc, nous aurons

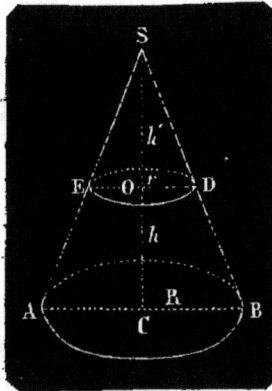

Fig. 279.

$$V = SAB - SDE \;(1).$$

Or $SAB = \tfrac{1}{3}\pi R^2 \, (h + h') \;(2)$,

et $SDE = \tfrac{1}{3}\pi r^2 h' \;(3)$.

Mais h' est une inconnue qui
ne doit point figurer dans l'expression du volume du tronc
de cône, cherchons à l'élimi-
ner. Les triangles semblables SOD, SCB donnent

$$\frac{h'}{h' + h} = \frac{r}{R},$$

$$Rh' = rh' + rh,$$

$$Rh' - rh' = rh,$$

$$h' = \frac{rh}{R - r}.$$

Si nous substituons la valeur de h' dans les équations (2) et (3), il vient

$$SAB = \tfrac{1}{3}\pi R^2 \left(h + \frac{rh}{R-r}\right) = \tfrac{1}{3}\pi R^2 h \left(1 + \frac{r}{R-r}\right),$$

$$SAB = \tfrac{1}{3}\pi R^2 h \left(\frac{R-r+r}{R-r}\right) = \tfrac{1}{3}\frac{\pi R^3 h}{R-r},$$

et

$$SDE = \tfrac{1}{3}\pi r^2 \left(\frac{rh}{R-r}\right) = \tfrac{1}{3}\frac{\pi r^3 h}{R-r};$$

d'où

$$V = \tfrac{1}{3}\frac{\pi R^3 h}{R-r} - \tfrac{1}{3}\frac{\pi r^3 h}{R-r}.$$

$$V = \tfrac{1}{3}\pi h \left(\frac{R^3 - r^3}{R-r}\right); \quad R^3 - r^3 \text{ divisé par } R-r$$
$$= R^2 + Rr + r^2;$$

donc $\quad V = \tfrac{1}{3}\pi h \, (R^2 + r^2 + Rr).$

529. Remarque. Au lieu de la formule précédente
$$V = \tfrac{1}{3}\pi h \, (R^2 + r^2 + Rr),$$
on peut poser

$$V = \pi h \left(\frac{R+r}{2}\right)^2 + \tfrac{1}{3}\pi h \left(\frac{R-r}{2}\right)^2.$$

En effet,
$$4R^2 + 4r^2 + 4Rr = 3R^2 + 3r^2 + 6Rr + R^2 + r^2 - 2Rr;$$
mais
$$3R^2 + 3r^2 + 6Rr + R^2 + r^2 - 2Rr = 3\,(R^2 + r^2 + 2Rr) + R^2 + r^2 - 2Rr,$$
$$3R^2 + 3r^2 + 6Rr + R^2 + r^2 - 2Rr = 3\,(R+r)^2 + (R-r)^2,$$
par conséquent
$$4R^2 + 4r^2 + 4Rr = 3\,(R+r)^2 + (R-r)^2,$$
$$R^2 + r^2 + Rr = \frac{3\,(R+r)^2 + (R-r)^2}{4},$$
$$= 3 \left(\frac{R+r}{2}\right)^2 + \left(\frac{R-r}{2}\right)^2.$$

Remplaçant $R^2 + r^2 + Rr$ par sa valeur, il vient
$$V = \tfrac{1}{3}\pi h \left[3 \left(\frac{R+r}{2}\right)^2 + \left(\frac{R-r}{2}\right)^2\right],$$
$$V = \pi h \left(\frac{R+r}{2}\right)^2 + \tfrac{1}{3}\pi h \left(\frac{R-r}{2}\right)^2.$$

Donc on peut dire encore que *le volume d'un tronc de cône est égal à la somme des volumes d'un cylindre et d'un cône qui ont même hauteur que le tronc, et dont les rayons des bases sont respectivement égaux à la demi-somme*, $\dfrac{R+r}{2}$, *des rayons du tronc et à leur demi-différence*, $\dfrac{R-r}{2}$. Dans le cas où la différence des rayons R et r est très-petite, on peut négliger le produit $\frac{1}{8}\pi h\left(\dfrac{R-r}{2}\right)^2$ et la formule

$$V = \pi h\left(\dfrac{R+r}{2}\right)^2$$

donne à peu de chose près le volume du tronc de cône. Nous verrons plus loin que cette formule peut trouver de nombreuses applications.

Sphère. — Sections planes; grands cercles; petits cercles.

550. On nomme *sphère*[1] un solide terminé par une surface courbe dont tous les points sont à égale distance d'un point intérieur appelé *centre*.

551. On peut considérer la sphère comme engendrée par la révolution d'un demi-cercle ACB tournant autour de son diamètre ou *axe* AB, car dans ce mouvement un point quelconque C est toujours à la même distance du centre O, qui reste fixe.

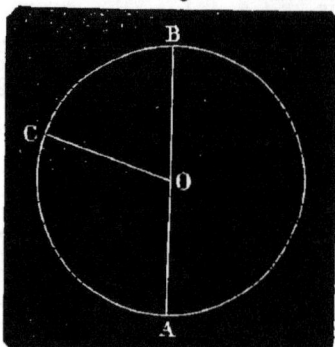

Fig. 280.

552. On appelle *rayon* de la sphère toute droite OC qui va du centre à un point de la surface.

553. On appelle *diamètre* toute droite qui passe par le

1. Du grec *sphaira*, globe.

centre et se termine de part et d'autre à la surface : AB
est un diamètre.

354. Tous les rayons sont égaux entre eux; il en est
de même des diamètres, qui sont doubles des rayons.

355. On nomme *sections planes* de la sphère toutes les
sections faites dans la sphère par des plans.

THÉORÈME

556. *Toute section plane* ABDE *de la sphère est un cercle.*

En effet, abaissons du centre O la perpendiculaire OC
sur le plan ABDE, et me-
nons les rayons de la sphère
OA, OB, OD... à différents
points du contour de la section ABDE, ces rayons sont
des obliques égales, donc ils
s'écartent également du pied
C de la perpendiculaire OC;
et CA = CB = CD = ..., par
conséquent, les points A, B,

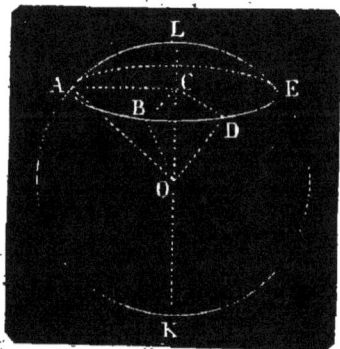

Fig. 284.

D, E... se trouvent sur une circonférence de cercle dont
le centre est en C.

537. REMARQUE. Le triangle rectangle AOC donne

$$\overline{OA}^2 = \overline{OC}^2 + \overline{AC}^2.$$

Quelle que soit la position du plan sécant, la somme des
carrés des deux lignes OC, AC est toujours égale au carré
du rayon OA. Par conséquent, si OC diminue, AC augmente,
et si AC diminue, OC augmente; d'où il résulte que :

1° *Un cercle de la sphère est d'autant plus grand que son
plan passe plus près du centre, et d'autant plus petit qu'il
passe plus loin;*

2° *Si* OC *devient nul, ou ce qui revient au même, si le
plan passe par le centre, on a*

$$\overline{AO}^2 = \overline{AC}^2$$

ou

$$AO = AC;$$

donc, le plan qui passe par le centre a un rayon égal à celui de la sphère.

Ces considérations ont fait diviser les cercles de la sphère en *grands* et *petits cercles*.

538. Les *grands cercles* sont ceux qui passent par le centre de la sphère, et les *petits cercles* sont ceux qui n'y passent pas.

Les grands cercles, ayant même rayon que celui de la sphère, sont tous égaux.

Pôles d'un cercle. — Étant donnée une sphère, trouver son rayon par une construction plane

539. On nomme *pôle* d'un cercle de la sphère l'extrémité du diamètre perpendiculaire au plan de ce cercle. Ainsi les extrémités P et P′ du diamètre PP′ perpendiculaire sur le plan du cercle ABDE, sont les pôles de ce cercle.

D'après cette définition, les cercles de la sphère ont deux pôles, et tous les cercles dont les plans sont parallèles ont les mêmes pôles.

THÉORÈME

540. *Les pôles* P, P′ *d'un cercle ACDE de la sphère sont également distants de tous les points de la circonférence de ce cercle.*

Car les droites PA, PB, PD..., s'écartant également du pied O de la perpendiculaire au plan ABCDE, sont des obliques égales entre elles (PA =PB=PD=...) ; il en est de même des obliques P′A, A′B, P′D...(P′A=P′B=P′D=...).

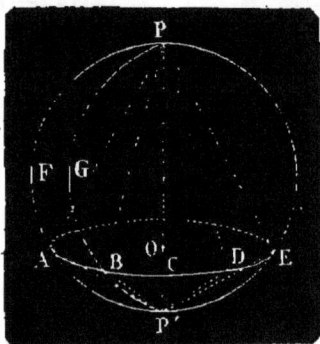

Fig. 282.

541. Corollaire I. *Les cordes* PA, PB, PD... étant

égales, les arcs de grands cercles PFA, PGB sont aussi égaux.

542. Corollaire II. *L'arc de grand cercle PB, mené du pôle P d'un grand cercle ABC à sa circonférence, est le quart de la circonférence d'un grand cercle, ou un quadrant.*

Car l'angle POB, qui a son sommet au centre du cercle PBP', a pour mesure l'arc PB, ou le quart de la circonférence d'un grand cercle, puisque l'angle POB est droit.

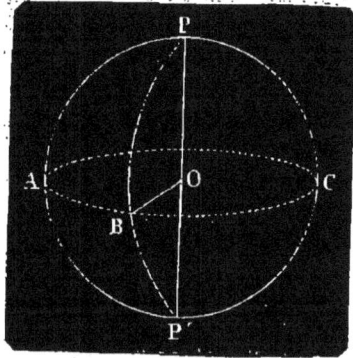

Fig. 283.

543. Les propriétés des pôles permettent de tracer sur une sphère des arcs ou des cercles à l'aide du *compas d'épaisseur*. Les branches de ce compas sont un peu recourbées pour qu'on ne soit pas gêné par la convexité de la sphère.

544. Nous avons vu que l'arc de grand cercle qui va du pôle d'un grand cercle à sa circonférence est un quadrant; par conséquent, si l'on voulait du point P comme pôle tracer le grand cercle ABC, il faudrait donner au compas une ouverture égale à la corde d'un quadrant de

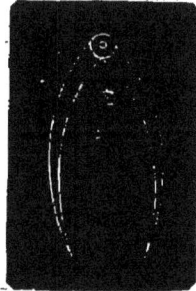

Fig. 284.

grand cercle. Pour déterminer cette corde, il faut connaître le rayon de la sphère. Une fois connu, on décrira sur un plan un cercle avec ce rayon, et la corde qui soustendra le quadrant sera la corde cherchée.

PROBLÈME

545. *Étant donnée une sphère, trouver son rayon.*

D'un point quelconque A pris sur la surface de la sphère, avec une ouverture de compas *arbitraire* AB, on décrit un cercle sur lequel on marque trois points, B, D, E; puis, à l'aide du compas d'épaisseur, on mesure les distances rectilignes BD, BE, DE, et l'on construit sur un plan un triangle ayant pour côtés ces trois longueurs. Le cercle circonscrit à ce triangle sera égal au petit cercle BDGE,

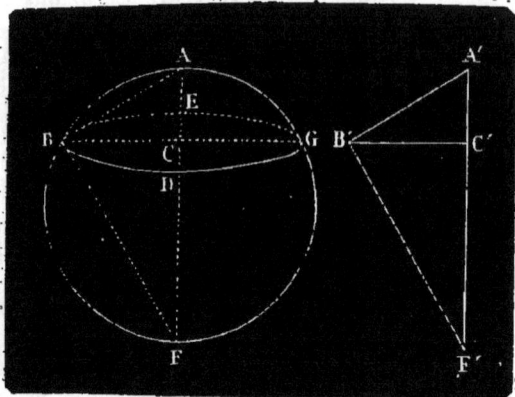

Fig. 285.

car l'un et l'autre seront circonscrits à des triangles égaux. Si B'C' est le rayon du cercle égal à BGDE, on aura B'C' = BC.

Cela étant posé, soit ABF un grand cercle passant par le diamètre AF perpendiculaire sur le plan BDGE. Si l'on conçoit les lignes AB, BF dans le triangle ABC rectangle en C, on connaîtra l'hypoténuse AB, et le côté BC = B'C'; on pourra donc construire le triangle A'B'C' = ABC. En menant la perpendiculaire indéfinie B'F' à A'B' et en prolongeant A'C' jusqu'en F' à la rencontre de cette perpendiculaire, on aura A'F' = AF, ou le diamètre de la sphère: la moitié de ce diamètre donnera le rayon.

Plan tangent

546. Un *plan* est *tangent* à la sphère quand il n'a qu'un point de commun avec sa surface.

THÉORÈME

547. *Tout plan MN perpendiculaire à l'extrémité d'un rayon OA est tangent à la sphère.*

17

En effet, prenons sur MN un point quelconque B autre que A et menons la
droite OB; cette ligne
étant oblique par rap-
port à OA sera plus lon-
gue que OA; donc le
point B est situé hors de
la sphère. Il en serait de
même de tout autre point
du plan MN, à l'excep-
tion du point A. Le plan
MN n'ayant que le point
A de commun avec la
sphère lui est tangent.

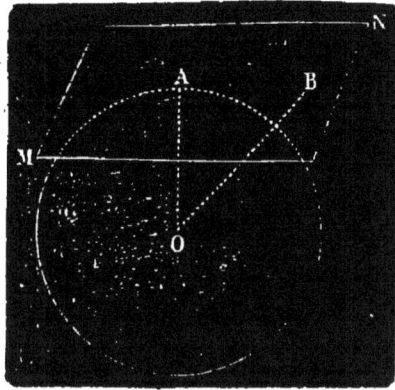

Fig. 286.

THÉORÈME RÉCIPROQUE

548. *Tout plan tangent à une sphère est perpendiculaire
à l'extrémité du rayon qui passe par le point de contact.*

Le plan MN est tangent à la sphère au point A : je dis que
ce plan MN est perpendiculaire à l'extrémité du rayon OA.

En effet, tout point B autre que le point A pris sur MN
étant situé hors de la sphère est plus éloigné du centre
que le point A : la ligne OA est donc la plus courte distance du point O au plan MN ; donc le rayon OA est perpendiculaire à ce plan.

549. **COROLLAIRE.** *Par un point A pris sur la sphère on
ne peut mener qu'un seul plan tangent à la sphère,* car on ne
peut mener qu'un plan perpendiculaire au rayon qui va
à ce point.

Angle de deux arcs de grand cercle. — Notions sur les triangles sphériques.

DÉFINITION

550. *L'angle de deux arcs de grand cercle ABC, ADG est
l'angle formé par les plans de ces arcs.*

Pour mesurer cet angle on mène les tangentes AE, AF aux deux arcs ABC, ADC; ces lignes seront perpendiculaires à l'intersection commune des plans des arcs (148); donc l'angle plan EAF correspondra au dièdre AC (377) et sera par conséquent la mesure de l'angle des deux arcs.

On peut encore mesurer l'angle de deux arcs de grand cercle autrement : si dans le plan ABC on mène OB (O est le centre des deux arcs) perpendiculaire à AC, OD perpendiculaire à la même ligne dans le plan ADC, l'angle BOD sera encore la mesure de l'angle dièdre des plans. Or, l'angle AOB étant

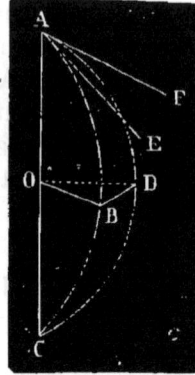

Fig. 287.

droit, AB est le quart d'un cercle, il en est de même de AD; par conséquent le point A est le pôle de l'arc de grand cercle BD. Donc, l'*angle de deux arcs de grand cercle a aussi pour mesure l'arc de grand cercle compris entre ces arcs et décrit de leur intersection comme pôle.*

551. On appelle *triangle sphérique* la surface de la sphère renfermée entre trois arcs de grands cercles. Généralement on ne considère que celui qui est formé par trois arcs de grands cercles plus petits que la demi-circonférence.

Si du centre O de la sphère on mène des rayons aux trois sommets A, B, C du triangle ABC, on détermine un angle trièdre dont les angles plans AOB, AOC, BOC sont mesurés par les arcs correspondants AB, BC, AC.

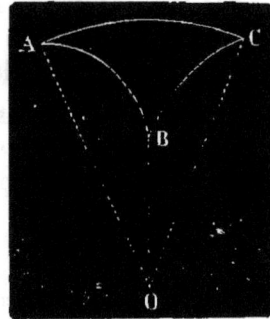

Fig. 288.

552. Un triangle sphérique est *rectangle, isocèle, équilatéral* dans les mêmes cas que le triangle rectiligne. Seulement le triangle sphérique peut avoir *deux* et même *trois* angles droits; dans ce dernier cas il est appelé triangle *trirectangle.*

553. La figure formée sur la sphère par plusieurs arcs de grands cercles qui se coupent deux à deux se nomme *polygone sphérique.*

554. Le triangle sphérique est le plus simple des polygones sphériques.

555. Un polygone est *convexe* lorsqu'un arc de grand cercle ne peut couper son contour en plus de deux points.

556. Deux polygones sphériques dont les sommets sont diamétralement opposés sont *symétriques* (*fig.* 289).

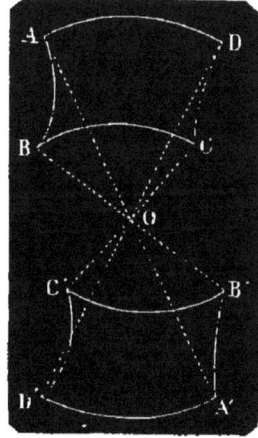

Ces polygones ont les côtés égaux comme mesurant des angles opposés par le sommet, leurs angles sont égaux aussi comme dièdres opposés au sommet.

Ces figures étant composées des mêmes éléments sont équivalentes en surface, mais ne sont pas superposables.

Fig. 289.

557. Le centre O de la sphère est le *centre de symétrie.*

THÉORÈME

558. *Dans un triangle sphérique un côté quelconque est* 1° *plus petit que la somme des deux autres, et* 2° *plus grand que leur différence.*

Dans le trièdre OABC, on a (400)

Face ou angle AOC $<$ AOB + BOC.

Si l'on remplace ces angles par les arcs qui les mesurent, il vient

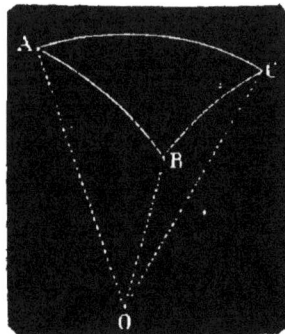

1°   AC $<$ AB + BC;

De cette inégalité, on tire

2°   BC $>$ AC — AB.

Fig. 290.

THÉORÈME

559. *Un côté quelconque d'un polygone sphérique est moindre que la somme des autres côtés, lorsque chaque côté du polygone est moindre qu'une demi-circonférence.*

En effet, menons dans le quadrilatère sphérique ABCD l'arc BD, nous aurons, d'après le numéro précédent,

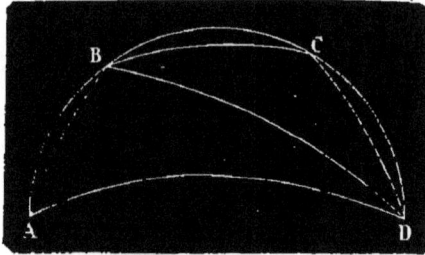

Fig. 291.

$$AD < AB + BD,$$
$$BD < BC + CD.$$

Si l'on additionne ces inégalités, il vient

$$AD + BD < AB + BD + BC + CD,$$

ou en supprimant BD de part et d'autre,

$$AD < AB + BC + CD.$$

Ce théorème démontré pour le quadrilatère peut s'étendre sans difficulté à des polygones d'un plus grand nombre de côtés.

THÉORÈME

560. *Le plus court chemin pour aller d'un point* A *de la surface de la sphère à un autre point* D *est l'arc de grand cercle* AD *qui passe par ces deux points (fig. 291).*

En effet, soit ABCD une autre ligne passant par ces deux points; inscrivons successivement dans cette ligne des polygones sphériques dont les côtés deviennent de plus en plus petits; leur périmètre étant toujours plus grand que l'arc AD, la ligne ABCD qui en est la limite devra aussi surpasser l'arc AD.

THÉORÈME

561. *Si des trois sommets d'un triangle sphérique* ABC, *pris successivement pour pôles, on décrit trois arcs de grands cercles qui forment un autre triangle sphérique A'B'C', ces deux triangles jouiront de cette propriété que chacun de leurs angles aura pour mesure une demi-circonférence moins*

l'arc opposé dans l'autre triangle.

Pour le démontrer, prolongeons BA et BC jusqu'à la rencontre de A'C' en D et en E : le point B étant le pôle de A'C'

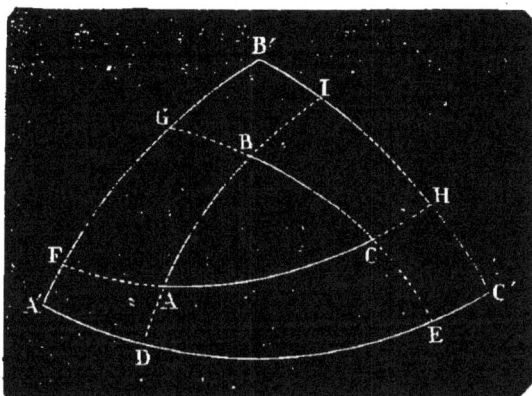

Fig. 292.

et le point C celui de A'B', l'arc DE est la mesure de l'angle B (550), et DC' est un quadrant ; pour la même raison, A'E en est un aussi, donc

$$DE = DC' - EC' = 90° - EC',$$
$$DE = A'E - A'D = 90° - A'D.$$

Additionnant membre à membre, il vient

$$2DE = 180° - EC' - A'D ;$$

mais
$$- EC' - A'D = - A'C' + DE ;$$

par conséquent,

$$2DE = 180° - A'C' + DE,$$

ou enfin, en retranchant DE de chaque membre,

$$DE = 180° - A'C' ;$$

on aurait de même

$$FG = 180° - A'B',$$
$$HI = 180° - B'C'.$$

Pour prouver que le triangle A'B'C' jouit de la même propriété, il suffit de faire voir que ses sommets sont les pôles des côtés du triangle ABC. Or, le point A étant le pôle de B'C', et le point B le pôle de A'C', les distances AC', BC' sont égales à 90°, et par conséquent, le point C' est le pôle de AB. On démontrerait de même que A', B' sont les pôles des côtés BC, AC.

562. REMARQUE. Les arcs de grands cercles décrits des points A, B, C comme pôles forment plusieurs triangles par leurs intersections mutuelles. Or, on obtient le triangle A'B'C' en prenant le point A' du même côté de BC que le point A, et ainsi des autres.

Les deux triangles ABC, A'B'C' sont appelés *polaires* ou *supplémentaires*.

AUX TROIS CAS PRINCIPAUX D'ÉGALITÉ DES TRIANGLES RECTILIGNES CORRESPONDENT CES TROIS CAS D'ÉGALITÉ DES TRIANGLES SPHÉRIQUES.

563. Deux triangles sphériques sont égaux :

1° *Lorsqu'ils ont un angle égal compris entre côtés égaux chacun à chacun;*

2° *Lorsqu'ils ont un côté égal adjacent à deux angles égaux chacun à chacun;*

3° *Lorsqu'ils ont les trois côtés égaux chacun à chacun.*

Si les triangles que l'on considère ont leurs éléments disposés dans le même ordre, on démontre ces théorèmes par la superposition comme on l'a fait pour les cas correspondants d'égalité des triangles rectilignes.

Lorsque les triangles ABC, A'B'C' n'ont pas leurs éléments disposés dans le même ordre, A'B'C' est égal au symétrique de ABC; d'où il résulte que ABC et A'B'C' sont égaux dans toutes leurs parties sans pouvoir être superposés.

THÉORÈME

564. *Deux triangles sphériques, qui ont les angles égaux chacun à chacun, sont égaux dans toutes leurs parties.*

En effet, les triangles polaires des triangles proposés auront leurs côtés égaux chacun à chacun (561), et par conséquent seront égaux; de là résultera l'égalité de leurs angles, et par suite celle des côtés des triangles proposés ; ceux-ci ayant leurs côtés égaux seront égaux.

THÉORÈME

565. *La somme des côtés d'un triangle ou d'un polygone sphérique est moindre qu'une circonférence de grand cercle.*

En effet, les côtés BA, BC... du triangle ou du polygone sphérique mesurent les angles plans de l'angle solide correspondant O (551); or, la somme de ces angles est moindre que 4 droits (402); donc la somme des côtés du triangle ou du polygone est moindre qu'une circonférence.

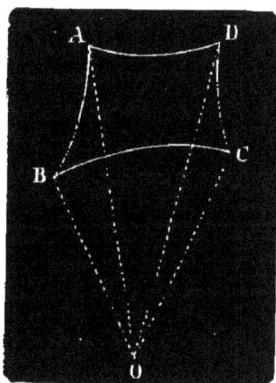

Fig. 293.

THÉORÈME

566. *La somme des angles d'un triangle sphérique est plus grande que deux droits et plus petite que six droits.*

Soient A, B, C les angles du triangle que l'on considère, a', b', c' les côtés correspondants du triangle polaire.
On a (561)

$$A = 180° - a',$$
$$B = 180° - b',$$
$$C = 180° - c';$$

d'où $A + B + C = 180° \times 3 - (a' + b' + c')$.

Or, on a (565)

$$a' + b' + c' < 180° \times 2;$$

par conséquent $A + B + C > 180°$,

ce qui démontre la première partie de l'énoncé, et

$$A + B + C < 180° \times 3,$$

ce qui démontre la seconde partie de l'énoncé.

DÉFINITIONS.

567. On nomme *fuseau* la portion ACBD de la surface de la sphère comprise entre deux demi-grands cercles ACB, ADB.

568. L'angle de ces deux arcs est l'*angle du fuseau.*

L'angle d'un fuseau le détermine complétement, car il est évident que sur la même sphère ou sur des sphères égales, les fuseaux de même angle sont égaux, et réciproquement. C'est pour ce motif qu'on désigne un fuseau par son angle.

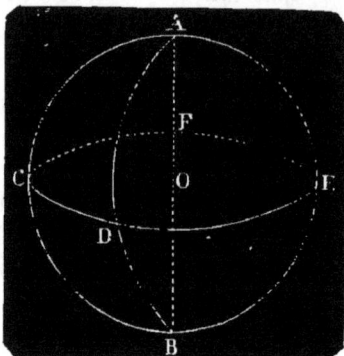

569. On appelle *coin* ou *onglet sphérique* une partie (telle que ABCD) du volume de la sphère comprise entre deux demi-grands cercles et le fuseau qui lui sert de base.

Fig. 294.

THÉORÈME

570. *Un fuseau ACBD est à la surface de la sphère entière comme l'angle* CAD *de ce fuseau, ou comme l'arc* CD *qui mesure cet angle est à 4 droits.*

En effet, supposons qu'une commune mesure soit contenue 7 fois dans l'arc CD et 32 fois dans la circonférence CDEF, nous aurons

$$\frac{CD}{CDEF} = \frac{7}{32}.$$

Par les points de division et par les pôles A et B faisons passer des demi-circonférences de grand cercle, nous déterminerons ainsi des fuseaux tous égaux entre eux, et le fuseau proposé contiendra 7 de ces fuseaux et la sphère entière 32; donc, nous aurons aussi

$$\frac{\text{Fuseau ACBD}}{\text{Sphère}} = \frac{7}{32};$$

17.

par conséquent

$$\frac{\text{Fuseau ACBD}}{\text{Sphère}} = \frac{CD}{CDEF} = \frac{CAD}{4 \text{ droits}}.$$

571. REMARQUE I. Si l'on prend l'angle droit pour unité d'angle et le triangle trirectangle pour unité de surface, la surface de la sphère entière sera représentée par 8, et celle du fuseau CAD par 2CAD.

572. REMARQUE II. En faisant un raisonnement analogue à celui du n° 570, on a

$$\frac{\text{Onglet}}{\text{Volume de la sphère}} = \frac{CD}{CDEF} = \frac{CAD}{4 \text{ droits}}.$$

THÉORÈME

573. *Lorsque deux grands cercles* AEBC, AFBD *sont coupés d'une manière quelconque par un troisième* CDEF, *la somme des deux triangles* ACD, AEF *est égale au fuseau dont l'angle est* CAD.

En effet, demi-circonférence BEA = demi-circonférence CBE, en retranchant de part et d'autre la partie commune BE, il vient CB = AE.

De même, demi-circonférence DEF = demi-circonférence CDE, d'où en retranchant DE de part et d'autre,
EF = CD.

Enfin, de ce que demi-circonférence BFA = demi-circonférence DBF, on a aussi
AF = BD.

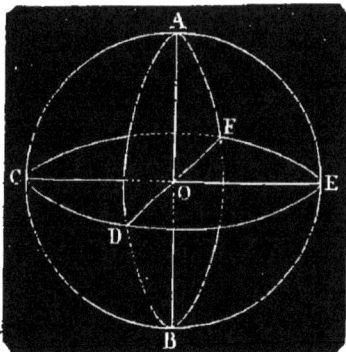

Fig. 295.

Les deux triangles FAE, CBD ayant leurs trois côtés égaux chacun à chacun sont égaux en surface; donc

$$ACD + AEF = \text{fuseau CAD}.$$

THÉORÈME

574. *L'aire d'un triangle sphérique est à celle de la sphère entière comme l'excès de la somme de ses angles sur deux angles droits est à huit angles droits.*

Soit ABC le triangle donné. Prolongeons ses côtés jusqu'à la rencontre de la circonférence DEFGHK qui l'entoure.

Si l'on désigne par A, B, C les angles du triangle, on aura, d'après le théorème précédent,

AEF + AHK = fuseau A,

BDK + BFG = fuseau B,

CGH + CDE = fuseau C.

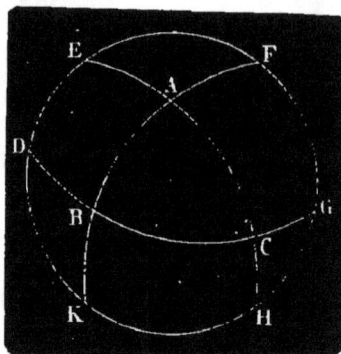

Fig. 296.

Or, la somme des premiers membres se compose de la surface de l'hémisphère, plus deux fois l'aire du triangle ABC. Si donc on désigne par S la surface de la sphère, on aura

$$2ABC + \frac{S}{2} = \text{fuseau A} + \text{fuseau B} + \text{fuseau C},$$

$$2ABC = \text{fuseau A} + \text{fuseau B} + \text{fuseau C} - \frac{S}{2}.$$

Divisant les deux membres par S, surface de la sphère, il vient

$$\frac{2ABC}{S} = \frac{\text{fuseau A}}{S} + \frac{\text{fuseau B}}{S} + \frac{\text{fuseau C}}{S} - \frac{1}{2}.$$

Mais (570)

$$\frac{\text{Fuseau A}}{S} = \frac{A}{4 \, \text{droits}}, \quad \frac{\text{fuseau B}}{S} = \frac{B}{4 \, \text{droits}},$$

$$\frac{\text{fuseau C}}{S} = \frac{C}{4 \, \text{droits}};$$

donc

$$\frac{2ABC}{S} = \frac{A}{4 \text{ droits}} + \frac{B}{4 \text{ droits}} + \frac{C}{4 \text{ droits}} - \frac{1}{2},$$

$$\frac{ABC}{S} = \frac{A+B+C}{8 \text{ droits}} - \frac{1}{4} = \frac{A+B+C}{8 \text{ droits}} - \frac{1 \times 2 \text{ droits}}{4 \times 2 \text{ droits}};$$

donc enfin $\quad \dfrac{ABC}{S} = \dfrac{A+B+C-2 \text{ droits}}{8 \text{ droits}}. \quad C. \, Q. \, F. \, D.$

575. REMARQUE I. On nomme *excès sphérique* l'excès de la somme des angles d'un triangle sphérique sur deux angles droits.

576. REMARQUE II. La surface de la sphère égale 8 fois l'aire du triangle trirectangle T. Si dans l'égalité précédente nous substituons 8T à S, nous aurons

$$\frac{ABC}{8T} = \frac{A+B+C-2 \text{ droits}}{8 \text{ droits}} = \frac{A+B+C-2}{8},$$

$$\frac{ABC}{T} = A+B+C-2.$$

En prenant pour unité l'aire d'un triangle trirectangle, il vient

$$ABC = A+B+C-2.$$

Donc *l'aire d'un triangle sphérique est mesurée par son excès.*

Puisqu'on prend pour unité l'aire du triangle trirectangle, on ne devra pas oublier que l'aire d'un triangle ABC sera une certaine fraction de l'aire d'un triangle trirectangle. D'ailleurs, comme on doit opérer sur des quantités de la même espèce, on a (égalité précédente)

$$ABC = A+B+C-2 = A+B+C - 2 \times 90°,$$

ou encore $\quad ABC = \dfrac{A+B+C}{1 \text{ droit}} - 2 \text{ droits}.$

THÉORÈME

577. *L'aire d'un polygone sphérique a pour mesure l'excès de la somme de ses angles sur autant de fois deux angles droits qu'il a de côtés moins deux.*

En effet, un polygone sphérique peut se décomposer

comme un polygone rectiligne en autant de triangles qu'il a de côtés moins deux. Or, chaque triangle a pour mesure l'excès de la somme de ses angles sur 2 droits, mais la somme des angles de tous est égale à la somme de tous les angles du polygone.

Si donc on désigne la surface d'un polygone sphérique par P, par S la somme de ses angles, et par n le nombre de ses côtés, on aura

$$P = S - 2\,(n-2).$$

Pour bien comprendre cette formule, il suffit de remarquer qu'elle correspond à celle-ci

$$ABC = A + B + C - 2.$$

Analogie parfaite des triangles sphériques avec les angles trièdres

Angles trièdres	Triangles sphériques
578. 1. Dans tout angle trièdre un angle plan quelconque est plus petit que la somme des deux autres et plus grand que leur différence.	1. Dans tout triangle sphérique, un côté quelconque est plus petit que la somme des deux autres et plus grand que leur différence.
2. Deux angles trièdres sont égaux dans toutes leurs parties lorsqu'ils ont :	2. Deux triangles sphériques sont égaux dans toutes leurs parties lorsqu'ils ont :
1° Un angle dièdre égal compris entre deux angles plans égaux chacun à chacun ;	1° Un angle égal compris entre deux côtés égaux chacun à chacun ;
2° Un angle plan égal adjacent à deux dièdres égaux chacun à chacun ;	2° Un côté égal adjacent à deux angles égaux chacun à chacun ;
3° Les angles plans égaux chacun à chacun ;	3° Les côtés égaux chacun à chacun ;
4° Les angles dièdres égaux chacun à chacun.	4° Les angles égaux chacun à chacun.

Mesure de la surface engendrée par une ligne brisée régulière, tournant autour d'un axe mené dans son plan et par son centre.

579. Si dans un demi-cercle nous inscrivons un demi-polygone régulier ABCDE, et que nous fassions tourner la figure autour d'un diamètre AE, tandis que la demi-circonférence décrira la surface de la sphère, le demi-polygone décrira une surface polygonale, qui se rapprochera d'autant plus de la surface de la sphère que le nombre de ses côtés deviendra

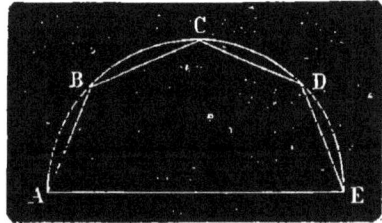
Fig. 297.

plus considérable. La différence entre la surface polygonale et celle de la sphère pourra donc devenir moindre que toute quantité donnée. *La surface d'une sphère peut donc être considérée comme la limite vers laquelle tend la surface décrite par un demi-polygone régulier dont le nombre des côtés augmente indéfiniment et inscrit dans un demi-cercle faisant une révolution autour d'un de ses diamètres.*

580. Les mêmes considérations peuvent s'appliquer aux volumes engendrés par le demi-cercle et par le demi-polygone : *le solide polygonal engendré par le demi-polygone aura aussi pour limite le volume de la sphère.* Par conséquent, la surface et le volume de la sphère dépendent de la mesure de la surface polygonale ou du solide polygonal dont les limites respectives sont la surface et le volume de la sphère.

Pour plus de simplicité, nous supposerons que la surface polygonale et le solide polygonal sont engendrés par une *ligne régulière* ou *ligne brisée régulière* tournant autour d'un axe mené dans son plan et par son centre.

581. On nomme *ligne polygonale régulière* ou *ligne brisée régulière* une ligne brisée plane et convexe, qui a tous ses côtés et tous ses angles égaux.

THÉORÈME

582. *La surface engendrée par une ligne brisée régulière tournant autour d'un axe, mené dans son plan et par son centre, a pour mesure la circonférence du cercle inscrit multipliée par la projection de la ligne polygonale sur l'axe.*

Soit BCDE une ligne brisée régulière, O son centre, et OG son apothème ou le rayon du cercle inscrit. Il est évident que la surface décrite par cette ligne en tournant autour du diamètre XY, se compose de la somme des

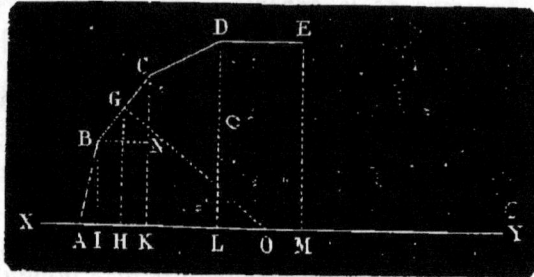

Fig. 298.

surfaces décrites séparément par les côtés BC, CD, DE. Or, le côté BC décrit la surface latérale d'un tronc de cône. Si GH est la perpendiculaire abaissée du milieu du côté BC sur l'axe, on aura (526) surface décrite par BC, ou simplement

$$\text{surface BC} = 2\pi \text{GH} \times \text{BC} \quad (1).$$

En menant BI, CK perpendiculaires à l'axe et BN parallèle, on obtient deux triangles BCN et HGO semblables comme ayant les côtés perpendiculaires chacun à chacun [1], et qui donnent [2]

$$\frac{\text{BC}}{\text{GO}} = \frac{\text{BN}}{\text{GH}}$$

ou

$$\frac{\text{BC}}{\text{GO}} = \frac{\text{IK}}{\text{GH}}, \text{ car IK} = \text{BN}.$$

1. Les côtés homologues sont réciproquement perpendiculaires l'un à l'autre.
2. Afin de ne point éprouver d'embarras pour établir cette proportion, il suffit de savoir que BC et GH doivent y figurer.

Si l'on chasse les dénominateurs, il vient

$$BC \times GH = GO \times IK.$$

En substituant, dans l'égalité (1), à $BC \times GH$ sa valeur $GO \times IK$, on a

$$\text{Surface } BC = 2\pi GO \times IK.$$

Mais $2\pi GO$ égale la circonférence du cercle inscrit dans la ligne brisée régulière, et IK est sa projection ; *la surface décrite par le côté* BC *a donc pour mesure la circonférence du cercle inscrit multipliée par la projection de ce côté sur l'axe.*

On verrait de même que pour les surfaces décrites par les côtés CD, DE, on a

$$\text{Surface } CD = 2\pi GO \times KL,$$

$$\text{Surface } DE = 2\pi GO \times LM.$$

En ajoutant membre à membre, il vient

$$\text{Surface } BC + \text{surface } CD + \text{surface } DE,$$

ou

$$\text{Surface } BCDE = 2\pi GO \times IK + 2\pi GO \times KL + 2\pi GO \times LM,$$
$$= 2\pi GO \,(IK + KL + LM),$$
$$= 2\pi GO \times IM.$$

IM est la projection de la ligne brisée régulière BCDE. Donc *la surface engendrée par une ligne brisée régulière tournant autour d'un axe mené dans son plan et par son centre, a pour mesure la circonférence du cercle inscrit multipliée par la projection de la ligne polygonale sur l'axe.*

583. REMARQUE. Il est évident que la démonstration précédente est indépendante de la position d'un côté de la ligne brisée [1] par rapport à l'axe XY ; donc

$$\text{Surface } ABCDEF = 2\pi GO \times AF.$$

---

1. Car la démonstration reste la même quelque près de l'axe que soit le côté BC ; donc elle sera encore vraie si BC prend la position AB.

Aire de la zone, de la sphère entière

DÉFINITIONS

584. Lorsque le demi-cercle ABC fait une révolution autour du diamètre AC pour engendrer une sphère, l'arc BE décrit une portion de la surface de la sphère nommée *zone.*

585. On appelle donc *zone* la portion de la surface d'une sphère comprise entre deux plans parallèles. Les deux cercles déterminés par ces plans

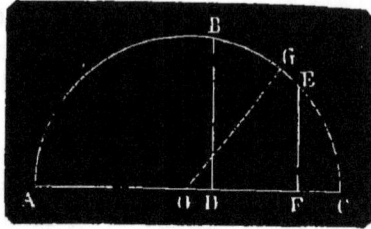

Fig. 299.

sont les *bases* de la zone, et la distance de ces deux bases est la *hauteur* de la zone. L'arc EC décrit une zone à une seule base; cette espèce de zone porte quelquefois le nom de *calotte sphérique.*

D'après ce que nous avons dit (579), il est évident qu'une zone peut être considérée comme la limite vers laquelle tend la surface décrite par une ligne brisée régulière inscrite dans l'arc générateur quand le nombre des côtés de cette ligne augmente indéfiniment.

THÉORÈME

586. *La surface d'une zone a pour mesure le produit de sa hauteur par la circonférence d'un grand cercle de la sphère.*

En effet, le théorème du n° 582 est vrai quel que soit le nombre des côtés de la ligne brisée régulière; donc il sera encore vrai lorsque le nombre des côtés sera infiniment grand, c'est-à-dire lorsque la ligne brisée se confondra avec l'arc de cercle BE et OG avec le rayon R; donc

$$\text{Surface BE} = 2\pi\text{OG} \times \text{DF}.$$

En désignant par Z la surface de la zone, par h sa hauteur, et par R le rayon de la sphère, on a

$$Z = 2\pi R \times h.$$

587. REMARQUE. Il est évident que ce théorème est vrai pour la zone à une base ou pour la *calotte sphérique.*

THÉORÈME

588. *La surface d'une sphère a pour mesure le produit de son diamètre par la circonférence d'un grand cercle.*

En effet, si l'on coupe la surface de la sphère par un plan CD perpendiculaire au diamètre AB, on obtient deux zones dont la somme de leurs surfaces compose la surface de la sphère. Or

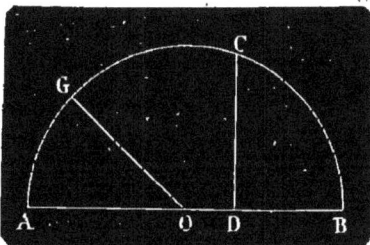

Fig. 300.

Zone AC$=2\pi$GO$\times$AD,
et
Zone BC$=2\pi$GO$\times$BD ;
donc

Surface de la sphère $=2\pi$GO$\times$AD$+2\pi$GO$\times$BD,
$$=2\pi\text{GO (AD}+\text{BD)},$$
$$=2\pi\text{GO}\times\text{AB}.$$

En désignant la surface de la sphère par S et son rayon par R, on a

S$=2\pi$R$\times$2R, car GO$=$R et AB$=$2R,

S$=4\pi$R^2 ; mais R$=\dfrac{D}{2}$, d'où R$^2=\dfrac{D^2}{4}$;

donc encore

$$S=4\pi\frac{D^2}{4},$$

$$S=\pi D^2.$$

589. **COROLLAIRE. I.** *La surface d'une sphère est égale à quatre fois la surface d'un grand cercle :* car πR^2 est la surface d'un cercle qui a R pour rayon.

590. **COROLLAIRE II.** *Le rapport des surfaces de deux sphères est égal au rapport des carrés de leurs rayons ou de*

leurs diamètres; car si leurs rayons sont R, R', et leurs surfaces S, S', on a

$$S = 4\pi R^2,$$
$$S' = 4\pi R'^2;$$

d'où, en divisant membre à membre,

$$\frac{S}{S'} = \frac{4\pi R^2}{4\pi R'^2},$$

$$\frac{S}{S'} = \frac{R^2}{R'^2};$$

on a aussi

$$S = \pi D^2,$$
$$S' = \pi D'^2;$$

d'où, en divisant membre à membre,

$$\frac{S}{S'} = \frac{D^2}{D'^2}.$$

591. Nota. Voir page 318 une démonstration facile du théorème ayant trait au volume de la sphère.

PROBLÈME

592. *On demande le volume de la maçonnerie qui entre dans un puits ayant* 8^m,60 *de profondeur et un diamètre intérieur de* 1^m,60 : *l'épaisseur du mur doit être de* 0^m,40.

Le volume cherché V est la différence de deux cylindres ayant 8^m,60 pour hauteur commune et pour rayon, l'un $\frac{1^m,60}{2} = 0^m,80$, et l'autre $\frac{1^m,60 + 0^m,40}{2} = 1$ mètre.

L'expression du volume du cylindre étant $\pi R^2 H$, on aura

$$V = \pi R^2 H - \pi r^2 H,$$
$$V = \pi H (R^2 - r^2).$$

En substituant aux lettres leurs valeurs, il vient

$$V = 3,1416 \times 8,60 \, (\overline{1}^2 - \overline{0,80}^2) = 9^{m.c.},726...$$

Le volume demandé est donc égal à 9$^{m.c.}$,726.

PROBLÈME

593. *Un cylindre en fer a* $1^m,20$ *de hauteur et pèse* 6 *kilog. La densité du fer est* 7,78 : *quel est à* 0,001 *près le diamètre du cylindre ?*

Soit V le volume du cylindre et x son rayon, en prenant pour unité le centimètre, nous aurons

$$V = \pi x^2 \times 120.$$

Le poids d'un corps s'obtient en multipliant son volume par sa densité, donc on aura

$$6 \text{ kilogrammes} = 6000 \text{ grammes} = \pi x^2 \times 120 \times 7,78,$$

$$x = \sqrt{\frac{6000}{3,1416 \times 120 \times 7,78}} = 1^{cm},43.$$

Le diamètre sera donc $1^{cm},43 \times 2 = 2^{cm},86.$

PROBLÈME

594. *Un cône dont la hauteur est* $8^m,20$ *est partagé en trois parties de volume équivalent par des plans parallèles au plan de la base. Calculer les distances des deux plans sécants au sommet du cône.*

Un cône jouissant des propriétés de la pyramide (522), le premier plan détachera un cône qui sera le tiers du cône total et qui lui sera semblable. En désignant le volume du cône total par V, sa hauteur par H, et par H′ la hauteur du cône partiel, on aura (492)

$$\frac{\frac{1}{3}V}{V} = \frac{H'^3}{H^3},$$

$$\frac{1}{3} = \frac{H'^3}{H^3},$$

$$H' = \sqrt[3]{\frac{H^3}{3}}.$$

En remplaçant H par sa valeur,

$$H' = \sqrt[3]{\frac{8,2^3}{3}} = 5^m,68.$$

Le second plan enlève un cône qui est les deux tiers du cône total ; en désignant la hauteur de celui-ci par H', on a

$$\frac{\frac{2}{3}V}{V} = \frac{H'^3}{H^3},$$

$$H' = \sqrt[3]{\frac{2H^3}{3}} = \sqrt[3]{\frac{2 \times 8,2^3}{3}} = 7^m,16.$$

Ainsi la distance du premier plan au sommet est de $5^m,68...$, et la distance du second plan au sommet est de $7^m,16...$

PROBLÈME

595. *Un cuvier ayant la forme d'un tronc de cône doit contenir 900 litres, avoir une profondeur de 1 mètre et un diamètre de $1^m,20$: on demande l'autre diamètre.*

Ce cuvier ayant la forme d'un tronc de cône, son volume V sera

$$V = \frac{1}{3}\pi h \,(R^2 + r^2 + Rr).$$

Toutes ces quantités sont connues, excepté R ou r, si l'on suppose que r est l'inconnue, on aura[1]

$$r = -\frac{R}{2} \pm \sqrt{3\left(\frac{V}{h\pi} - \frac{R^2}{4}\right)};$$

et si l'on substitue aux lettres leurs valeurs,

$$r = -\frac{0,6}{2} \pm \sqrt{3\left(\frac{0,900}{1 \times 3,1416} - \frac{0,6^2}{4}\right)} = 0^m,46.$$

Le diamètre cherché sera $0,46 \times 2 = 0^m,92.$

1. Voir notre *Nouveau Cours d'Algèbre*, nos 141 et suivants, et notre *Nouveau Cours d'Exercices et de Problèmes*, page 83, problème 236.

PROBLÈME

596. *Dans un triangle sphérique, on a* A = 50° 14', B = 70° 18', C = 74° 22'; *le rayon de la sphère ou* R = 0^m,60 : *calculer à un centimètre carré près la surface du triangle.*

Si l'on désigne par T le triangle sphérique, on aura (576)

$$T = \frac{A+B+C}{1 \text{ droit}} - 2 \text{ droits,}$$

$$T = \frac{50° 14' + 70° 18' + 74° 22'}{90°} - \frac{2 \times 90°}{90°},$$

$$T = \frac{194 + \frac{54}{60}}{90} - \frac{180}{90},$$

$$T = \frac{14 + \frac{54}{60}}{90} = \frac{149}{900}.$$

Ainsi, le triangle proposé est équivalent aux $\frac{149}{900}$ du triangle trirectangle.

Si l'on prend le centimètre pour unité, l'aire de la sphère sera $4\pi\overline{60}^2$; celle du triangle trirectangle en étant le huitième, est donc

$$\frac{4\pi\overline{60}^2}{8} = \tfrac{1}{2}\pi\overline{60}^2;$$

de sorte que l'on a pour le triangle proposé

$$\text{Aire} = \tfrac{1}{2}\pi\overline{60}^2 \times \frac{149}{900} = \pi\frac{60 \times 60 \times 149}{1800} = \pi \times 2 \times 149;$$

$$\text{Aire} = 936,1968.$$

La surface demandée est donc d'environ 936 centimètres carrés.

PROBLÈME

597. *Calculer à 1 centimètre carré près la surface engendrée par un triangle dont les côtés sont respectivement 2 mètres, 3 mètres, 4 mètres, et qui tourne autour du côté de 4 mètres.*

En tournant autour de AC, le triangle ABC engendrera deux cônes qui auront une base commune dont le rayon sera h, et pour côtés AB, BC.

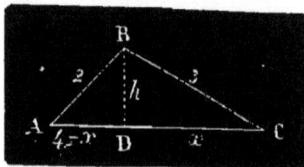

Fig. 301.

La seule inconnue est donc h.

Faisons $DC = x$, AD égalera $4 - x$, et l'on aura

$$h^2 = 9 - x^2,$$
$$h^2 = 4 - (4 - x)^2;$$

d'où
$$9 - x^2 = 4 - (4 - x)^2,$$
$$9 - x^2 = 4 - 16 - x^2 + 8x,$$
$$5 = -16 + 8x,$$
$$8x = 21,$$
$$x = 2,625.$$

Connaissant $DC = 2^m,625$, il est facile de déterminer h.

$$h^2 = 9 - \overline{2,625}^2,$$
$$h = \sqrt{9 - \overline{2,625}^2} = 1^m,452.$$

La surface décrite sera donc (523)
$$\pi h \times 3 + \pi h \times 2 = \pi h \ (3 + 2) = 3,1416 \times 1,452 \times 5$$
$$= 22^{m.\,q.},8080, \text{ à 1 centimètre carré près.}$$

Ainsi, la surface décrite sera égale à $22^{m.\,q.},8080$.

PROBLÈME

598. *La hauteur de la zone torride, ou la distance des plans des tropiques, est d'environ 1268 lieues de 4000 mètres : on demande la surface de cette zone en lieues carrées.*

La formule qui donne la surface d'une zone est
$$Z = 2\pi R h.$$

Or, $2\pi R$ étant la circonférence d'un grand cercle de la terre et égale 10000 lieues, donc
$$Z = 10000 \times 1268 = 12680000 \text{ lieues carrées.}$$

La surface de cette zone est donc 12680000 lieues carrées.

PROBLÈME

599. *Une zone à deux bases a une surface de 20 mètres carrés ; le rayon de la sphère à laquelle elle appartient a 5 mètres, l'une de ses bases est à 1 mètre du centre de la sphère : on demande la surface de l'autre base.*

Si dans la formule

$$Z = 2\pi R h,$$

on substitue aux lettres leurs valeurs, on a

$$20 = 2 \times 3,1416 \times h,$$

d'où
$$h = \frac{20}{2 \times 3,1416} = 3,183.$$

Si la seconde base est au delà de la première par rapport au centre, sa distance d à ce point sera $1 + h$, et le rayon de cette base étant désigné par x, on aura (537)

$$x^2 = R^2 - d^2.$$

D'ailleurs la surface d'un cercle qui a x pour rayon est πx^2, donc

Surface du cercle ou $\pi x^2 = \pi (R^2 - d^2)$.

Si l'on substitue aux lettres leurs valeurs, on a

$$\pi x^2 = 3,1416 [25 - (1 + 3,183)^2] = 23^{m.q.},56.$$

Si, au contraire, la base dont on cherche la surface est en deçà de la première, elle est de l'autre côté du centre, et sa distance d' à ce point est $h - 1$. Si l'on désigne son rayon par x', sa surface sera $\pi x'^2$, et l'on aura

$$\pi x'^2 = \pi (R^2 - d'^2).$$

En remplaçant les lettres par leurs valeurs, on a

$$\pi x'^2 = 3,1416 [25 - (3,183 - 1)^2] = 63^{m.q.},56.$$

La surface de la base demandée sera donc $23^{m.q.},56$ ou $63^{m.q.},56$, selon qu'elle sera au delà ou en deçà de la première base.

Mesure du volume engendré par un triangle tournant autour d'un axe mené dans son plan par un de ses sommets. — Application au secteur polygonal régulier tournant autour d'un axe mené dans son plan et par son centre.

THÉORÈME

600. *Le volume engendré par la révolution d'un triangle ABC tournant autour d'un axe XY mené dans son plan par un de ses sommets A, a pour mesure la surface décrite par le côté BC opposé au sommet A multiplié par le tiers de la hauteur correspondante AD.*

1° *Le côté* AC *coïncide avec l'axe, et* AD *est perpendiculaire à* BC : on aura volume en-gendré par le triangle ABC, ou simplement

$$\text{Vol. ABC} = \text{surf. BC} \times \tfrac{1}{3}\text{AD}.$$

En effet, le volume en-gendré par le triangle ABC est la somme des deux cô-nes engendrés par les triangles rectangles ABE, EBC.

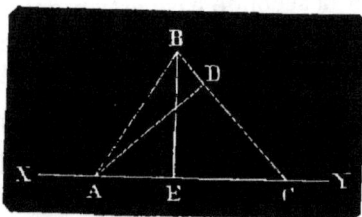

Par conséquent,

$$\text{Vol. ABC} = \text{vol. ABE} + \text{vol. EBC}.$$

Or (527)

$$\text{Vol. ABE} = \tfrac{1}{3}\pi \overline{\text{BE}}^2 \times \text{AE},$$

et

$$\text{Vol. EBC} = \tfrac{1}{3}\pi \overline{\text{BE}}^2 \times \text{EC},$$

par conséquent

$$\text{Vol. ABC} = \tfrac{1}{3}\pi \overline{\text{BE}}^2 \times \text{AE} + \tfrac{1}{3}\pi \overline{\text{BE}}^2 \times \text{EC},$$
$$= \tfrac{1}{3}\pi \overline{\text{BE}}^2 \,(\text{AE} + \text{EC}),$$
$$= \tfrac{1}{3}\pi \text{BE} \times \text{BE} \times \text{AC}.$$

Mais $\text{BE} \times \text{AC} = \text{BC} \times \text{AD}$, car ces deux produits re-présentent l'un et l'autre le double de l'aire du triangle ABC; donc

$$\text{Vol. ABC} = \tfrac{1}{3}\pi \text{BE} \times \text{BC} \times \text{AD}.$$

18

D'ailleurs, dans le mouvement de révolution du triangle, le côté BC engendre la surface d'un cône circulaire droit, et l'on a

$$\text{Surf. } BC = 2\pi BE \times \frac{BC}{2},$$

$$= \pi BE \times BC:$$

Si dans l'expression du volume ABC on remplace $\pi BE \times BC$ par sa valeur, surface BC, il vient enfin

$$\text{Vol. } ABC = \text{surf. } BC \times \tfrac{1}{3}AD.$$

2° *L'axe* XY *rencontre en un point* E *le prolongement du côté* BC *opposé au sommet* A.

On a aussi

Vol. ABC = surf. BC × $\tfrac{1}{3}$AD,

car

$$\text{Vol. } ABC = \text{vol. } ABE$$
$$- \text{vol. } ACE.$$

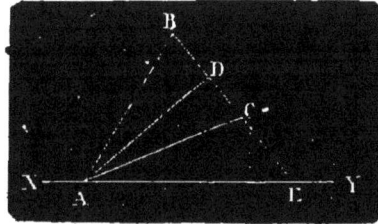

Fig. 303.

Or, vol. $ABE = \text{surf. } BE \times \tfrac{1}{3}AD$, et vol. $ACE = \text{surf. } CE \times \tfrac{1}{3}AD$: donc

$$\text{Vol. } ABC = (\text{surf. } BE - \text{surf. } CE) \times \tfrac{1}{3}AD,$$
$$= \text{surf. } BC \times \tfrac{1}{3}AD.$$

3° *L'axe* XY *est parallèle au côté* BC.

On aura encore

$$\text{Vol. } ABC = \text{surf. } BC \times \tfrac{1}{3}AD.$$

En effet, le cône engendré par le triangle EAB est le tiers du cylindre engendré par le rectangle EADB, par conséquent le volume engendré par le triangle ABD est les deux tiers de ce cylindre. De même, le volume engendré par le triangle ADC est les

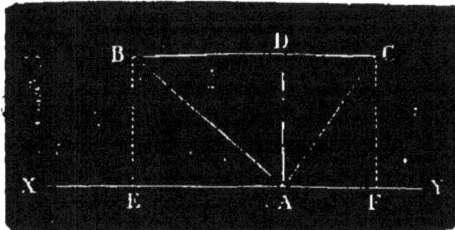

Fig. 304.

deux tiers du cylindre engendré par le rectangle AFCD; donc le volume engendré par ABC est les deux tiers du cylindre engendré par le rectangle EBCF, Ainsi

$$\text{Vol. ABC} = \tfrac{2}{3}\pi\overline{\text{AD}}^2 \times \text{BC},$$

$$= 2\pi\text{AD} \times \text{BC} \times \frac{\text{AD}}{3}.$$

Mais la surface décrite par BC est celle d'un cylindre qui a pour mesure $2\pi\text{AD} \times \text{BC}$; on peut donc remplacer $2\pi\text{AD} \times \text{BC}$ par surface BC, et il vient enfin

$$\text{Vol. ABC} = \text{surf. BC} \times \tfrac{1}{3}\text{AD}.$$

DÉFINITION

601. On appelle *secteur polygonal* régulier la portion de plan OBCDEO comprise entre une ligne brisée régulière BCDE et les deux rayons extrêmes OB, OE.

THÉORÈME

602. *Le volume engendré par un secteur polygonal régulier OBCDEO tournant autour d'un axe XY mené dans son plan et par son centre a pour mesure le produit de la surface décrite par la ligne brisée régulière multipliée par le tiers du rayon du cercle inscrit.*

En effet, le volume décrit par le secteur polygonal régulier OBCDEO est égal à la

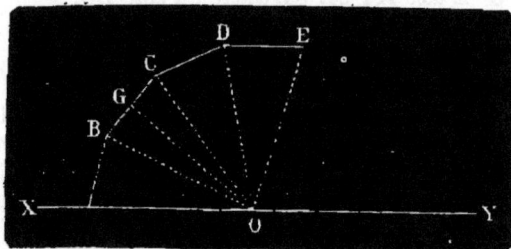

Fig. 305.

somme des volumes décrits par les triangles OBC, OCD, ODE.

Par conséquent

$$\text{Vol. OBCDEO} = \text{vol. OBC} + \text{vol. OCD} + \text{vol. ODE};$$

Or (600) $\qquad$ Vol. OBC = surf. BC $\times \frac{1}{3}$OG,

$\qquad$ Vol. OCD = surf. CD $\times \frac{1}{3}$OG,

$\qquad$ Vol. ODE = surf. DE $\times \frac{1}{3}$OG.

En ajoutant

Vol. OBCDEO = (surf. BC + surf. CD + surf. DE) $\times \frac{1}{3}$OG,

Vol. OBCDEO = surf. BCDE $\times \frac{1}{3}$OG.

Volume du secteur sphérique, de la sphère entière et du segment sphérique

603. On appelle *secteur sphérique* le solide engendré par un secteur circulaire faisant une révolution entière autour d'un diamètre adjacent ou extérieur.

Ainsi, lorsque le demi-cercle ACB décrit la sphère, chaque secteur circulaire BOD, DOC engendre un secteur sphérique : le premier a pour base la zone BD et le second la zone DC.

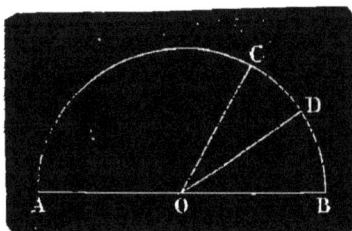

Fig. 306.

D'après ce qui a été dit (580), il est évident qu'un secteur sphérique peut être considéré comme la limite vers laquelle tend le volume engendré par un secteur polygonal régulier inscrit dans un secteur circulaire, quand le nombre des côtés du secteur polygonal augmente indéfiniment.

THÉORÈME

604. *Le volume du secteur sphérique a pour mesure la zone qui lui sert de base multipliée par le tiers du rayon.*

En effet, le théorème du n° 602 est vrai quelque nombreux que soient les côtés de la ligne brisée

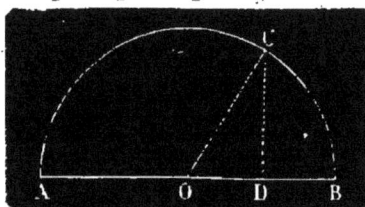

Fig. 307.

qui termine le secteur polygonal régulier ; donc il sera

encore vrai lorsque le nombre des côtés de la ligne brisée sera infiniment grand, c'est-à-dire lorsque le secteur polygonal se confondra avec le secteur circulaire : donc

$$\text{Vol. secteur sph. BOC} = \text{surf. BC} \times \tfrac{1}{3}\text{OC}.$$
$$= \text{zone BC} \times \tfrac{1}{3}\text{OC}.$$

En désignant par R le rayon de la sphère, et par h =BD la hauteur de la zone qui sert de base au secteur sphérique, comme surf. zone $= 2\pi Rh$, on a

$$\text{Secteur sph.} = 2\pi R \times h \times \tfrac{1}{3}R,$$
$$= \tfrac{2}{3}\pi R^2 h.$$

THÉORÈME

605. *Le volume d'une sphère est égal au produit de sa surface par le tiers de son rayon.*

En effet, le volume de la sphère (*fig.* 307) se compose de la somme des volumes des secteurs sphériques AOC, COB; donc

Vol. sphère OB=sect. sph. AOC + sect. sph. BOC,

Sect. sph. AOC=zone AC$\times \tfrac{1}{3}$OC,

Sect. sph. BOC=zone BC$\times \tfrac{1}{3}$OC,

Vol. sphère OB=(zone AC+zone BC)$\times \tfrac{1}{3}$OC.

Mais zone AC+zone BC=surface de la sphère; donc

Vol. sphère OB=surface de la sphère$\times \tfrac{1}{3}$OC.

En désignant le volume de la sphère par V *et son rayon par* R, *sa surface sera* $4\pi R^2$; *on aura par conséquent*

$$V = 4\pi R^2 \times \tfrac{1}{3}R,$$
$$V = \tfrac{4}{3}\pi R^3;$$

mais $R = \dfrac{D}{2}$ et $R^3 = \dfrac{D^3}{8}$, donc encore

$$V = \tfrac{4}{3}\pi \times \frac{D^3}{8} = \tfrac{1}{6}\pi D^3.$$

606. COROLLAIRE. *Le rapport des volumes de deux sphè-*

18.

res est égal au rapport des cubes de leurs rayons ou de leurs diamètres.

Car pour une sphère dont le volume est V et le rayon R, on a

$$V = \tfrac{4}{3}\pi R^3,$$

et pour une sphère dont le volume est V' et le rayon R',

$$V' = \tfrac{4}{3}\pi R'^3.$$

Divisant membre à membre, il vient

$$\frac{V}{V'} = \frac{\tfrac{4}{3}\pi R^3}{\tfrac{4}{3}\pi R'^3},$$

$$\frac{V}{V'} = \frac{R^3}{R'^3},$$

$$\frac{V}{V'} = \frac{8R^3}{8R'^3}.$$

Mais $2R = D$, $8R^3 = D^3$, donc

$$\frac{V}{V'} = \frac{D^3}{D'^3}.$$

607. Voici une autre démonstration facile de ce théorème : *Le volume d'une sphère est égal au produit de sa surface par le tiers de son rayon.*

On peut supposer la surface de la sphère comme composée d'une infinité de petites faces sensiblement planes, et par suite son volume peut être considéré comme la somme d'une infinité de pyramides ayant pour bases ces faces, pour sommet commun le centre de la sphère, et pour hauteur le rayon. Or, une pyramide a pour mesure le produit de sa base par le tiers de sa hauteur : donc la somme de toutes ces pyramides ou le volume de la sphère sera égal à la somme des petites faces, ou à la surface de la sphère multipliée par le tiers du rayon.

608. REMARQUE I. On ferait un raisonnement tout à fait analogue pour prouver qu'*un onglet sphérique*, un *secteur sphérique* et une *pyramide sphérique* (une pyramide qui a son sommet au centre de la sphère et qui a pour base un polygone sphérique quelconque) *ont pour volume la surface de leur base multipliée par le tiers du rayon de la sphère.*

609. Remarque II. Ces démonstrations, bien plus faciles que les précédentes, ne sont pas moins rigoureuses, car le cercle, le cylindre, le cône étant des *limites, on peut de même considérer la sphère comme la limite vers laquelle tend un polyèdre inscrit dont le nombre des faces augmente indéfiniment.*

THÉORÈME

610. *Le volume engendré par le segment circulaire AMB, faisant une révolution autour du diamètre XY, est égal au sixième du cercle qui a pour rayon la corde AB du segment multiplié par la projection CD de cette même corde sur l'axe.*

On aura

Vol. seg. $AMB = \frac{1}{6}\pi \overline{AB}^2 \times CD$.

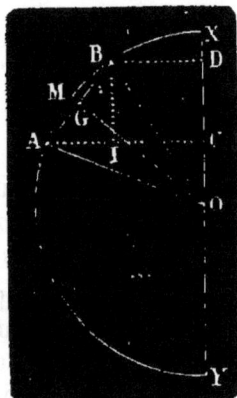

Fig. 308.

En effet,

Vol. seg. $AMB =$ sect. sph. OAMB
$\qquad$ —vol. OAB.

Or,

Sect. sph. $OAMB = \frac{2}{3}\pi \overline{OA}^2 \times CD$,

et (600)

$\qquad$ Vol. OAB $=$ surf. $AB \times \frac{1}{3}OG$.

Mais (582)

$\qquad$ Surf. $AB = 2\pi OG \times CD$,

par conséquent,

$\qquad$ Vol. OAB $= 2\pi OG \times CD \times \frac{1}{3}OG$,

$\qquad\qquad = \frac{2}{3}\pi \overline{OG}^2 \times CD$;

donc

$\quad$ Vol. seg. $AMB = \frac{2}{3}\pi \overline{OA}^2 \times CD - \frac{2}{3}\pi \overline{OG}^2 \times CD$,

$\qquad\qquad = \frac{2}{3}\pi CD\,(\overline{OA}^2 - \overline{OG}^2)$,

$\qquad\qquad = \frac{2}{3}\pi CD \times \overline{AG}^2$, car $\overline{OA}^2 - \overline{OG}^2 = \overline{AG}^2$;

mais $\qquad AG = \dfrac{AB}{2}$, $\overline{AG}^2 = \dfrac{\overline{AB}^2}{4}$, donc enfin   Vol. seg. $AMB = \frac{2}{3}\pi CD \times \frac{\overline{AB}^2}{4}$,

$$= \frac{1}{6}\pi\overline{AB}^2 \times CD.$$

DÉFINITION

611. On appelle *segment sphérique*, ou encore *tranche sphérique*, la partie du volume de la sphère comprise entre deux sections parallèles. Ces sections sont les *bases* du segment, et leur distance en est la *hauteur*.

THÉORÈME

612. *Le volume d'un segment sphérique à bases parallèles est égal à la demi-somme de ses bases multipliée par leur distance, plus le volume de la sphère qui aurait cette distance pour diamètre.*

Soient AC, BD les rayons des bases parallèles, de sorte que le segment sphérique soit engendré par la révolution du plan circulaire CAMBD.

Ce segment est la somme des volumes produits par le segment circulaire AMB et par le trapèze CABD.

On aura

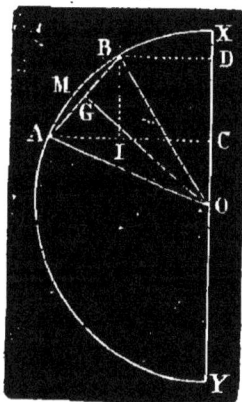

Fig. 309.

$$\text{Vol. CAMBD} = \frac{1}{2}\pi\,(\overline{AC}^2 + \overline{BD}^2) \times CD + \frac{1}{6}\pi\overline{CD}^3,$$
$$\text{Vol. CAMBD} = \text{vol. AMB} + \text{vol. CABD}.$$

Or (610)

$$\text{Vol. AMB.} = \frac{1}{6}\pi\overline{AB}^2 \times CD,$$

et (528)

$$\text{Vol. CABD} = \frac{1}{3}\pi CD \times (\overline{AC}^2 + \overline{BD}^2 + AC \times BD);\ \frac{1}{3} = \frac{2}{6};$$
$$= \frac{2}{6}\pi CD \times (\overline{AC}^2 + \overline{BD}^2 + AC \times BD),$$

$$\text{Vol. CAMBD} = \frac{1}{6}\pi\overline{AB}^2 \times CD + \frac{2}{6}\pi CD\,(\overline{AC}^2 + \overline{BC}^2 + AC \times BD),$$
$$= \frac{1}{6}\pi\overline{AB}^2 \times CD + \frac{1}{6}\pi CD\,(2\overline{AC}^2 + 2\overline{BC}^2 + 2AC \times BD),$$
$$= \frac{1}{6}\pi CD\,(\overline{AB}^2 + 2\overline{AC}^2 + 2\overline{BC}^2 + 2AC \times BD)\ (1).$$

Mais le triangle rectangle ABI donne

$$\overline{AB}^2 = \overline{AI}^2 + \overline{BI}^2 = \overline{AI}^2 + \overline{CD}^2.$$

Or $\quad$ AI = AC — BD,

$$\overline{AI}^2 = (AC - BD)^2 = \overline{AC}^2 - 2AC \times BD + \overline{BD}^2,$$

donc $\overline{AB}^2 = \overline{AC}^2 - 2AC \times BD + \overline{BD}^2 + \overline{CD}^2.$

Substituant la valeur de $\overline{AB}^2$ dans l'égalité (1), et réduisant, il vient

$$\text{Vol. seg. } CAMBD = \tfrac{1}{6}\pi CD\,(3\overline{AC}^2 + 3\overline{BD}^2 + \overline{CD}^2),$$
$$= \tfrac{1}{6}\pi CD \times \overline{CD}^2 + \tfrac{1}{6}\pi CD\,(3\overline{AC}^2 + 3\overline{BD}^2),$$
$$= \tfrac{1}{6}\pi \overline{CD}^3 + \tfrac{1}{2}\pi\,(\overline{AC}^2 + \overline{BD}^2)\,CD,$$
$$= \tfrac{1}{2}\pi\,(\overline{AC}^2 + \overline{BD}^2) \times CD + \tfrac{1}{6}\pi \overline{CD}^3.$$

En désignant les rayons des bases d'un segment sphérique par R, r, et sa hauteur par h, on a la formule

$$\text{Vol. seg. sph.} = \tfrac{1}{2}\pi h\,(R^2 + r^2) + \tfrac{1}{6}\pi h^3.$$

613. REMARQUE. Si l'un des cercles qui comprennent le segment devient tangent à la sphère, le segment n'a plus qu'une base. Par exemple, dans le cas où le cercle qui a pour rayon BD serait tangent, on aurait $\overline{BD}^2 = 0$, et la formule précédente se changerait en celle-ci

$$\text{Vol. seg.} = \tfrac{1}{2}\pi \overline{AC}^2 \times CD + \tfrac{1}{6}\pi \overline{CD}^3,$$

et le segment sphérique équivaudrait à la moitié d'un cylindre de même base et de même hauteur, plus à la sphère dont cette hauteur est le diamètre.

En désignant par R le rayon de la base d'un segment sphérique à une base, et par h sa hauteur, on a la formule

$$\text{Vol. seg. sph. à une base} = \tfrac{1}{2}\pi R^2 h + \tfrac{1}{6}\pi h^3.$$

Volume approché d'un solide limité par une surface quelconque

614. On sait qu'un corps plongé dans un liquide déplace un volume de liquide égal au sien propre; donc si l'on plonge un corps dans un vase régulier entièrement rempli d'eau, le volume de l'eau échappée donnera le volume du corps. Plus généralement on place le corps dans une caisse de capacité connue ou facile à connaître, et l'on achève de la remplir avec du sable : la capacité de la caisse, moins le volume du sable, donne le volume du corps.

PROBLÈME

615. *Les trois côtés d'un triangle ABC ont respectivement 2 mètres, 3 mètres et 4 mètres : trouver le volume engendré par ce triangle tournant autour d'une droite passant par son sommet A et parallèle au côté* BC$=4$ *mètres.*

Supposons que le triangle dont il s'agit soit représenté par la *fig.* 304, nous aurons (600, 3°) pour le volume V engendré par ce triangle

$$V = \tfrac{2}{3}\pi \overline{AD}^2 \times BC.$$

Nous avons trouvé (597) que AD ou $h = 1^m,452$.
En remplaçant les lettres par leurs valeurs, on a

$$V = \tfrac{2}{3} \times 3,1416 \times \overline{1,452}^2 \times 4 = 17^{m.c.},662.$$

Le volume demandé est $17^{m.c.},662$.

PROBLÈME

616. AB *est le diamètre d'un demi-cercle qui a son centre en O; sur chacun des rayons* OA, OB *on décrit un demi-cercle : calculer le volume décrit par la surface comprise entre les trois demi-cercles, lorsque la figure fait une révolution autour de* AB. *Application* AB$=2$ *mètres.*

Si l'on fait AB$=2$R, on aura OA$=$R, OB$=$R.

Le volume cherché V est le volume engendré par le demi-cercle dont AB est le diamètre, moins 2 fois le volume engendré par le demi-cercle, dont OA ou OB est le diamètre ; on aura donc

$$V = \tfrac{4}{3}\pi R^3 - \tfrac{4}{3}\pi \frac{R^3}{8} - \tfrac{4}{3}\pi \frac{R^3}{8},$$

$$V = \tfrac{4}{3}\pi R^3 - \tfrac{1}{3}\pi R^3,$$

$$V = \pi R^3.$$

Dans le cas où AB$=2$ mètres, R$=1$ mètre, et
$$V=3,1416\times1=3^{m.c.},1416.$$

PROBLÈME

617. *Trouver le rayon d'un boulet en fonte pesant 10 kilogrammes. La densité de la fonte est 7,20.*

Le volume d'une sphère est donné par la formule
$$V=\tfrac{4}{3}\pi R^3.$$

Or, le poids d'un corps est égal à son volume multiplié par sa densité : donc

Poids de la sphère ou 10 kilog.$=\tfrac{4}{3}\times3,1416\times R^3\times7,20,$

d'où $\qquad R=\sqrt[3]{\dfrac{3\times10}{4\times3,1416\times7,2}}=0^m,069.$

Le rayon du boulet sera donc de $0^m,069$.

PROBLÈME

618. *On a une sphère de cuivre de $0^m,18$ de rayon. Cette sphère creuse contient une sphère de platine de $0^m,05$ de rayon; il n'existe aucun vide entre les deux sphères : on demande le poids de la masse ainsi formée, la densité du cuivre étant 8,8 et celle du platine 22,06.*

Si l'on représente par V le volume de la sphère totale, par v celui de la sphère de platine,

$$V-v \text{ sera le volume du cuivre.}$$

R et r étant les rayons des sphères, on aura
$$V=\tfrac{4}{3}\pi R^3,$$
$$v=\tfrac{4}{3}\pi r^3,$$

Volume du cuivre ou $V-v=\tfrac{4}{3}\pi(R^3-r^3)$.

D'après le problème précédent,

Poids du cuivre $=\tfrac{4}{3}\pi(R^3-r^3)\times8,8,$

Poids du platine$=\tfrac{4}{3}\pi r^3\times22,06,$

Poids total $\qquad=\tfrac{4}{3}\pi[(R^3-r^3)\times8,8+r^3\times22,06].$

En remplaçant les lettres par leurs valeurs, il vient

$$\text{Poids total} = \tfrac{1}{3} \times 3{,}1416 \left[\overline{(0{,}18^3} - \overline{0{,}05^3)} \times 8{,}8 + \overline{0{,}05}^3 \times 22{,}06 \right] = 221^{kg}{,}923.$$

Le poids de la masse sera de $221^{kg}{,}923$.

PROBLÈME

619. *Un secteur sphérique appartenant à une sphère de 1 mètre de rayon a un volume égal à 1 mètre cube : trouver la hauteur de la zone qui lui sert de base.*

On a (604)

$$\text{Volume secteur sphérique} = \tfrac{2}{3}\pi R^2 h.$$

Si l'on remplace les lettres par leurs valeurs, il vient

$$1 = \tfrac{2}{3} \times 3{,}1416 \times 1^2 \times h,$$

d'où

$$h = \frac{3}{2 \times 3{,}1416} = 0^m{,}47.$$

La hauteur de la zone est $0^m{,}47$, à 1 centimètre près.

PROBLÈME

620. *Un segment sphérique n'a qu'une base de 2 mètres de rayon, la hauteur de ce segment a $1^m{,}50$: calculer son volume à 1 centimètre cube près.*

On a (613)

$$\text{Vol. seg. sph. à une base} = \tfrac{1}{2}\pi R^2 h + \tfrac{1}{6}\pi h^3,$$
$$= \pi h \left(\tfrac{1}{2} R^2 + \tfrac{1}{6} h^2 \right).$$

Si l'on remplace les lettres par leurs valeurs, il vient

$$\text{Volume demandé} = 3{,}1416 \times 1{,}50 \left(\tfrac{1}{2} \times 4 + \tfrac{1}{6} \times \overline{1{,}50}^2 \right),$$
$$= 3^{m.c.}{,}730650.$$

Ainsi on a pour le volume $3^{m.c.}{,}730650$.

EXERCICES ET PROBLÈMES

626. Un cylindre qui a 2 mètres de hauteur a pour base un cercle de $0^m,10$ de rayon : on demande 1° la surface latérale du cylindre ; 2° sa surface totale.

627. Un cylindre dont la hauteur est de $1^m,20$ a une surface latérale de $0^{m.q.},60$: on demande le rayon de sa base.

628. La surface totale d'un cylindre est de 3 mètres carrés, le rayon de la base de ce cylindre a $0^m,20$: quelle est la hauteur du cylindre ?

629. Que devient le volume d'un cylindre dont on double l'une des dimensions ?

630. Que devient le volume d'un cylindre dont on double en même temps le diamètre et la hauteur ?

631. Un rouleau (employé en agriculture) a $1^m,60$ de longueur et $0^m,40$ de diamètre : combien coûtera-t-il à faire peindre à raison de 1 fr. le mètre carré ?

632. Un cylindre a 2 mètres de hauteur, le rayon de sa base $=0^m,40$: on demande de mener un plan parallèle à la base et tel que cette base soit moyenne proportionnelle entre les surfaces latérales déterminées par le plan sécant.

633. Un cylindre a 2 mètres de hauteur et pour base un cercle de 1 mètre de rayon : on demande les dimensions d'un cylindre semblable, mais dont la surface latérale soit le $\frac{1}{3}$ de la surface latérale du premier.

634. Un vase cylindrique a $0^m,30$ de diamètre intérieur et $0^m,70$ de profondeur : combien peut-il contenir de litres ?

635. On demande le poids du mercure contenu dans un vase cylindrique qui a un diamètre de $0^m,20$ et dans lequel la hauteur du mercure est de $0^m,40$. La densité du mercure est 13,6.

636. Un vase cylindrique dont la capacité est de 20 litres (le double décalitre) a une hauteur égale au diamètre : on demande ses dimensions.

637. Un cylindre a un volume de 340 décimètres cubes : quelle est la surface latérale de ce cylindre, sachant que sa hauteur est double de son diamètre ?

638. La surface latérale d'un cylindre est de 3 mètres carrés, le rayon de la base de ce cylindre est de $0^m,20$: on demande son volume.

639. On a employé 2 centimètres cubes d'or pour dorer la

19

surface latérale d'un cylindre dont le diamètre est de 0^m,20, et la hauteur 0^m,80 : on demande l'épaisseur de la couche d'or.

640. Le rayon intérieur d'une colonne creuse en fonte est de 0^m,05, son épaisseur 0^m,01 et sa hauteur 3^m,15 : on demande son poids, la densité de la fonte étant 7,2.

641. Un vase cylindrique contient 5 hectolitres, sa hauteur est 1 mètre : on demande le rayon de sa base.

642. La densité de l'or est 19,26; on veut recouvrir d'or une colonne ayant 3 mètres de hauteur et un rayon de 0^m,20 : quel est le poids de l'or à employer, sachant que la feuille d'or doit avoir 0^m,0001 d'épaisseur?

643. Le litre en zinc a une hauteur double du diamètre, l'épaisseur du métal est 0^m,005, la densité du zinc est 7,19 : trouver le poids du vase.

644. Le rayon intérieur d'une tour est de 1^m,20; l'épaisseur est 0^m,50 et le volume de la maçonnerie est 81 mètres cubes : on demande la hauteur de la tour.

645. On verse dans un double décalitre 64 kilog. de mercure. La densité de ce corps est 13,6 : à quelle hauteur s'élève-t-il à 0,001 près?

646. On plonge dans un liquide à 0° un petit cylindre de fer dont le rayon est 0^m,05 et la hauteur 0^m,20. Ce cylindre pèse 9 kilog. dans le liquide : on demande la densité du liquide, celle du fer étant 7,788.

647. Trouver le volume d'un cylindre circonscrit à un parallélipipède; les dimensions de celui-ci sont a, b et h.

648. Trouver le volume d'un cylindre inscrit dans un parallélipipède dont les dimensions sont a, b et h.

649. Trouver le rapport du volume du cylindre au parallélipipède inscrit.

650. Trouver le rapport du volume du parallélipipède au cylindre inscrit.

651. Trouver le rapport du parallélipipède circonscrit au parallélipipède inscrit.

652. Les dimensions d'un parallélipipède sont a, b, h. Quelle est la hauteur d'un cylindre équivalent, le rayon de la base de ce cylindre étant a?

653. Un tube cylindrique en verre pèse 80 grammes lorsqu'il est vide et 140 grammes lorsqu'on y introduit une colonne de mercure ayant 0^m,08 de longueur. La densité du mercure étant 13,598, on demande le diamètre du tube.

654. La surface totale d'un cylindre ayant 1^m,20 de hauteur est égale à celle d'un cercle de 1 mètre de rayon. Calculer le volume du cylindre.

655. On veut construire un bassin cylindrique qui contienne 10 mètres cubes d'eau : on demande la profondeur qu'on devra donner au bassin dans le cas où son diamètre est de 4 mètres.

656. Quel est le diamètre d'un fil de platine qui pèse 28 grammes par mètre de longueur, la densité du platine étant 22,06.

657. Dans un cylindre dont le rayon est 0^m,25, on verse 30 kilogrammes de mercure dont la densité est de 13,6, et 6 kilogrammes d'alcool dont la densité est 0,79 : à quelle hauteur s'élèvent les deux liquides?

658. On a un vase cylindrique dont le rayon de la base a 0^m,20, la profondeur de ce vase est de 0^m,30; on veut construire un autre vase semblable au premier, mais dont la contenance soit triple : quelles seront les dimensions de ce vase?

659. Un cône a 2 mètres de hauteur, la surface de sa base = 1 mètre carré; à 0^m,80 du sommet, on mène un plan parallèle à la base : on demande la surface de la section.

660. Un cône a pour base un cercle de 0^m,40 de rayon : à quelle distance du sommet doit être mené parallèlement à la base un autre cercle de 0^m,30 de rayon? Le cône a 2 mètres de hauteur.

661. Le rayon de la base d'un cône a 0^m,30, son côté = 1^m,20 : on demande la surface latérale du cône.

662. Le rayon de la base d'un cône = 0^m,40, sa hauteur = 3 mètres : quelle est la surface totale du cône?

663. Un cône a une hauteur égale à son diamètre : déterminer le rapport de la surface de sa base à sa surface latérale.

664. Un cône a 4 mètres de hauteur et pour base un cercle de 2^m,10 de rayon : on demande les dimensions d'un cône semblable, mais dont la surface latérale soit les $\frac{1}{4}$ de la surface latérale du premier.

665. La surface latérale d'un cylindre qui a 3 mètres de hauteur est égale à 4 mètres carrés : on demande la surface totale d'un cône ayant même base et même hauteur que le cylindre.

666. Que devient un cône dont on double la hauteur ou le diamètre de la base?

667. Que devient un cône dont on double en même temps le diamètre et la hauteur?

668. On demande le rapport des surfaces latérales d'un cylindre et d'un cône ayant même base et même hauteur.

669. Un cône a 4 mètres de hauteur : à quelle distance du sommet faut-il mener un plan parallèle à la base pour que la section obtenue soit le $\frac{1}{4}$ de la base?

670. Le côté d'un cône est donné ainsi que sa base : déterminer la surface d'une section faite parallèlement à la base à une distance connue du sommet du cône.

671. Un cône a 3 mètres de hauteur et un rayon de 1 mètre. On développe sur un plan la surface latérale de ce cône, on obtient ainsi un secteur circulaire : calculer l'angle au centre du secteur.

672. La hauteur d'un cône est 8 mètres, son volume 60 mètres cubes : trouver sa surface latérale.

673. Le côté d'un cône égale 8 mètres, le rayon de la base 2 mètres : on demande le volume du cône.

674. La surface totale d'un cône ayant 1 mètre de hauteur est égale à celle d'un cercle de $0^m,60$ de rayon : calculer le volume du cône.

675. Dans un cône ayant 4 mètres de hauteur, on mène parallèlement à la base et à 1 mètre du sommet une section ayant 1 mètre carré de surface : on demande le volume du cône.

676. Le côté d'un cône a 5 mètres, sur ce côté on prend 2 mètres à partir du sommet et l'on mène un plan parallèle à la base; ce plan détermine un cercle ayant $0^m,40$ de rayon : on demande le volume du cône.

677. Un petit cône en argent dont la hauteur égale deux fois le diamètre de la base pèse $2^k,5$: on demande les dimensions du cône, la densité de l'argent étant 10,47.

678. Quel est le rapport du volume du cylindre au cône de même base et de même hauteur?

679. La hauteur d'un cône est 8 mètres, le rayon de la base $=4$ mètres : on demande à quelle distance de la base il faut mener un plan parallèle pour que le volume du tronc de cône soit égal à 16 mètres cubes?

680. On veut construire un cône de 3 mètres de hauteur et d'un volume égal à un mètre cube : quel sera le rayon de la base du cône?

681. Les dimensions d'un parallélipipède sont a, b, h : calculer la hauteur d'un cône équivalent et dont le rayon de la base doit être a.

682. Les surfaces latérales de deux cylindres ou de deux cônes semblables sont entre elles dans le même rapport que les carrés des rayons de leurs bases, ou des carrés de leurs hauteurs. Le rapport de leurs volumes est égal à celui des cubes de ces dimensions.

683. Le côté SA d'un cône étant 2 mètres, calculer la lon-

gueur S*a* à prendre sur SA pour qu'un plan parallèle à la base du cône divise la surface latérale en deux parties équivalentes.

684. Le côté SA d'un cône étant 2 mètres, calculer la longueur S*a* à prendre sur SA pour qu'un plan parallèle à la base du cône divise la surface latérale en deux parties de grandeurs données, 2 mètres carrés et 3 mètres carrés.

685. L'arête SA d'un cône étant 4 mètres, calculer les longueurs à prendre sur SA pour que trois plans parallèles à la base divisent la surface latérale en quatre parties équivalentes.

686. L'arête SA d'un cône étant 4 mètres, calculer les longueurs à prendre sur SA pour que trois plans parallèles à la base divisent la surface latérale en quatre parties de grandeurs données, 1 mètre carré, 2 mètres carrés, 2ᵐ·ᵠ·,20, 3 mètres carrés.

687. L'arête SA d'un cône a 4 mètres : calculer la longueur S*a* à prendre sur SA pour qu'un plan parallèle a la base divise le volume du cône en deux parties équivalentes.

688. L'arête SA d'un cône a 4 mètres : calculer les longueurs à prendre sur SA à partir du point S pour que des plans parallèles à la base divisent le volume en trois parties équivalentes.

689. L'arête SA d'un cône a 4 mètres : calculer les longueurs à prendre sur SA à partir du point S pour que des plans parallèles à la base divisent le volume en parties qui soient entre elles comme les nombres 3, 4 et 5.

690. L'arête SA d'un cône a 4 mètres : calculer les longueurs à prendre sur SA à partir du point S pour que des plans parallèles à la base divisent le volume en parties de grandeurs données, 2 mètres carrés, 3 mètres carrés, 5 mètres carrés.

691. Couper un cône par un plan parallèle à la base, de telle sorte que le volume du petit cône soit le $\frac{1}{4}$ du tronc obtenu.

692. Un cône de 5 mètres de hauteur a pour base un cercle de 1 mètre de rayon ; on coupe ce cône à 2 mètres du sommet par un plan parallèle à la base : quel est le volume du tronc de cône ainsi obtenu ?

693. L'arête SA d'un cône a 4 mètres, on prend sur SA une longueur S*a*=2ᵐ,60, et par le point *a* on mène un plan parallèle à la base du cône : quel est le rapport du cône ainsi détaché au cône entier ?

694. Dans le même problème, quel est le rapport des volumes déterminés par le plan sécant.

695. Un cône a 4 mètres de hauteur et pour base un cercle

de $2^m,10$ de rayon : on demande les dimensions d'un cône semblable, mais dont le volume soit triple du volume du premier.

696. Trouver la surface latérale d'un tronc de cône pour lequel on a $h = 3$ mètres, $R = 2$ mètres, $r = 1$ mètre.

697. Trouver la surface totale d'un tronc de cône, dans le cas où le côté de ce tronc $= 4$ mètres, $R = 3$ mètres et $r = 2$ mètres.

698. Un cône de 6 mètres de hauteur a un volume de 10 mètres cubes ; à 2 mètres du sommet on mène un plan parallèle à la base : calculer la surface latérale du tronc déterminé par le plan sécant.

699. Trouver le volume d'un tronc de cône pour lequel on a $h = 3$ mètres, $R = 2$ mètres, $r = 1$ mètre.

700. Le volume d'un tronc de cône est égal à 20 mètres cubes, on sait que $R = 3$ mètres et $r = 2$ mètres : calculer h.

701. Un tronc de cône est la différence de deux cônes. Dans le problème précédent, calculer les volumes des deux cônes dont le tronc est la différence.

702. Dans un tronc de cône on a $h = 4$ mètres, $R = 3$ mètres, $r = 2$ mètres : calculer la hauteur d'un cône équivalent au tronc de cône. On sait que la base du cône doit être moyenne proportionnelle entre les deux bases du tronc.

703. L'arête Aa d'un tronc de cône est $3^m,50$, les rayons des bases $0^m,80$ et $1^m,40$: calculer à 0,001 près la longueur aa' à prendre sur aA pour qu'un plan parallèle à la base divise la surface latérale du tronc en deux parties équivalentes.

704. L'arête Aa d'un tronc de cône a 4 mètres, les rayons des bases ont 2 mètres et 3 mètres : calculer à 0,01 près les longueurs à prendre sur aA pour que des plans parallèles aux bases divisent la surface latérale en quatre parties équivalentes.

705. L'arête Aa d'un tronc de cône a 4 mètres, les rayons des bases ont 2 mètres et 3 mètres : calculer à 0,01 près les longueurs à prendre sur aA pour que des plans parallèles aux bases divisent la surface latérale en quatre parties qui soient entre elles comme les nombres 3, 4, 5 et 6.

706. L'arête Aa d'un tronc de cône a 4 mètres, les rayons des bases ont 2 mètres et 3 mètres : calculer la longueur aa' à prendre sur aA pour qu'un plan parallèle aux bases divise le volume en deux parties équivalentes.

707. L'arête Aa d'un tronc de cône a 4 mètres, les rayons des bases ont 2 mètres et 3 mètres : calculer à 0,001 près les longueurs à prendre sur aA pour que des plans parallèles aux bases divisent son volume en quatre parties équivalentes.

708. L'arête Aa d'un tronc de cône a 4 mètres, les rayons

des bases ont 2 mètres et 3 mètres : calculer à 0,001 près les longueurs à prendre sur aA pour que des plans parallèles aux bases divisent son volume en quatre parties proportionnelles à 2, 3, 4 et 5.

709. Le côté Aa d'un tronc de cône a 4 mètres, les rayons des bases ont 2 mètres et 3 mètres : on demande de détacher à la partie supérieure de ce tronc un autre tronc de cône d'un volume égal à 2 mètres cubes.

710. Dans une sphère de 2 mètres de rayon on mène une section à $0^m,40$ du centre de la sphère : trouver la surface de la section.

711. Dans une sphère de 2 mètres de rayon on a mené une section dont la surface est égale à 3 mètres carrés : à quelle distance du centre cette section a-t-elle été menée?

712. Les pôles P, P' d'un cercle sont à 3 mètres et à 4 mètres de la circonférence de ce cercle; PP'=6 mètres : calculer la surface du cercle à 0,01 près.

713. Partager l'angle de deux arcs de grand cercle en deux parties égales.

714. Dans un triangle sphérique on a $A=58°12'$, $B=60°20'$, $C=72°22'$. Le rayon de la sphère ou $R=0,40$: calculer à $0^m,001$ près la surface du triangle.

715. Calculer à $0^m,01$ près la surface engendrée par une ligne AB tournant autour d'un axe mené dans son plan : on a AB=5 mètres, la distance du point A à l'axe ou Aa=3 mètres, la distance du point B à l'axe ou Bb=4 mètres.

716. Calculer la surface engendrée par un triangle équilatéral tournant autour de son côté a.

717. Les trois côtés d'un triangle sont respectivement de 2 mètres, 3 mètres, 4 mètres; le triangle tourne autour du côté de 4 mètres : calculer la surface engendrée par les deux autres côtés.

718. La moitié ABCD d'un hexagone régulier dont le côté égale 2 mètres tourne autour de son diamètre AD : on demande de calculer à 0,01 près la surface décrite par cette moitié d'hexagone.

719. Calculer la surface d'une zone ayant $0^m,80$ de hauteur et appartenant à une sphère de 4 mètre de rayon.

720. Une zone a $1^{m.q.},20$ de surface et une hauteur de $0^m,50$: calculer à 0,01 près le rayon de la sphère à laquelle cette zone appartient.

721. Dans une sphère de 1 mètre de rayon, une zone a $0^m,60$ de surface : calculer sa hauteur.

722. Dans une sphère de 2 mètres de rayon, une calotte

sphérique a $0^{m.q.},80$ de surface : on demande la surface de sa base.

725. Une sphère a 2 mètres de rayon : quelle est sa surface?

724. Une sphère a 1 mètre de rayon : quelle est sa surface en fonction de son diamètre?

725. Une sphère a 2 mètres de rayon : quelle est sa surface en fonction de sa circonférence?

726. Trouver le rayon d'une sphère dont la surface est moyenne proportionnelle entre les surfaces latérales d'un cylindre et d'un cône ayant 2 mètres de hauteur, et pour base commune un cercle de 1 mètre de rayon.

727. La surface d'une sphère est égale à 4 mètres carrés : trouver sa circonférence.

728. Une sphère est inscrite dans un cube : trouver le rapport de la surface du cube à celle de la sphère.

729. Si l'on double le rayon d'une sphère, que deviendra la surface de la sphère?

730. Une sphère est inscrite dans un cylindre : trouver le rapport de la surface totale du cylindre à la surface de la sphère.

751. Une sphère a 1 mètre de rayon : quel sera le rayon d'une sphère dont la surface doit être double de la surface de la première?

752. Une sphère a 1 mètre de rayon : quelle sera la surface d'une sphère d'un volume quatre fois moindre?

753. Calculer la surface de la terre en kilomètres carrés : on la supposera sphérique et le mètre égal à la dix-millième partie du quart de la circonférence d'un grand cercle.

754. On demande la surface d'un fuseau dont l'angle a 28° et la surface de la sphère à laquelle il appartient 4 mètres carrés.

755. Un fuseau a une surface de 1 mètre carré : on demande son angle, sachant qu'il appartient à une sphère dont la surface est de 4 mètres carrés.

756. Diviser une sphère en deux zones telles que la surface de la plus grande soit moyenne proportionnelle entre la surface de la sphère entière et la surface de la plus petite.

757. Un triangle équilatéral dont le côté est a tourne autour d'une parallèle à sa base passant par son sommet : quel est le volume engendré par ce triangle?

758. Un triangle isocèle ABC tourne autour d'une droite fixe parallèle à sa base BC et passant par son sommet A : on demande le volume engendré, sachant que BC$=$3 mètres et AB$=$4 mètres.

739. Calculer le volume engendré par un triangle dont les côtés ont respectivement 2 mètres, 3 mètres, 4 mètres, et qui tourne autour du côté de 4 mètres.

740. Dans une sphère de 1 mètre de rayon, une zone servant de base à un secteur a 1 mètre carré de surface : calculer le volume du secteur.

741. Dans une sphère de 1 mètre de rayon, la zone qui sert de base à un secteur a $0^m,40$ de hauteur : calculer le volume du secteur.

742. Un secteur a un volume de $0^{m.c.},620$, la surface de la zone qui lui sert de base a 1 mètre carré : calculer le volume de la sphère à laquelle ce secteur appartient.

743. Un secteur dans une sphère de 2 mètres de rayon a un volume de $0^{m.c.},480$: calculer à 0,01 près la surface de la zone qui sert de base au secteur.

744. Trouver le volume d'une pyramide sphérique triangulaire ; les angles A, B, C du triangle qui lui sert de base ont respectivement 55°24′, 69°33′, 75°8′, et le rayon de la sphère a 1 mètre.

745. Une pyramide sphérique a pour base un polygone dont la surface est égale à 2 mètres carrés ; la sphère à laquelle appartient cette pyramide a 3 mètres de rayon : calculer le volume de la pyramide.

746. Une sphère a 2 mètres de rayon : trouver son volume.

747. Trouver le volume d'une sphère en fonction de sa circonférence.

748. Trouver le rayon d'une sphère dont le volume égale 420 décimètres cubes.

749. Si l'on double le rayon d'une sphère, que devient le volume ?

750. Une sphère a 1 mètre de rayon : quel sera le rayon d'une sphère cinq fois moindre en volume ?

751. Deux sphères ont pour rayon 2 mètres et $0^m,20$: trouver une sphère équivalente en volume à ces deux sphères.

752. Trouver le rayon d'une sphère dont le volume est moyen proportionnel entre les volumes d'un cylindre et d'un cône ayant 2 mètres de hauteur et pour base commune un cercle de 1 mètre de rayon.

753. Une sphère est inscrite dans un cube : trouver le rapport du volume du cube au volume de la sphère.

754. Une sphère est inscrite dans un cylindre : trouver le rapport des volumes du cylindre et de la sphère.

755. Les rayons de la terre, de la lune et du soleil sont proportionnels aux nombres 1, $\frac{3}{11}$ et 112. Si l'on prend le volume de la terre pour unité, quels seront les volumes de la lune et du soleil?

756. Dans une sphère, une section menée à $0^m,20$ du centre a $0^{m.q.},80$ de surface : on demande le volume de la sphère.

757. Une sphère a un volume égal à 1 mètre cube : quelle sera la surface d'une section menée à $0^m,30$ du centre?

758. Une sphère est circonscrite à un cube : trouver le volume du cube en fonction du rayon de la sphère.

759. Un cylindre est circonscrit à une sphère : trouver les rapports de la surface et du volume de la sphère à la surface totale et au volume du cylindre[1].

760. Trouver le rapport de la surface et du volume de la sphère à la surface totale et au volume du cône équilatéral circonscrit.

761. Un arc de grand cercle de 44° a $0^m,20$: quel est le volume de la sphère?

762. On demande le volume d'un onglet dont l'angle a 30°, et le volume de la sphère à laquelle il appartient, 2 mètres.

763. Un onglet a un volume de 1 mètre cube : on demande son angle, sachant qu'il appartient à une sphère dont le volume est de $4^{m.c.},800$.

764. Calculer le rayon d'une sphère dont le volume soit égal au volume d'un secteur appartenant à une sphère de 1 mètre de rayon et ayant pour base une zone dont la surface soit $0^{m.q.},80$.

765. Calculer le volume engendré par le segment circulaire AMB : la corde AB du segment$=2$ mètres, et la projection CD de cette corde sur l'axe$=1^m,80$.

766. Calculer le volume engendré par le segment circulaire AMB : la corde AB de ce segment$=2$ mètres, la distance du point A à l'axe ou AC$=3$ mètres, la distance du point B à l'axe ou BD$=2$ mètres.

767. Le volume engendré par le segment AMB a 2 mètres cubes, la projection de la corde de ce segment ou CD$=1$ mètre : calculer la corde AB.

768. Le volume engendré par le segment circulaire AMB

---

1. C'est Archimède qui découvrit le premier ces rapports. Pour perpétuer le souvenir de cette découverte, ce grand homme voulut qu'on gravât sur son tombeau un cylindre circonscrit à une sphère. Marcellus, vainqueur de Syracuse, respecta la volonté de l'illustre géomètre et fit, en effet, graver cette figure sur le tombeau qu'il lui érigea. Cicéron le reconnut à cette marque lorsqu'il était questeur en Sicile.

=3 mètres cubes, la corde AB de ce segment à 1^m,20 : calculer la projection CD de cette corde sur l'axe.

769. On a pour un segment sphérique R=2 mètres, r=1 mètre et h=1 mètre : calculer le volume de ce segment.

770. Trouver le volume d'un segment sphérique à une base : la hauteur de ce segment a 1^m,20 et le rayon de sa base 1 mètre.

771. Une caisse a 1^m,20 de longueur, sur 0^m,40 de largeur et 0^m,30 de profondeur : on y place une statue; pour achever de remplir la caisse il faut encore ajouter 64 litres de sable : on demande le volume de la statue.

LIVRE HUITIÈME

NOTIONS SUR QUELQUES COURBES

Ellipse

DÉFINITION DE L'ELLIPSE PAR LA PROPRIÉTÉ DES FOYERS

621. On nomme *ellipse* une courbe plane telle que la somme des distances de chacun de ses points à deux points fixes F, F' situés dans son plan est constante. Ainsi, quel que soit le point M de la courbe, la somme FM + F'M est la même.

622. Les deux points fixes F, F' sont les *foyers* de l'ellipse.

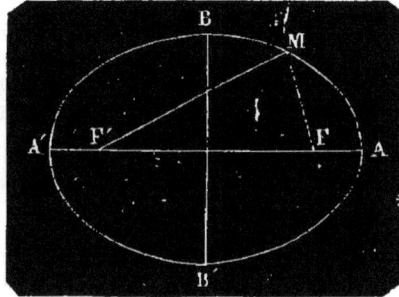

Fig. 310.

623. La distance FF' qui sépare les deux foyers est appelée *distance focale* [1].

624. Les ellipses qui ont les mêmes foyers sont dites *homofocales*.

1. Du latin *focus*, foyer.

625. On désigne généralement par $2a$ la somme constante $F'M + FM$, et par $2c$ la distance focale.

$$2a = F'M + FM,$$
$$2c = F'F.$$

On a

$$F'M + FM > F'F,$$

ou

$$2a > 2c.$$

PROBLÈME

666. *Tracer l'ellipse par points.*

Soient F', F les foyers d'une ellipse à construire.

La somme constante $2a$ est donnée.

Sur une droite indéfinie passant par les deux foyers, portons, à partir du point O, milieu de FF', les longueurs OA, OA' égales à a : les points A et A' appartiendront à la courbe, car

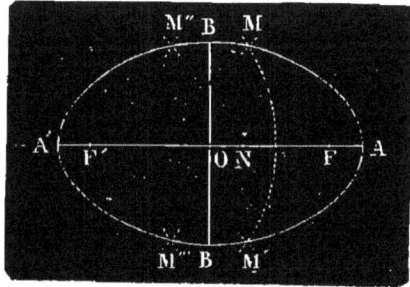

Fig. 311.

$$AF + AF' = A'F' + A'F = OA + OA' = AA' = 2a.$$

Cela étant posé, prenons un point quelconque N entre F et F', puis décrivons des points F' et F comme centres, respectivement avec A'N et AN pour rayons, deux arcs qui se couperont en M et M'. Ces points appartiendront à l'ellipse, car nous avons pour le point M

$$F'M + FM = A'N + AN = 2a.$$

et pour le point M'

$$F'M' + FM' = A'N + AN = 2a.$$

Ces deux arcs se couperont nécessairement (162), car la somme $2a$ de leurs rayons est plus grande que la distance $2c$ de leurs centres, et puisque le point N est entre F et F', la différence de ces rayons est moindre que A'F — AF ou que FF', distance des centres.

Le point N pouvant varier à volonté, on obtiendra autant de points de l'ellipse que l'on voudra. Ces points liés par un trait continu figureront la courbe d'autant mieux qu'ils seront plus rapprochés.

Les mêmes ouvertures de compas donnent quatre points de l'ellipse : car, outre les deux points M et M', on en obtiendra deux autres M″ et M‴ par l'intersection de deux arcs, l'un décrit du foyer F avec A′N pour rayon, et l'autre du foyer F′ avec AN pour rayon.

PROBLÈME

627. *Tracer l'ellipse d'un mouvement continu.*

Fixons aux foyers F′, F un fil inextensible dont la longueur soit égale à 2a; puis faisons glisser le long de ce fil un style qui le tienne toujours tendu; l'extrémité du style décrira une ellipse, car dans toutes les positions du style la somme des distances F′M, FM est égale à la longueur du fil et par conséquent à 2a.

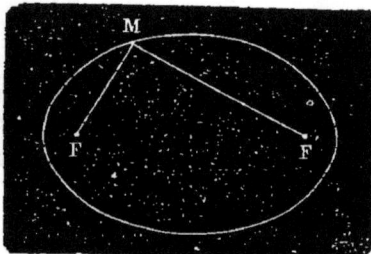

Fig. 312.

628. COROLLAIRE. *L'ellipse est une courbe fermée.*

629. REMARQUE. Le premier procédé est employé sur le papier, le second ne peut guère l'être que sur le terrain.

Axes. — Sommets. — Rayons vecteurs

DÉFINITIONS

630. Axes. On appelle *axe de symétrie* ou simplement *axe d'une figure plane* une droite qui la divise en deux parties *symétriques*, c'est-à-dire en parties qui s'appliquent exactement l'une sur l'autre, quand on fait tourner l'une d'elles autour de cette droite, comme autour d'une charnière, pour la rabattre sur l'autre.

651. Sommets. Les *sommets* d'une courbe sont les points où elle est rencontrée par les axes.

652. Les droites FM, F'M (*fig.* 313) qui vont des foyers en un point quelconque M de la courbe sont des *rayons vecteurs.*

653. *L'ellipse a deux axes :* 1° *la ligne* AA' *qui passe par les deux foyers ;* 2° *la perpendiculaire* BB' *au milieu* O *de cette ligne.*

1° Soient M, M' deux points de l'ellipse déterminés par l'intersection de deux arcs de cercle décrits des foyers F', F comme centres. La ligne AA' passant par les deux centres F', F de ces arcs sera perpendiculaire sur le milieu de leur corde commune MM' (153). Par conséquent, si l'on fait tourner autour de A'A la partie supérieure de l'ellipse pour la rabattre sur la partie inférieure, à cause des

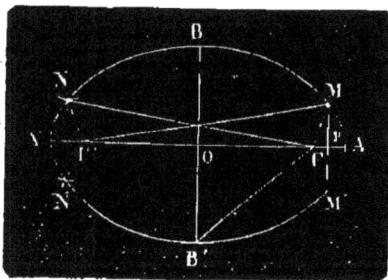

Fig. 313.

angles droits en P, MP tombera sur PM' et le point M au point M'. Comme tout autre point de la partie supérieure de l'ellipse a ainsi son correspondant sur la partie inférieure, la demi-ellipse A'MA coïncidera avec la demi-ellipse A'M'A : A'A est donc un axe.

2° Soient, en second lieu, N, N' deux autres points de l'ellipse déterminés par l'intersection de deux arcs de cercle décrits, le premier du foyer F' avec FM pour rayon, et le second du foyer F avec F'M pour rayon. Les deux triangles F'MF, F'NF ayant leurs trois côtés égaux chacun à chacun sont égaux. Si donc on fait tourner autour de BB' la partie BAB' de l'ellipse pour la rabattre sur la partie BA'B', OF coïncidera avec OF', et, à cause des angles égaux en F et en F', le côté FM recouvrira son égal

F'N et le point M tombera en N. Par la même raison, M' tombera en·N'. Comme tout autre point de la partie droite de l'ellipse a ainsi son correspondant sur la partie gauche, la partie BAB' coïncidera avec la partie BA'B' : BB' est donc un axe.

654. REMARQUE I. L'axe AA' est plus grand que l'axe BB', car le triangle rectangle B'OF donne

$$B'F > B'O.$$

Or, le point B' étant également éloigné des deux foyers, son rayon vecteur $B'F = \dfrac{A'A}{2}$;

donc on a $\qquad \dfrac{A'A}{2} > B'O,$

ou $\qquad A'A > 2B'O,$

$$A'A > B'B.$$

655. L'axe A'A est le *grand axe* ou *l'axe focal* de l'ellipse, l'axe BB' en est le *petit axe*. Le premier se désigne par 2a et le second par 2b ; comme on représente la distance F'F par 2c, à cause du triangle rectangle B'OF, on a

$$a^2 = b^2 + c^2,$$

et $\qquad b^2 = a^2 - c^2.$

656. Les points A', A, B', B, où les axes rencontrent la courbe sont les *sommets* de l'ellipse.

657. REMARQUE II. Le rapport, $\dfrac{2c}{2a} = \dfrac{c}{a}$, de la distance focale au grand axe se nomme *excentricité*. Si l'excentricité est nulle, l'ellipse se réduit à une circonférence. Si l'on suppose que le grand axe reste constant, à mesure que l'excentricité augmente, les foyers s'écartent, le petit axe diminue et l'ellipse devient de plus en plus aplatie.

658. REMARQUE III. Lorsqu'on connaît les longueurs 2a et 2b des axes d'une ellipse, on peut construire cette courbe.

On mène deux droites perpendiculaires indéfinies, et à

partir de leur intersection O, on prend les longueurs
OA′=a, OA=a, et OB′=b,
OB=b : les droites A′A, B′B
sont les axes de l'ellipse ;
il suffit de déterminer ses
foyers, ce qu'on fera en dé-
crivant du point B, avec OA
pour rayon, un arc qui coupera le grand axe AA′ aux
points F, F′ ; l'ellipse peut
être construite, car on con-

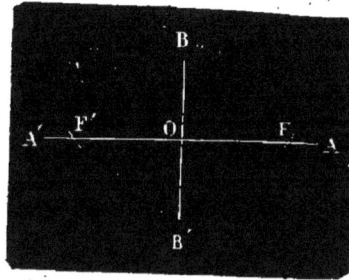

Fig. 314.

naît ses foyers F, F′ et la somme 2a des rayons vecteurs
d'un de ses points.

DÉFINITION

659. Du Centre. On appelle *centre* d'une courbe un
point qui divise en deux parties égales toutes les cordes
qui y passent.

THÉORÈME

640. *Une ellipse a pour centre le milieu O de la distance
focale.*

En effet, joignons le point O à un point quelconque M
de la courbe et prolongeons MO d'une quantité OM′=MO.
Le quadrilatère M′F′MF,
dont les diagonales se
coupent mutuellement
en deux parties égales,
est un parallélogramme
qui donne

FM+F′M=F′M′+FM′.

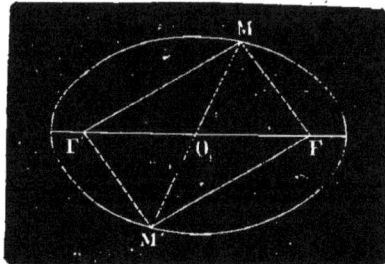

Fig. 315.

Le point M′ appartient
donc à l'ellipse et MM′
est coupée au point O en deux parties égales : MM′ étant
quelconque, le théorème est démontré.

REMARQUE. Toute ligne telle que MOM′ qui passe par le
centre d'une courbe est un *diamètre.*

THÉORÈME

641. *Lorsqu'un point est extérieur ou intérieur à l'el-lipse, la somme de ses distances aux deux foyers est plus grande ou moindre que le grand axe.*

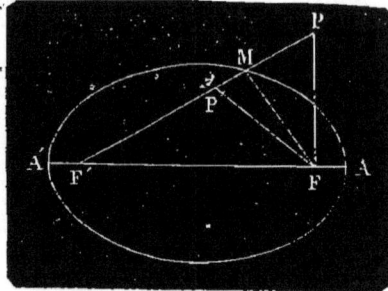

Fig. 316.

1° *Soit le point* P *ex-térieur à l'ellipse.*

Si l'on mène les droi-tes F'P, FP et le rayon vecteur MF, on a dans le triangle FMP.

$$MP + FP > FM.$$

En ajoutant F'M à chaque membre de cette inégalité, il vient

$$F'M + MP + FP > F'M + FM,$$
$$F'P + FP > F'M + FM,$$

ou $$F'P + FP > 2a.$$

2° *Soit le point* P' *intérieur à l'ellipse.*

Si l'on mène la droite F'P'M et le rayon vecteur MF, le triangle FP'M donne

$$FP' < P'M + MF;$$

en ajoutant F'P' de part et d'autre, il vient

$$F'P' + FP' < P'M + MF + F'P',$$
$$F'P' + FP' < F'M + MF,$$

ou $$F'P' + FP' < 2a.$$

DÉFINITION GÉNÉRALE DE LA TANGENTE A UNE COURBE

642. On appelle *tangente* à une ligne courbe en un point A, la limite des positions que prend une sécante AB qui tourne autour du point A de ma-nière que le point d'in-

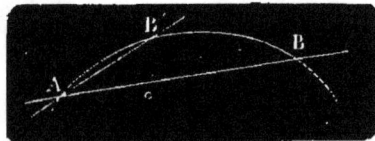

Fig. 317.

tersection B se rapproche successivement du point A jusqu'à venir se confondre avec lui. Le point A est appelé point de *contact*.

645. *Les rayons vecteurs menés des foyers à un point de l'ellipse font avec la tangente en ce point et d'un même côté de cette ligne des angles égaux.*

Soient F, F' les deux foyers d'une ellipse et AB une sécante passant par deux points de cette courbe aussi rapprochés que l'on voudra. Menons la perpendiculaire F'C à AB, prolongeons-la d'une quantité CD =F'C et tirons DF, qui rencontre AB en un point O. Les droites FO, F'O font au point O des angles égaux avec AB; car le triangle DOF' étant isocèle, la droite OC qui joint

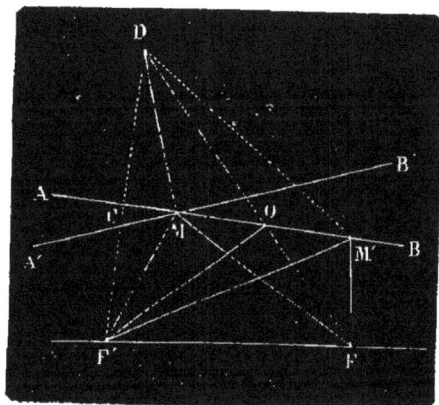

Fig. 318.

le sommet au milieu de la base est bissectrice de l'angle du sommet, par conséquent angle F'OA=angle AOD, mais angle AOD=angle FOB : donc

Angle F'OA=angle FOB.

Or, quelque voisin que le point M' soit du point M, le point O est toujours placé entre M et M', car ces deux points se trouvant également éloignés des points F' et D, et de plus étant sur l'ellipse, donnent

F'M+MF=F'M'+M'F,

ou, en remplaçant F'M et F'M' par les lignes respectivement égales DM, DM', ...

DM+MF=DM'+M'F :

égalité qui ne pourrait avoir lieu si le point M′, par exem-
-ple, se trouvait entre M et O, puisque DM et MF seraient
enveloppées par les droites DM′, M′F.

Si maintenant nous concevons que la sécante AB tourne
autour du point M jusqu'à ce que le point M′ vienne se
confondre avec lui, le point O, toujours situé entre M et
M′, viendra aussi se confondre avec M. D'ailleurs, les
rayons vecteurs du point O feront constamment des angles
égaux avec AB; donc, à la limite, si A′B′ est la position
de AB, devenue tangente, nous aurons encore

Angle F′MA′ = angle FMB′.

644. REMARQUE. Nous avons supposé dans cette démonstration que la sécante AB laisse d'un même côté les
deux foyers F et F′, ce qui est toujours possible, pourvu
que les points M et M′ soient assez rapprochés l'un de
l'autre.

PROBLÈME

645. *Mener une tangente à l'ellipse : 1° par un point pris
sur la courbe; 2° par un point extérieur; 3° parallèlement à
une droite donnée.*

1° Soit le point M pris sur la courbe.

Supposons le problème résolu et soit AB cette tangente.

Les angles F′MA et
FMB qu'elle fait avec
les rayons vecteurs
sont égaux. Si nous
prolongeons F′M d'une
quantité MD = FM, la
tangente AB sera bis-
sectrice de l'angle au
sommet du triangle
isocèle FMD, et par

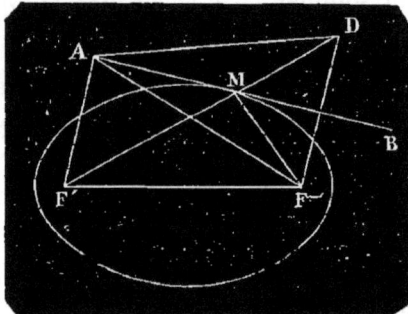

Fig. 319.

conséquent perpendiculaire sur sa base FD; de là résulte
que :

Pour mener une tangente à l'ellipse en un point M *pris sur la courbe, on prolongera le rayon vecteur* F'M *d'une quantité* MD = MF; *du point* M *on abaissera sur* DF *une perpendiculaire* MB *qui sera la tangente demandée.*

2° *Soit le point* A *extérieur à la courbe.*

Supposons aussi le problème résolu, soit AB cette tangente et M son point de contact.

Les angles F'MA, FMB qu'elle fait avec les rayons vecteurs sont égaux. Si nous prolongeons F'M d'une quantité MD = MF, la tangente AB sera bissectrice de l'angle au sommet du triangle isocèle FMD et par conséquent perpendiculaire sur le milieu de sa base FD. Le point A sera donc également distant des points F et D; mais par construction F'D = F'M + FM = 2a, de là résulte que :

Pour mener une tangente à l'ellipse par un point A *extérieur à la courbe, on décrira une circonférence avec* AF *pour rayon; puis du foyer* F', *avec le grand axe pour rayon, on en décrira une autre qui coupera la première. Joignant ensuite leur intersection* D *au foyer* F, *et menant* AB *perpendiculaire sur* FD, *on aura la tangente demandée.*

Remarque. Les deux circonférences qui ont pour centres A et F' et pour rayons AF et le grand axe se coupent en deux points et déterminent par conséquent deux tangentes à l'ellipse.

3° *Mener à l'ellipse une tangente parallèle à une droite donnée* MN.

Du foyer F abaissons FK perpendiculaire sur MN et de l'autre foyer F', avec le grand axe pour rayon, décrivons une circonférence qui coupe FK en un point D, puis sur le milieu de FD élevons une perpendiculaire AB qui sera la tangente demandée; car cette droite bissectrice de l'angle au sommet du triangle isocèle FMD fait des angles égaux avec les rayons vecteurs, donc (643) elle est tangente. Comme le rayon F'D est égal au grand axe, sa longueur est plus considérable que la distance du point F' à

la droite DF, il coupera donc cette ligne en deux points D et D'. Si sur le milieu de FD' on élève encore une perpendiculaire A'B', on aura une seconde tangente parallèle à MN. A'B' est une tangente pour la même raison que AB en est une.

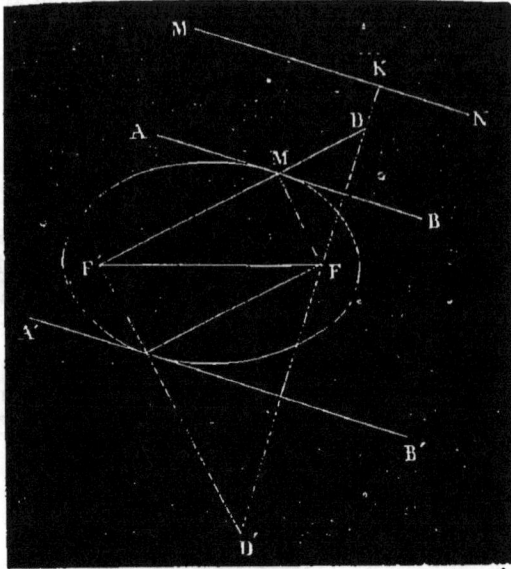

Fig. 320.

DÉFINITION

646. De la Normale. On appelle *normale* à une courbe la perpendiculaire menée à une tangente au point de contact.

THÉORÈME

647. *La normale à l'ellipse en un point partage en deux parties égales l'angle des rayons vecteurs de ce point.*

Soit AB une tangente et MN une normale, on aura l'angle F'MN = FMN, car les angles F'MA, FMB étant égaux, leurs compléments F'MN, FMN le sont aussi.

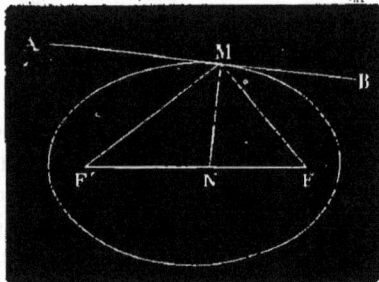

Fig. 321.

Aire de l'Ellipse.

648. La perpendiculaire abaissée d'un point M d'une courbe sur une droite quel-conque OX est dite l'*ordonnée* du point M.

Le point O étant fixe, la distance OP est l'*abscisse* du même point M.

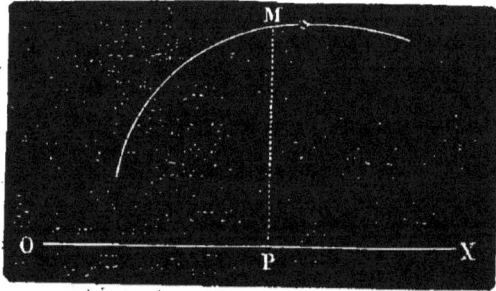

Fig. 322.

On est dans l'usage de désigner l'ordonnée par y et l'abscisse par x.

THÉORÈME

649. *Si sur le grand axe d'une ellipse on décrit un cercle, les ordonnées correspondantes* NP, MP *de l'ellipse et du cercle sont entre elles dans le même rapport que les axes de l'ellipse.*

On doit donc avoir

$$\frac{NP}{MP} = \frac{2b}{2a},$$

ou,

$$\frac{NP}{MP} = \frac{b}{a}.$$

En effet, on a d'a-bord

$$\overline{MP}^2 = \overline{MO}^2 - \overline{PO}^2,$$

$$\overline{MP}^2 = a^2 - \overline{PO}^2 \quad (1).$$

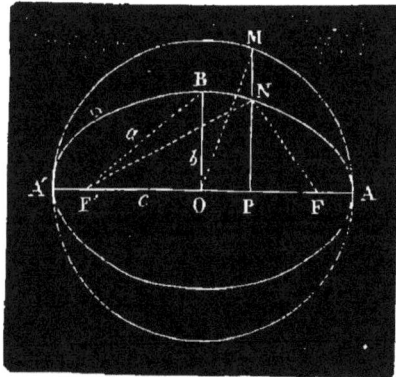

Fig. 323.

Déterminons, en second lieu, $\overline{NP}^2$; on sait que

$$F'N + NF = 2a.$$

Des valeurs de F'N et de NF, nous tirerons celle de $\overline{NP^2}$.

$$\overline{F'N^2} = \overline{F'P^2} + \overline{NP^2},$$

$$\overline{F'N^2} = \overline{(c+OP)^2} + \overline{NP^2},$$

$$F'N = \sqrt{(c+OP)^2 + \overline{NP^2}},$$

et

$$\overline{NF^2} = \overline{PF^2} + \overline{NP^2},$$

$$\overline{NF^2} = (c-OP)^2 + \overline{NP^2},$$

$$NF = \sqrt{(c-OP)^2 + \overline{NP^2}};$$

donc

$$F'N + NF = \sqrt{(c+OP)^2 + \overline{NP^2}} + \sqrt{(c-OP)^2 + \overline{NP^2}} = 2a,$$

$$\sqrt{(c+OP)^2 + \overline{NP^2}} + \sqrt{(c-OP)^2 + \overline{NP^2}} = 2a,$$

$$\sqrt{(c+OP)^2 + \overline{NP^2}} = 2a - \sqrt{(c-OP)^2 + \overline{NP^2}}.$$

Si l'on élève chaque membre au carré, il vient

$$(c+OP)^2 + \overline{NP^2} = 4a^2 - 4a\sqrt{(c-OP)^2 + \overline{NP^2}} + (c-OP)^2 + \overline{NP^2}.$$

Retranchant $\overline{NP^2}$ de chaque membre, on a

$$(c+OP)^2 = 4a^2 - 4a\sqrt{(c-OP)^2 + \overline{NP^2}} + (c-OP)^2.$$

Si l'on développe le carré de $c+OP$ et de $c-OP$, on aura

$$c^2 + 2c \times OP + \overline{OP^2} = 4a^2 - 4a\sqrt{(c-OP)^2 + \overline{NP^2}} + c^2 - 2c \times OP + \overline{OP^2},$$

ce qui donne, après réductions faites,

$$4c \times OP = 4a^2 - 4a\sqrt{(c-OP)^2 + \overline{NP^2}},$$

$$c \times OP = a^2 - a\sqrt{(c-OP)^2 + \overline{NP^2}},$$

$$-c \times OP = -a^2 + a\sqrt{(c-OP)^2 + \overline{NP^2}},$$

$$a\sqrt{(c-OP)^2 + \overline{NP^2}} = a^2 - c \times OP,$$

$$\sqrt{(c-OP)^2 + \overline{NP^2}} = a - \frac{c \times OP}{a}.$$

Si l'on élève chaque membre au carré, on a

$$(c-OP)^2 + \overline{NP}^2 = a^2 - \frac{2ac}{a} \times OP + \frac{c^2}{a^2} \times \overline{OP}^2,$$

$$c^2 - 2c \times OP + \overline{OP}^2 + \overline{NP}^2 = a^2 - 2c \times OP + \frac{c^2}{a^2} \times \overline{OP}^2,$$

$$\overline{NP}^2 = a^2 - c^2 + \frac{c^2}{a^2} \times \overline{OP}^2 - \overline{OP}^2,$$

$$\overline{NP}^2 = a^2 - c^2 + \frac{c^2 \times \overline{OP}^2 - a^2 \times \overline{OP}^2}{a^2},$$

$$\overline{NP}^2 = a^2 - c^2 + \overline{OP}^2 \left(\frac{c^2 - a^2}{a^4} \right);$$

mais (635) $b^2 = a^2 - c^2$, et $-b^2 = -a^2 + c^2 = c^2 - a^2$, donc

$$\overline{NP}^2 = b^2 + \overline{OP}^2 \frac{-b^2}{a^2},$$

$$\overline{NP}^2 = \frac{a^2 b^2 - \overline{OP}^2 \times b^2}{a^2},$$

$$\overline{NP}^2 = \frac{b^2}{a^2} (a^2 - \overline{OP}^2) \quad (2).$$

Si l'on divise membre à membre l'égalité (2) par l'égalité (1), on a

$$\frac{\overline{NP}^2}{\overline{MP}^2} = \frac{b^2}{a^2},$$

ou enfin

$$\frac{NP}{MP} = \frac{b}{a}.$$

THÉORÈME

650. *L'aire de l'ellipse est égale au produit des deux demi-axes par le rapport de la circonférence au diamètre.*

Les axes de l'ellipse étant $2a$ et $2b$, on a

Aire de l'ellipse ou $E = \pi ab$.

En effet, sur A'A comme diamètre décrivons une demi-circonférence. Élevons sur A′A un certain nombre [de perpendiculaires mMM′, nNN′, pPP′, etc., rencontrant l'ellipse et la circonférence, et menons les cordes MN, NP..., M′N′, N′P′... Nous obtiendrons ainsi des trapèzes inscrits dans la demi-ellipse et dans la demi-circonférence. Si nous représentons les ordonnées de l'ellipse par y, y_1, y_2, y_3...,

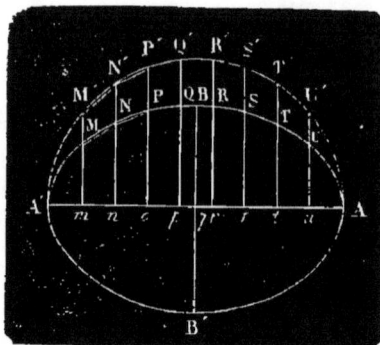

Fig. 324.

et les ordonnées correspondantes du cercle par Y, Y_1, Y_2, Y_3...; nous aurons

$$\text{Trapèze } m\text{MN}n = \tfrac{1}{2} mn \times (y + y_1),$$

et

$$\text{Trapèze } m\text{M′N′}n = \tfrac{1}{2} mn \times (Y + Y_1).$$

En divisant membre à membre, il vient

$$\frac{m\text{MN}n}{m\text{M′N′}n} = \frac{y + y_1}{Y + Y_1};$$

mais $\dfrac{y}{Y} = \dfrac{b}{a} = \dfrac{y_1}{Y_1}$, donc

$$\frac{y + y_1}{Y + Y_1} = \frac{b}{a} = \frac{m\text{MN}n}{m\text{M′N′}n}.$$

On aurait de même

$$\frac{n\text{NP}p}{n\text{N′P′}p} = \frac{b}{a} = \frac{p\text{PQ}q}{p\text{P′Q′}q} = \cdots,$$

par conséquent

$$\frac{m\text{MN}n}{m\text{M′N′}n} = \frac{n\text{NP}p}{n\text{N′P′}p} = \frac{p\text{PQ}q}{p\text{P′Q′}q} = \cdots = \frac{b}{a}.$$

Il est évident que ces égalités existeront, quelque nombreuses que soient les perpendiculaires menées de A′ en A. Or, à la limite, quand ces perpendiculaires se rapprochent indéfiniment, la somme des numérateurs mMNn, nNPp... compose l'aire de la demi-ellipse, et la somme des dénominateurs mM′N′n, nN′P′p... celle du demi-

20

cercle; et comme dans une suite de rapports égaux la somme des numérateurs est à la somme des dénominateurs comme un numérateur quelconque est à son dénominateur, on a

$$\frac{\text{Demi-aire de l'ellipse}}{\text{Demi-aire du cercle}} = \frac{b}{a},$$

ou

$$\frac{\text{Aire de l'ellipse}}{\text{Aire du cercle}} = \frac{b}{a},$$

$$\frac{\text{Aire de l'ellipse}}{\pi a^2} = \frac{b}{a},$$

Aire de l'ellipse ou $E = \pi a b$.

651. Il est important d'étudier les propriétés de l'ellipse, car c'est la courbe suivant laquelle toutes les planètes accomplissent leurs révolutions autour du soleil. L'ellipse joue aussi un grand rôle en physique et dans les arts. Par exemple, si un corps lumineux est placé à l'un des foyers, tous les rayons lumineux que ce corps émettra se réfléchiront sur l'ellipse en faisant un angle d'*incidence* FMB égal à l'angle de *réflexion* F'MA (*fig.* 321). Tous les rayons émanés du foyer F viendront donc se réfléchir au foyer F'. Il se produira par conséquent en ce point une image brillante du corps placé en F. Si des rayons calorifiques ou sonores émanaient du foyer F, des phénomènes analogues se produiraient. C'est cette concentration de la lumière, de la chaleur ou du son aux points F, F' qui leur a fait donner le nom de foyer.

652. Ellipsoïde. L'*ellipsoïde* est un volume engendré par la révolution d'une demi-ellipse tournant autour d'un de ses axes. Si l'on avait un ellipsoïde creux et ayant une surface bien polie, on remarquerait que tout rayon lumineux, calorique ou sonore qui partirait d'un foyer de l'ellipsoïde irait se réfléchir à l'autre foyer.

C'est sur ce principe qu'une des salles du Conservatoire des arts et métiers est construite. Deux personnes placées aux foyers peuvent causer à voix basse sans être entendues par les personnes placées entre les deux foyers.

De l'Hyperbole

Les propriétés de cette courbe ont la plus grande analogie avec celles de l'ellipse.

DÉFINITIONS

653. On nomme *hyperbole* une courbe plane telle que la différence des distances de chacun de ses points à deux points fixes F, F', situés dans son plan, est constante.

654. Cette différence constante se représente généralement par $2a$.

Ainsi, quel que soit le point M de la courbe, en supposant $MF' > MF$, on doit avoir

$$MF' - MF = AA' = 2a.$$

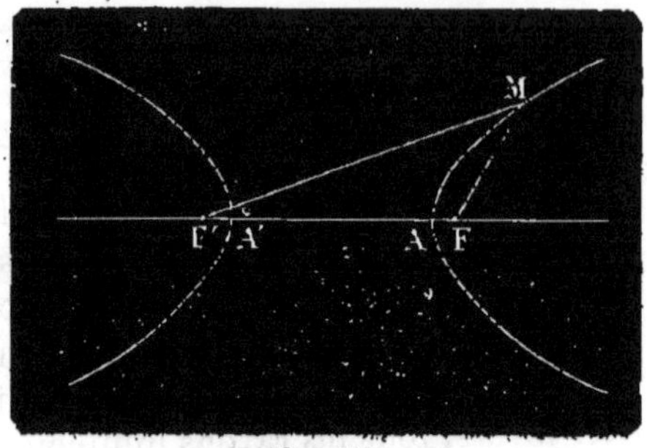

655. Les deux points fixes F', F sont les *foyers* de la courbe.

656. La distance F'F qui sépare les deux foyers est appelée *dis-*

Fig. 325.

tance focale. Les hyperboles qui ont les mêmes foyers sont dites *homofocales*. On est dans l'habitude de représenter par $2c$ la distance focale.

$$2a = MF' - MF; \quad 2c = F'F.$$

On a (60) $MF' - MF < F'F$ ou $2a < 2c$.

PROBLÈME

657. *Décrire l'hyperbole par points.*

Soient donnés F', F les foyers d'une hyperbole à construire et $2a$ la différence des distances d'un point de la courbe aux foyers.

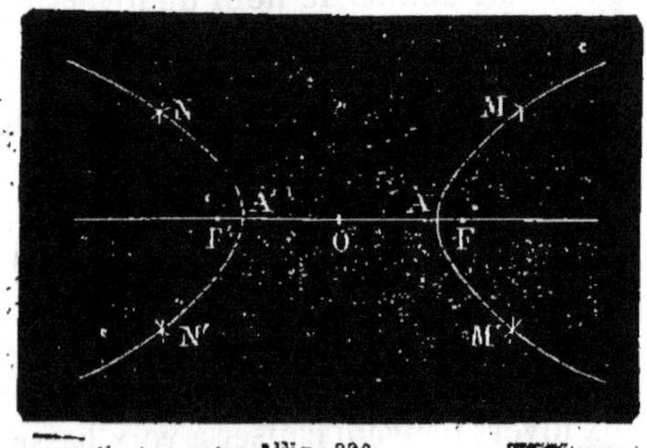

A partir du milieu O de F'F portons les longueurs OA, OA' égales à a : les points A, A' appartiendront à l'hyperbole, car on aura pour le point A : $F'A - FA = F'A' + A'A - FA = AA' = 2a$, et

Fig. 326.

pour le point A' : $FA' - F'A' = FA + AA' - F'A = AA' = 2a$.

Cela étant posé, prenons un rayon quelconque FM, mais toutefois plus grand que FA, puis décrivons des points F et F' comme centres respectivement avec FM et FM+2a pour rayons, deux arcs qui se couperont en M et M'. Ces points appartiennent à l'hyperbole, car nous avons pour le point M, $F'M - FM = FM + 2a - FM = 2a$, et pour le point M', $F'M' - FM' = FM' + 2a - FM' = 2a$. Ces arcs se couperont nécessairement, car la somme de leurs rayons 2FM+2a est plus grande que la distance 2c de leurs centres, et la différence 2a de ces rayons est moindre que la distance 2c des centres.

Le rayon FM pouvant varier à volonté, on obtiendra autant de points de l'hyperbole que l'on voudra. Ces points, liés par un trait continu, figureront la courbe d'autant mieux qu'ils seront plus rapprochés.

Les mêmes ouvertures de compas donnent quatre points de l'hyperbole, car outre les points M et M', on en obtiendra deux autres N et N' par l'intersection de deux arcs, l'un décrit du foyer F avec F'M pour rayon, et l'autre du foyer F' avec FM pour rayon.

Comme le rayon FM et par suite F'M peuvent croître indéfiniment, l'hyperbole se compose de deux branches indéfinies MAM', NAN'. Pour la première, on a $MF' > MF$, et pour la seconde $NF > N'F'$.

PROBLÈME

658. *Tracer l'hyperbole d'un mouvement continu.*

Disposons une règle F'M de manière qu'elle puisse tourner autour d'un pivot placé à l'un des foyers F', fixons ensuite à l'extrémité M de la règle un fil MF d'une longueur telle qu'on ait $MF' - MF = 2a$. Il est évident que dans cette position de la règle le point M appartient à l'hyperbole. Faisons maintenant tourner la règle autour du point F' en ayant soin de tenir le fil toujours bien tendu, à l'aide d'un style qui en appliquera une partie contre la règle. Il est facile

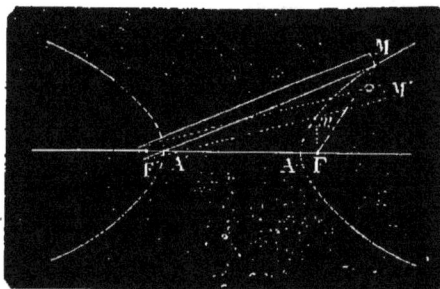

Fig. 327.

de voir que le style décrira un arc d'hyperbole. Car soit F'M' la règle dans une nouvelle position quelconque et m la position correspondante de la pointe du style, on a $F'M = F'M'$, donc $F'M' - FM = 2a$; mais $F'M' = F'm + mM'$, et $FM = Fm + mM'$, par conséquent $F'M'$

$-FM = F'm + mM' - Fm - mM' = F'm - Fm$, d'où $F'm - Fm = 2a$: donc enfin le point m appartient à l'hyperbole.

Il est évident que par ce procédé on ne peut avoir qu'une portion de la courbe dans le voisinage des foyers.

Axes. — Sommets. — Rayons vecteurs

THÉORÈME

659. *L'hyperbole a deux axes de symétrie et un centre situé à l'intersection de ses axes.*

On démontre comme nous l'avons fait pour l'ellipse : 1° que la

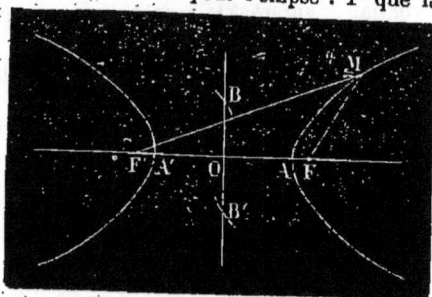

droite qui passe par les foyers F', F de l'hyperbole est un axe de cette courbe; 2° que la perpendiculaire BB' élevée sur le milieu O de F'F est aussi un axe; 3° enfin que le point d'intersection O des deux axes est le *centre* de l'hyperbole.

Fig. 323.

660. REMARQUE. L'axe FF' rencontre la courbe en deux points A et A' qui sont les *sommets* de l'hyperbole, mais l'axe BB' ne la rencontre pas. C'est pourquoi le premier axe porte le nom d'*axe transverse* et le second d'*axe non transverse*.

661. Si du sommet A comme centre, avec OF ou c pour rayon, on décrit un arc de cercle qui coupe l'axe non transverse en deux points B et B', la partie BB' ainsi déterminée se représente par $2b$.

Les trois quantités a, b, c donnent

$$c^2 = a^2 + b^2.$$

Si $a = b$, l'hyperbole est dite *équilatère*.

662. Rayons vecteurs. On appelle *rayons vecteurs* les distances MF, MF' d'un point quelconque M de la courbe aux foyers.

THÉORÈME

663. *Lorsqu'un point est extérieur ou intérieur à l'hyperbole, la différence de ses distances aux deux foyers est plus petite ou plus grande que* $2a$.

1° Soit le point P extérieur à l'hyperbole.

On a $F'P - FP < 2a$, car $F'P - FP = F'M - PM - FP = F'M - (PM + FP)$; mais (60) $F'M - (PM + FP) < F'M - FM = 2a$: donc enfin on a $F'P - FP < 2a$.

2° Soit le point P' intérieur à l'hyperbole.

On a $F'P' - FP' > 2a$, car $F'P' - FP' = F'M + MP' - FP' = F'M - (FP' - MP')$; mais (60) $F'M - (FP' - MP') > F'M - FM = 2a$: donc enfin on a $F'P' - FP' > 2a$.

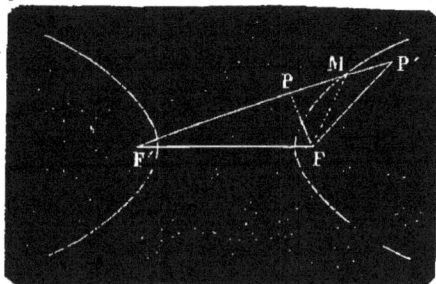

Fig. 329.

THÉORÈME

664. *La tangente en un point de l'hyperbole divise en deux parties égales l'angle des rayons vecteurs de ce point.*

Menons la bissectrice TMN de l'angle F'MF et prouvons que cette bissectrice qui forme les deux angles égaux F'MT, TMF est bien tangente à l'hyperbole au point M : pour cela, démontrons que tout point N de la bissectrice n'est pas sur la courbe.

En effet, prenons MG = MF, puis tirons les droites FG, NF, NG, NF'. La construction donne GI = FI, et par suite NG = NF. Comme MF = MG, on a $F'M - MG = 2a = F'G$;

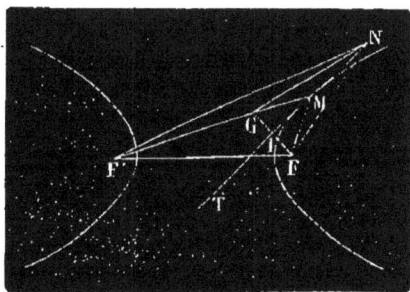

Fig. 330.

mais, à cause du triangle F'GN, il vient $F'N - GN < F'G$ ou $F'N - NF < F'G$, et par conséquent $F'N - NF < 2a$, puisque $2a = F'G$. Le point N n'est donc pas sur la courbe. La bissectrice TMN de l'angle F'MF n'ayant que le point M de commun avec l'hyperbole est une tangente.

665. Remarque. La tangente TMN est perpendiculaire sur le milieu de GF.

PROBLÈME

666. *Mener une tangente à l'hyperbole par un point M pris sur la courbe (fig. 330).*

La bissectrice de l'angle des rayons vecteurs du point M sera, d'après le théorème précédent, la tangente demandée.

PROBLÈME

667. *Mener une tangente à l'hyperbole par un point A extérieur à la courbe.*

D'après le n° 665, la tangente partant du point A est perpendicu-laire sur le milieu de GF. Pour être dans la possi-bilité de mener cette tan-gente, il suffit donc de déterminer le point G. Or AF=AG, et (664) F'G = 2a. Par consé-quent, pour avoir le point G, on décrira du point A comme centre, avec AF pour rayon, un arc de cercle, et du point

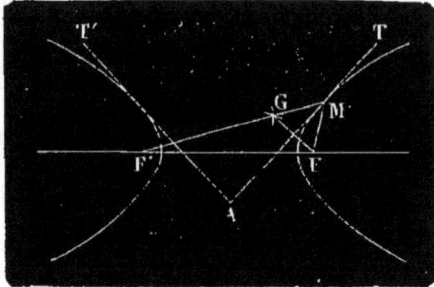

Fig. 331.

F' comme centre avec 2a pour rayon un autre arc qui coupera le premier : l'intersection de ces arcs sera le point G. Une construction analogue donnera la tangente AT'.

THÉORÈME

668. *Pour tout point M de l'hyperbole, les rayons vecteurs MF', MF ont pour valeurs $\frac{cx}{a}+a$ et $\frac{cx}{a}-a$.*

Si nous donnons le cen-tre O pour origine aux abscisses, nous aurons OP=x et MP=y. Nous connaissons d'ailleurs ce que sont les quantités a, b,

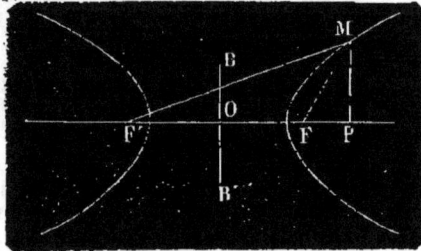

Fig. 332.

c (661). Cela étant dit, passons à la détermination des rayons vecteurs.

$$MF' - MF = 2a \quad (1),$$
$$\overline{MF'}^2 = \overline{F'P}^2 + \overline{MP}^2,$$
$$\overline{MF'}^2 - \overline{MF}^2 = \overline{F'P}^2 + \overline{MP}^2 - \overline{MP}^2 - \overline{FP}^2 = \overline{F'P}^2 - \overline{FP}^2,$$
$$\overline{MF'}^2 - \overline{MF}^2 = (c+x)^2 - (x-c)^2,$$
$$\overline{MF'}^2 - \overline{MF}^2 = 4cx \quad (2).$$

L'égalité (2) divisée par l'égalité (1) donne

$$\mathrm{MF'} + \mathrm{MF} = \frac{2cx}{a} \ (3).$$

Enfin des égalités (1) et (3) on tire $\mathrm{MF'} = \frac{cx}{a} + a$ et $\mathrm{MF} = \frac{cx}{a} - a$.

THÉORÈME

669. *Pour tout point* M *de l'hyperbole on a* $y^2 = \frac{b^2}{a^2}(x^2 - a^2)$
(*fig.* 332).

En effet, le triangle MPF donne $\overline{\mathrm{MF}}^2 = \overline{\mathrm{MP}}^2 + \overline{\mathrm{FP}}^2$, ou $\left(\frac{cx}{a} - a\right)^2$
$= y^2 + (x - c)^2$. Si l'on effectue les calculs, il vient

$$\frac{c^2 x^2}{a^2} - 2cx + a^2 = y^2 + x^2 - 2cx + c^2.$$

D'où
$$\frac{c^2 x^2}{a^2} + a^2 = y^2 + x^2 + c^2,$$
$$c^2 x^2 + a^2 \times a^2 = a^2 y^2 + a^2 x^2 + a^2 c^2,$$
$$a^2 y^2 = c^2 x^2 + a^2 \times a^2 - a^2 x^2 - a^2 c^2,$$
$$a^2 y^2 = x^2 (c^2 - a^2) - a^2 (c^2 - a^2);$$

mais (661) $c^2 - a^2 = b^2$: donc
$$a^2 y^2 = x^2 b^2 - a^2 b^2 ;$$

d'où enfin
$$y^2 = \frac{b^2}{a^2} \cdot (x^2 - a^2).$$

Des Asymptotes

670. Par l'un des sommets A de l'hyperbole tirons une droite HAH'
égale et parallèle à
l'axe BB' et divisée au
point A en deux par-
ties égales. Les lignes
droites OHX, OHY
passant par le centre
de l'hyperbole et les
extrémités de la ligne
HAH' sont les *asym-
ptotes* de l'hyperbole.
Les deux branches de
l'hyperbole ont les
mêmes asymptotes.

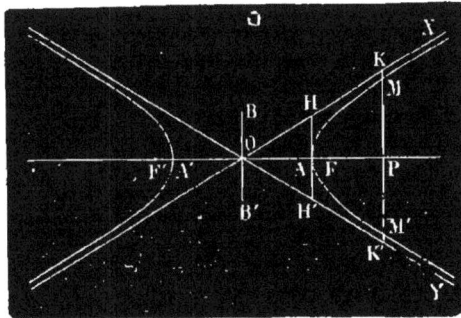

Fig. 333.

THÉORÈME

671. *Dans l'hyperbole, le produit des segments* MK, MK' *de la* *ligne KK' menée parallèlement à l'axe BB' et limitée aux asymptotes, est égal au carré du demi-axe non transverse. Ainsi* $MK \times MK' = b^2$.

En effet, les triangles semblables OAH et OPK donnent

$$\frac{PK}{AH} = \frac{OP}{OA}, \text{ ou } \frac{PK}{b} = \frac{x}{a}, \text{ ou } PK = \frac{bx}{a};$$

mais $$MK = PK - PM = \frac{bx}{a} - y,$$

et $$MK' = MP + PK' = PK + MP, \text{ car } PK' = PK,$$

$$MK' = \frac{bx}{a} + y;$$

donc $MK \times MK' = \left(\frac{bx}{a} - y\right)\left(\frac{bx}{a} + y\right) = \frac{b^2 x^2}{a^2} - y^2.$

Si à y^2 on substitue sa valeur trouvée (669), il vient

$$MK \times MK' = \frac{b^2 x^2}{a^2} - \frac{b^2}{a^2}(x^2 - a^2),$$

$$MK \times MK' = \frac{b^2 x^2}{a^2} - \left(\frac{b^2 x^2}{a^2} - \frac{b^2 a^2}{a^2}\right) = \frac{b^2 x^2}{a^2} - \frac{b^2 x^2}{a^2} + \frac{b^2 a^2}{a^2},$$

ou $MK \times MK' = b^2.$

THÉORÈME

672. *L'hyperbole se rapproche constamment de l'asymptote sans pouvoir jamais la rencontrer.*

En effet, $MK \times MK' = b^2$ donne $MK = \frac{b^2}{MK'}$, équation qui prouve que MK devient d'autant plus petit que MK' devient plus grand; or, cette droite pouvant être menée à une distance quelconque du sommet A de la courbe peut croître indéfiniment, et par suite MK diminuer indéfiniment, donc l'hyperbole se rapproche constamment de l'asymptote OX, sans jamais pouvoir la rencontrer, car quelque grand que soit MK', jamais $\frac{b^2}{MK'}$, ou MK, ne peut être zéro.

De la Parabole

DÉFINITION DE LA PARABOLE PAR LA PROPRIÉTÉ DES FOYERS ET DE LA DIRECTRICE

673. La *parabole* est une courbe plane telle que chacun de ses points est également éloigné d'un point fixe nommé *foyer* et d'une droite fixe appelée *directrice*.

674. *Tracé de la courbe par points.*

Soient F le foyer et DE la directrice. Du foyer F menons à la directrice la perpendiculaire FD.

Le milieu A de cette droite est le seul point de cette ligne également éloigné du foyer et de la directrice : donc il appartient à la pa-rabole. Pour déter-miner un autre point de la courbe, prenons sur DF une longueur quelconque DP plus grande que DA, et par le point P menons une parallèle indéfi-nie MM' à la direc-trice, puis du foyer F, avec DP pour rayon, décrivons un arc de cercle qui coupe la

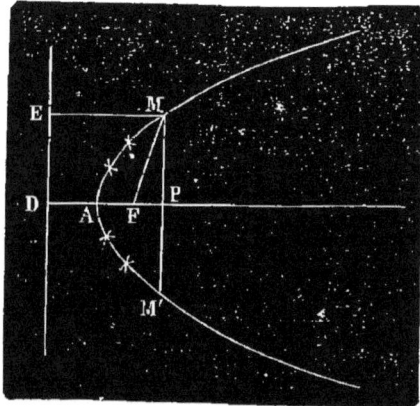

Fig. 334.

parallèle à la directrice en deux points M, M'. Ces points appartiennent à la parabole, car la perpendiculaire ME menée du point M sur DE donne ME = DP = FM. Par con-séquent, le point M est également éloigné du foyer et de la directrice : donc il appartient à la parabole; il en est de même du point M'. Répétons cette construction de manière à obtenir des points de la courbe assez rappro-chés, enfin réunissons-les par un trait continu, et la para-bole sera tracée.

675. REMARQUE. Il résulte de cette construction que la parabole n'est pas une courbe fermée : elle est composée de deux branches AM, AM' qui ont leur origine au point A et qui vont constamment en s'éloignant du foyer et de la directrice, car la distance DP de la directrice à sa paral-lèle MM' peut croître à partir de A au delà de toute limite, sans que l'arc décrit du foyer F comme centre, avec cette distance pour rayon, cesse de couper la parallèle MM'.

PROBLÈME

676. *Tracer la parabole d'un mouvement continu.*

Pour tracer cette courbe d'un mouvement continu, on place le bord d'une règle R sur la directrice DE et l'on ap-plique contre cette règle le plus petit côté LK de l'angle droit d'une équerre KGL. Ensuite on at-tache aux points F et G un fil inextensible d'une longueur égale à KG. Si l'on tient ce fil appliqué contre le côté KG au moyen d'une pointe, ou d'un crayon, et qu'on fasse alors glisser l'équerre contre la règle, la pointe étant constam-ment appuyée contre

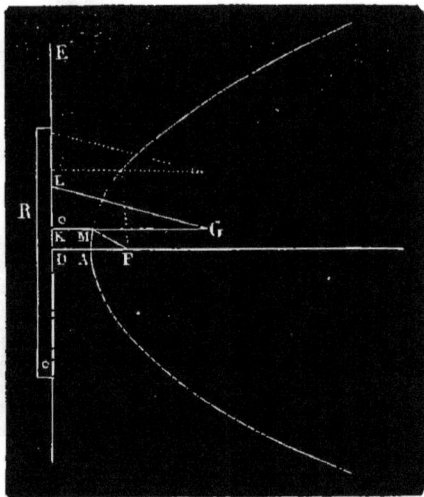

Fig. 335.

le côté KG décrira un arc de parabole. En effet; le fil étant par hypothèse égal à KG, on aura dans toutes les positions de l'équerre :

$$GM + MF = GM + MK,$$
donc
$$MF = MK;$$

le point M est donc sur une parabole qui a pour foyer F et pour directrice DE.

La branche inférieure de la courbe se décrirait de la même manière.

Axe. — Sommet. — Rayon vecteur

THÉORÈME

677. *La parabole a pour axe de symétrie la perpendicu-laire menée de son foyer sur la directrice (fig. 334).*

En effet, soient deux points quelconques M et M' de la parabole déterminés par l'intersection de la droite MM' parallèle à la directrice et de l'arc de cercle qui a DP pour rayon et le foyer F pour centre. La perpendiculaire FP menée du centre de cet arc sur la corde MM' divise cette corde en deux parties égales (139) ; donc MP = M'P et les points M et M' sont symétriques par rapport à la droite DF. Comme il en est de même de tous les points deux à deux de la courbe, DF *est un axe de symétrie* (630).

678. Le point A où cet axe coupe la parabole est le *sommet* de cette courbe.

679. La droite DF, qui mesure la distance du foyer à la directrice, se nomme *paramètre* de la parabole.

680. Le paramètre est le seul élément par lequel des paraboles peuvent différer.

681. On appelle *rayon vecteur* d'un point de la parabole la droite qui joint ce point au foyer.

THÉORÈME

682. 1° *Tout point extérieur à la parabole est plus rapproché de la directrice que du foyer ;* 2° *tout point intérieur à la parabole est plus rapproché du foyer que de la directrice.*

1° Le point extérieur N est plus rapproché de la directrice DE que du foyer F, car NE étant une perpendiculaire menée à la directrice, on a

$$MF < NF + NM ;$$
mais $MF = NE + NM,$
donc $\quad NE + NM < NF + NM$ ou $NE < NF.$

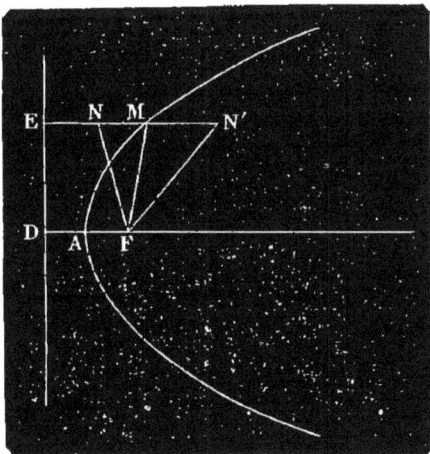

Fig. 336.

2° *Le point intérieur* N' *est plus rapproché du foyer que* *la directrice*, car N'E étant une perpendiculaire menée à la directrice, on a

$$N'F < N'M + MF;$$

mais MF = EM, donc

$$N'F < N'M + ME,$$

ou

$$N'F < N'E.$$

THÉORÈME

685. *La tangente fait des angles égaux avec la parallèle à l'axe et le rayon vecteur, menés au point de contact* [1].

La démonstration de ce théorème repose sur ce principe :

Si d'un point quelconque M' pris dans

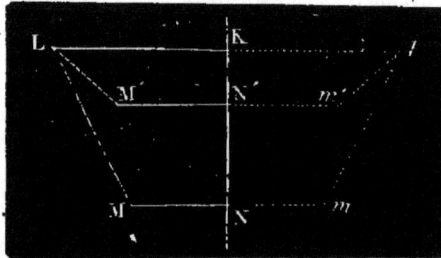

Fig. 337.

l'intérieur d'un trapèze LMNK rectangle en N et en K, on abaisse une perpendiculaire M'N' sur NK, on aura

$$LM' + M'N' < LM + MN.$$

En effet, formons la figure NmlK symétrique de LMNK par rapport à NK, les angles en N, N', K seront tous droits, et les lignes Ll, M'm', Mm seront trois lignes droites; nous aurons par conséquent

$$LM' + M'm' + m'l < LM + Mm + ml;$$

donc LM' + M'N' ou moitié de la première somme sera moindre que LM + MN ou moitié de la seconde somme.

Soit maintenant une sécante AB passant par deux points MM' d'une parabole qui a le point F pour foyer et DE pour

1. Ce théorème et celui du n° 643 sont dus à M. Senet.

directrice. Du foyer F abaissons sur AB la perpendiculaire FI et prolongeons-la d'une quantité IL=FI, menons en-suite LOK parallèle-ment à l'axe FD, et tirons le rayon vec-teur OF. Les angles FOA, KOB seront égaux entre eux, car l'un et l'autre sont égaux à l'angle LOA. Or, quelque voisin que le point M' soit du point M, le point O est toujours placé entre M et M'.

Pour le démon-trer, menons GH pa-rallèle à la direc-trice et à une dis-

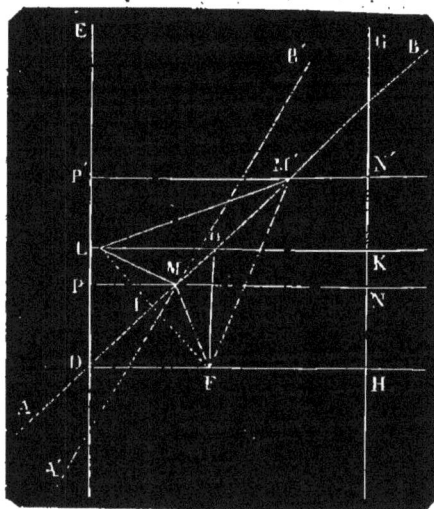

Fig. 338.

tance telle que les deux points M, M' soient toujours si-tués entre ces deux droites, puis traçons les perpendicu-laires PMN, P'M'N' à la directrice. Les obliques ML, MF étant égales entre elles et à la droite MP, puisque le point M est sur la parabole, nous avons

$$LM + MN = PM + MN.$$

Par une raison semblable,

$$LM' + M'N' = P'M' + M'N'.$$

Les seconds membres de ces deux égalités étant égaux, les premiers le sont aussi, donc

$$LM + MN = LM' + M'N'.$$

Mais cette dernière égalité ne saurait exister si le point M' était dans l'intérieur du trapèze LMNK (principe pré-cédent) ou entre M et O.

Si maintenant nous concevons que la sécante AB tourne autour du point M jusqu'à ce que le point M' vienne se confondre avec lui, le point O, toujours situé entre M et

M', viendra aussi se confondre avec M, et le rayon vecteur FO deviendra FM. Comme d'ailleurs les angles FOA, KOB n'auront pas cessé d'être égaux, si A'B' est la position de AB devenue tangente, nous aurons encore

Angle A'MF = angle B'MN.

684. REMARQUE. Nous avons supposé dans cette démonstration que la sécante AB ne rencontre pas l'axe dans la partie indéfinie FH ayant son origine au foyer, ce qui est toujours possible, pourvu que les points M et M' soient assez rapprochés l'un de l'autre.

PROBLÈME

685. *Mener une tangente à la parabole : 1° par un point pris sur la courbe; 2° par un point extérieur; 3° parallèlement à une droite donnée.*

1° *Le point M est sur la courbe.*

Supposons le problème résolu, et soit TT' cette tangente. Menons MK parallèlement à l'axe et tirons KF, MF; la tangente TT' sera bissectrice de l'angle au sommet du triangle isocèle KMF, et par conséquent perpendiculaire sur la base FK; de là résulte que :

Pour mener une tangente à la parabole en un point M pris sur la courbe, on abaissera la perpendiculaire MK sur la directrice, puis on joindra le point K au point F et l'on mènera MT perpendiculaire à KF : MT sera la tangente demandée.

2° *Par un point N extérieur à la courbe.*

Supposons aussi le problème résolu. Soit TT' cette tangente, et M son point de contact. Menons MK parallèlement à l'axe et tirons MF, KF. La tangente TT' sera bissectrice de l'angle au sommet du triangle isocèle KMF et par conséquent perpendiculaire sur le milieu de sa base; donc le point N est également éloigné de F et de K; de là résulte que :

Pour mener une tangente à la parabole par un point N ex-

térieu à la courbe, on décrira de ce point comme centre, avec

NF *pour rayon, un arc de cercle qui coupera* DE *en un point* K, *on joindra ensuite* KF *et du point* N *on abaissera sur cette droite la perpendiculaire* NT, *qui sera la tangente demandée.*

REMARQUE. La circonférence décrite du point N comme centre avec NF pour rayon coupe la directrice en deux points et détermine deux tangentes à la parabole.

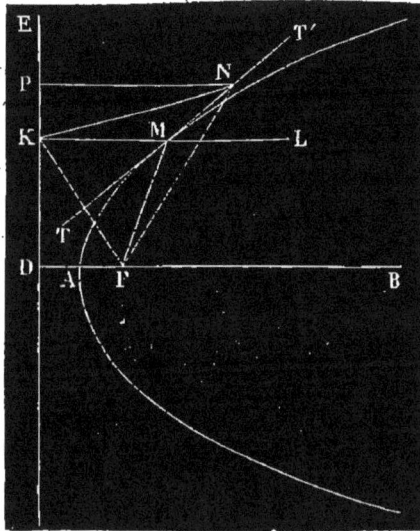

Fig. 339.

3º *Parallèlement à une droite donnée* BC.

Du foyer F abaissons sur BC la perpendiculaire FKL et sur le milieu de la distance KF élevons la perpendiculaire TM, qui sera la tangente demandée. Cette construction résulte de ce qui précède.

REMARQUE. Quand on construit la parabole par points, on peut mener un certain nombre de tangentes et déterminer ainsi autant de points de la parabole que l'on veut.

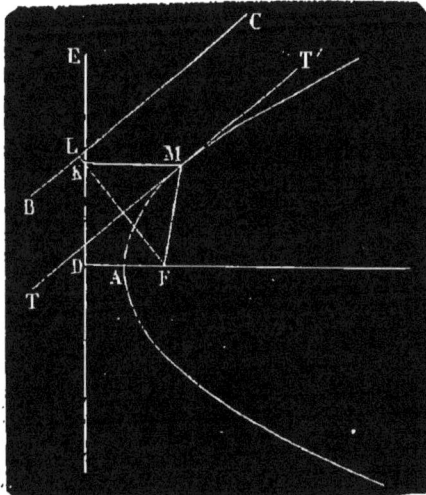

Fig. 340.

— 365 —

DÉFINITIONS

686. L'*ordonnée* du point M (*fig.* 341) est la distance MP de ce point à l'axe, et l'*abscisse* du même point est la distance DP=KM de ce point à la directrice (648).

687. La *sous-normale* est la distance PN comprise entre le pied de l'ordonnée et de la normale.

688. On nomme *sous-tangente* la partie PI de l'axe comprise entre la tangente et le pied de l'ordonnée du point de contact (646).

THÉORÈME

689. *La normale à la parabole divise en deux parties égales l'angle formé par le rayon vecteur et la parallèle à l'axe menés au point de contact (fig.* 341*).*

En effet, les angles TMF et T'ML étant égaux, leurs compléments FMN, LMN le sont aussi.

THÉORÈME

690. *Dans la parabole, la sous-normale* PN *est constante et égale au paramètre* FD.

En effet, si du point de contact M nous abaissons MK perpendiculaire sur DE et que nous menions FK, cette dernière droite perpendiculaire sur la tangente sera parallèle et égale à la normale MN. Les triangles rectangles PMN, DKF seront par conséquent égaux, et nous aurons

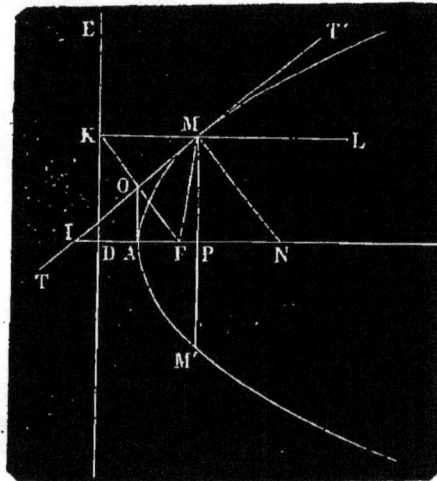

Fig. 341.

$$PN = DF.$$

AUTRE DÉMONSTRATION. D'après la construction, la figure FKMN est un parallélogramme et la figure DKMP un rectangle, par conséquent

$$DP = FN.$$

En retranchant FP de part et d'autre, il vient

$$DF = PN.$$

THÉORÈME

691. *La sous-tangente est partagée en deux parties égales par le sommet A de la courbe (fig. 341).*

En effet, le point O étant le milieu de KF et le point A le milieu de DF, la droite AO est parallèle à DK et égale à sa moitié ou à la moitié de PM=DK : donc, dans le triangle IMP, IA est la moitié de IP, ou

$$IA = AP.$$

692. COROLLAIRE. ED étant perpendiculaire à l'axe, sa parallèle OA lui est aussi perpendiculaire au point A et de plus tangente à la parabole.

THÉORÈME

693. *Le carré d'une ordonnée perpendiculaire à l'axe est proportionnel à la distance de cette ordonnée au sommet (fig. 341).*

Ainsi, pour l'ordonnée MP, on aura

$$\overline{MP}^2 = AP \times 2DF.$$

En effet, le triangle rectangle IMN donne (226, 2°)

$$\overline{MP}^2 = IP \times PN;$$

mais IP=2AP, et (690) PN=DF, donc

$$\overline{MP}^2 = 2AP \times DF = AP \times 2DF.$$

Or 2DF est une quantité constante, donc le carré de l'ordonnée MP est proportionnel à PA, distance de cette ordonnée au sommet A.

Remarque. L'ellipse, l'hyperbole et la parabole sont encore désignées sous le nom de *sections coniques*, parce qu'on les obtient en coupant un cône par des plans.

694. Les comètes décrivent pour la plupart des orbites tellement allongées qu'on peut les considérer comme des paraboles dont le foyer commun est le soleil.

C'est la courbe que décrivent les projectiles lancés dans une direction horizontale ou inclinée, par exemple les bombes, les boulets. L'eau qui sort en jet de l'ouverture latérale d'un vase décrit un arc de parabole.

Lorsque des rayons lumineux, caloriques ou sonores émanent d'un foyer d'une parabole, ils se réfléchissent sur la courbe parallèlement à l'axe en formant un angle de réflexion T'ML (*fig.* 339) égal à l'angle d'incidence FMT. Réciproquement les rayons lumineux, caloriques ou sonores parallèles à l'axe viennent se réfléchir au foyer.

C'est sur ce principe que sont construits les lanternes de voitures et les réflecteurs employés dans les réverbères. La surface réfléchissante en métal poli est la surface concave d'un paraboloïde engendré par une parabole tournant autour de son axe. La lumière, étant au foyer, se propage parallèlement à l'axe, et va, sans se disperser, éclairer à de grandes distances.

On emploie pour le même motif des miroirs paraboliques dans la construction des télescopes. L'axe étant tourné vers un astre, les rayons que celui-ci émane se réfléchissent sur le miroir de manière à donner au foyer une image brillante de l'astre.

La forme parabolique s'emploie encore dans les porte-voix et les cornets acoustiques. On dit qu'au moyen d'un porte-voix Alexandre le Grand se faisait entendre à son armée à six lieues à la ronde. On pense que ce porte-voix était formé d'un ellipsoïde adapté à un paraboloïde, de manière que l'un des foyers de l'ellipsoïde se trouvait à l'embouchure, et l'autre se confondait avec celui du paraboloïde.

De l'Hélice

Pas de l'Hélice

695. Soit un cylindre droit à base circulaire ABCD et un rectangle AKLD qui a même hauteur AD que le cylindre et une base AK égale à la longueur de la circonférence de la base du cylindre. Si, après avoir partagé le rectangle AKLD en rectangles égaux dont les diagonales sont AG, EH, FL,

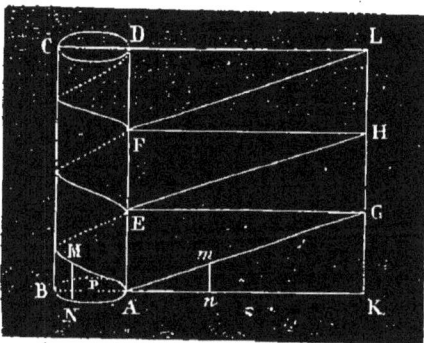

Fig. 342.

nous l'enroulons sur le cylindre, les lignes AK, DL resteront perpendiculaires à la génératrice DA et viendront coïncider avec les circonférences des bases du cylindre, tandis que les droites AG, EH, FL traceront sur sa surface latérale une courbe continue qu'on appelle *hélice*.

696. Les courbes telles que AME dont les extrémités A, E sont sur la même *génératrice* AD, et qui font le tour entier du cylindre, sont des *spires*.

697. L'intervalle AE compris sur la même génératrice entre les extrémités d'une spire est le *pas de l'hélice*.

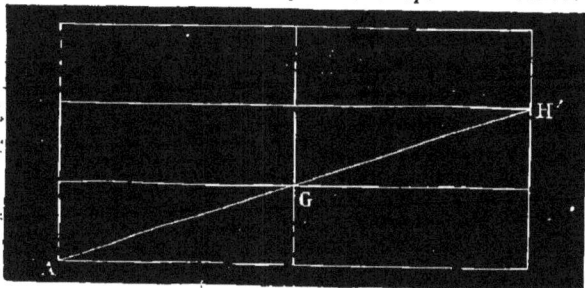

Fig. 343.

698. On peut encore considérer l'hélice comme engendrée par une seule ligne indéfinie AG ; car si l'on suppose le plan du rectangle indéfini et qu'on l'enroule autour du cylindre un nombre de fois illimité, la droite AG décrira la première spire, GH' décrira la seconde, etc.

699. Comme on le voit, *les hélices sont des courbes engendrées par des droites tracées sur un plan, lorsqu'on enroule ce plan sur un cylindre droit à base circulaire.*

DÉFINITION

700. On appelle *abscisse curviligne* d'un point M de l'hélice l'arc de cercle AN (*fig.* 342) compris entre l'origine de l'hélice et le pied de la perpendiculaire abaissée du point M sur le plan de la base.

THÉORÈME

701. *La distance MN d'un point M d'une hélice au plan de la base est proportionnelle à l'abscisse curviligne de ce point.*

En effet, soit *m* un point de la droite AG devenu M sur l'hélice (*fig.* 342), et *mn* une perpendiculaire sur AK, il est évident que $mn = MN$ et que $An = \text{arc AN}$; or, les triangles semblables A*mn*, AGK donnent

$$\frac{mn}{An} = \frac{GK}{AK},$$

donc $MN = \dfrac{GK}{AK} \times \text{arc AN}$, car $mn = MN$, et $An = \text{arc AN}$.

Quelle que soit la position du point M, le rapport $\dfrac{GK}{AK}$ est constant, donc MN est proportionnelle à l'arc AN : par exemple, si MN devient deux, trois... fois plus grand, pour que l'égalité précédente subsiste, il faudra que l'arc AN devienne aussi deux, trois... fois plus grand. Donc, si MN exprime une certaine fraction du pas de l'hélice, l'arc AN exprimera la même fraction de la circonférence ANBP.

702. REMARQUE. GK est le pas de l'hélice, car GK = AE,

et AK est la circonférence de la base du cylindre. Si donc on désigne le pas de l'hélice par h, par R le rayon de la base du cylindre, on aura

$$MN = \frac{h}{2\pi R} \times \text{arc AN}.$$

Tangente et sous-tangente à l'hélice

703. Prenons deux points M, M' sur l'hélice et de ces points abaissons sur la base les perpendiculaires MN, M'N', et soit L le point où se rencontrent, sur le plan de base, les sécantes M'M et N'N à l'hélice et au cercle. Cela étant posé, si nous concevons que le plan LM'N' tourne autour de MN, les sécantes LMM', LNN' deviendront en même temps *tangentes, l'une à l'hélice au point* M et *l'autre au cercle de base au point* N. Lorsque la droite LNN' est devenue tangente au cercle, la disance LN est *sous-tangente* du point M.

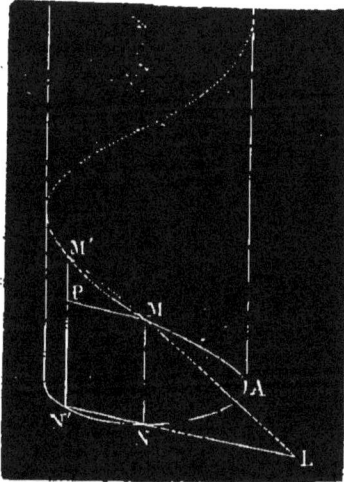

Fig. 344.

THÉORÈME

704. *La sous-tangente est égale à l'abscisse curviligne du point de contact* (*fig.* 344).

Ainsi on doit avoir

$$LN = \text{arc AN}.$$

En effet, si nous menons MP parallèle à la corde NN', nous obtiendrons deux triangles semblables MPM', LNM, qui donneront

$$\frac{MN}{NL} = \frac{M'P}{MP} \quad (1).$$

Or, les points M, M′ étant sur l'hélice, nous avons

$$M'P = M'N' - MN = \frac{h}{2\pi R} \times arc\ AN' - \frac{h}{2\pi R} \times arc\ AN,$$

ou

$$M'P = \frac{h}{2\pi R} \times arc\ NN'.$$

Mais MP = corde NN′. Si nous remplaçons, dans l'égalité (1) M′P et MP par leurs valeurs, il viendra

$$\frac{MN}{NL} = \frac{h}{2\pi R} \times \frac{arc\ NN'}{corde\ NN'}.$$

Le rapport d'un arc à sa corde tend vers l'unité lorsque cet arc tend vers zéro : donc, à la limite,

$$\frac{Arc\ NN'}{Corde\ NN'} = 1,$$

et par suite

$$\frac{MN}{NL} = \frac{h}{2\pi R},$$

ou

$$MN = \frac{h}{2\pi R} \times NL;$$

mais (702) $MN = \frac{h}{2\pi R} \times arc\ AN$, donc

$$\frac{h}{2\pi R} \times NL = \frac{h}{2\pi R} \times arc\ AN,$$

ou   Sous-tangente NL = arc AN.

THÉORÈME

705. *La tangente à l'hélice fait avec l'arête du cylindre un angle constant.*

Soit AM un arc de l'hélice décrit par la droite AG. Si l'on suppose que le point *m* de cette droite réponde au point M de l'hélice, les perpendiculaires (701) *mn* et MN aux bases du rectangle et du cylindre seront égales, et de plus on aura

$$An = arc\ AN.$$

Mais si MT est la tangente à l'hélice au point M et NT

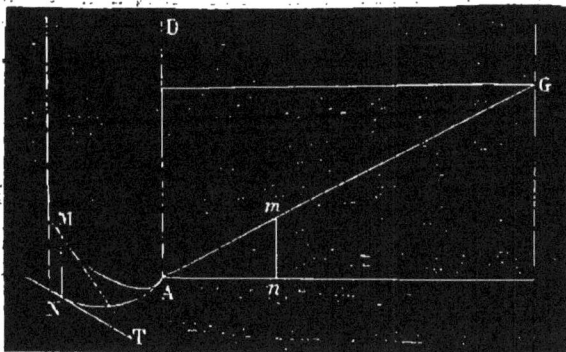

Fig. 345.

la sous-tangente, les deux triangles rectangles MNT, Amn auront

$$MN = mn,$$

et

$$NT = \text{arc } AN = \text{côté } An,$$

donc ces deux triangles seront égaux, et par conséquent,

Angle NMT = angle Amn.

Or, l'angle Amn est constant, car c'est l'angle sous lequel la droite AG, qui engendre l'hélice, coupe dans toutes ses positions la génératrice AD du cylindre.

PROBLÈME

703. *Construire la projection de l'hélice et de la tangente sur un plan perpendiculaire à la base du cylindre.*

Prenons pour plan horizontal le plan $adbc$ de la base du cylindre. Soient le rectangle $a'a'b'b'$ formant le contour apparent du cylindre sur le plan vertical, $a'a'$ le pas de l'hélice et a le point où elle commence.

Cela posé, partageons la circonférence de la base en un certain nombre de parties égales, en 16, par exemple, et désignons par M un point de la première spire de l'hélice qui se projette horizontalement en m. Or, l'arc am est les $\frac{1}{16}$ de la circonférence $adbc$, par conséquent (701) la hauteur du point M au-dessus du plan horizontal devra être les $\frac{7}{16}$ du pas de l'hélice ; divisons donc la hauteur $a'a'$ en 16 parties égales, et par le septième divison n menons une parallèle à la ligne de terre xy jusqu'à la rencontre d'une perpendiculaire cette ligne menée par le point m : nous obtiendrons ainsi point m' qui sera la projection verticale du point M.

On trouvera de même la projection verticale d'un certain nombre de points de la spire. On les réunira ensuite par un trait continu.

Pour avoir la projection de la tangente au point m, menons mt tangente au cercle de la base, et prenons sur cette ligne une longueur mt égale à l'abscisse curviligne am ; mt sera la longueur de la sous-tangente (704), et le point t la trace horizontale de la tangente. Donc, si l'on abaisse tt perpendiculairement sur la ligne de terre, $m't'$ sera la projection verticale de la tangente.

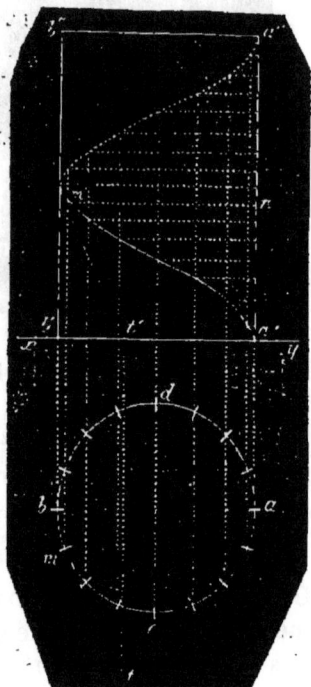

Fig. 346.

707. L'hélice est une courbe fréquemment employée dans les arts.

La plupart des escaliers tournants sont disposés en hélice. La vis ordinaire est une hélice formée d'un filet saillant tourné en hélice autour d'un cylindre. Mais une des plus belles applications de l'hélice est sans contredit son emploi comme propulseur pour la navigation.

Ce fut en 1836 que l'Anglais Smith et le Suédois Ericson substituèrent, chacun de leur côté, l'hélice aux roues à aubes des navires à vapeur.

PROBLÈMES ET EXERCICES

772. Construire une ellipse connaissant ses foyers et un de ses points.

775. Construire une ellipse connaissant $2b$ et $2c$.

774. Construire une ellipse connaissant la position du petit axe et l'un des foyers.

775. Le grand axe de l'ellipse est divisé par chaque foyer en deux parties dont le produit est égal à b^2.

776. Tout diamètre de l'ellipse est plus petit que $2a$ et plus grand que $2b$.

777. Pour tout point de l'ellipse, les rayons vecteurs MF', MF ont pour valeur $a + \dfrac{cx}{a}$ et $a - \dfrac{cx}{a}$. L'origine des abscisses est le centre de la courbe.

778. Pour tout point M de l'ellipse, on a $y^2 = \dfrac{b^2}{a^2}(a^2 - x^2)$.

779. Le produit des distances des foyers de l'ellipse à la tangente est égal à b^2.

780. Construire une ellipse, connaissant les deux foyers et une tangente.

781. Si l'on décrit un cercle sur le grand axe de l'ellipse et que, d'un point quelconque de cet axe, on mène une ordonnée au cercle et à l'ellipse à la fois, Y et y étant ces ordonnées, on a $\dfrac{y}{Y} = \dfrac{b}{a}$.

782. Construire une ellipse, connaissant F, a, b et un point M de l'ellipse.

785. Trouver le lieu des points tels que la différence des carrés des distances de chacun d'eux aux foyers de l'ellipse est égale à $4a^2$.

784. Trouver la superficie d'une ellipse dont le grand axe a 20 mètres et le petit $16^m,50$.

785. Trouver la superficie d'une ellipse dans laquelle la distance des foyers est de 14 mètres et le petit axe de 12 mètres.

786. La superficie de l'ellipse est moyenne proportionnelle entre celles des cercles décrits sur ses deux axes pris pour diamètres.

787. Construire une hyperbole, connaissant ses foyers et un de ses points.

788. Construire une hyperbole, connaissant $2b$ et $2c$.

789. Construire une hyperbole, connaissant $2a$ et $2b$.

790. Tout diamètre de l'hyperbole est plus grand que $2a$.

791. Chaque sommet de l'hyperbole divise la distance des foyers en deux parties dont le produit est égal à b^2.

792. Construire une hyperbole, connaissant F, a, b et un point M de l'hyperbole.

793. Trouver le lieu des points tels que la différence des carrés des distances de chacun d'eux aux foyers de l'hyperbole est égale à $4a^2$.

794. Construire une parabole, connaissant son foyer et son sommet.

795. Construire une parabole, connaissant son paramètre.

796. Toutes les paraboles sont des figures semblables.

797. Dans la parabole, les carrés de deux ordonnées y et y' sont entre eux comme les abscisses x et x'. L'origine des abscisses est le sommet de la courbe.

798. Dans la parabole, l'ordonnée est moyenne proportionnelle entre l'abscisse et le double du paramètre.

799. La sous-tangente est égale au rayon vecteur du point de tangence.

800. Le carré de la perpendiculaire menée du foyer sur la tangente MT est égal au produit du rayon vecteur FM par le demi-paramètre.

801. Les perpendiculaires menées du foyer sur les tangentes à la parabole sont proportionnelles aux racines des rayons vecteurs correspondants.

802. Construire une parabole, connaissant une ordonnée et l'abscisse correspondante.

803. Une parabole AM dont on connaît la direction de son axe, étant donnée, trouver son paramètre.

804. Construire une parabole, connaissant le foyer et deux points.

805. Construire une parabole, connaissant la directrice et deux points.

806. Construire une parabole, connaissant la sous-tangente et l'ordonnée correspondante.

807. Construire une parabole, connaissant la distance d'une tangente au foyer et le rayon vecteur du point de contact.

808. L'aire d'un segment parabolique compris entre l'axe et une ordonnée est équivalente aux deux tiers du rectangle qui a pour dimensions l'ordonnée du segment et son abscisse.

MATHÉMATIQUES APPLIQUÉES

LEVÉ DES PLANS

NOTIONS PRÉLIMINAIRES

1. Les terrains présentent une surface à peu près unie et horizontale, ou sont accidentés d'une manière plus ou moins tranchée.

2. On appelle *plan d'un terrain horizontal* une figure semblable à celle de ce terrain.

3. Quand le terrain est inégal, ou incliné, ce n'est plus sa figure qu'on représente sur le papier, mais celle de sa *projection*[1] *horizontale*. On a alors ce qu'on appelle le *plan géométral* du terrain. Par exemple, un terrain incliné tel que ABCDE a pour projection le polygone A'B'C'D'E' sur le plan horizontal MN et pour plan géométral le polygone *abcde*, plan du polygone A'B'C'D'E'.

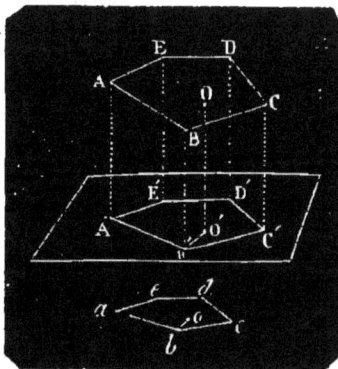

Fig. 1.

4. *Lever le plan* d'un terrain, c'est prendre sur ce terrain toutes les mesures nécessaires pour en faire le plan.

5. Les mesures s'inscrivent sur ce qu'on appelle un *croquis* ou *canevas*. Le croquis est une image plus ou moins grossière du terrain. Il se fait habituellement d'avance si le terrain a peu d'étendue, et au fur et à mesure que l'on opère si le terrain a une certaine étendue.

---

1. On nomme *projection d'un point sur un plan* le pied de la perpendiculaire menée de ce point sur le plan, et *projection d'une figure quelconque* (ligne, surface ou volume) *sur un plan* une seconde figure obtenue par la réunion de tous les points projetés de la première. La projection est horizontale lorsque le plan sur lequel on projette la figure est lui-même horizontal.

Opérations sur le terrain. — Tracé des droites.

6. Pour tracer une droite de peu d'étendue, on tend bien horizontalement, d'une extrémité à l'autre, un cordeau dont la direction représente celle de la ligne même. C'est ainsi que l'on opère journellement sur les chemins, dans les jardins et dans la construction des bâtiments.

7. Jalons. Lorsque la droite a une longueur d'une certaine étendue, on indique sa direction à l'aide de *jalons*. On donne ce nom à des tiges de bois ou de fer ayant environ 1^m,50 de hauteur. L'extrémité qui s'enfonce dans le sol est pointue, l'autre est fendue et porte une feuille de papier blanc ou une plaque de couleur vive, ce qui rend le jalon visible à de grandes distances. Il faut planter les jalons bien verticalement et avoir le soin de les enfoncer assez dans la terre pour que le vent ne puisse ni les pencher, ni les renverser.

Fig. 2.

PROBLÈME

8. *Jalonner une droite entre deux points donnés* A *et* B.

Le *géomètre* ou *opérateur* commence par planter un jalon à l'une des extrémités de la ligne, au point A, par exemple; son *aide*, muni de plusieurs jalons, va en planter un autre au

Fig. 3.

point B. L'aide, en revenant de B vers A, jalonne la ligne. A cet effet, il s'arrête à quelque distance du point B et fait mine de planter un jalon. Le géomètre, placé à une petite distance du point A, vise dans la direction AB et fait signe de la main à son aide de porter le jalon à droite ou à gauche; lorsqu'il paraît se confondre avec les deux autres, il lui indique de l'enfoncer dans le sol. Le jalon C planté, l'aide marche de nouveau vers A, et sur les indications du géomètre resté en A, il plante d'autres jalons D, E... Le dernier jalon planté doit toujours cacher à l'observateur le jalon planté auparavant.

9. Remarque. Dans le cas où une personne est seule pour jalonner une ligne telle que EB, elle se place à une certaine distance de E, dans la direction EB, et plante un jalon A de manière qu'il semble à l'œil se confondre avec les jalons E et B. Cela fait, elle revient entre ces deux jalons et plante les deux autres jalons D et C dans la direction EA. Il est évident que la ligne EB se trouve ainsi jalonnée.

Dans le cas où la ligne ne peut être prolongée au delà de l'une de ses extrémités, on a recours au *tâtonnement* : le jalon D planté à peu près dans l'alignement, on revient en E examiner si le jalon D se confond avec les deux autres; lorsqu'il n'en est pas ainsi, on le porte à droite ou à gauche selon sa position, puis on recommence l'essai.

PROBLÈME

10. *Prolonger une droite AD sur le terrain.*

Il suffit de planter, comme il a été indiqué plus haut, les jalons C, B... dans l'alignement des jalons déjà plantés (*fig.* 3).

PROBLÈME

11. *Jalonner une droite entre deux points A et B invisibles de l'un à l'autre (fig. 3).*

On plante par *tâtonnement* deux jalons intermédiaires E et D de manière que les jalons D, E, A soient en ligne droite ainsi que les jalons E, D, B : la ligne AB se trouve ainsi jalonnée. Nous verrons plus tard que l'emploi de l'équerre est préférable.

Mesurer une droite sur le terrain

12. Nous supposerons d'abord que le terrain est horizontal, ou qu'il peut être considéré comme tel sans erreur sensible.

Si la droite à mesurer n'est pas considérable, on peut employer le mètre ou le double mètre, mais en général, pour mesurer une droite sur le terrain, on se sert d'une chaîne de 10 mètres de longueur et qu'on nomme *chaîne d'arpenteur*.

13. Chaîne d'arpenteur. Cet instrument se compose de cinquante chaînons en gros fil de fer, ayant chacun deux décimètres et reliés entre eux par des anneaux. Les mètres sont marqués par des anneaux en cuivre et le milieu de la chaîne par une petite tige de fer ou de cuivre. Enfin il y a à chaque extrémité de la chaîne une poignée dont la longueur fait partie du dernier chaînon *(fig.* 4).

14. Fiches. La chaîne est accompagnée d'un paquet de dix *fiches*. On appelle ainsi des tiges en gros fil de fer terminées en pointe par l'extrémité qui doit s'enfoncer dans le sol et courbées en anneau à l'autre extrémité. Une fiche a environ 0^m,30 de longueur *(fig.* 5).

Fig. 4.   Fig. 5.

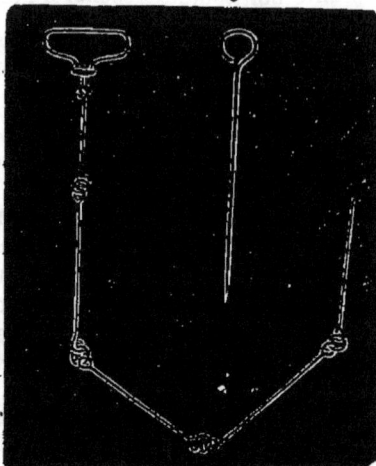

PROBLÈME

15. *Mesurer avec la chaîne une droite* AB.

On commence par jalonner la ligne. Cela fait, l'aide, tenant d'une main la chaîne et de l'autre les dix fiches, se dirige vers B, et marche jusqu'à ce qu'il soit arrêté par l'opérateur, qui place le bord extérieur de la poignée qu'il tient contre le jalon A. La

Fig. 6.

chaîne étant alors bien tendue, et n'étant raccourcie ni par un nœud ni par autre chose, l'aide se baisse et fait mine de planter une fiche qu'il maintient contre le bord *intérieur* de la poignée. L'opérateur lui indique la direction AB et le lieu où la fiche doit être plantée. L'aide se relève ensuite et s'avance vers le même point, l'opérateur suit en évitant de marcher plus vite que l'aide, afin de ne pas former de nœuds dans la chaîne. Arrivé près de la fiche, il s'arrête, appuie le bord *extérieur* de la poignée contre cette fiche, en fait planter une autre à l'aide comme il vient d'être indiqué [1] et enlève celle près de laquelle il vient de s'arrêter. Tous les deux se mettent de nouveau en marche, et l'opération se continue jusqu'à ce que l'aide arrive en B. Ce dernier, ayant appuyé la poignée de la chaîne contre le jalon B, l'opérateur laisse alors la chaîne tendue et s'approche vers la dernière fiche plantée en F. Il lui est facile de voir le nombre de mètres et doubles décimètres que contient FB, il peut même obtenir cette longueur à un décimètre près. Si cependant il désire une plus grande approximation, il mesure avec un mètre de poche la partie de cette longueur qui excède un nombre exact de mètres et de doubles décimètres. Il compte ensuite les fiches relevées et la dernière : le nombre de ces fiches exprime le nombre de fois 10 mètres que contient AF ; en y ajoutant la distance FB, il a la longueur de la ligne entière. Lorsque la longueur de la ligne à mesurer dépasse 100 mètres, l'opérateur marque d'une manière quelconque la place de la dixième fiche, et rend les dix fiches à l'aide. Cet *échange*, qui représente une longueur de 100 mètres, doit être noté avec soin sur un registre ou sur la ligne du croquis qui correspond à la ligne que l'on mesure sur le terrain. L'opération se continue ensuite comme précédemment. Une longueur de 100 mètres est ce qu'on nomme une *portée*.

Mesure des lignes sur les terrains inclinés

16. Les végétaux croissent verticalement, il n'en vient donc guère plus sur un terrain incliné que sur un terrain horizontal de même nature, ayant même superficie que la projection horizontale du premier. D'ailleurs, un sol en pente peut être fréquemment endommagé par les eaux, d'où résulte une perte

---

1. L'aide, pour planter sa fiche sans avoir besoin des indications de l'opérateur, a la précaution de remarquer un point quelconque (un petit tertre, un arbre, etc.) qui se trouve sur l'alignement AB, soit en deçà soit au delà de B.

dans le rendement du terrain. Nous supposerons donc, dans tout ce qui va suivre, que les lignes mesurées sont les projections des lignes du terrain.

PROBLÈME

17. *Mesurer la projection horizontale d'une ligne* AB.

L'opérateur tient une poignée de la chaîne *sur le sol* au point A, et l'aide, ayant l'autre poignée, tend horizontalement la chaîne suivant AM, dans la direction AB. Lorsque CM ne dé-passe pas la lon-gueur d'une fi-che, l'aide plan-te la fiche au point C, en la tenant bien ver-ticale et en l'ap-puyant, comme nous l'avons in-diqué, contre le

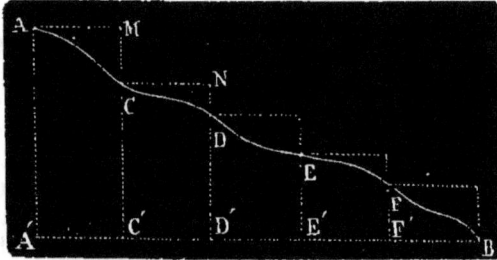

Fig. 7.

bord intérieur de la poignée. L'opérateur va ensuite appuyer sa poignée contre le pied de la fiche plantée en C; l'aide tend de nouveau la chaîne horizontalement suivant CN et plante, comme au point C, une fiche en D; et ainsi de suite. Il est bien évident que la somme des longueurs AM, CN... est égale à A'B ou à la projection de AB. Lorsque la pente est rapide et que la hauteur CM dépasse la lon-gueur d'une fiche, on se sert, pour déterminer les points C, D... d'un fil à plomb ou de préférence d'une fiche renflée ou *plombée* à sa partie infé-rieure. L'aide appuie la tête de cette fiche contre le bord intérieur de la poignée, et lorsque la chaîne est bien tendue, il laisse tomber la fiche, qui s'enfonce dans le sol au point C. Il remplace ensuite la fiche plombée par une fiche ordinaire. Lorsque la pente est très-rapide, on ne tend que

Fig. 8.

la moitié de la chaîne ou seulement quelques mètres. Dans ce cas, la chaîne se remplace souvent par un ruban métrique ou par un cordeau de longueur connue.

18. OBSERVATIONS IMPORTANTES. 1° Les fiches doivent être plantées verticalement, sans quoi on trouverait une lon-gueur inexacte; le géomètre et l'aide prendront donc la précaution de marcher un peu à gauche de la ligne à mesurer, pour que la chaîne ne dérange pas les fiches.

2° Les deux extrémités de la chaîne devront toujours se trouver sur une même ligne horizontale, autant que possible on enfoncera donc les fiches à la même profondeur.

3° La chaîne ne devra pas être trop tendue si l'on ne veut pas la rompre ou la déformer.

4° Le géomètre doit toujours être sûr de la chaîne qu'il emploie, il doit donc la vérifier assez souvent. Pour cela, il aura dû préalablement tracer avec précaution, sur un sol horizontal, une longueur, égale à 10 mètres, qui lui sert d'étalon. Pour allonger une chaîne, il suffit en général de la tirer un peu. Dans le cas où elle est trop longue, ce qui arrive souvent, on courbe un ou plusieurs chaînons.

5° Une chaîne, ne pouvant jamais être parfaitement tendue, doit toujours avoir 4 ou 5 millimètres en plus de 10 mètres.

6° Les échanges de fiches méritent une grande attention. Il est indispensable que l'opérateur compte les fiches chaque fois qu'il les remet à l'aide.

7° Lorsqu'on est obligé d'interrompre le chaînage d'une longue ligne pour faire celui d'une ligne transversale, l'aide emprunte des fiches à l'opérateur et les rend au moment où l'on reprend l'opération principale.

Tracé des perpendiculaires et des parallèles

19. Pour mener des perpendiculaires sur le terrain, on emploie en général l'*équerre d'arpenteur*.

Il existe plusieurs espèces d'instruments de ce nom. Le plus usité est un prisme creux en cuivre qui a pour base deux octogones réguliers. Chacune des huit faces de l'équerre est partagée en deux parties égales dans le sens de la longueur par une fente ou *pinnule*. Dans quatre faces a, a', b, b' parallèles deux à deux, les pinnules se composent d'une fente étroite appelée *œilleton* et d'une ouverture plus large nommée *croisée* ou *fenêtre*; celle-ci est divisée en deux parties par un crin, c, ou un fil de soie tendu (représenté dans la figure par la ligne blanche c) dans le prolongement de l'œilleton. Tout est d'ailleurs disposé de telle sorte que l'œilleton

Fig. 9.

d'une face correspond à la croisée de la face opposée, et que le plan de fils des deux faces opposées est perpendiculaire au plan des fils des deux autres faces. Lorsqu'on veut viser un objet, on place l'œil *derrière l'œilleton* et l'on regarde le fil tendu dans la croisée opposée.

Dans les autres faces qui font avec celles dont nous venons de parler un angle de 45°, les pinnules sont simplement des fentes étroites, *f*.

L'équerre s'adapte au moyen d'une douille D à un bâton ferré ayant environ 1ᵐ,50 de longueur et qu'on nomme *pied de l'équerre*. La douille peut se dévisser et se placer dans l'équerre par l'ouverture *o*. Le pied de l'équerre se remplace dans les terrains pierreux par un *trépied* (pied à trois branches).

Tracé des perpendiculaires

PROBLÈME

20. *Par un point A donné sur une droite MN, mener une perpendiculaire à cette droite.*

L'opérateur place verticalement l'équerre au point A, puis il la fait tourner jusqu'à ce qu'il voie le jalon planté en M à travers deux pinnules opposées. Si le point A est bien sur la ligne MN en regardant en sens contraire à travers les mêmes pinnules, la ligne de visée doit rencontrer le jalon N. L'opérateur regarde ensuite à travers deux pinnules dont la ligne de visée est perpen-

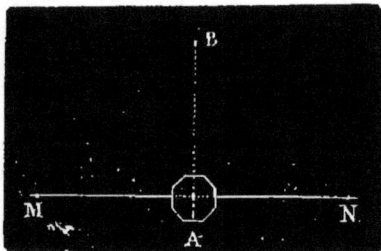

Fig. 10.

diculaire à la précédente, et fait planter à son aide un jalon B dans cette direction ; la ligne AB est la perpendiculaire demandée.

21. Remarque. Un cordeau peut servir aux mêmes usages sur le terrain que le compas sur le papier : on pourra donc, avec un cordeau, élever une perpendiculaire en un point donné d'une droite, abaisser d'un point donné hors d'une droite une perpendiculaire à cette droite, etc. Il suffit, pour opérer, de se rappeler ses principes de géométrie. Si, par exemple, on veut se servir d'un cordeau pour élever au point

A une perpendiculaire à la droite MN (*fig. 10*), on prend de chaque côté du point A deux longueurs égales AM, AN, puis on fixe les extrémités d'un cordeau aux points M et N. Le milieu B de ce cordeau, lorsqu'il est bien tendu, appartient à la perpendiculaire (69 C.) [1].

PROBLÈME

22. *Par un point A donné hors d'une droite MN abaisser une perpendiculaire sur cette droite.*

L'opérateur place son équerre sur la ligne MN en un point O qu'il pense être le pied de la perpendiculaire, alors il opère comme s'il voulait élever une perpendiculaire à la droite MN; si la ligne de visée perpendiculaire à cette droite passe par le point A, il a la perpendiculaire demandée; dans le cas contraire, le point A est à droite ou à gauche de la ligne de visée; s'il est à droite, par exemple, d'une quantité AK, l'opérateur s'avance *à vue d'œil* sur ON d'une quantité OB=AK; si cette fois la ligne de visée

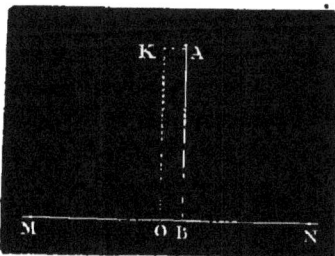

Fig. 11.

perpendiculaire à MN ne rencontre encore pas le point A, il fera de nouveaux essais jusqu'à ce qu'il tombe au point B. Le géomètre un peu exercé détermine le pied d'une perpendiculaire après trois ou quatre essais.

23. VÉRIFICATION D'UNE ÉQUERRE. Une équerre n'est exacte qu'autant que les directions marquées par les fils des pinnules sont perpendiculaires. Pour vérifier cet instrument, on le dispose bien verticalement en un point quelconque A; visant à travers deux pinnules, on place un jalon N dans leur direction, à environ

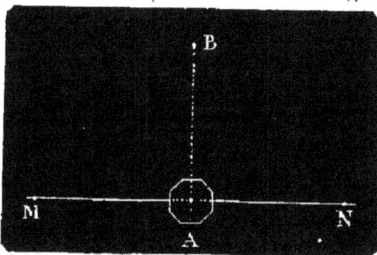

Fig. 12.

50 mètres du point A; visant ensuite à travers deux

1. 69 *C.* signifie n° 69 du *Cours.*

autres pinnules dans la direction AB perpendiculaire à MN, on fait planter à peu près à la même distance un autre jalon au point R. Faisant alors tourner l'instrument, sans déranger son aplomb, de manière que la ligne de visée passant par B passe par N et réciproquement, si dans cette position on voit le jalon B dans la ligne de visée qui passait en N, c'est une preuve que l'équerre est exacte.

Tracé des parallèles

24. Le tracé des parallèles sur le terrain se fait en général soit avec la chaîne ou le cordeau, soit avec l'équerre.

PROBLÈME

25. *Par un point C donné sur le terrain, mener une parallèle à une droite donnée AB.*

1° USAGE DE LA CHAÎNE. Tirons une droite quelconque DE passant par le point C, et faisons CE = DC, puis menons une autre

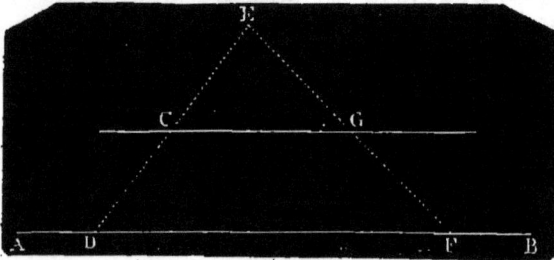

Fig. 13.

droite quelconque EF qui rencontre AB; enfin, joignons le milieu G de cette droite au point C, et CG sera la parallèle demandée (211 C.).

AUTRE MÉTHODE. Joignons le point C à un point D de AB; par le milieu O de cette ligne faisons passer la droite EF, puis prenons OF = OE, enfin tirons CF qui sera parallèle à AB, car (116 C.), la figure EDFC est un parallélogramme dans lequel le côté CF est parallèle au côté ED.

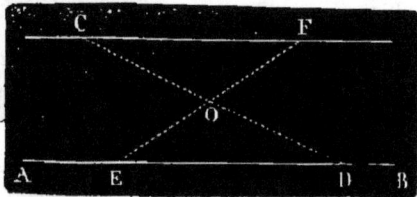

Fig. 14.

22

2° USAGE DE L'ÉQUERRE. Du point C (*fig.* 15) abaissons sur AB la perpendiculaire CD : la perpendiculaire CE à CD sera la parallèle demandée (85 C).

AUTRE MÉTHODE. Du point C abaissons sur AB la perpendiculaire CD, et en un point F de AB élevons la perpendiculaire FG à cette ligne, puis prenons FG=DC, enfin menons CE qui sera parallèle à AB (195 C.).

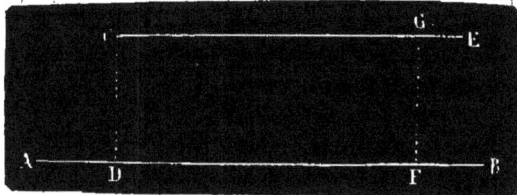

Fig. 15.

Mesure des angles

26. En général, les angles se mesurent sur le terrain avec le *graphomètre* et la *boussole* : nous commencerons par décrire ce dernier instrument.

27. Boussole. La *boussole* se compose d'une boîte carrée dans laquelle est un cadran divisé de 0° à 360°. Au centre de celui-ci est suspendue une *aiguille aimantée*, qui jouit de la propriété de prendre une position constante dans un même lieu, pendant un temps assez considérable [1], et d'y revenir, si l'instrument est exact, après une suite d'oscillations, quand elle en a été écartée. Cette aiguille peut donc être considérée comme une direction fixe.

Fig. 16.

Sur un des côtés de la boîte est une lunette, ou une petite pièce de bois AB, mobile autour d'un axe situé dans le prolongement du diamètre 270°—90°.

1. Avec le temps cette position de l'aiguille change. L'angle qu'elle fait avec la méridienne est désigné sous le nom de *déclinaison*. En 1580, la déclinaison était orientale et de 11° 30'. En 1663, l'aiguille marquait le vrai nord; ensuite elle a marché vers l'ouest jusqu'en 1814, époque à laquelle la déclinaison occidentale était de 22° 34'; depuis ce moment l'aiguille paraît avoir une tendance à revenir au vrai nord, et aujourd'hui la déclinaison occidentale n'est plus que de 18° 57'.

Cette pièce de bois creusée dans toute sa longueur et fermée à chaque extrémité par une plaque métallique dans laquelle sont pratiquées deux ouvertures fait fonction d'alidade et sert à viser parallèlement au diamètre 0°—180°. Enfin l'instrument est porté sur un *trépied* et peut recevoir un mouvement de rotation horizontale.

28. Avant de décrire le graphomètre, disons d'abord ce que c'est qu'une *alidade*.

29. Alidade. Une alidade est une règle de bois ou de cuivre portant à ses deux extrémités deux plaques perpendiculaires A, A' appelées *pinnules*. Chaque pinnule est percée dans le sens de sa longueur d'une fente étroite o ou *œilleton* et d'une fente plus large c ou *croisée*. Celle-ci est divisée en deux parties par un crin, ou un fil de soie tendu dans le prolonge-

Fig. 17.

ment de l'œilleton. L'œilleton d'une pinnule correspond à la croisée de l'autre. La *ligne de foi* ou *ligne de visée* est une ligne droite qui, sur la règle, va d'un pied d'une fente au pied de l'autre. Pour se servir de l'alidade, on dirige la ligne de foi vers l'objet visé, qui doit alors être caché à l'œil, placé derrière l'œilleton, par le fil de la croisée opposée.

30. Graphomètre. Cet instrument est un demi-cercle de cuivre évidé, dont le limbe AB'A' divisé en degrés et demi-degrés porte une graduation identique à celle du rapporteur (181 C.) et deux alidades, l'une fixe AA', dirigée suivant le diamètre du limbe et faisant corps avec lui, l'autre BB', mobile autour du centre, sur le plan du limbe. Inférieurement, celui-ci est fixé à une tige terminée par une petite sphère embrassée par deux coquilles c, c' qui peuvent, à l'aide d'une vis v, s'écarter ou se rapprocher à volonté, de manière à permettre ou à empêcher tout mouvement de la sphère. Ce mode d'articulation, qu'on appelle *genou à coquilles*, donne la possibilité de faire prendre au limbe une position quelconque. Les coquilles sont le prolongement d'une douille D ou cylindre creux destiné à-

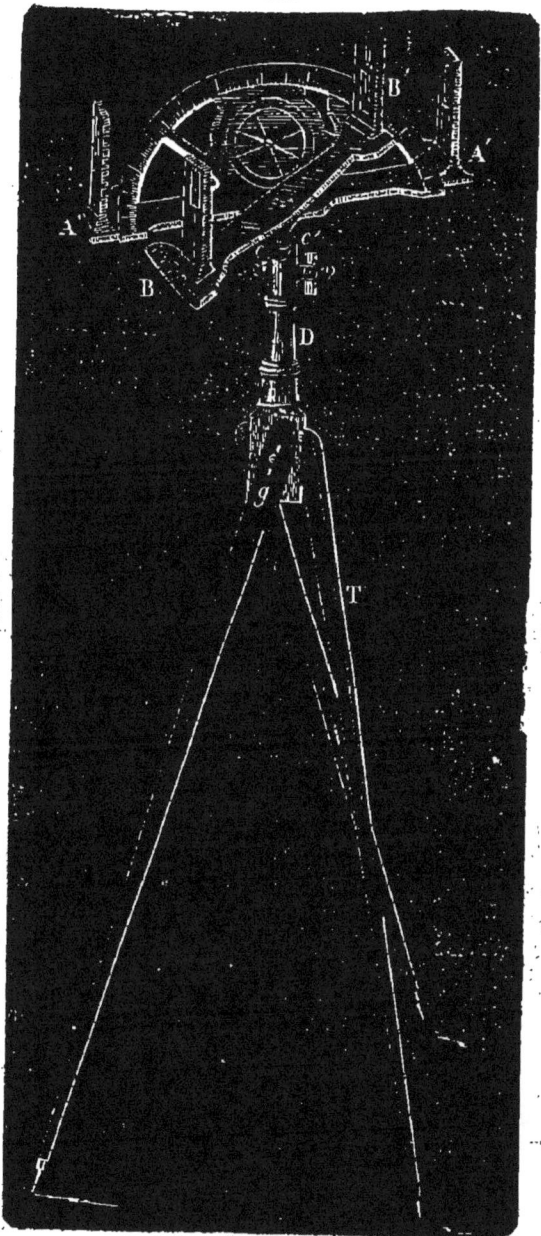

Fig. 18.

recevoir l'axe d'un trépied T. Les branches du trépied, terminées par des pointes de fer, sont fixées à leur axe à l'aide de vis de pression *g*. Ces branches étant mobiles autour de leur origine commune, le graphomètre peut être placé dans une position convenable.

PROBLÈME

31. *Mesurer un angle sur un terrain horizontal.*

1° EMPLOI DE LA BOUSSOLE. On plante deux jalons sur les côtés de l'angle et l'on dispose l'instrument de manière que son plan soit horizontal et que le centre du cadran divisé réponde exactement au sommet de l'angle, ce dont on s'assure au moyen d'un fil à plomb que l'on suspend au-dessous du centre; dirigeant alors la lunette sur l'un des côtés de l'angle, on remarque à quelle division correspond la pointe bleue de l'aiguille, ensuite on fait tourner la boîte afin d'amener la lunette sur l'autre côté de l'angle; comme l'aiguille est fixe, elle répond à une nouvelle division du cadran. Si la première fois elle se trouvait, par exemple, sur 19° 30', que maintenant elle réponde à 50°, la différence 29° 30' indique la quantité dont la boîte a tourné, et par conséquent, la valeur de l'angle observé.

2° EMPLOI DU GRAPHOMÈTRE. Soit l'angle MON à mesurer. On plante deux jalons M, N sur les côtés de l'angle et l'on place

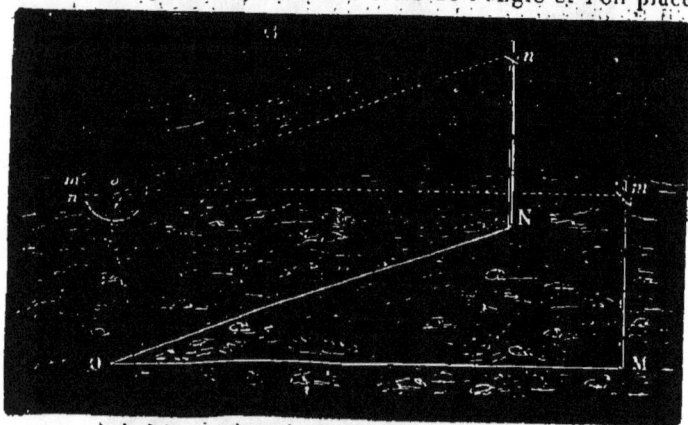

Fig. 19.

l'instrument de manière que son centre réponde exactement au sommet O, ce dont on s'assure au moyen du fil à plomb. Ensuite on dispose le limbe horizontalement, à l'aide du ni-

22.

veau à bulle d'air. Maintenant toujours le graphomètre dans cette position, on dirige la ligne de foi sur le point M et l'alidade mobile vers le point N. Si l'on a bien visé les jalons M et N comme il a été indiqué (29), il suffit de lire la mesure de l'angle sur le limbe de la même manière que sur le rapporteur.

32. REMARQUE. Si l'on dispose l'instrument comme l'indique la figure, l'arc *m'n'* mesure, non pas directement l'angle *mon* =MON; mais son opposé par le sommet *m'on'*; il suffit donc de lire cet arc pour avoir la valeur de l'angle MON. Les praticiens donnent toujours cette disposition au graphomètre, parce qu'elle permet de lire immédiatement la valeur de l'angle sans se déranger, et par conséquent sans risquer de déranger le graphomètre.

PROBLÈME

33. *Mesurer un angle dont le plan n'est pas horizontal.*

Soit l'angle MON dans cette condition. De même qu'on mesure les projections des lignes d'un terrain qui n'est pas horizontal (46), on mesure aussi, pour le même motif, non pas l'angle des droites OM, ON, mais l'angle de leurs projections sur un plan horizontal. L'angle MON ainsi mesuré sera ce qu'on appelle *réduit à l'horizon*. Supposons que l'on opère avec le graphomètre. On place l'instrument, comme il a été indiqué, au sommet O et l'on dispose le limbe horizontalement, puis on vise le jalon M avec l'alidade fixe et ensuite le jalon N avec l'alidade mobile. Les lignes des deux alidades seront alors les projections sur le plan du limbe des droites OM, ON, et l'angle réduit à l'horizon se lira sur le limbe.

34. REMARQUE I. Si la pente du terrain est rapide, on plante verticalement en M et en N des jalons assez élevés pour être vus à travers les pinnules des alidades. Si la chose n'était pas possible, à cause de la trop grande inclinaison du sol, on planterait des jalons dans le voisinage du point O, sur les côtés OM, ON de l'angle. Ce dernier moyen peut être employé, soit que les côtés de l'angle à partir du sommet suivent la pente du sol, soit qu'ils aillent à l'opposé.

35. REMARQUE II. Il est bien évident qu'un angle mesuré avec la boussole se trouve réduit à l'horizon, si la boîte de cet instrument est placée horizontalement au moment de la mesure de l'angle.

36. REMARQUE III. Les jalons se trouvent rarement plantés bien verticalement; si le terrain le permet, l'opérateur aura donc soin de viser au pied du jalon. Dans le cas où la chose ne serait pas possible à cause des accidents du sol, il faudrait s'assurer, à l'aide d'un fil à plomb, que les jalons sont plantés bien verticalement. On comprend que si cette condition n'était pas remplie, il y aurait erreur dans la mesure de l'angle.

37. Vernier. En général le limbe des plus grands graphomètres est seulement divisé en degrés et demi-degrés. Dans la mesure des angles, les minutes s'évaluent à l'aide du *vernier circulaire.* C'est un petit arc divisé en 30 parties égales que porte l'alidade mobile. Les 30 divisions du vernier n'en valent que 29 du limbe, donc une du vernier vaut $\frac{29}{30}$ d'une du limbe; mais une du limbe vaut 30', donc une du vernier vaut 29'; d'ailleurs le zéro du vernier est sur la ligne de visée de l'alidade

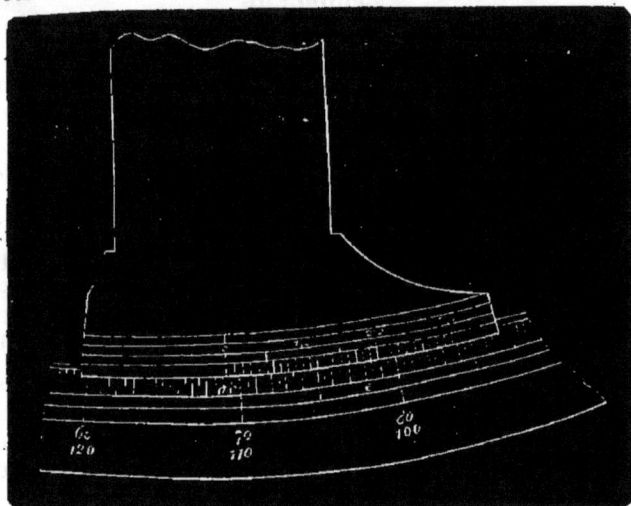

Fig. 20.

mobile. Cela étant dit, lorsqu'en mesurant un angle avec le graphomètre, le zéro du vernier tombe entre deux divisions *a* et *c* du limbe, la division *a* indique le nombre de degrés de cet angle. Pour évaluer la grandeur de l'arc *ao* qu'il a en plus, on cherche la division du vernier qui coïncide avec une du limbe. Supposons, par exemple, que ce soit la seizième en *e*. De ce point au point *a* il y a 16 divisions du limbe, et de ce même point au point *o* du vernier 16 du vernier : donc l'arc *ao*, qui est la différence entre la seizième division du limbe et la seizième du vernier, égale 16 fois la différence entre une des divisions du limbe et une du vernier, ou 16 minutes.

La position de l'alidade mobile sur le limbe du graphomètre indique dans la figure un angle de 69° 16'.

38. Vérification du graphomètre. Pour vérifier cet instrument on emploie le plus souvent l'un des deux procédés suivants :

1° On mesure les trois angles d'un triangle que l'on imagine sur le terrain, si la somme de ces trois angles est à très-peu de chose près 180°, le graphomètre est exact.

2° On fait faire un *tour d'horizon* à l'instrument en observant quatre ou cinq angles, si la somme de ces angles est 360°; avec une différence de 2 à 3' en plus ou en moins, c'est qu'on peut se servir de l'instrument.

Dans les deux procédés, la différence, s'il y en a une, divisée par le nombre des angles, indique l'erreur moyenne commise sur chacun d'eux. Pour qu'on puisse se servir du graphomètre, cette moyenne doit être moindre qu'une division du limbe.

39. Avant d'entrer dans les détails du levé des plans, il est bon que nous fassions connaître quelques autres usages du graphomètre, et il est indispensable que nous disions ce qu'on entend par échelle d'un plan.

Résolution de quelques problèmes à l'aide du graphomètre

PROBLÈME

40. *Par un point B, puis sur une droite, mener une perpendiculaire à cette droite* (fig. 21).

On placera l'instrument de manière que son centre se trouve au-dessus du point B, et que l'alidade fixe coïncide avec la droite MN. Ensuite on mettra l'alidade mobile sur 90°, et l'on aura la direction de la perpendiculaire demandée.

PROBLÈME

41. *Par un point A pris hors d'une droite MN, abaisser une perpendiculaire à cette droite* (fig. 21).

On pourrait procéder avec l'équerre comme avec le graphomètre, mais pour éviter les tâtonnements, on se place en un point quelconque O de la droite MN, et l'on mesure l'angle

AOB; puis on porte l'instrument en A, l'alidade fixe étant sur
AO, on fait tourner l'alidade mobile de manière à avoir un
angle OAB qui soit complément de l'angle AOB. Dans le trian-
gle AOB, on aura angle AOB + angle OAB = 1 droit : donc
ABO est droit, et par conséquent AB est perpendiculaire sur
MN.

PROBLÈME

42. *En un point O d'une droite MN, faire un angle égal à un
angle donné.*

On dispose
le graphomè-
tre de ma-
nière que son
centre se trou-
ve au-dessus
du point O et
son alidade
fixe dans la di-
rection MN. Il
suffit alors de

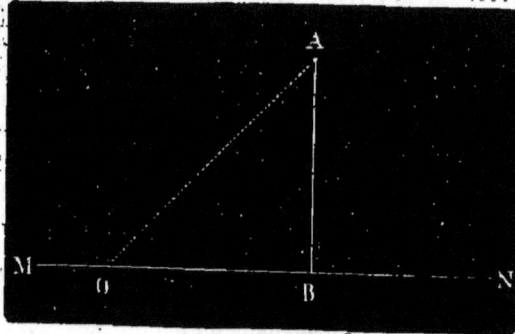

Fig. 21.

tourner l'alidade mobile d'une quantité égale à l'angle donné,
et de faire planter un ou plusieurs jalons sur la ligne de visée.

PROBLÈME

43. *Par un point C, mener une parallèle à une droite donnée
AB.*

On peut se servir du graphomètre comme d'une équerre
ou faire un angle quelconque CDA (*fig.* 14), puis un angle
égal FCD : CF sera la parallèle demandée à cause de l'égalité des angles alternes internes CDA, FCD.

Échelle d'un plan.

44. On appelle *échelle d'un plan* le rapport d'une ligne du
plan à son homologue du terrain. Ce rapport est arbitraire,
cependant il ne doit être ni trop petit ni trop grand : trop petit,
il ne permet pas de représenter correctement divers détails
d'une certaine importance ; trop grand, il nécessite pour le
plan des dimensions qui en rendent le maniement difficile.
En général, on prend le millimètre pour représenter 1, 2, 3 ...
mètres, ou $\frac{1}{2}, \frac{1}{3}, \frac{1}{4}$... de mètre. Si l'on suppose, par exemple que

1 millimètre sur le papier représente 1 mètre sur le terrain, l'échelle sera de 1 à 1000 ou $\frac{1}{1000}$.

Le rapport entre les lignes du plan et celles du terrain s'exprime habituellement par une fraction dont le numérateur est l'unité ; exemples : $\frac{1}{100}$, $\frac{1}{1000}$, $\frac{1}{2000}$...

Le numérateur de chaque fraction indiquant une longueur sur le papier, et le dénominateur, la longueur correspondante sur le terrain, il est très-facile de passer des longueurs mesurées sur le plan aux longueurs homologues du terrain, et réciproquement ; car si on connaît la longueur d'une ligne prise sur le plan, il suffira de la multiplier par le dénominateur de l'échelle adoptée pour avoir la longueur de son homologue du terrain, et si, au contraire, on connaît la longueur d'une ligne sur le terrain, on aura celle de son homologue du plan en divisant la longueur de la ligne du terrain par ce même dénominateur.

EXEMPLE I. *Sur un plan pour lequel on a adopté l'échelle de $\frac{1}{2500}$ une ligne a 0ᵐ,20, trouver sa longueur sur le terrain.*

On a la proportion $\dfrac{1}{2500} = \dfrac{0,20}{x}$;

d'où $\qquad x = 2500 \times 0,20 = 500$ mètres.

EXEMPLE II. *Une ligne a 160 mètres, quelle sera sa longueur sur le plan à l'échelle de $\frac{1}{2000}$?*

On a la proportion $\dfrac{1}{2000} = \dfrac{x}{160}$;

d'où $\qquad x = \dfrac{160}{2000} = 0^m,08.$

45. Différentes échelles adoptées. Les échelles les plus adoptées sont : $\frac{1}{100}$, $\frac{1}{200}$ pour les plans de bâtiments, d'usines, etc ; $\frac{1}{500}$, $\frac{1}{1000}$, $\frac{1}{1250}$, $\frac{1}{2000}$, $\frac{1}{2500}$ pour les terrains de peu d'étendue. Cette dernière a été le plus souvent employée pour les feuilles cadastrales.

La grande carte de France rédigée par les officiers de l'état-major et publiée par le département de la guerre est à l'échelle de $\frac{1}{80000}$.

Lorsque le terrain est trop vaste pour qu'on puisse le représenter avec tous ses détails sur une seule feuille de papier, on le partage en plusieurs sections, dont on lève les plans à l'échelle donnée, sur des feuilles différentes. On fait ensuite, à une échelle plus petite, un plan d'ensemble, qui fait connaître la position relative des feuilles de détail.

46. Échelle de réduction. Dans les levés de petite étendue, où l'on peut adopter l'échelle de 1 à 100 ou de 1 à 1000, on se sert avantageusement du double décimètre, divisé en centimètres et millimètres, pour rapporter sur le plan les lignes du terrain. Mais le plus souvent on construit sur le papier une droite divisée en parties égales, représentant chacune une unité de longueur mesurée sur le terrain. Ces droites divisées servant à réduire les lignes du terrain à des lignes proportionnelles, sont appelées *échelles de réduction*, ou simplement *échelles*.

Construction des échelles

47. Échelle simple. Les divisions de l'échelle représentent généralement 1 mètre, 10 mètres, 100 mètres, etc. Supposons, pour fixer les idées, que l'échelle du plan soit $\frac{1}{500}$, 1 mètre sur le terrain sera représenté par 0^m,002 sur le papier, et 10 mètres par 0^m,02 ou 2 centimètres. Sur une ligne

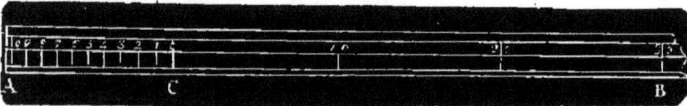

Fig. 22.

indéfinie AB portons consécutivement, à partir du point A, des longueurs de 2 centimètres : divisons la première longueur AC en dix parties égales. Il est clair que chaque division de AB représente 10 mètres, et chaque division de AC 1 mètre. Pour prendre sur cette échelle une longueur de 36 mètres, on placera l'une des pointes du compas sur la division 30, et l'autre sur la sixième à gauche du point C.

Une échelle de ce genre accompagne *généralement* le plan d'un terrain : elle permet d'en connaître immédiatement les dimensions réelles.

48. Échelle décimale ou des dixmes. Lorsque le rapport adopté pour la construction d'un plan est très-petit, les divisions qui, sur l'échelle précédente, indiquent les mètres, sont tellement rapprochées qu'il n'est guère possible de les bien distinguer. Or *l'échelle décimale* permet de mesurer ces petites longueurs avec une grande précision. Expliquons la construction de cette échelle en prenant pour exemple le rapport $\frac{1}{2500}$. Dans ce cas, 1 mètre sur le terrain est représenté par $0^m,0004$ sur le papier, et 100 mètres par $0^m,04$. Sur une droite indéfinie AB portons consécutivement, à partir du point A, une longueur de 4 centimètres autant de fois que nous voudrons ou que le comportera la longueur AB, et divisons AC en dix parties égales. Il est évident que chaque division de AB représentera 100 mètres, et chaque division de AC 10 mètres, par chacun des points A, C, 100, 200... de AB élevons des perpendiculaires à cette droite; sur les perpendiculaires extrèmes, portons dix longueurs arbitraires, mais égales, et joignons les points de division par des parallèles à AB. Enfin, prenons sur la dernière parallèle ED à AB une longueur mn égale au dixième de AC, tirons Cm et, par les points de division de AC, menons des parallèles à Cm.

D'après cette construction, on voit aisément que les parties des parallèles comprises entre les deux lignes Cm, Cn, sont respectivement égales à 1, 2, 3... 10 mètres : par exemple, la partie H6 vaut 6 mètres, car les triangles semblables CH6, Cmn, donnent

$$\frac{H6}{mn} = \frac{C6}{Cn} = \frac{6}{10}.$$

La longueur H6 étant les $\frac{6}{10}$ de mn, égale 6 mètres, puisque mn en égale 10.

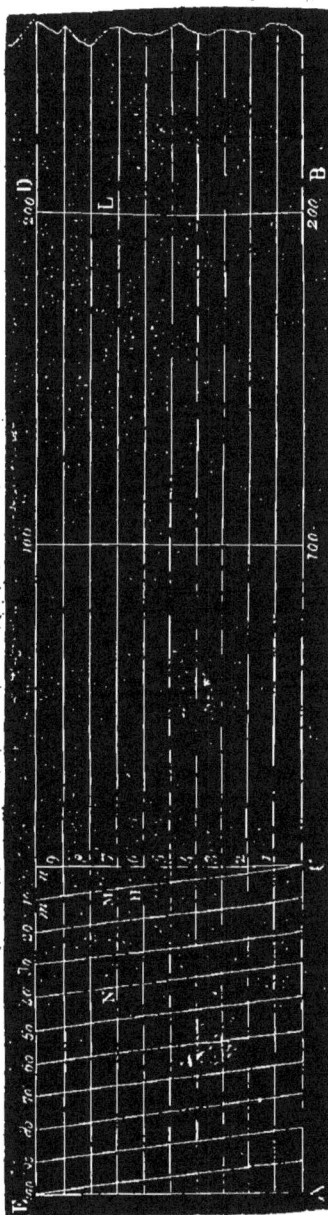

Fig. 23.

49. Usage de l'échelle décimale. Si l'on veut, par exemple, prendre sur cette échelle une longueur de 247 mètres, on place une des pointes du compas sur la perpendiculaire 200, en un point L[1], tel que la parallèle passant par ce point passe aussi au chiffre 7 des unités, et l'on avance l'autre pointe du compas sur cette parallèle jusqu'à la rencontre de la transversale 40 : on a ainsi la longueur demandée, car elle se compose de L7 $+7M+MN=200$ mètres $+7$ mètres $+40$ mètres $=247$ mètres.

Pour connaître la longueur d'une droite tracée sur un plan, on prend une ouverture de compas égale à la longueur à mesurer, et on la porte sur l'échelle; si, par exemple, cette longueur est comprise entre 100 et 200 mètres, on fera glisser le compas sur les parallèles successives jusqu'à ce que l'une des pointes étant sur la perpendiculaire 100, l'autre rencontre l'intersection d'une parallèle et d'une transversale. Si celle-ci est numérotée 50 et la parallèle à AB, 6, on en conclut que la ligne du plan correspond à une de 156 mètres sur le terrain.

Des échelles de réduction, telles que celle dont il vient d'être question, se trouvent tracées sur des règles en bois, en ivoire ou en cuivre.

50. Remarque. Il est bien utile qu'une échelle accompagne un plan; elle permet de trouver aisément les dimensions réelles du terrain. Si un plan que l'on possède est sans échelle on remédie avec facilité à cet inconvénient, s'il est possible de mesurer une ligne du terrain : car il suffit alors de mesurer son homologue du plan, et de prendre le rapport de ces deux lignes. Ce rapport connu, il n'y a plus qu'à construire l'échelle comme nous l'avons indiqué.

Levé au mètre

51. Cette méthode, qui n'exige qu'une chaîne d'arpenteur, s'emploie généralement pour les surfaces de peu d'étendue : ainsi, le plan géométral d'une maison, de l'ensemble d'un bâtiment, d'une cour, d'un jardin, d'une place publique, se lève au mètre.

On lève aussi bien souvent par cette méthode les détails d'un plan.

52. Le levé au mètre se fait de différentes manières. L'opérateur, en présence du terrain, choisit celle qu'il juge la plus convenable.

1. Voir l'errata.

PROBLÈME

53. *Lever le plan d'un polygone* ABCDEF.

On décompose le polygone en triangles. On mesure avec soin les trois côtés de chacun d'eux, et on inscrit bien exactement sur le croquis les longueurs trouvées.

CONSTRUCTION DU PLAN. On trace une droite *ab* égale à AB

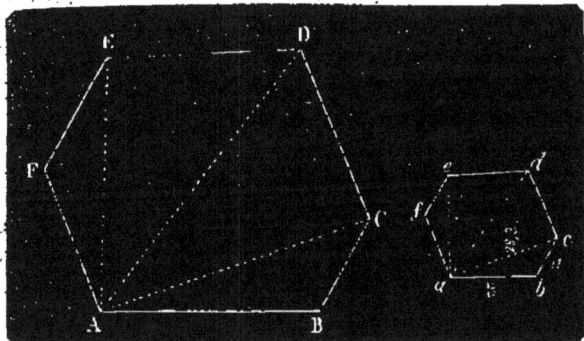

Fig. 24.

réduite à l'échelle adoptée, et sur cette droite on construit un polygone semblable à celui du terrain (244 C.).

54. REMARQUE. Nous dirons dès maintenant qu'il est *très-important*, afin d'éviter les erreurs, d'écrire les chiffres qui expriment les longueurs des lignes du terrain à côté de leurs correspondantes du croquis, et selon la marche de l'opération. Par exemple, si, pour un instant, on considère le polygone ABCDEF, comme un terrain dont *abcdef* est le croquis, les chiffres 22; 11; 28,3 placés comme ils le sont indiquent que la ligne AB a été mesurée en allant de A en B, la ligne BC en allant de B en C et la ligne CA en allant de C en A. Cette méthode a le précieux avantage de rappeler à l'opérateur comment les lignes du terrain ont été mesurées, en outre il sait toujours distinguer, dans le cas même où les détails sont nombreux, les chiffres qui appartiennent à telle ou telle ligne et peut éviter ainsi bien des erreurs.

PROBLÈME

55. *Lever le plan d'un terrain polygonal* ABCDEF.

Voici une méthode différente de celle employée dans le problème précédent.

On mesure sur le terrain les côtés AB, BC, CD... et en
même temps on détermine les angles : pour cela, on prend, à
partir du sommet de chacun d'eux, de petites longueurs égales,
pour plus de facilité. Ainsi, pour l'angle A, on prendra, par

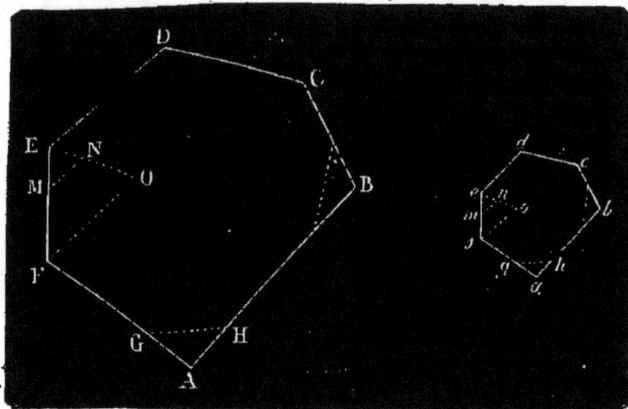

Fig. 25.

exemple, AG = 10 mètres, AH = 10 mètres. On fait de même
pour tous les autres angles. Connaissant les trois côtés d'un
triangle AGH, on peut le construire, et par conséquent on a
l'angle au sommet A.

Construction du plan. On trace une droite *ab* égale à AB,
réduite à l'échelle, et aux extrémités *a* et *b*, on fait des angles
égaux à ceux du terrain. Puis on prend des longueurs *af, bc*
proportionnelles à leurs homologues du terrain. On suit la
même marche pour les autres angles et les autres côtés.

56. REMARQUE I. Il est évident qu'il n'est pas nécessaire d'o-
pérer comme nous l'indiquons pour tous les angles et pour
tous les côtés, car le polygone sera complétement déterminé
lorsqu'on aura mesuré tous les côtés, moins un, et levé tous
les angles moins les deux adjacents à ce côté : en effet, si l'on
construit le côté *af*, l'angle *a*, le côté *ab*, l'angle *b* et ainsi de
suite jusqu'au sommet *e*, et qu'on tire *ef*, le polygone sera construit, et l'on n'aura pas eu besoin ni du côté *ef*, ni des angles
e et *f*. Néanmoins, il est très-utile de mesurer tous les côtés
et de lever tous les angles, parce qu'on a ainsi trois moyens de
vérification qu'on ne doit pas négliger ; ainsi, pour n'en citer
qu'un, il faut que la ligne *fe* du plan soit égale à FE réduite
à l'échelle.

57. REMARQUE II. Dans le cas où l'on veut rattacher un point O de l'intérieur de la figure à l'un de ses côtés EF, on mesure deux longueurs quelconques EM, EN égales à 10 mètres chacune, je suppose. On mesure MN et l'on rapporte ensuite EO en *eo* comme on a rapporté AB, BC... Si les distances EO et FO ne sont pas trop grandes, on les mesure et l'on construit sur le plan le triangle *efo*, avec les longueurs EF, EO, FO réduites à l'échelle.

58. REMARQUE III. Cette méthode de lever un plan peut être employée pour un terrain dans l'intérieur duquel on ne peut pénétrer ; seulement, au lieu de déterminer la position respective des côtés à l'aide des angles intérieurs, on la détermine en se servant du supplément de ces angles. Exemple pour l'angle C.

PROBLÈME

59. *Rattacher avec la chaîne seulement divers points* A, B, C... *à une ligne* XY *du croquis.*

Partant d'un point O déterminé sur le plan, on mesure les distances O*a*, *a*A, une distance *convenable ab*, puis *b*A, *b*B, une distance *convenable bc*, puis *c*B, *c*C, une distance *convenable cd*, puis *d*C... On a tout ce qu'il faut pour déterminer les points A, B, C..., car connaissant les trois côtés des triangles *a*A*b*, *b*B*c*, *c*C*d*..., on peut les construire. Lorsqu'on craint

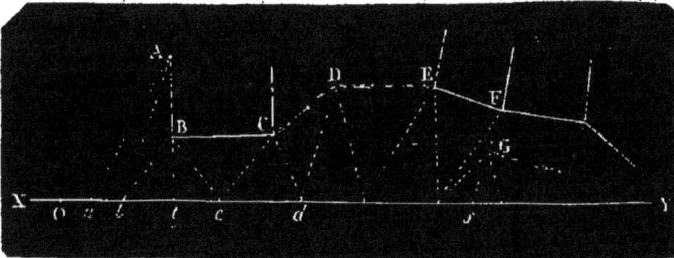

Fig. 26.

pour la position de points tels que A, F, à cause de l'exiguïté des angles A, F, on prolonge les côtés AB, FG jusqu'à la ligne du canevas ; on détermine le point *t* et on mesure *t*B, BA : le point A est alors facile à trouver, puisqu'il est sur le prolongement de *t*B. On opère de même pour le point F.

Nous n'entrerons pas dans de plus amples détails, persuadé que le lecteur comprend l'esprit de la méthode.

Levé à l'équerre, ou méthode des perpendiculaires

60. Le levé à l'équerre, qui n'exige que la chaîne d'arpenteur, l'équerre et des jalons, consiste à décomposer le terrain en trapèzes rectangles et en triangles rectangles.

61. On lève généralement à l'équerre le plan des terrains longs et étroits, à contour irrégulier, les circuits d'un chemin, les bords d'une rivière, d'un étang, d'un lac, une propriété dans laquelle on ne peut pénétrer.

PROBLÈME

62. *Lever à l'équerre le terrain représenté par le polygone ABCD...*

On mène une diagonale AG qui sert de *base* à l'opération et

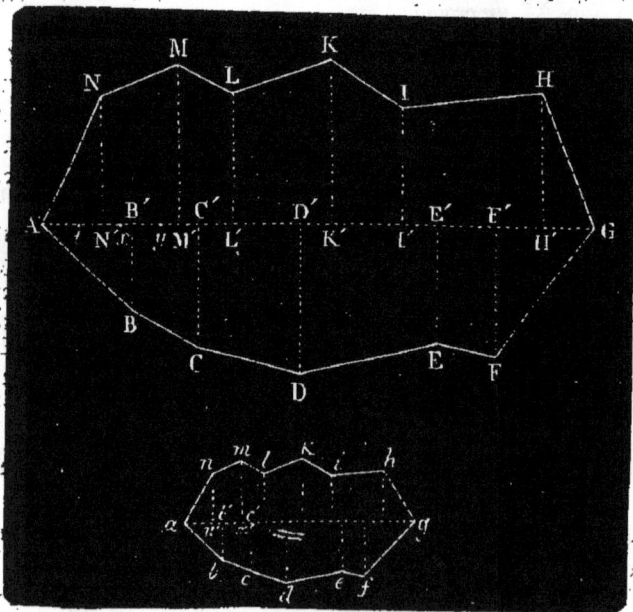

Fig. 27.

qu'on nomme *directrice*; puis des différents sommets N, B, M, C... du polygone on abaisse sur la directrice des perpendiculaires NN', BB', MM'... qu'on mesure ainsi que les distances

AN', AB', AM'... On inscrit à mesure les longueurs trouvées sur les lignes correspondantes du croquis.

Construction du plan. On trace une droite *ag* égale à AG réduite à l'échelle adoptée, et sur cette ligne on porte les longueurs *an', ab', am'...* qui sont les longueurs réduites des distances homologues du terrain. Aux points *n', b', m'...* on élève des perpendiculaires *n'n, b'b, m'm...* qui sont les perpendiculaires réduites du terrain. Enfin on joint les points *a* et *n, n* et *m,* etc., et on a le plan du terrain.

63. Remarque I. Il est bien évident qu'il est indispensable de placer des jalons à tous les sommets A, B, C, D... du polygone. Cette opération se fait soit à l'avance, soit au fur et à mesure qu'on lève le plan.

64. Remarque II. Malgré ce que nous avons dit (15) sur la mesure des longueurs, nous croyons utile d'enseigner ici comment on procède sur le terrain pour mesurer une base telle que AG et différentes perpendiculaires à cette ligne : supposons la distance *tx* égale à 10 mètres, l'aide plante une fiche au point *x* et l'opérateur va déterminer le pied N' de la perpendiculaire NN'; la chaîne étant bien tendue de *t* en *x*, il lit la distance *t*N'; il a par là même la distance AN', qu'il note sur le croquis. On mesure ensuite la perpendiculaire N'N, qui est notée aussi, en ayant soin d'écrire les chiffres comme nous l'avons indiqué (54). Cela fait, l'opérateur vient mettre une poignée de la chaîne contre la fiche restée en *x*; à 10 mètres du point *x*, l'aide plante une autre fiche en *y*, et l'opérateur va comme la première fois déterminer le pied B' de la perpendiculaire BB'; la chaîne étant bien tendue de *x* en *y*, il lit la distance *x*B'; il a par là même la distance AB', qu'il inscrit sur le croquis. L'opération se continue ainsi jusqu'à ce que la dernière perpendiculaire soit mesurée. En procédant de la sorte on *cumule* les longueurs, et arrivé au point G, on connaît la longueur entière de la ligne AG.

65. Remarque III. Il semble qu'il serait plus naturel de mesurer successivement les distances AN', N'B', B'M'... qui existent entre les pieds des perpendiculaires, mais cette méthode est défectueuse, parce que les erreurs de lecture, commises en mesurant, s'ajoutent très-souvent, et on court risque de commettre sur la distance totale une erreur notable. Le procédé que nous indiquons n'a point cet inconvénient, et la position du dernier point G est déterminée aussi exactement

que celle d'un point quelconque de AG. On remarquera, en
outre, que la construction d'un plan levé par cette méthode
est très-expéditive.

66. *Lever à l'équerre le terrain représenté par le polygone*
ABCDEF...

Au lieu de procéder comme dans l'exemple précédent, on
choisit plus généralement une *base* ou *directrice* MN, de manière à pouvoir mesurer cette droite et les perpendiculaires
abaissées des points A, K, I, B... sur cette droite. On plante le
premier jalon en un point O tel que les pieds des perpendi-

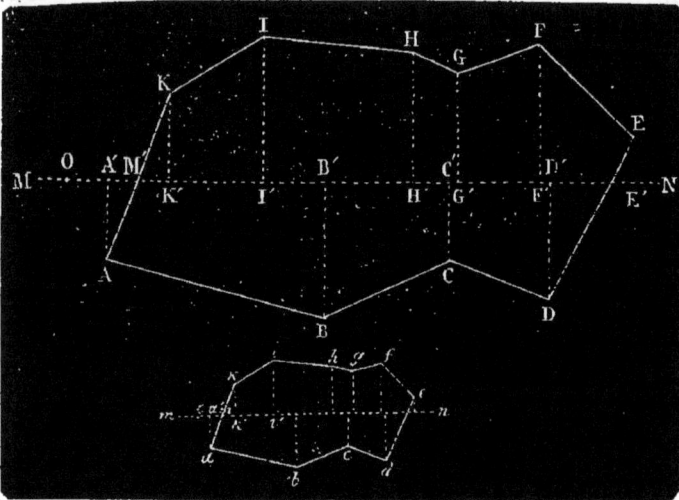

Fig. 28.

culaires abaissées des différents sommets A, K, I, B... sur MN
soient d'un même côté de ce point. On mesure les distances
OA', OK', OI', OB'... et les perpendiculaires A'A, K'K, I'I, B'B...,
on inscrit à mesure les longueurs trouvées sur les lignes correspondantes du croquis.

Construction du plan. On trace une droite indéfinie *mn* sur
laquelle on prend un point *o* : à partir de ce point, on porte
sur cette droite les longueurs *oa'*, *ok'*, *oi'*, *ob'*... qui sont les
longueurs réduites des distances homologues du terrain, puis
aux points *a'*, *k'*, *i'*, *b'*... on élève des perpendiculaires *a'a*, *k'k*,

i'i, *b'b*... qui sont les perpendiculaires homologues réduites du terrain; enfin on n'a plus qu'à joindre les points *a* et *k*, *k* et *i*, etc., pour avoir le plan du terrain.

67. REMARQUE I. En mesurant sur la ligne MN, on ne devra pas négliger de noter les distances OM', ON'; on aura deux vé-rifications du plan, car s'il est bien exact, les distances *om'*, *on'* du plan devront être les longueurs réduites à l'échelle des lignes OM', ON' du terrain.

68. REMARQUE II. Nous rappelons que, pour mesurer une base telle que MN, on devra toujours procéder comme il a été indiqué (64).

DIFFÉRENTS PROBLÈMES SUR LE LEVÉ A L'ÉQUERRE

69. 1° *Lever le plan de trois parcelles (fig. 29)*.

2° *Lever le plan d'un terrain dont l'intérieur est inaccessible (fig. 30)*.

3° *Lever le plan d'un cours d'eau (fig. 31)*.

4° *Lever le plan d'un terrain limité d'un côté par une rivière (fig. 32)*.

5° *Lever le plan d'un terrain inaccessible (fig. 33)*.

Ces figures font assez connaître au lecteur la marche des opérations, nous ne croyons pas nécessaire d'entrer dans des détails. Seulement nous ferons quelques petites observations.

Il n'est pas nécessaire (*fig.* 29) que la base XY soit en dehors de la propriété.

ABCD (*fig.* 30) est tantôt un rectangle, tantôt un trapèze, c'est au choix de l'opérateur.

Si les perpendiculaires sont courtes (*fig.* 31), on peut, pour abréger, se servir d'une chaîne et d'une *roulette*[1]; pour lever le plan de cette courbe, la chaîne reste constamment sur la ligne XY, et avec la roulette on mesure les perpendiculaires élevées à vue d'œil. On opère quelquefois de la même manière pour lever les petits détails d'un plan, par exemple, la plate-bande d'un jardin. Ce procédé est expéditif et donne des résul-

---

1. La roulette est une petite boîte cylindrique dans laquelle est en-roulé, autour d'un axe, un ruban de fil imperméable divisé en mètres, décimètres et centimètres; le premier centimètre est même divisé en millimètres. La longueur du ruban dépasse rarement dix mètres et n'a jamais moins de un mètre.

tats assez satisfaisants lorsque les perpendiculaires ne sont pas longues.

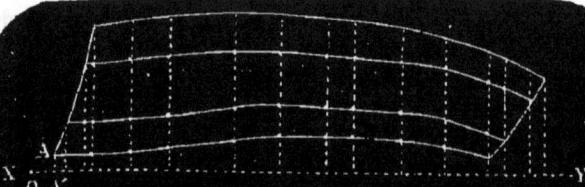

Fig. 29.

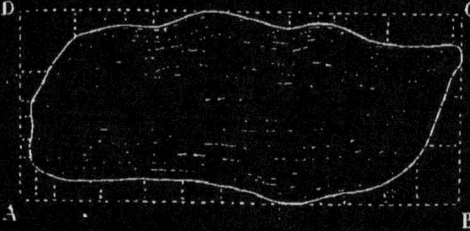

Fig. 30.

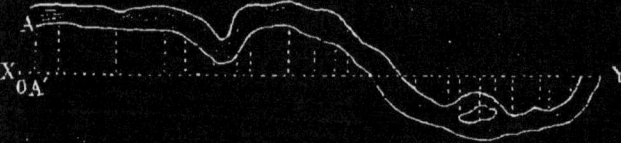

Fig. 31.

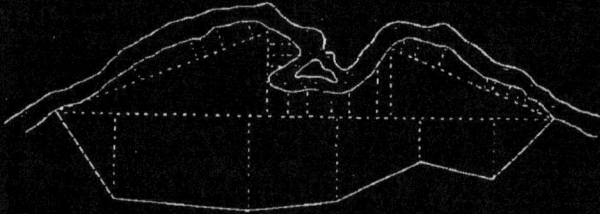

Fig. 32.

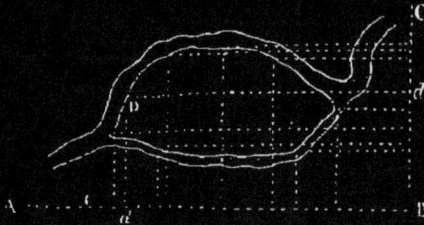

Fig. 33.

Les droites AB, BC *sont rectangulaires* (*fig.* 33). Pour déterminer un point quelconque D, on mesure Bd, Bd',. et aux points d, d' on élève des perpendiculaires dont l'intersection détermine le point D. Tout autre point de la figure se détermine aussi facilement. Il n'est guère possible par ce procédé de bien préciser la position de chaque sommet, on ne doit donc pas compter sur une grande exactitude.

Enfin nous dirons que, pour les figures 29 et 31, le point de départ peut être A'.

Levé à la boussole

70. La boussole sert généralement à relever les détails d'un plan, par exemple les sinuosités d'un sentier, d'un chemin, d'une rivière. On lève aussi avec cet instrument le plan des terrains embarrassés d'obstacles, les détours et les galeries d'une mine, etc.

Le levé à la boussole étant d'ailleurs expéditif, s'emploie dans le cas où l'on veut aller vite et où l'on n'a pas besoin d'une grande précision. Les résultats que donne cet instrument sont peu exacts, parce qu'il n'a pas de vernier, et que les oscillations de l'aiguille ne permettent pas de mesurer l'angle avec exactitude. Aussi ne peut-on guère avoir la valeur d'un angle qu'à un demi-degré près.

Lorsqu'on opère avec la boussole, tout objet en fer de quelque volume doit être éloigné de trois à quatre mètres de cet instrument, à cause de l'influence du fer sur l'aiguille aimantée.

PROBLÈME

71. *Lever à la boussole les sinuosités d'un sentier.*

On prend sur le sentier des points A, B, C... rapprochés de manière à pouvoir considérer les distances AB, BC... comme rectilignes. On met ensuite la boussole en station au point A et on vise le point B. Soit AK la direction de l'aiguille aimantée, on note l'angle KAB et on me-

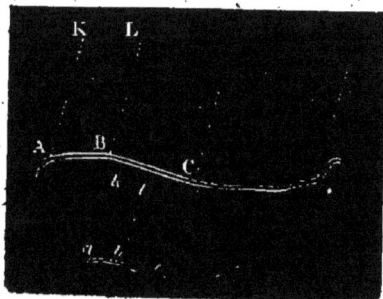

Fig. 31.

sure le côté AB. On transporte l'instrument en B et on vise
le point C; l'aiguille aimantée prend une direction BL parallèle à AK (27); on note l'angle LBC, et l'on mesure le côté
BC. L'opération se continue ainsi jusqu'à la mesure du dernier angle et du dernier côté.

Construction du plan. On trace une droite *ak* qui représente
la direction de l'aiguille aimantée; on fait au point *a* un
angle *kab* égal à l'angle KAB, on prend, à partir de *a*, une
distance *ab* égale à AB réduite à l'échelle. Au point *b* on mène
une parallèle à *ak* et l'on fait un angle *lbc* égal à LBC, puis
on prend une longueur *bc* égale à BC réduite à l'échelle. Ainsi
de suite jusqu'à ce qu'on soit arrivé au dernier sommet et à
la dernière ligne.

Levé au graphomètre

72. Dans toutes les opérations importantes on emploie le
graphomètre. Le levé avec cet instrument se fait généralement
par trois méthodes : 1° *la méthode par rayonnement* (une station) ; 2° *la méthode des intersections* (deux stations) ; 3° *la méthode par cheminement* (autant de stations que de sommets dans
le polygone dont on lève le plan).

PROBLÈME

73. *Lever le plan d'un terrain ABCD... par rayonnement.*

On installe le graphomètre en un point M de la propriété
d'où l'on puisse apercevoir tous les points à relever. On mesure tous les angles AMB,
BMC... et toutes les lignes
MA, MB, MC... On est alors
dans la possibilité de construire le plan, puisque,
pour déterminer les points
A, B... on connaît MA, MB,
et l'angle AMB.

Vérification. On fait en M
un *tour d'horizon*, la somme
des angles doit égaler quatre droits.

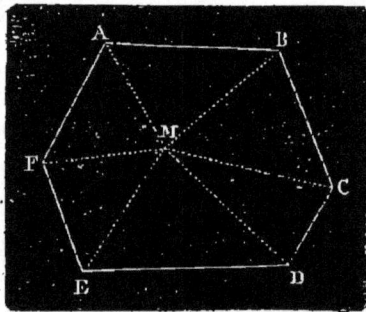
Fig. 35.

Autre vérification. On mesure un côté quelconque AB sur le terrain, le côté *ab* du plan doit égaler son homologue AB du terrain réduit à l'échelle.

74. *Lever le plan d'un terrain* AB... *par la méthode des intersections.*

On choisit une base MN telle qu'on aperçoive de ses extrémités les points à relever, on la mesure avec le plus grand soin. Cela fait, on installe le graphomètre au point M de manière que l'alidade fixe ait la direction MN. On dirige alors

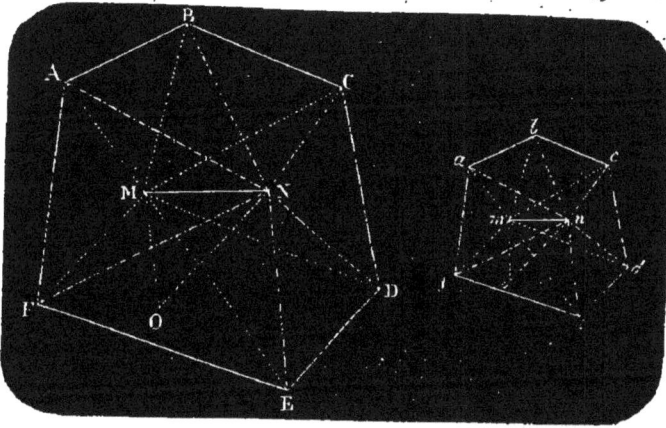

Fig. 36.

l'alidade mobile successivement vers les points A, B, C, D... et l'on détermine ainsi la valeur des angles AMN, BMN... qu'on inscrit sur le croquis. Transportant le graphomètre au point N, on l'y met en station, l'alidade fixe dans la direction NM, puis on dirige de nouveau l'alidade mobile vers les points A, B, C... on inscrit encore la valeur des angles ANM, BNM...

Construction du plan. On trace une droite *mn* représentant MN réduite à l'échelle adoptée; aux extrémités *m* et *n* on fait des angles *amn, bmn... anm, bnm...* respectivement égaux aux angles AMN, BMN... ANM, BNM... Les intersections de leurs côtés indiqueront les points qu'on a relevés, il suffira de les unir sur le papier de la même manière que leurs homologues le sont sur le terrain.

75. REMARQUE 1. Nous avons supposé que des extrémités de

la base MN, il était possible d'apercevoir tous les points à relever ; or, si le terrain a une grande étendue, ou si des obstacles, tels que maisons, bosquets, etc., empêchent de viser
certains points qui doivent figurer sur le plan, une seule base
ne suffit pas. On prend alors pour base une nouvelle ligne
déterminée dans la première opération, puis une autre, si
cela est nécessaire, et ainsi de suite. En procédant de la sorte,
on peut lever une grande étendue de terrain.

76. REMARQUE II. Tout le travail d'un plan levé de cette
manière s'appuyant sur la première base, il importe que cette
ligne ait une certaine étendue et qu'elle soit mesurée très-
exactement. Aussi convient-il de la choisir autant que possible
en plaine et de la mesurer deux et même trois fois; on prend
la moyenne arithmétique des longueurs trouvées, c'est-à-dire
qu'on divise la somme de ces longueurs par le nombre de fois
que la ligne a été mesurée.

77. REMARQUE III. On peut choisir pour base d'opération
un côté du terrain à lever, si ce côté a une position et une
longueur convenables.

78. REMARQUE IV. D'après la marche des opérations, les
points A et F, C et D sont déterminés sans la mesure des angles
AMF, CND ; or, en mesurant ces angles, on fait en M et en N
un *tour d'horizon*, par conséquent la somme des angles AMB,
BMC... plus l'angle AMF doit égaler 360°. S'il en est autrement, il y a une erreur qu'on doit rectifier immédiatement,
avant de déranger le graphomètre; la même vérification doit
être faite au point N. Il est bien utile de mesurer les angles
AMF, CND, car outre les deux vérifications qu'ils donnent sur
le terrain, ils en donnent évidemment deux autres dans la
construction du plan.

79. REMARQUE V. Le levé au graphomètre se fait généralement par la méthode des intersections.

80. REMARQUE VI. Il est visible qu'on peut employer une
méthode analogue pour lever au mètre le plan d'une propriété quelconque : on mesure MN et toutes les distances MA,
MB... NA, NB; on a ce qui est nécessaire pour construire le
plan, puisque dans les triangles AMN, BMN... on connaît les
trois côtés.

PROBLÈME

81. *Lever le plan d'un polygone AB... par cheminement.*

On mesure l'angle A et le côté AB, l'angle B et le côté BC, l'angle C et le côté CB, et ainsi de suite, jusqu'au dernier angle H et au dernier côté GH. Cela fait, on est dans la possibilité de construire le plan, puisque l'on connaît dans le polygone ABCD... tous ses angles et tous ses côtés.

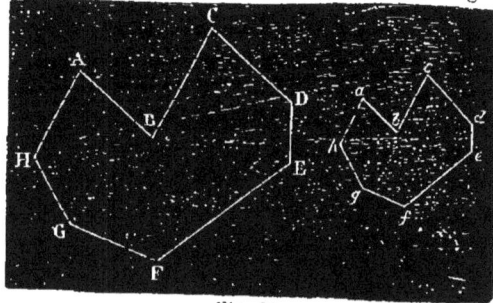
Fig. 37.

Vérification. La somme des angles mesurés doit égaler autant de fois deux droits qu'il y a de côtés moins deux (103 C.).

Dans le cas d'un angle rentrant tel que B, il faut ajouter à la somme des autres angles A, C, D... non pas l'angle ABC, mais la différence entre 360° et cet angle. C'est bien ainsi qu'on doit opérer, car l'angle ABC plus l'angle du polygone valent ensemble 360° (46 C.); or, il est visible que l'angle ABC n'appartient pas au polygone, donc celui du polygone vaut 360° — ABC.

Autre vérification. La mesure de l'angle H n'est pas nécessaire, ni la mesure des côtés HA, HG, mais on mesure cet angle et ces côtés comme moyen de vérification. Le plan étant construit sans avoir fait usage de ces données, l'angle *h* du plan doit égaler l'angle H du terrain, et les côtés *ha*, *hg* du plan les côtés HA, HG réduits à l'échelle.

Levé à la planchette

82. Le levé à la planchette est expéditif. Aussi se sert-on très-souvent de cet instrument pour lever les détails d'un plan, ou pour lever des plans de peu d'étendue, et pour lesquels une grande exactitude n'est pas nécessaire. D'ailleurs on peut, avec la planchette, lever et rapporter un plan en même temps.

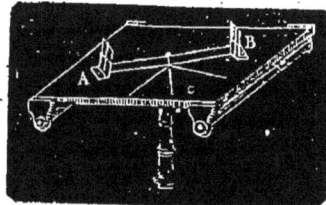
Fig. 38.

83. Planchette. La planchette est une tablette rectan-

gulaire en bois, portée comme le graphomètre par un genou
à coquilles et un pied à trois branches. Sur cette tablette est
attachée ou collée la feuille destinée à recevoir le plan. Au
lieu d'attacher ou de coller la feuille, on préfère en général la
tendre à l'aide de deux petits cylindres mobiles sur leurs axes
et fixés sur les bords de l'instrument.

84. La planchette doit être bien horizontale, lorsqu'on
veut s'en servir. On constate son horizontalité à l'aide du niveau à bulle d'air ou simplement avec une bille, qui doit
rester immobile si la planchette est horizontale.

Au lieu d'être supporté par un genou à coquilles, l'instrument est souvent monté sur un *genou à la Cugnot* (du nom de
l'officier français qui en est l'inventeur). Cette disposition
permet de rendre la planchette plus facilement horizontale et
de la faire tourner sans détruire cette horizontalité. Nous ne
disons rien de ce mode de suspension, parce que la meilleure
description n'en donnerait qu'une idée insuffisante, tandis
qu'en voyant l'instrument on se rend immédiatement compte
de la manière dont il est disposé.

85. Quel que soit le système que l'on adopte pour sup-
porter la planchette, celle-ci est toujours accompagnée d'une
alidade mobile AB (fig. 38) à pinnules ou à lunette. Cette alidade est faite de manière que si l'on trace, le long de son
bord inférieur, une ligne sur la planchette, cette ligne est la
projection de la ligne de visée. Le bord inférieur de l'alidade
est appelé *ligne de foi.*

86. LEVÉ D'UN ANGLE. MISE EN STATION DE LA PLANCHETTE. Supposons qu'il s'agisse de lever avec la planchette l'angle MON
de deux droites OM, ON du terrain. On trace sur le papier une

droite *om* destinée à représenter le côté OM de
l'angle; puis on plante au
point *o* une aiguille très-
fine et l'on dispose la planchette bien horizontale-
ment, de manière que le
point *o* soit verticalement
au-dessus du point O, ce

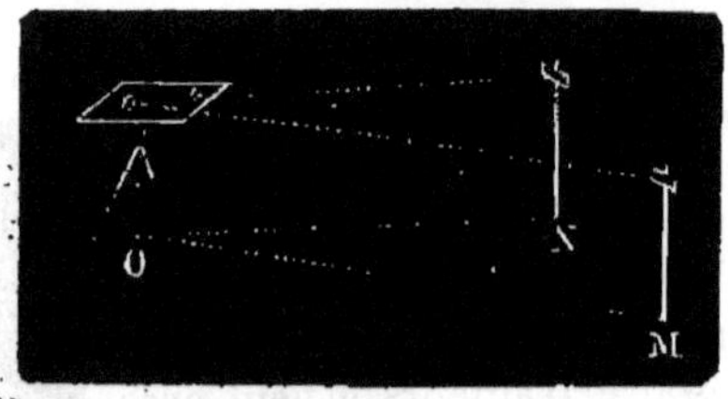

Fig. 39.

dont on peut s'assurer à l'aide du fil à plomb, et que la ligne
om ait à peu près la direction OM. On place ensuite l'alidade
sur la planchette, de manière que la ligne de foi touche l'ai-

guille et coïncide en même temps avec *om*. Maintenant l'alidade dans cette position et la planchette bien horizontalement, on fait tourner celle-ci, s'il est nécessaire, jusqu'à ce que la ligne de visée rencontre un jalon planté verticalement sur OM. A ce moment, la *planchette est en station*; sans la déranger, on fait tourner l'alidade autour de l'aiguille jusqu'à ce que la ligne de visée rencontre un jalon vertical placé sur ON. On mène alors le long de la ligne de foi une ligne *on*, et l'angle MON représenté par *mon* est levé et réduit à l'horizon.

87. Les trois méthodes employées avec le graphomètre pour lever un plan le sont aussi avec la planchette : 1° *la méthode par rayonnement*; 2° *la méthode des intersections*; 3° *la méthode par cheminement*.

PROBLÈME

88. PREMIÈRE MÉTHODE. *Lever le plan d'un contour polygonal* ABCDE.

On choisit un point *o* d'où l'on puisse apercevoir tous les points A, B, C... à relever. On mesure les distances *o*A, *o*B, *o*C... Cela fait, on met la planchette en station au point *o* et l'on vise successivement les points A, B, C... On prend ensuite sur la direction *o*A une longueur *oa*=*o*A réduite à l'échelle, sur *o*B une longueur *ob* =*o*B réduite à l'échelle, et ainsi de suite. Enfin,

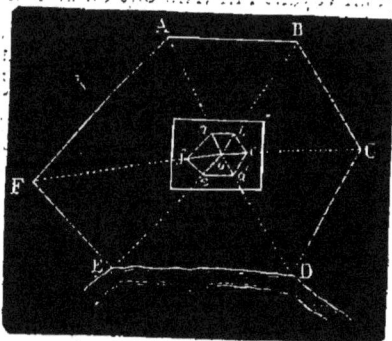

Fig. 40.

on unit les points *a*, *b*, *c* de la même manière que les points A, B, C... le sont sur le terrain.

Vérification du plan. On mesure sur le terrain un ou deux côtés AB, BC du polygone; si le plan est exact, leurs longueurs réduites à l'échelle doivent égaler leurs côtés homologues *ab*, *bc* du plan.

PROBLÈME

89. DEUXIÈME MÉTHODE. *Lever le plan d'un terrain polygonal* ABCDEF.

On choisit une base MN (les points M et N ne sont pas visibles

à cause de la planchette) telle qu'on aperçoive, de ses extrémités, les points à relever ; on la mesure avec le plus grand
soin. Ensuite on trace sur le papier, d'après l'aspect du terrain,
une ligne *mn*, représentant MN réduite à l'échelle, de manière
à pouvoir disposer de chaque côté de *mn* les points à relever
et qui sont sur le terrain de chaque côté de MN. Cela fait, on
met la planchette en station au point M : le point *m* doit être
verticalement au-dessus de M et *mn* sur la direction MN.
L'instrument étant ainsi disposé, on vise successivement de *m*
les points A, B, C, D... à relever, et on trace les droites *ma,*

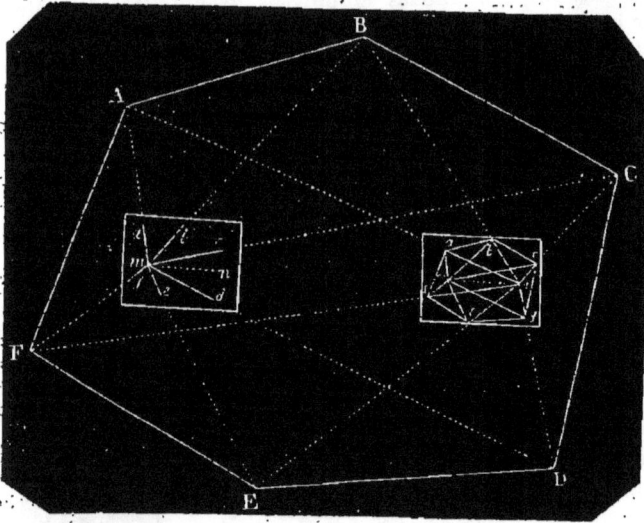

Fig. 41.

mb... Cette opération terminée, on transporte la planchette
au point N, où on la met en station, le point *n* au-dessus du
point N et *nm* sur la direction NM. On vise alors successivement les points A, B, C... déjà visés de *m*, puis on mène les
lignes *na, nb, nc*... qui vont couper les premières aux points *a,
b*... Si l'on unit ces points sur le papier de la même manière
que leurs homologues le sont sur le terrain, on aura ainsi sur
la planchette le plan *abcdef* du polygone ABCDEF réduit à
l'échelle adoptée ; car d'après la méthode employée, les deux
polygones *abcdef* et ABCDEF sont composés d'un même nombre
de triangles semblables, puisqu'ils ont deux angles égaux
chacun à chacun, angle AMN=angle *amn*, angle ANM=an-
gle *anm*, etc.

Vérification du plan. On mesure sur le terrain un ou deux côtés AB, BC... du polygone ; si le plan est exact, leurs longueurs réduites à l'échelle doivent égaler leurs côtés homologues *ab*, *bc* du plan.

PROBLÈME

90. TROISIÈME MÉTHODE. *Lever le plan du polygone* ABCDEF.

On lève les angles et on mesure les côtés.

Si, par exemple, on veut commencer au sommet A, on mesure AB, ensuite on place la planchette en station au point A et l'on trace *ae* et *ab* dans les directions AE et AB. On prend *ab* =AB réduite à l'échelle. Se transportant au point B, on mesure BC et l'on met la planchette en station au point B, de manière que *ba* ait la direction BA, et que le point *b* corresponde au point B ; on trace alors *bc* dans la direction BC et l'on fait *bc*=BC réduite à l'é-chelle. On procède de même aux sommets C et D. Si le plan

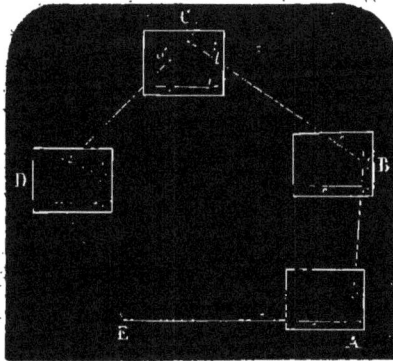

Fig. 42.

est bien levé, la ligne *de* doit passer au point *e* et les lignes *de* et *ae* doivent égaler DE et AE réduites à l'échelle.

Méthode des prolongements

91. Lorsqu'on doit lever le plan d'un terrain découvert et n'ayant pas une grande étendue, on peut employer avec avantage la *méthode des prolongements*.

Nous allons appliquer cette méthode au levé d'un parcellaire de peu d'étendue.

92. Supposons qu'il s'agisse des parcelles P, P', P''.

On lève *bien exactement*, par l'une des méthodes connues, le plan d'un polygone ABCD renfermant la majeure partie des parcelles dont on veut avoir le plan. (Ordinairement le polygone ABCD est un trapèze qui se lève avec l'équerre et la chaîne.)

Cela fait, on prend sur la ligne DE la largeur des parcelles; en notant les largeurs, on a soin de cumuler les distances à partir du point D. (Exemple pour la traverse K'L.) Puis, à une distance *convenable* de ce point, on mène une *traverse* FG sur laquelle on prend aussi la largeur des parcelles, toujours en

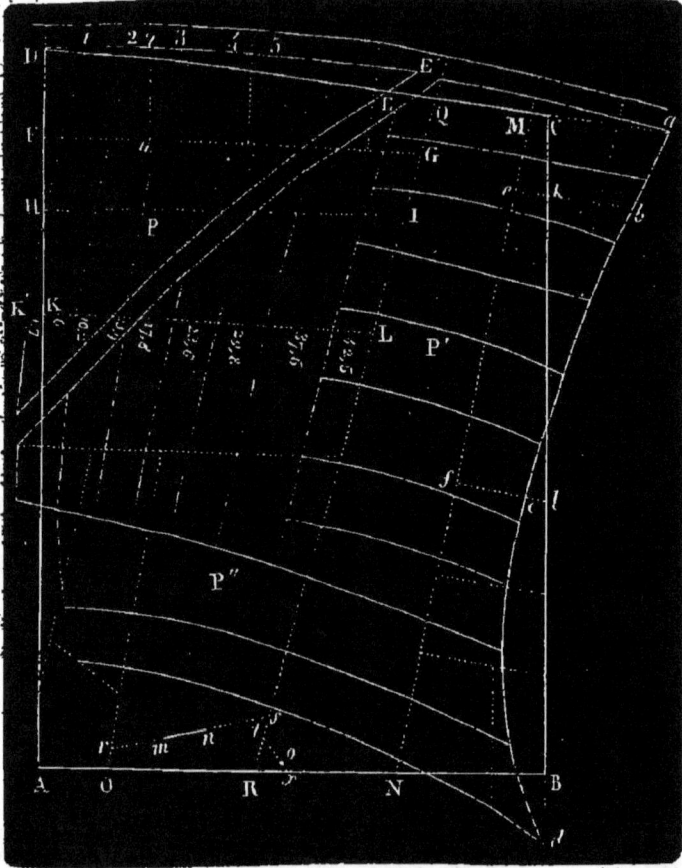

Fig. 43.

cumulant les distances. A un point *convenable* de DA on mène une nouvelle traverse HI, puis une autre KL qu'on *prolonge* en K' et sur lesquelles on prend encore la largeur des parcelles; on opère de même sur les autres traverses que l'on mène. Pour déterminer la forme de chaque parcelle, il est évident qu'il suffira de marquer par des points leur largeur sur les traverses et d'unir ces points par des lignes. On comprend que plus les traverses sont nombreuses, et mieux se dessine sur le plan la courbe des parcelles. Quant à leur position, il est évident qu'elle dépend de celle des traverses; or, il est très-facile de voir comment la position de chacune est déterminée; ainsi la traverse MN, par exemple, a été déterminée par rapport à la ligne CB du polygone en mesurant les distances CM et BN : ces distances mesurées, on connaît les points M, N, et par suite la position de la traverse MN et de tous les points qui en dépendent. Une autre traverse QR se détermine de même. La position d'une traverse telle que FG se détermine par rapport aux points D et Q. Quant aux petites traverses telles que *ekb*, *fcl*... qui déterminent la courbe *abcd*, elles dépendent des lignes CB et MN. Les autres traverses dont nous ne parlons pas se détermineraient avec la même facilité.

Si une ligne quelconque *mn* doit figurer sur le plan, on la prolonge sur le terrain jusqu'à la rencontre de deux traverses : les points *r* et *s* sont faciles à déterminer, il suffit de mesurer O*r* et R*s*; connaissant ces deux distances, la position de la ligne *rs* est connue, et par conséquent celle de la ligne *mn*, puisqu'il suffira de retrancher sur cette ligne les parties *rm* et *ns*.

Un point quelconque *o* se détermine avec la même facilité : on mène une ligne arbitraire *xo*, qu'on prolonge jusqu'en *t*, puis on mesure R*x*, R*t* : la ligne *tx* est alors déterminée et le point *o* l'est aussi, si l'on mesure *to* ou *xo*.

On peut se demander comment les points 1, 2, 3, 4... ont pu être déterminés; or, rien n'est plus facile, puisque ces points sont sur le prolongement des lignes de séparation des parcelles.

Au lieu de procéder ainsi pour avoir ces points, on aurait pu déterminer d'abord DE' à l'aide de traverses telles que *uv*, et prendre ensuite la largeur des parcelles sur DE'.

On voit comment la position des chemins se détermine aussi à l'aide des traverses.

93. Les détails dans lesquels nous venons d'entrer suffisent pour bien faire comprendre la marche à suivre, toutes les fois qu'on emploiera cette méthode.

Polygones topographiques

94. Lorsqu'un terrain a une certaine étendue ou qu'il contient beaucoup de points à relever, on forme généralement, tantôt avec des points remarquables du sol, tantôt avec des points pris arbitrairement, un polygone nommé *polygone topographique.*

C'est aux côtés de ce polygone inscrit ou circonscrit au terrain que viennent se rattacher tous les points, tous les détails qui doivent figurer sur le plan. Le plus souvent, au lieu d'un seul polygone, ce sont plusieurs *polygones topographiques* reliés les uns aux autres, et dont les côtés suivent les contours ou embrassent les détails qu'il s'agit de relever.

Levé des polygones topographiques

95. Le levé du polygone ou des polygones topographiques doit s'effectuer avec le plus grand soin par l'une des méthodes que nous connaissons.

Les sommets doivent être choisis de manière que tous les côtés puissent aisément être mesurés; il faut, par conséquent, qu'on puisse voir de chaque sommet le sommet qui précède et celui qui suit. Si l'opération doit se faire en plusieurs séances, les sommets des polygones se marquent non-seulement avec des jalons, mais encore avec des piquets qui restent dans le sol jusqu'à ce que l'opération soit complétement terminée. Comme d'ailleurs ces piquets peuvent eux-mêmes être enlevés ou perdus dans les herbes ou les pierres, on aurait peine à les retrouver si l'on n'avait eu la précaution de *repérer* les sommets, c'est-à-dire de rattacher chacun d'eux à des points fixes du sol.

Un sommet se repère de différentes manières : une méthode facile consiste à chercher deux points fixes du sol, tels que le sommet se trouve dans le prolongement de la ligne de ces points; il suffit alors de mesurer exactement sa distance au point le plus voisin pour que sa position soit déterminée.

Si le terrain n'est pas horizontal, il est bien entendu que l'on devra mesurer la projection des côtés des polygones, et que les angles devront être réduits à l'horizon.

Enfin, avant de commencer le levé des détails, on s'assure de l'exactitude du levé du réseau topographique; par exemple, on calcule si la somme des angles est exacte, on voit si chaque polygone ferme bien, etc.

Levé des points importants et des détails

96. Le levé du réseau topographique achevé et vérifié, on se sert de ses côtés comme autant de bases auxquelles on rattache tous les points importants, tous les détails à relever. Lorsqu'on veut se rapprocher de certains points ou de certains détails importants, on emploie des bases auxiliaires nommées *traverses*. Ces lignes joignent des points connus du réseau ou des points faciles à connaître. Des traverses bien choisies abrégent singulièrement le travail.

On comprend qu'un pareil levé demande beaucoup d'ordre. Pour éviter la confusion, il est utile de faire un croquis particulier pour chaque polygone, pour chaque base importante. Les différents croquis servent à construire les plans particuliers et le plan d'ensemble.

C'est surtout dans des levés de ce genre qu'on doit tenir compte des observations que nous avons faites nᵒˢ 18, 54 et 64.

Appliquons ce qui précède au levé du plan d'un village et de son territoire.

PROBLÈME

97. *Lever le plan d'un village et de son territoire.*

La figure représente une partie du village et de son territoire.

On commence par reconnaître les bornes qui limitent le territoire. Ensuite on lève, comme nous venons de l'expliquer, le plan du réseau topographique.

Les sommets des triangles du réseau sont indiqués par les majuscules A, B, C... Les traverses sont désignées par des minuscules. Cela étant dit, passons au levé des détails et au parcellaire.

LEVÉ DES DÉTAILS. Les bornes 1, 2 et 3 doivent figurer sur le plan. Si l'on emploie l'équerre, il suffit d'abaisser une perpendiculaire de chaque borne sur la base voisine.

Exemple pour la borne 2. On mesure Bp et la perpendiculaire p2. Il est évident qu'on a les données nécessaires pour assigner à la borne 2 sa position sur le plan. Si l'on emploie la méthode des prolongements, on détermine aussi facilement la position de chaque borne.

Exemple pour la borne 1. On mène 1a (le point a est quel-

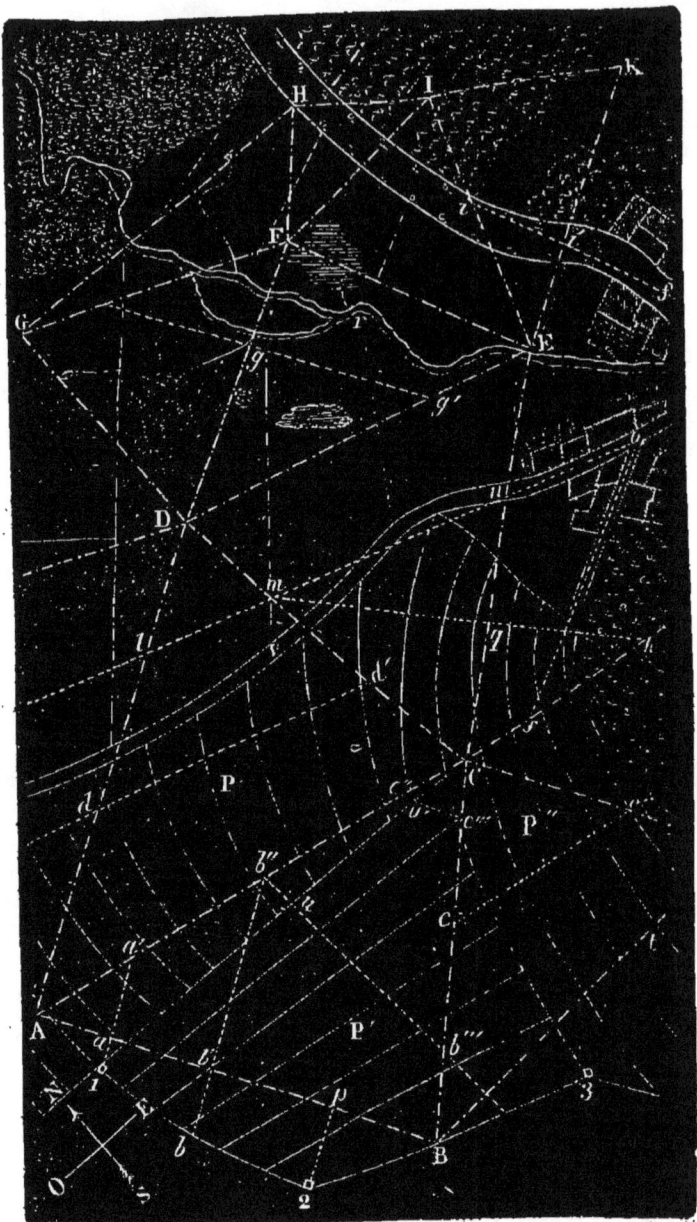

Fig. 44.

conque), et l'on prolonge *1a* jusqu'à la rencontre de AC; on mesure A*a'* et A*a*, ce qui donne la position de deux points de la droite *a'1*; cette droite est donc déterminée. La borne 1 étant sur le prolongement de *a'a*, en mesurant *a'a* et *a1*, on a les données nécessaires pour déterminer sa position. Pour relever tout autre détail par cette méthode, on suivrait une marche identique.

On lève le plan du chemin *v* en se servant de la traverse *lmn*. Pour déterminer la position de cette ligne, on la rattache au point D, en mesurant les distances D*l*, D*m*. Le plan du ruisseau *r* peut se lever en employant la traverse *gg'* prolongée; on rattachera cette ligne au point D ou aux points E et F comme on a rattaché la traverse *lmn* au point D. A l'aide de la base GH on détermine quelques points du bois; les bases HI, IK, IE, KE, etc., et des traverses s'il est nécessaire, serviront à déterminer les vignes et la position de la route. Aux bases KE, EC et à des traverses s'il est nécessaire, on rattache les maisons, les jardins, etc. Pour pénétrer dans le village, on se servira des traverses *ii'f*, *mno*, *so*, ou encore on lèvera les angles E*i'f*, E*no*, *osh*. Aux droites *if*, *no*, *so* et à d'autres dont les directions seront modifiées selon le besoin, on rattachera le devant des maisons, les cours, les fontaines, les puits, etc.

Nous n'assignons aucun instrument pour relever tous ces détails; l'opérateur, en présence du terrain, choisit ceux qui lui conviennent le mieux.

PARCELLAIRE. Commençons par lever le plan des parcelles P. La position du chemin est déterminée, puisqu'il a été rattaché à la traverse *lmn*; on connaîtra aussi la position de *dd'* en rattachant cette ligne à la base AC ou au sommet D; enfin, connaissant trois points 1, *u*, *u'* de la ligne 1*uu'*, elle est déterminée aussi. Ces lignes étant connues, ainsi que la base AC, il sera facile d'assigner aux parcelles P leur position sur le plan. Supposons que le point de départ est la borne 1 et un point qu'on ne voit pas sur la figure, mais qui se trouve sur le chemin. A partir de ce point du chemin, on mesure la largeur des propriétés, on la mesure aussi sur la traverse *dd'*, sur la base AC et sur la ligne 1*uu'*, cumulant chaque fois les distances.

Il est évident qu'on aura chaque parcelle sur le plan en marquant par des points leur largeur sur les lignes où elles ont été prises et en unissant ces points par des lignes. On comprend que les parcelles seront d'autant mieux figurées que les traverses seront plus nombreuses.

Les parcelles P' se lèveront aussi aisément en prenant leur largeur sur la ligne 1b2[1], sur la base AB, sur la traverse b'b″ et sur la ligne qui vient aboutir à la borne 3. Pour les propriétés P′, on prendra leur largeur sur la ligne qui limite le verger sur mh, Ch, cc′ et sur Bt.

Les détails dans lesquels nous venons d'entrer suffisent pour faire bien comprendre comment se lèverait le plan du territoire entier.

Orientation des plans

98. Le moyen le plus facile d'orienter un plan est de mener une droite qui ait la direction de l'aiguille aimantée, puis une autre qui fasse avec la première ou avec ses parallèles un angle égal à la déclinaison de l'aiguille à l'époque du levé. On rapporte cette dernière direction sur le plan en NS (*fig.* 44), par exemple, et il se trouve orienté. Assez souvent, à la flèche NS, on mène une perpendiculaire EO. On a ainsi les quatre points cardinaux.

La flèche, au lieu d'être placée dans un coin du plan, le traverse quelquefois dans toute son étendue.

AUTRE MÉTHODE. Sur une surface bien horizontale, on décrit plusieurs circonférences concentriques et on plante verticalement au centre un style bien droit. On observe avant et après midi l'ombre du style, et l'on a soin de marquer par des points le lieu où l'extrémité de l'ombre rencontre chaque circonférence. Les bissectrices

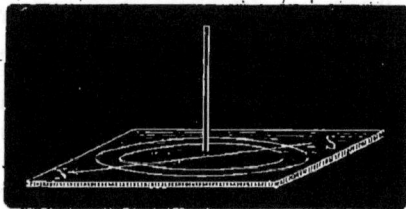

Fig. 45.

des arcs ainsi déterminés doivent se confondre; s'il en est autrement, on choisit à vue d'œil une bissectrice moyenne NS qui est la méridienne. Cette méridienne se rapporte sur le plan comme une ligne ordinaire.

1. Cette ligne a été déterminée à l'aide des bornes 1 et 2 et de la ligne bb′b″ obtenue par la méthode des prolongements.

Minutes, Copies, Réductions des plans et Compas de proportion

99. La *minute* d'un plan est la feuille sur laquelle ce plan a été dessiné pour la première fois sur le terrain ou au cabinet.

Il est essentiel de laisser subsister sur ce premier plan les lignes de construction, et en outre toutes les cotes numériques et toutes les annotations qui peuvent être utiles pour les vérifications. Ordinairement on trace ces lignes avec une encre de couleur, au carmin, par exemple.

100. La reproduction de la minute est ce qu'on appelle la *copie* ou l'*expédition* du plan. Les méthodes les plus promptes d'obtenir la copie d'un plan consistent à calquer la minute ou à la piquer sur la feuille destinée à la copie. Ensuite on trace au crayon les lignes du plan, en se guidant sur les trous faits par le piquoir, puis on passe à l'encre.

101. Lorsqu'on veut *réduire un plan* dans un rapport donné, on peut faire usage de la méthode du n° 336 C, ou du *compas de proportion*. Cet instrument se compose de deux branches en bois ou en cuivre, d'*égales longueurs*, et terminées par des pointes d'acier. Ces branches sont évidées dans leur milieu et sont mobiles autour d'un axe O dont la position dans la rainure peut changer à volonté. Supposons que la distance OC soit le quart de la distance OB, à cause des triangles semblables OCD, OAB, la distance CD sera le quart de AB. Lorsque le compas est ainsi disposé, il est facile de réduire au quart une figure quelconque ; on ouvre le compas de manière que AB soit une ligne de la figure, CD est le quart de cette ligne. Si l'on voulait opérer la réduction au tiers, il faudrait placer l'axe de façon à avoir la branche OB égale à trois fois la longueur de la branche OC.

Des traits marqués sur les branches

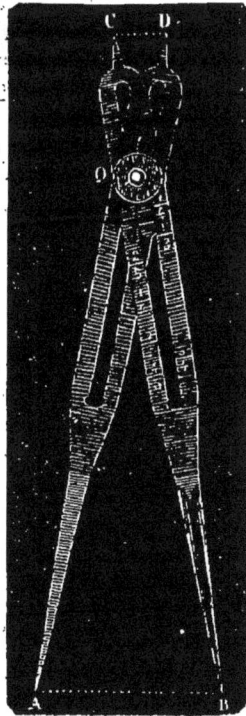

Fig. 46.

indiquent le point où il faut placer l'axe O pour opérer la réduction au $\frac{1}{2}$, au $\frac{1}{3}$, etc.

Il est bien évident que ce compas peut servir à amplifier un plan aussi bien qu'il sert à le réduire.

PROBLÈMES DE GÉOMÉTRIE PRATIQUE

PROBLÈME

102. *Prolonger sur le terrain une droite AB au delà d'un obstacle.*

1° En un point de AB on élève à cette droite une perpendiculaire AE qu'on mesure. Puis à AE on mène la perpendiculaire EG qu'on prolonge au delà de l'obstacle. Enfin on

Fig. 47.

élève sur EG les perpendiculaires FC, GD qu'on fait égales à EA. Il est évident que par cette construction les points C et D sont sur le prolongement de AB.

AUTRE MÉTHODE, PLUS LONGUE QUE LA PRÉCÉDENTE, MAIS QUI DONNE DES RÉSULTATS PLUS CERTAINS

2° L'angle A est quelconque, il en est de même des distances AC, CD, DF. Les lignes CB, DE, FG sont des perpendiculaires à AF. Pour déterminer les points E et G sur le prolongement de AB, on a, à cause des triangles rectangles semblables,

$$\frac{DE}{CB} = \frac{AD}{AC},$$

d'où $DE = \dfrac{AD \times CB}{AC},$

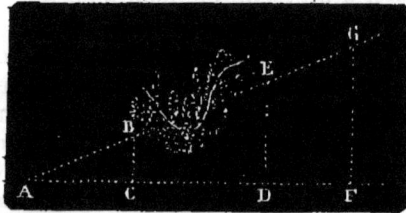

et $\dfrac{FG}{CB} = \dfrac{AF}{AC},$

d'où $FG = \dfrac{AF \times CB}{AC}.$

Fig. 48.

Connaissant les longueurs DE, FG, on connaît les points E et G. On déterminerait de même d'autres points de AB.

PROBLÈME

103. *Trouver des points* G, I... *dans la direction de deux points* A *et* B *séparés par un obstacle.*

Le point C est quelconque. On mesure AC, CB. La ligne MN passant par les milieux de AC et de BC est parallèle à AB (211 C.) : des points A et B on abaisse sur MN les perpendiculaires AE, BF, et en deux points K et L de MN, on élève à cette droite les perpendiculaires KG et LI qu'on fait égales à AE. Il

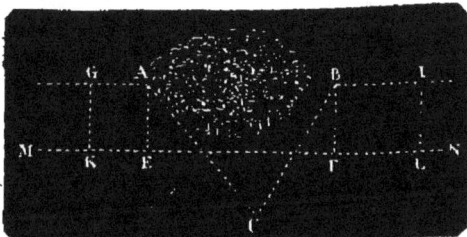
Fig. 49.

est évident que les points G et I sont dans le prolongement de la droite AB.

PROBLÈME

104. *Déterminer la distance d'un point donné* A, *à un autre point* B *inaccessible.*

1° USAGE DU GRAPHOMÈTRE. On mesure à la chaîne une base arbitraire AC, et les angles A et C avec le graphomètre. Puis on construit sur le papier, à une échelle quelconque, un triangle *abc* semblable au triangle ABC. La longueur *ab* portée sur la même échelle, et multipliée par le dénominateur de cette échelle, fait connaître la distance demandée AB.

2° USAGE DE LA CHAINE SEULE. La base AC est choisie et mesurée comme il vient d'être indiqué. On prend sur AC et sur AB des distances quelconques AK, AL, et l'on mesure KL. On prend aussi sur CA et sur CB des distances arbitraires CM, CN : on mesure MN. Puis on fait *ac*=AC réduite à l'échelle adoptée, et aux points *a* et *c* on construit des

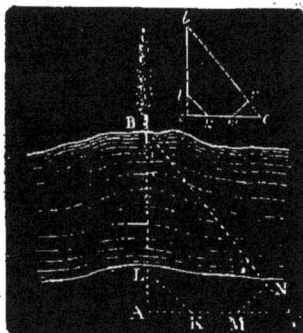
Fig. 50.

triangles *alk*, *cmn* respectivement semblables aux triangles

AKL, CMN. Enfin on prolonge *al* et *cm*, le point *b* où se rencontrent ces lignes est évidemment le point homologue de B, par conséquent *ab* est la longueur AB réduite à l'échelle.

Pour plus de facilité on prend généralement les quatre distances AL, AK, CM, CN égales à 10 mètres.

3° USAGE DE L'ÉQUERRE. On place l'équerre en un point *convenable* A où l'on fait un angle droit BAX. On fait jalonner la direction AX, et l'on cherche sur cette ligne un point C tel que l'angle BCA, fait avec l'équerre, ait 45°. Le triangle ABC est alors isocèle et AB=AC. Il suffit donc de mesurer cette dernière droite pour connaître la distance demandée.

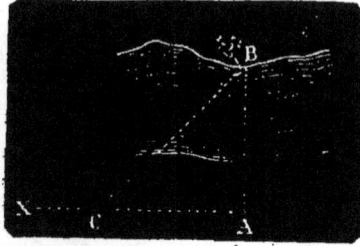

Fig. 51.

4° Il est évident qu'on pourrait faire aussi usage de la planchette.

PROBLÈME

105. *Déterminer la distance de deux points A et B inaccessibles*

On choisit une base CD[1] telle que l'on puisse voir de ses extrémités les points A et B, et on lève le plan ABCD par l'une des méthodes connues. Si par exemple on emploie la chaîne et le graphomètre, on mesure CD avec la chaîne et les angles en C et en D avec le graphomètre. On porte la longueur *ab* du plan sur l'échelle,

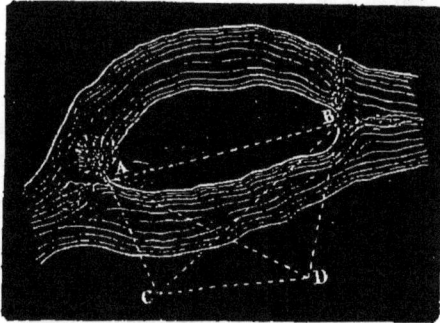

Fig. 52.

1. Cette base doit avoir une longueur telle que les angles en C et en D ne soient ni trop aigus, ni trop obtus. Il n'est peut-être pas sans utilité de faire remarquer aussi qu'il est très-avantageux de se servir d'une grande échelle pour les problèmes de géométrie pratique (n°s 102 à 111).

24.

et l'on ramène cette longueur à celle du terrain en opérant comme nous l'avons indiqué (104 1°).

USAGE DE L'ÉQUERRE. On choisit un point convenable C sur le terrain accessible. A ce point, on mène CM perpendiculaire à AC et CN perpendiculaire à CB. Ensuite on promène l'équerre sur les lignes CM et CN jusqu'à ce qu'on trouve des points A', B', tels que les angles CA'A, CB'B aient 45°, et on a A'B' =AB : car dans les deux triangles CAB et CA'B', angle ACB=B'CA', comme ayant l'un et l'autre pour complément le même angle BCA', le côté CA'=CA et le côté CB=CB' (104, 3°) : donc A'B' =AB.

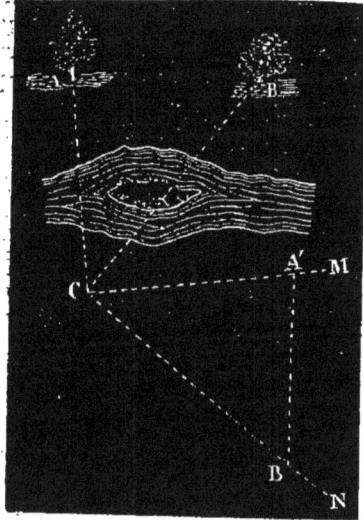

Fig. 53.

PROBLÈME

106. *Mesurer une hauteur dont le pied est accessible.*

1° USAGE DU GRAPHOMÈTRE. On dispose le graphomètre en un point C de manière que le limbe soit vertical et l'alidade fixe horizontale. Ces deux conditions sont remplies lorsqu'un fil à plomb passant par la 90° division passe aussi par le centre et s'applique sur le plan du limbe. On mesure l'angle AC'B' et la distance CB=C'B'. Ensuite on fait sur le papier un triangle semblable à AC'B', ce triangle permet de trouver la hauteur

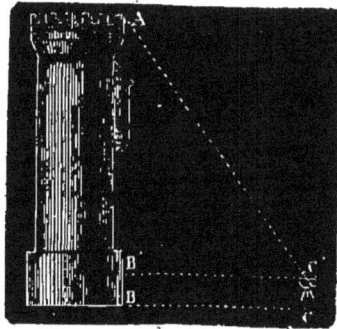

Fig. 54.

AB', on y ajoute la hauteur du graphomètre et on a l'élévation du point A au-dessus du point B.

2° USAGE DE DEUX JALONS. On plante verticalement deux jalons, CD, EF, de manière que leurs sommets C, E se trouvent en ligne droite avec le point A dont on veut connaître la hauteur au-dessus du point B. On a alors deux triangles semblables ABC, CEI qui donnent $\dfrac{AB}{EI} = \dfrac{CB}{CI}$:

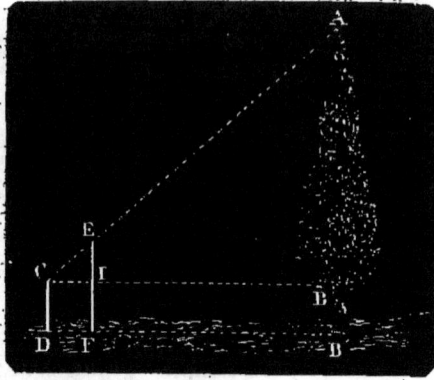

Fig. 55.

d'où $AB = \dfrac{CB \times EI}{CI}$.

En ajoutant BB' ou CD à AB on a la hauteur AB'.

3° PAR L'OMBRE. Il est évident que les longueurs des ombres sont proportionnelles à la hauteur des corps qui les projettent. Ce principe permet de mesurer une hauteur à l'aide de son ombre. A cet effet, on plante verticalement dans le sol un jalon ; ensuite on mesure l'ombre de la hauteur à mesurer, l'ombre du jalon et la longueur hors de terre du jalon. Avec ces trois longueurs, on peut trouver la hauteur demandée.

Donnons un exemple. *L'ombre d'un arbre a 12 mètres, l'ombre d'un jalon de 1ᵐ,50 a 2 mètres : on demande la hauteur de l'arbre.*

En appelant x la hauteur cherchée, on a

$$\frac{x}{1,50} = \frac{12}{2}, \text{ d'où } x = 9 \text{ mètres.}$$

Il faut opérer sur un terrain horizontal ou uniformément incliné.

PROBLÈME

107. *Mesurer la hauteur d'un édifice ou d'un arbre dont le pied est inaccessible.*

On choisit une base CD dont le prolongement aille rencontrer le pied de la verticale AB ; on mesure la droite CD=C'D' et les angles D' et AC'D' comme il a été indiqué. On construit un triangle *acd* semblable à AC'D', et du sommet *a* on abaisse, sur le prolongement de *cd*, la perpendiculaire *ab*. Connaissant *ab*, il est facile, à l'aide de l'échelle, de trouver AB'; à AB' on ajoute la hauteur du graphomètre et on a la hauteur AB.

REMARQUE. Le triangle *acd* fait connaître *ac* et *ad*; on peut

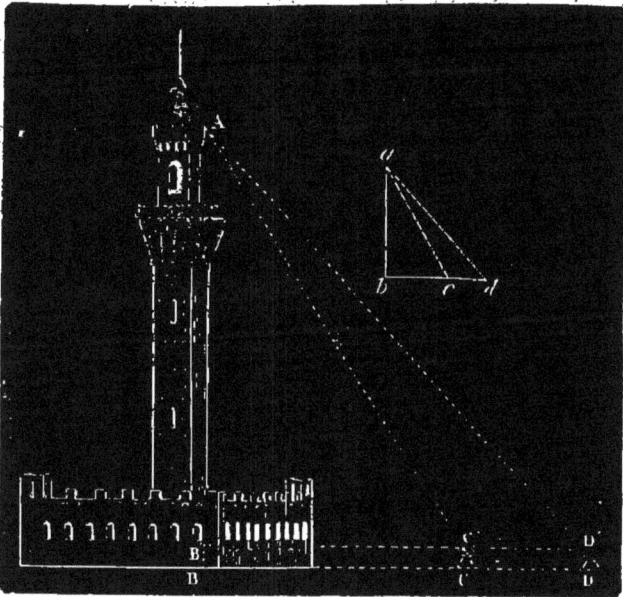

Fig. 56.

donc, par ce procédé, trouver la distance d'un point C ou D du sol à un point A élevé au-dessus de l'horizon.

PROBLÈME

108. *Déterminer la hauteur d'une montagne.*

On prend dans la plaine, au pied de la montagne, une base BC qu'on mesure; on mesure aussi, avec le graphomètre, les angles C et ABC. Pour mesurer ces angles, la ligne de foi doit être sur BC et le limbe incliné, de manière que son plan soit dans celui du triangle BAC. On construit un triangle semblable à ABC, ce qui permet de calculer AB ou l'hypoténuse du triangle rectangle ABD (car on suppose que AD est une verticale et BD une horizontale). On mesure l'angle ABD en mettant le limbe vertical, l'alidade fixe horizontale et l'alidade mobile dans la direction BA. Connaissant dans le triangle rectangle ABD le côté AB et l'angle ABD, on peut construire un

triangle semblable et par conséquent trouver AD ou l'élévation du point A au-dessus du point D. Pour avoir la hauteur

Fig. 57.

de la montagne au-dessus du sol où se trouve BC, on ajoute à
AD la hauteur de l'instrument.

PROBLÈME

109. *Trouver le rayon d'une tour ou d'un bassin circulaire
inaccessible.*

Usage de l'équerre. On choisit un point B,
on mène un rayon visuel BD tangent à la
tour; sans déranger l'équerre, on jalonne la
direction BA perpendiculaire à BD, puis on
cherche sur AB un point A tel que la perpendiculaire AC élevée en ce point, sur AB,
soit tangente à la tour. La ligne AB sera
égale au rayon de la tour, c'est évident.

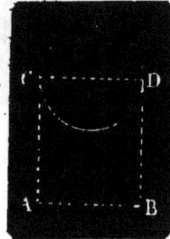

Fig. 58.

Usage du graphomètre. On mesure exactement sur le terrain une base AB. On mène
du point A deux rayons visuels AC, AD tangents à la
circonférence de la tour; la
bissectrice de cet angle passe
par le centre O (199 C. Rem.).
On opère de même au point
B, la bissectrice de l'angle
EBF passe aussi au point O.
On mesure les angles OAB,
OBA et OBF; on construit un

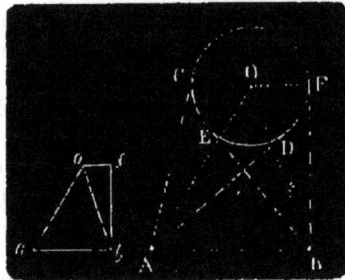

Fig. 59.

triangle *oab* semblable à OAB; au point *b* on fait un angle *obf* égal à OBF, enfin du point *o* on abaisse sur *bf* la perpendiculaire *of*, laquelle représente le rayon de la tour réduit à l'échelle adoptée.

PROBLÈME

110. *Par trois points A, B, C donnés sur le terrain, faire passer une circonférence lorsqu'on ne peut approcher du centre.*

On installe un graphomètre en A et on dirige l'alidade fixe sur B, ensuite on fait tourner l'alidade mobile de 10°, 20°, 30°... jusqu'à ce qu'elle soit revenue dans la direction AB, et l'on indique par des jalons les alignements AB', AB'... Cela fait, on transporte le graphomètre au point C et l'on dirige l'alidade fixe sur B, puis on fait tourner l'alidade mobile de 10°, 20°, 30°... Ces alignements rencontrent les premiers en des points B', B', B"...

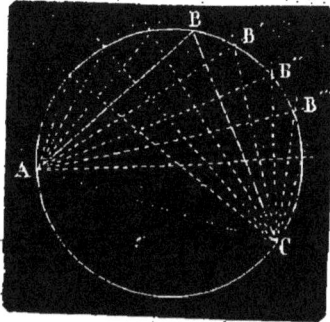

Fig. 60.

qui appartiennent à la circonférence qui doit passer par les points A, B, C.

En effet, montrons qu'un point quelconque B' appartient à cette circonférence. On a

$$B'AC = BAC — 10°,$$
$$ACB' = ACB + 10°;$$

d'où
$$B'AC + ACB' = BAC + ACB.$$

Ainsi, dans le triangle B'AC, les deux angles à la base sont égaux aux deux angles à la base du triangle BAC, donc l'angle B = l'angle B', donc le point B' est sur le segment capable de l'angle B décrit sur AC, ou sur la circonférence qui passe par les trois points donnés.

PROBLÈME

111. *Trois points A, B, C d'un terrain étant rapportés en a, b, c sur un plan, déterminer sur ce plan un point d d'où les distances AB, BC ont été vues sous des angles m, n qu'on a mesurés.*

On décrira sur *ab* un segment capable de l'angle *m*, et sur *bc* un segment capable de l'angle *n*; le point *d* d'intersection de ces arcs représente évidemment le point D du terrain.

REMARQUE. Le point D peut être un écueil rencontré en mer et les points A, B, C trois points du rivage; le point *d* sur la carte représentera donc la position de l'écueil.

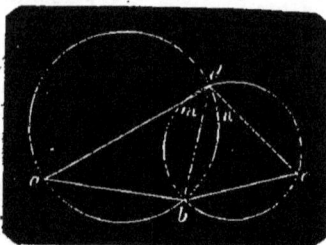

Fig. 61.

ARPENTAGE

112. L'*arpentage* a pour objet d'évaluer la superficie des terrains. On s'appuie pour cela sur les principes que nous avons développés au livre IV. D'ailleurs, d'après ce qui a été dit dans ce livre, il suffit, pour être dans la possibilité de trouver les aires des terrains, de savoir tracer des bases ainsi que des perpendiculaires et de savoir mesurer ces lignes; or, nous avons appris à faire ces opérations dans le levé des plans.

113. Lorsqu'on veut arpenter un terrain, on fait un croquis sur lequel on inscrit, comme nous l'avons indiqué (54), les longueurs mesurées sur le terrain.

114. Lorsqu'un terrain n'est pas horizontal, sa contenance est toujours considérée comme étant l'aire de sa projection horizontale.

Cette manière de chercher la superficie d'un terrain est quelquefois désignée sous le nom de *méthode de cultellation*[1].

115. Nous avons étudié dans le Cours les principes d'après lesquels on évalue la surface d'un terrain ayant la forme d'un polygone quelconque. Ajoutons ici quelques exemples pour bien faire comprendre à l'arpenteur la marche qu'il aura à suivre dans les différents cas qui peuvent se présenter.

PROBLÈME

116. *Trouver la surface d'un polygone rectiligne ou curviligne.*

1. Du latin *cultellare*, niveler.

On peut employer les méthodes que nous avons fait connaître n° 294 ou celle-ci : On mène une base sur laquelle on abaisse des perpendiculaires ou *ordonnées* (648 C.) de tous les sommets du polygone ; on choisit sur cette base un point O qui laisse du même côté toutes les ordonnées, on considère le point O comme l'origine des *abscisses*. Ainsi, BB', CC', DD'... sont des ordonnées et OA, OB', OI'... sont des abscisses.

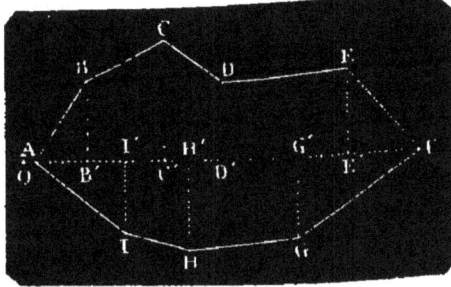

Fig. 62.

L'arpenteur mesure les ordonnées et les abscisses. Les longueurs trouvées s'inscrivent dans un tableau comme celui qui suit.

SOMMETS.	ABSCISSES.	ORDONNÉES.
	mètres.	mètres.
A	3	0
B	16	19
I	24	17
C	35	29
H	40	22
D	49	18
G	68	19
E	80	20
F	98	0

Ce tableau contient toutes les données nécessaires pour obtenir l'aire du polygone ABCD... car :

$$\text{Triangle } ABB' = AB' \times \frac{BB'}{2} = (OB' - OA) \times \frac{BB'}{2} = (16 - 3) \times \frac{19}{2}$$
$$= 123^{m.\,q.},50,$$

$$\text{Triangle } AI'I = AI' \times \frac{II'}{2} = (OI' - OA) \times \frac{II'}{2} = (24 - 3) \times \frac{17}{2}$$
$$= 178^{m.\,q.},50.$$

— 433 —

Trapèze $B'BCC' = \dfrac{BB' + CC'}{2} \times B'C' = \dfrac{BB' + CC'}{2} \times (OC' - OB')$

$$= \dfrac{19 + 29}{2} \times (35 - 16) = 456 \text{ mètres carrés.}$$

Trapèze $I'IHH' = \dfrac{II' + HH'}{2} \times I'H' = \dfrac{II' + HH'}{2} \times (OH' - OI')$

$$= \dfrac{17 + 22}{2} \times (40 - 24) = 312 \text{ mètres carrés.}$$

On opérerait de même pour les autres trapèzes et les autres triangles, il est d'ailleurs évident que la somme de ces aires partielles sera égale à l'aire totale.

117. *Quelquefois des surfaces doivent être retranchées.*

Il est visible que la surface du polygone $ABCD = a + b + c + D'DEE' + H'HGG' + d + e - t - t'$.

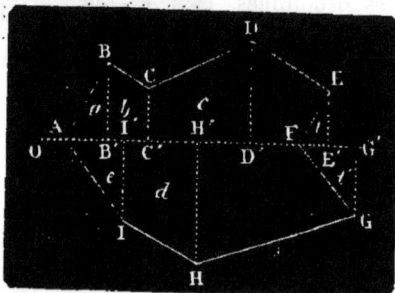

Fig. 63.

118. La base se trace aussi en dehors du terrain dont on veut avoir la superficie.

Par exemple, pour trouver la surface des trois parcelles représentées par la figure 64, on abaissera sur la base XY des ordonnées de tous les points A, B, C, D... qui limitent les parcelles, et des points E, F, G, H... assez rapprochés pour que les lignes DE, EF, FG... puissent être considérées comme des lignes droites.

En mesurant les abscisses OA', OB', OC'... et les ordonnées AA', BB', CC'... et en notant les distances Bb, Cc, cc'... on aura toutes les données nécessaires pour trouver la surface totale des trois parcelles et la surface de chacune d'elles.

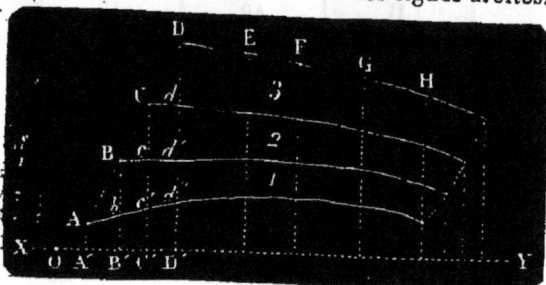

Fig. 64.

25

S'il s'agit seulement de trouver la surface totale, on fera la somme des surfaces A′ABB′, B′BCC′, C′CDD′... et de cette somme on retranchera les surfaces extérieures A′AbB′, B′bc′C′, C′c′d′D′... Si l'on a besoin de connaître la surface de chaque parcelle, on la trouvera avec la même facilité, car si du trapèze A′ABB′ on retranche A′AbB′, la surface restante sera à la première parcelle ; si du trapèze B′BcC′ on retranche B′bc′C′, la surface restante sera encore à la première parcelle, et si du trapèze total B′BCC′ on retranche le trapèze B′BcC′, le reste sera à la deuxième parcelle.

En continuant ainsi, on voit comment on déterminerait la surface de chaque parcelle.

119. Remarque. Au lieu du tableau qui a rapport à la figure 62, on pourrait en former un autre en appliquant la dernière formule du n° 294.

Ce tableau demanderait un peu moins de travail que le précédent, mais comme il a besoin d'être modifié lorsque la base change de position, nous ne recommandons pas trop cette manière d'opérer. Cependant nous avertissons le lecteur qui voudrait la suivre qu'il peut sans difficulté trouver les modifications à apporter lorsque la base change de position ; il aura à faire des transformations analogues à celles du n° 294.

120. Lorsque le terrain a une grande étendue, on trace plusieurs bases AB, CD qui permettent d'avoir des perpendiculaires ni trop longues ni trop difficiles à mesurer. On a d'ailleurs toujours à calculer la surface de triangles rectangles et de trapèzes.

121. Si le terrain est à contour sinueux, on peut le diviser également en triangles et en trapèzes, ou employer la méthode de *compensation* (la figure indique la marche à suivre). La première méthode

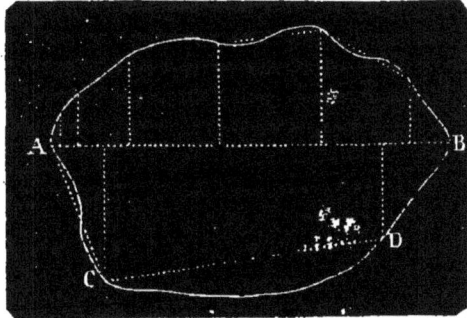

Fig. 65.

donne des résultats plus exacts que la seconde, mais elle est plus longue.

122. Lorsque la courbe est à peu près régulière, on divise la base en parties égales et aux points de division on élève des perpendiculaires jusqu'à la courbe. Si la distance entre les perpendiculaires est assez rapprochée, les arcs de la courbe pourront être considérés sans grande erreur comme des lignes droites.

Supposons qu'il s'agisse d'évaluer la surface de la figure A'AHH'. Représentons les ordonnées AA', BB', CC'... GG', HH' par y_1, y_2, y_3... y_{n-1}, y_n, et les distances égales à A'B', B'C'... ou la hauteur commune des trapèzes par h, nous aurons pour la surface totale de la figure

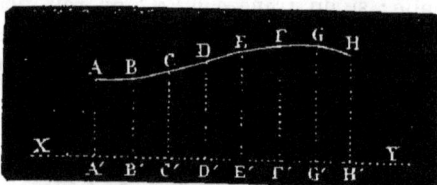

Fig. 66.

$$\tfrac{1}{2}h\,(y_1+y_2)+\tfrac{1}{2}h\,(y_2+y_3)+\tfrac{1}{2}h\,(y_3+y_4)\ldots\tfrac{1}{2}h\,(y_{n-1}+y_n)$$
$$=\tfrac{1}{2}h\,(y_1+y_2+y_2+y_3+y_3+y_4+y_4\ldots+y_{n-1}+y_{n-1}+y_n).$$

Toutes les ordonnées, excepté y_1 et y_n, ou la première et la dernière, se trouvent répétées deux fois dans cette formule; elle est donc égale à

$$\tfrac{1}{2}h\,[2\,(y_1+y_2+y_3+y_4\ldots y_n)-(y_1+y_n)].$$

Si l'on désigne par Y la somme des ordonnées, la formule précédente devient

$$h\times\left(Y-\frac{y_i+y_n}{2}\right).$$

Ainsi, pour une figure telle que A'AHH', *on obtient l'aire, lorsqu'on divise la base en parties égales, en multipliant une division de la base par la somme de toutes les ordonnées diminuée de la demi-somme des deux ordonnées extrêmes.*

PROBLÈME

123. *Trouver la superficie d'un terrain dans lequel on ne peut pénétrer.*

Une propriété est un étang, un marais, un bois, elle contient une récolte sur pied; comment évaluer la surface de cette propriété? Il suffit de l'entourer d'un polygone régulier (*fig.* 30), de calculer la surface de ce polygone et d'en retrancher les surfaces qui n'appartiennent pas à la propriété dont on cherche la contenance.

La figure montre les triangles et les trapèzes à retrancher.

124. Remarque I. Lorsqu'une figure est décomposée en trapèzes, quelques personnes font la somme des bases, prennent la moyenne et multiplient cette moyenne par la somme des distances des bases. Cette manière d'opérer donne des résultats sur lesquels on ne doit nullement compter. Nous allons le montrer par un exemple.

Surface ABCD n'égale pas $\frac{AB+EF+DC}{3} \times MN$, car le moindre changement amené dans la position de EF

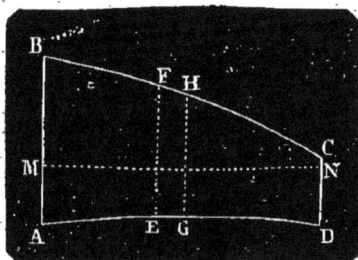

Fig. 67.

en amènerait un aussi dans la surface; ainsi, il est bien évident que le premier résultat n'est pas égal à celui-ci : $\frac{AB+GH+DC}{3} \times MN$; on ne peut donc compter ni sur l'un ni sur l'autre.

125. Remarque II. Lorsqu'une figure ne permet pas de se servir de l'équerre, ou qu'on n'a pas cet instrument à sa disposition, on la décompose en triangles et on cherche la superficie de chacun d'eux au moyen des trois côtés (327 C.).

126. Remarque III. Dans le cas où l'on possède le plan d'un terrain, il est évident que pour trouver la superficie de celui-ci, on peut se servir du plan.

PARTAGE DES TERRAINS

127. Il nous est impossible de prévoir tous les cas qui peuvent se présenter dans le partage des propriétés; mais nous nous étendrons assez sur cette question pour guider en toute circonstance l'opérateur intelligent.

128. Le partage peut être effectué sur le terrain même, ou au cabinet, à l'aide d'un plan. Nous supposerons d'abord qu'on opère sur le terrain.

PROBLÈME

129. *Diviser une droite* AB *en parties égales;* par exemple, en six parties.

On mesure la droite AB. On divise la longueur trouvée par 6. Ensuite, à partir de A[1], on porte sur AB, successivement, six longueurs égales à celle trouvée pour le sixième. On marque par un signe quelconque, ordinairement par un piquet, l'extrémité de chaque longueur.

Fig. 68.

Exemple. AB=120 mètres. La longueur d'une partie sera égale à $\frac{120}{6}$=20 mètres. A partir de A, on porte avec la chaîne successivement six longueurs égales à 20 mètres.

PROBLÈME

130. *Partager une droite AB en parties proportionnelles à des nombres donnés.*

On mesure la droite AB. On divise la longueur trouvée proportionnellement aux nombres donnés. Ensuite, à partir de A, on porte sur AB, successivement et dans l'ordre indiqué, les longueurs trouvées. On marque par un signe quelconque l'extrémité de chaque longueur.

Exemple. AB=120 mètres. On veut partager cette ligne proportionnellement aux nombres 2, 3, 5.

$$2+3+5=10.$$

$$1^{re} \text{ partie}=\frac{120\times 2}{10}=24 \text{ mètres.}$$

$$2^e \text{ partie}=\frac{120\times 3}{10}=36 \text{ mètres.}$$

$$3^e \text{ partie}=\frac{120\times 5}{10}=60 \text{ mètres.}$$

PROBLÈME

131. *Un triangle a 41 mètres de hauteur et 9 ares 84 centiares de surface : on demande sa base.*

La surface d'un triangle peut s'obtenir en multipliant sa base par la moitié de sa hauteur. Désignant par B la base du triangle dont il s'agit, on a

$$\frac{41}{2}\times B=9 \text{ ares 84 centiares,}$$

1. Ou à partir de B.

ou $\qquad$ $20,5 \times B = 9$ ares 84 centiares;

d'où $\qquad$ $B = \dfrac{984}{20,5} = 48$ mètres.

Cet exemple fait connaître que, pour trouver la base d'un triangle, lorsqu'on connaît sa surface et sa hauteur, il faut diviser sa surface par la moitié de sa hauteur. *Ce problème est d'un fréquent usage dans le partage des terres.*

132. REMARQUE. En représentant d'une manière générale par T la surface d'un triangle, par B sa base et par H sa hauteur, on a

$$(1)\quad \frac{BH}{2} = T.$$

Lorsqu'on connaît la surface d'un triangle et l'une de ses dimensions, il est toujours facile d'avoir l'autre, car l'égalité (1) donne

$$(2)\quad B = \frac{2T}{H}, \text{ et } (3)\ H = \frac{2T}{B}.$$

Les égalités (2) et (3) prouvent qu'en divisant le double de la surface d'un triangle par l'une de ses dimensions, on a l'autre.

PROBLÈME

133. *Partager un triangle en un certain nombre de parties équivalentes, par des droites partant d'un des sommets.*

Soit le triangle ABC à diviser en quatre parties équivalentes, par des droites partant du sommet B. On divisera la base AC en 4 parties égales, et l'on joindra les points de division au sommet B. Les triangles ainsi formés, ayant des bases égales et même hauteur BH, sont équivalents.

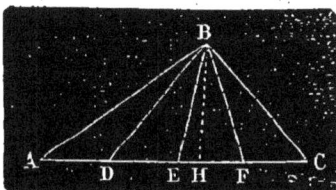

Fig. 69.

REMARQUE. Quels que soient l'angle donné et le nombre de parties demandées, on résout la question en suivant une marche analogue à celle que nous avons suivie.

PROBLÈME

134. *Diviser un triangle en parties proportionnelles à des nombres donnés par des droites partant d'un des sommets.*

Soit à partager le triangle ABC en trois parties proportionnelles aux nombres 15, 19, 25,
par des droites partant de l'angle B. On divisera la base AC
en parties proportionnelles aux
nombres 15, 19, 25 (130), et l'on
joindra les points de division au
sommet B. Les triangles ainsi
formés, ayant même hauteur

Fig. 70.

BH, sont entre eux comme leurs bases, ou comme les nombres 15, 19, 25.

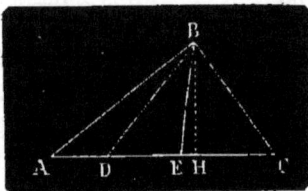

PROBLÈME

135. *Le triangle ABC a 60 ares de surface : on demande de
le partager par des droites partant du sommet B, entre trois personnes, de manière que la 1re ait 17 ares, la 2e 21, et la 3e 22.*

On divisera AC en parties proportionnelles aux nombres 17,
21, 22, on joindra les points de division au sommet B, et le
partage sera effectué. En effet, ces triangles ayant même hauteur, leurs surfaces sont dans le même rapport que leurs bases.

PROBLÈME

136. *Partager un triangle ABC en trois parties équivalentes,
de manière que chacune d'elles vienne aboutir à un point D situé
sur l'un des côtés.*

On cherchera d'abord la surface du triangle ABC, on divisera cette surface par 3, et le quotient exprimera la valeur de
chaque partie.

Si l'on suppose que ABC=25 ares 86, chaque partie$=\dfrac{25,86}{3}$

=8 ares 62. On obtien-
dra la 1re partie en dé-
tachant du triangle to-
tal un triangle ayant
son sommet au point
D et sa base sur AC.
Comme la surface de
ce triangle doit être de
8 ares 62, pour trouver
sa base, nous divise-

Fig. 71.

rons 8 ares 62 par la moitié de la perpendiculaire DK (132) : **le**

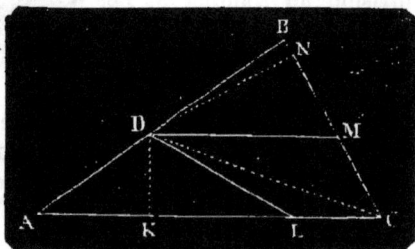

quotient fera connaître la longueur à prendre sur AC, à partir du point A. Si AL est cette longueur, la 1ʳᵉ partie sera égale au triangle ADL.

Pour avoir la 2ᵉ partie, on joindra les points D et C, puis on cherchera la surface du triangle LDC. Si nous supposons que ce triangle a 3 ares, il manque à la 2ᵉ partie 5 ares 62 : on ajoutera cette surface en un triangle dont la hauteur sera DN et la base à prendre sur CB, à partir de C. Pour trouver la longueur de cette base, on divisera 5 ares 62 par la moitié de DN. Si CM est cette longueur, la 2ᵉ partie sera égale au quadrilatère LDMC.

Le triangle DBM formera la 3ᵉ partie.

137. REMARQUE I. Après avoir obtenu la 1ʳᵉ partie, on aurait pu détacher de la surface restante le triangle DBM en divisant 8 ares 62 par la moitié de la perpendiculaire DN, le quotient aurait fait connaître la longueur à prendre sur BC, à partir de B. Mais la méthode que nous avons employée a l'avantage de montrer dès à présent que, si une surface obtenue par une ligne de division est trop grande ou trop petite, pour avoir la véritable, il suffit de lui ajouter ou retrancher un triangle.

138. REMARQUE II. Si l'on avait demandé de partager le triangle ABC en deux parties par une droite partant du point D, on aurait divisé la surface du triangle donné par la perpendiculaire DN, le quotient aurait fait connaître la longueur à prendre sur BC, à partir du point B. En joignant le point D à l'extrémité de cette longueur, on aurait eu la division demandée.

PROBLÈME

139. *On demande de partager le triangle ABC entre 4 personnes, de manière que chaque portion vienne aboutir à un puits P situé à l'intérieur du triangle.*

En supposant que la surface du triangle ABC soit de 45 ares 80, la surface d'une portion sera égale à $\dfrac{45,80}{4} = 11$ ares 45.

On obtiendra la 1ʳᵉ partie en détachant du triangle total un triangle ayant son sommet au point P et sa base sur AC. Comme la surface de ce triangle doit être 11 ares 45, pour trouver sa base, nous diviserons 11 ares 45 par la moitié de la perpendiculaire PH (132); le quotient fera connaître la longueur à prendre sur AC, à partir du point A. Si AK est cette longueur, la 1ʳᵉ portion se composera du triangle APK.

La 2ᵉ portion sera déterminée en portant de K en C une longueur égale à AK, car en joignant le point de division au point P, on formera un triangle équivalent au triangle APK comme ayant une base égale et même hauteur PH. Mais si l'on a KC < AK, la surface KPC est trop petite pour la seconde portion. Si nous supposons que ce triangle a 6 ares 20, il manque à la 2ᵉ portion 5 ares 25. On ajoutera cette surface en

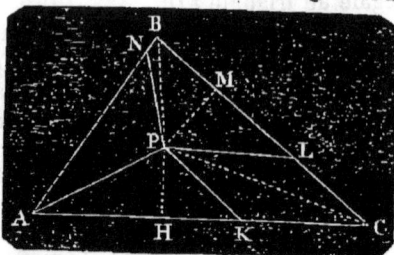

Fig. 72.

un triangle dont la hauteur sera PM et la base à prendre sur CB, à partir de C ; pour trouver la longueur de cette base, on divisera 5 ares 25 par la moitié de PM. Si CL est cette base, la 2ᵉ portion sera formée du quadrilatère KPLC.

Pour obtenir la 3ᵉ portion, nous diviserons 11 ares 45 par la moitié de PM, le quotient indiquera la longueur à prendre sur LB, à partir de L ; dans le cas où cette longueur serait plus grande que LB, le triangle PBL serait trop petit pour la 3ᵉ portion, on l'augmenterait alors d'un triangle, comme nous l'avons fait pour la 2ᵉ portion. Si PNB est ce triangle, le quadrilatère PNBL formera la 3ᵉ portion.

La 4ᵉ se composera du triangle APN.

140. REMARQUE I. Le partage se fait en suivant une méthode analogue, dans le cas où les portions ne sont pas égales : supposons, par exemple, que la 1ʳᵉ personne doive avoir 10 ares 20, la 2ᵉ 12 ares, la 3ᵉ 13 ares 50, et la 4ᵉ 10 ares 10. Pour obtenir la 1ʳᵉ portion, on détachera du triangle total un triangle ayant son sommet au point P et sa base sur AC ; comme la surface de ce triangle est de 10 ares 20, pour trouver sa base, on divisera 10 ares 20 par la moitié de la perpendiculaire PM ; le quotient fera connaître la longueur à prendre sur AC, à partir du point A ; en joignant l'extrémité de cette longueur au point P et le point A au même point P, on aura la 1ʳᵉ portion. Il n'y aura pas plus de difficultés pour obtenir les trois autres portions qu'au n° 139.

141. REMARQUE II. Si le partage avait dû être effectué en parties proportionnelles à des nombres donnés, on commencerait par partager 45 ares 80 proportionnellement à ces

25.

nombres, puis on opérerait comme nous l'avons indiqué (Remarque précédente).

142. *Partager un terrain rectangulaire ABCD en parties égales.*

Supposons qu'il s'agisse de diviser le rectangle ABCD en 4 parties égales. On divisera la base en 4 parties égales, et par les points de division on mènera des perpendiculaires à AB, et le partage sera effectué, car ces perpendiculaires

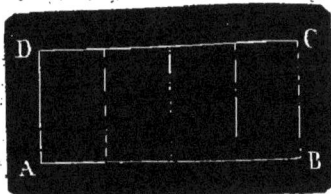

Fig. 73.

détermineront des rectangles ayant des bases et des hauteurs égales.

Remarque I. Il est évident qu'au lieu de diviser AB on aurait pu diviser AD.

Remarque II. Si l'on avait dû diviser le rectangle en parties qui aient entre elles un rapport donné, il aurait suffi de diviser AB en parties qui fussent entre elles dans le rapport donné et d'élever des perpendiculaires par les points de division; car les rectangles ainsi obtenus ayant une dimension égale sont entre eux dans le rapport de leur autre dimension, c'est-à-dire dans le rapport donné.

Remarque III. On partage de même un carré en parties égales ou en parties proportionnelles.

143. *Diviser un trapèze en parties équivalentes, ou en parties qui aient entre elles un rapport donné.*

On divise les bases en parties égales, ou en parties proportionnelles aux nombres donnés. En joignant deux à deux les points de division, on a des trapèzes équivalents ou qui, ayant même hau-

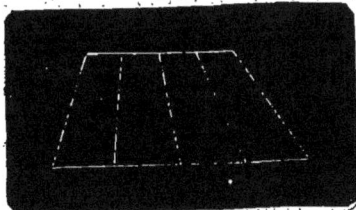

Fig. 74.

teur, sont entre eux comme leurs bases, par conséquent comme les nombres donnés.

PROBLÈME

144. *Partager un terrain ABCDE en 4 parties équivalentes.*

Les parties doivent aboutir à un même-point O. Ce point peut être une maison, un puits, un passage, etc.

1° *Le point O est sur l'un des côtés de la figure.*

On évalue d'abord la surface du terrain, soit 50 ares 20 centiares cette surface. Chaque partageant doit avoir $\dfrac{50,20}{4}$ =12 ares 55 centiares=1255 mètres carrés.

Pour déterminer la 1re portion, commençons par chercher la superficie du triangle AOE. Si l'on suppose que ce triangle a 1060 mètres carrés, il manque à la 1re portion 1255 — 1060 = 195 mètres carrés : on ajoutera cette surface en un triangle dont la hauteur sera OH et la base à prendre sur ED à partir de E. Pour trouver la longueur de cette base, on divisera 195 mètres carrés par la moitié de OH (132). Si EK est cette lon-

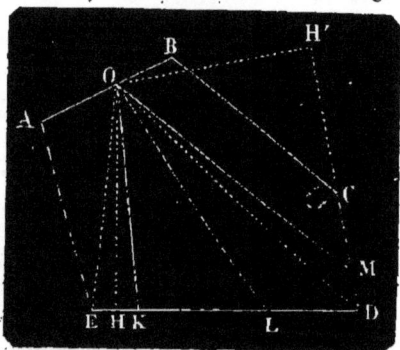

Fig. 75.

gueur, la première portion sera égale au quadrilatère EAOK. On obtiendra la 2e portion en détachant du polygone restant un triangle ayant son sommet au point O et sa base sur KD. Comme la surface de ce triangle doit être 1255 mètres carrés, pour trouver sa base, on divisera 1255 mètres carrés par la moitié de la perpendiculaire OH, le quotient fera connaître la longueur à prendre sur KD à partir du point K. Si KL est cette longueur, la 2e portion sera le triangle KOL. Pour déterminer la 3e portion, on évaluera déjà la surface du triangle LOD. Si l'on suppose l'aire de ce triangle égale à 1100 mètres carrés, il manque à la 3e portion 155 mètres carrés : on ajoutera cette surface en un triangle dont la hauteur sera OH', et la base à prendre sur DC à partir du point D. Pour trouver la longueur de cette base, on divisera 155 mètres carrés par la moitié de OH'. Si DM est cette longueur, la 3e portion sera égale au quadrilatère DLOM. La 4e portion sera évidemment le quadrilatère

MOBC. La mesure de cette dernière portion, qui devra égaler ou très-peu différer de 1255, servira de vérification au partage.

2° *Le point O donné est dans l'intérieur du terrain.*

Soit à partager le polygone ABC... en quatre parties équivalentes. Si l'on suppose la surface égale à 45 ares 80 centiares, la surface d'une portion sera $\frac{45,80}{4} = 11$ ares $45 = 1145$ mètres carrés. On obtiendra la 1re partie en détachant de la figure totale un triangle ayant son sommet au point O et sa base sur

AE. Comme la surface de ce triangle doit être 1145 mètres carrés, pour trouver sa base nous diviserons 1145 par la moitié de la perpendiculaire OH : le quotient fera connaître la longueur à prendre sur AE, à partir du point A (ou du point E) ; si AK est cette longueur, la 1re portion sera le triangle AOK.

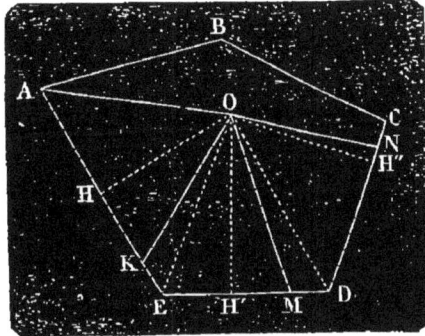

Fig. 76.

Pour déterminer la 2e portion, on évaluera déjà la surface du triangle KOE. Si l'on suppose l'aire de ce triangle égale à 245 mètres carrés, il manquera à la 2e portion 1145—245 =900 mètres carrés ; on ajoutera cette surface en un triangle dont la hauteur sera OH', et la base à prendre sur ED à partir du point E. Pour trouver la longueur de cette base, on divisera 900 mètres carrés par la moitié de OH' ; si EM est cette longueur, la 2e portion aura le quadrilatère KOME.

La 3e portion se déterminera comme la 2e. Elle aura déjà le triangle MOD. On lui donnera ce qui lui manque en un triangle dont la hauteur sera OH', et la base sur DC à partir du point D. Si DN est cette base, le quadrilatère MOND sera la 3e portion. La 4e aura la figure ABCNO.

REMARQUE I. Si le partage devait être fait en parties proportionnelles à des nombres donnés, on n'éprouverait aucune difficulté, en se reportant à ce que nous avons dit n° 140.

REMARQUE II. Lorsque le contour du terrain n'est pas rectiligne, le partage se fait avec la même facilité. On calcule d'abord la surface d'un triangle AOB; si cette surface ne suffit pas, on y ajoute, comme il vient d'être indiqué, un petit triangle AKO. Pour opérer plus promptement, on déterminera les autres portions en allant de B en D. Si d'ailleurs il est nécessaire, on décompose la courbe en lignes assez petites pour qu'on puisse les considérer comme des droites.

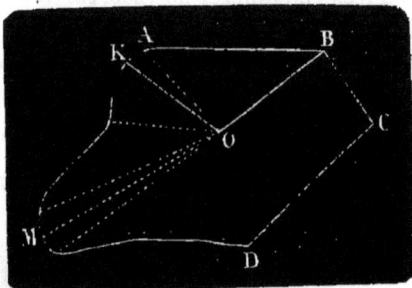

Fig. 77.

Si on devait détacher du côté de M une portion de grandeur donnée, la difficulté ne serait pas plus grande; on ajouterait de petits triangles les uns aux autres en procédant comme au n° 139, jusqu'à ce qu'on ait obtenu la surface demandée.

PROBLÈME

145. *Deux sources m et n sont dans une prairie ABCDE; il s'agit de diviser la propriété en deux parties équivalentes ou proportionnelles à des nombres donnés, et de manière que la ligne de partage passe par les points m et n.*

On cherche la surface du terrain ABCDE. Ensuite on mène une ligne brisée quelconque KmnL, passant par les points *m* et *n*. On calcule l'aire de la figure KmnLCDE; si cette surface est trop petite, on l'augmente d'un triangle ayant son sommet en *m*, mH pour hauteur et sa base sur KA. Au lieu d'augmenter la surface KmnLCDE d'un seul triangle, on pourrait l'augmenter de deux dont la somme des aires serait égale à l'aire qui manque. Les sommets de ces triangles seraient aux points *m* et *n*.

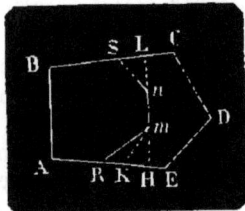

Fig. 78.

PROBLÈME

146. *Connaissant l'aire d'un rectangle et l'une de ses dimensions, trouver l'autre.*

Il suffit de diviser l'aire par la dimension connue pour avoir l'autre, puisque l'aire est égale au produit des deux dimensions.

147. *Le rectangle* ABCD *se compose des parcelles* M *et* N. *La parcelle* M *doit être augmentée de 3 ares : on demande la largeur à prendre dans la parcelle* N.

Il faut ajouter au rectangle M un petit rectangle ayant une surface de 3 ares, pour base EF et pour hauteur une longueur à prendre sur EB, à partir du point E. Pour trouver cette longueur, il suffit de diviser (146) 3 ares=300 mètres carrés par EF. Si

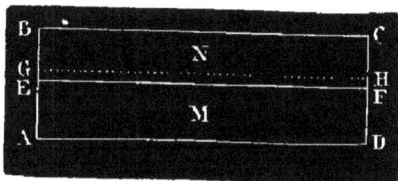

Fig. 79.

EG est cette longueur, on fera FH=EG, et les deux parcelles seront AGHD et GBCH.

148. *Deux propriétaires possèdent l'un la parcelle* M *et l'autre la parcelle* N : *l'aire des parcelles cherchée, il se trouve que le propriétaire de la parcelle* M *a anticipé, et qu'il possède 2 ares de trop : on demande de déterminer la ligne de séparation qui donne à chaque propriétaire ce qui lui revient.*

L'anticipation, que nous rendons très-apparente à dessein, est la somme d'un certain nombre de petits parallélogrammes ayant tous même hauteur. Pour trouver cette hauteur commune bn, il suffirait de diviser la surface du petit parallélogramme $abcd$ par sa base bc ; de même, en divisant chacune des surfa-

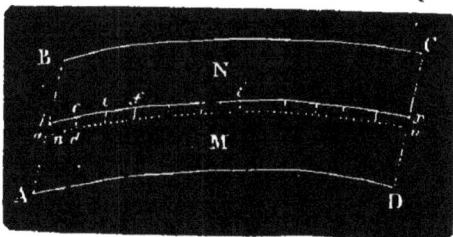

Fig. 80.

ces du second parallélogramme, du troisième... par leurs bases respectives, on trouverait cette hauteur commune ; donc, pour l'avoir, il suffit de diviser la somme des surfaces des petits parallélogrammes ou 2 ares=200 mètres carrés par la somme des bases *bc, ce, ef...* ou par la longueur *bix*. Si le quotient est *bn,* on prendra cette largeur de distance en distance sur la parcelle M. Pour rendre l'anticipation, on pourrait encore se baser sur les problèmes qui suivent.

REMARQUE I. Cette solution suppose que les lignes AB, CD sont parallèles ; s'il en est autrement, on peut se rendre compte sans difficulté, que l'erreur commise sera peu importante si, au lieu de mesurer la ligne *bix*, on en mesure une autre qui lui soit parallèle et partant *à peu près* du milieu de *ba* et aboutissant au milieu de *xy*.

REMARQUE II. Après avoir rendu l'anticipation, il est bon de vérifier, en mesurant les parcelles, si chacune a ce qui lui revient.

PROBLÈME

149. *Partager le terrain ABCD en trois parties équivalentes.*

Supposons que les côtés AB et CD sont parallèles. On mènera dans l'intérieur de la figure ou en dehors une perpendiculaire AX à AB. Sur cette perpendiculaire on en élèvera d'autres GE, HF... assez rappro-chées pour que les lignes AI, IK... et les lignes BE, EF... puissent être regardées comme droites. Cela fait, on divisera AB, IE, KF... DC en trois parties égales, puis on joindra les points de division, et le par-

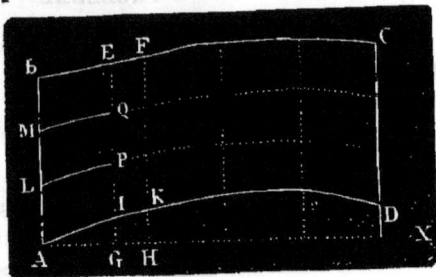

Fig. 81.

tage demandé sera effectué. En effet, le trapèze ABEI est composé de trois trapèzes équivalents comme ayant des bases égales AL=LM=MB, IP=PQ=QE et même hauteur AG. Le trapèze IEFK est aussi divisé en trois parties équivalentes, il en est de même des autres trapèzes ; les trapèzes qui forment la figure ABCD étant divisés en trois parties équivalentes, la figure elle-même est divisée en trois parties équivalentes.

PROBLÈME

150. *Partager le terrain ABCD en trois parties équivalentes.*

AB et CD ne sont point parallèles; mais AB est une ligne droite. On mènera AM perpendiculairement à AB, et en un point *convenable* de cette droite on élèvera une perpendiculaire EF. Sur la figure ABFG on opérera comme dans l'exemple précédent; et, en se basant sur le n° 139, on partagera GFCD en trois parties

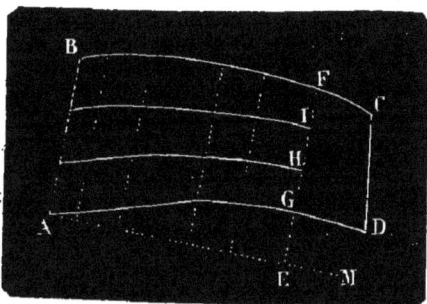

Fig. 82.

équivalentes, de manière que les lignes de division aboutissent aux points I et H.

PROBLÈME

151. *Diviser le terrain* ABCD *en parties équivalentes.*

On mène une base MN sur laquelle on élève, en des points convenables, les perpendiculaires EF, GH. La partie IFHK se divise comme au n° 145, et les parties ABFI, KHCD comme la partie GFCD du numéro précédent.

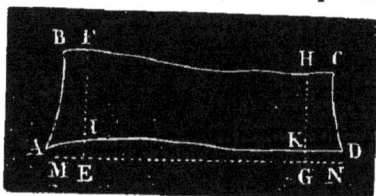

Fig. 83.

REMARQUE. Si, dans les exemples précédents, le partage devait être fait en parties proportionnelles, il n'y aurait pas plus de difficulté en se basant sur les numéros précédents.

152. PRINCIPES. 1° *Les figures semblables ont leurs côtés homologues proportionnels.*

2° *Le rapport des aires de deux triangles semblables est égal à celui des carrés des côtés homologues* (214 et 318 C.).

PROBLÈME

153. *Diviser un triangle* BAC *en* 2 *parties équivalentes par une parallèle au côté* AC.

Supposons que DE soit la parallèle demandée; le triangle

BDE est semblable à BAC et en est la moitié ; par con-
séquent $\dfrac{BDE}{BAC} = \dfrac{1}{2}$; d'un autre côté, $\dfrac{BDE}{BAC} = \dfrac{\overline{BD}^2}{\overline{BA}^2}$, donc $\dfrac{\overline{BD}^2}{\overline{BA}^2} = \dfrac{1}{2}$,

d'où $\overline{BD}^2 = \tfrac{1}{2}\overline{BA}^2$; $BD = \dfrac{BA}{\sqrt{2}} =$

$\dfrac{BA\sqrt{2}}{\sqrt{2}\sqrt{2}} = \dfrac{BA\sqrt{2}}{2}$.

Pratique. On mesurera BA,
puis on multipliera la moitié de
la longueur trouvée par $\sqrt{2}$:
le résultat exprimera la lon-
gueur BD, au point D on mènera DE parallèle à AC.

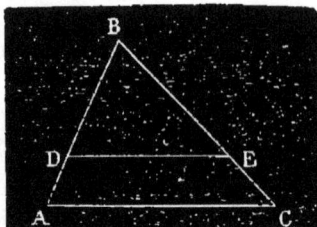

Fig. 84.

PROBLÈME

154. *Partager par une parallèle à AC un triangle ABC en deux
parties proportionnelles aux nombres 8 et 9 (fig. 84).*

8+9=17. Le triangle ABC contient 17 parties et BDE 8 ;

on a $\dfrac{BDE}{BAC} = \dfrac{8}{17}$ et $\dfrac{BDE}{BAC} = \dfrac{\overline{BD}^2}{\overline{BA}^2}$, d'où $\dfrac{\overline{BD}^2}{\overline{BA}^2} = \dfrac{8}{17}$, $BD = BA\sqrt{\dfrac{8}{17}}$.

Pratique. On mesurera BA, puis on multipliera la longueur

trouvée par $\sqrt{\dfrac{8}{17}}$: le résultat exprimera la longueur BD, au

point D on mènera DE parallèle à AC.

PROBLÈME

155. *Un triangle ABC (fig. 84) a une surface de 50 ares 75 :
on demande de le diviser par une parallèle à AC en deux parties,
dont l'une ait 22 ares 60 et l'autre 28 ares 15.*

Il est évident qu'il suffit d'effectuer le partage proportionnellement aux nombres 22,60 et 28,15, problème précédent.

PROBLÈME

156. *Diviser un triangle ABC en 5 parties équivalentes par des
parallèles au côté AC.*

Supposons que DE, FG... soient les parallèles demandées.

1° Le triangle BDE est semblable à BAC et en est le $\frac{1}{5}$; par conséquent $\dfrac{BDE}{BAC}=\dfrac{1}{5}$; d'un autre côté $\dfrac{BDE}{BAC}=\dfrac{\overline{BD}^2}{\overline{BA}^2}$, donc on a

$\dfrac{\overline{BD}^2}{\overline{BA}^2}=\dfrac{1}{5}$; d'où $\overline{BD}^2=\tfrac{1}{5}\overline{BA}^2$,

$BD=BA\sqrt{\dfrac{1}{5}}.$

2° Le triangle BFG est semblable à BAC et en est les $\frac{2}{5}$; par conséquent $\dfrac{BFG}{BAC}$

$=\dfrac{2}{5}$; d'un autre côté $\dfrac{BFG}{BAC}$

$=\dfrac{\overline{BF}^2}{\overline{BA}^2}$, donc $\dfrac{\overline{BF}^2}{\overline{BA}^2}=\dfrac{2}{5}$; d'où $\overline{BF}^2=\tfrac{2}{5}\overline{BA}^2$, $BF=BA\sqrt{\dfrac{2}{5}}$. On trouverait de même BH et BK.

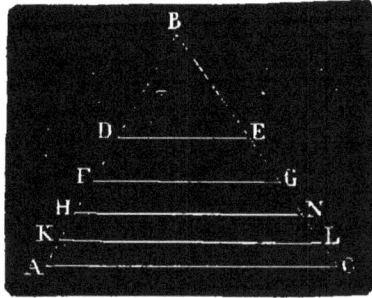

Fig. 85.

Pratique. On mesurera BA, puis on multipliera la longueur trouvée par $\sqrt{\dfrac{1}{5}}$, $\sqrt{\dfrac{2}{5}}$, $\sqrt{\dfrac{3}{5}}$, $\sqrt{\dfrac{4}{5}}$: les résultats exprimant les longueurs BD, BF... aux points D, F... on mènera des parallèles à AC.

PROBLÈME

157. *Diviser un triangle ABC en cinq parties proportionnelles aux nombres* 5, 6, 7, 8, 11 *par des parallèles au côté AC (fig. 85).*

$5+6+7+8+11=37$. Le triangle ABC contient 37 parties et BDE semblable à ABC en contient 5, on a par conséquent $\dfrac{BDE}{BAC}=\dfrac{5}{37}$, $\dfrac{BDE}{BAC}=\dfrac{\overline{BD}^2}{\overline{BA}^2}$; d'où $\dfrac{\overline{BD}^2}{\overline{BA}^2}=\dfrac{5}{37}$, $BD=BA\sqrt{\dfrac{5}{37}}.$

En faisant le même raisonnement, on trouve $BF=BA\sqrt{\dfrac{11}{37}}$, $BH=BA\sqrt{\dfrac{18}{37}}$, $BK=BA\sqrt{\dfrac{26}{37}}.$

PROBLÈME

158. *Un triangle ABC (fig. 85) a une contenance de 44 ares 55,* *on demande de le partager par des parallèles à AC en cinq parties : 7 ares, 8 ares 25 centiares, 9 ares, 10 ares et 10 ares 30 centiares.*

Il est évident que le partage doit être fait proportionnellement aux nombres 7; 8,25; 9; 10; 10,30, problème précédent.

159. La méthode que nous venons de faire connaître peut s'employer non-seulement sur le terrain, mais encore sur un plan; cependant, sur le papier, on préfère généralement le procédé suivant. Supposons qu'il s'agisse de diviser le triangle ABC par des parallèles à AC en trois parties proportionnelles aux nombres 5, 7 et 9. Sur AB comme diamètre, décrivons une demi-circonférence et divisons AB en trois parties proportionnelles aux nombres donnés; par les

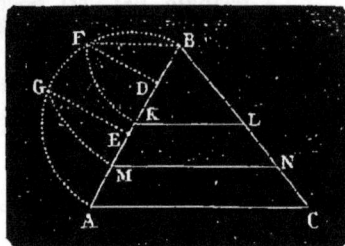

Fig. 86.

points de division D et E élevons sur AB les perpendiculaires DF, EG; puis du point B comme centre avec BF, BG pour rayons, décrivons des arcs qui coupent BA aux points K et M, enfin par les points K et M menons des parallèles à AC et le partage sera effectué.

En effet, à cause de la similitude des triangles, on a $\dfrac{\mathrm{BKL}}{\mathrm{BAC}}$ $=\dfrac{\overline{\mathrm{BK}}^2}{\overline{\mathrm{BA}}^2}$; d'ailleurs le triangle rectangle BFA (on suppose la ligne AF menée) donne (306) $\dfrac{\overline{\mathrm{BF}}^2}{\overline{\mathrm{BA}}^2}$ ou $\dfrac{\overline{\mathrm{BK}}^2}{\overline{\mathrm{BA}}^2}=\dfrac{\mathrm{BD}}{\mathrm{AB}}$, par conséquent $\dfrac{\mathrm{BKL}}{\mathrm{ABC}}=\dfrac{\mathrm{BD}}{\mathrm{AB}}=\dfrac{5}{21}$. Le triangle BKL est donc les $\frac{5}{21}$ du triangle ABC. On prouverait de même que BMN en est les $\frac{12}{21}$. BKL $=5$ parties de ABC, MKLN en égale 7 et AMNC en égale 9. Le partage est donc effectué comme il est demandé.

PROBLÈME

160. *Diviser un triangle ABC en trois parties équivalentes par des perpendiculaires à AC, l'un des côtés.*

Supposons que ABC $=48$ ares 30 : une partie sera égale à

$\frac{48,30}{3} = 16,10$. Cherchons la superficie du triangle rectangle BCD : soit 30 ares l'aire de ce triangle et EF une perpendiculaire sur AC qui détermine la portion EFC$=16,10$. Pour trouver le point E, nous ferons usage des triangles semblables CBD,

CEF qui donnent $\frac{16,10}{30} = \frac{\overline{CE}^2}{\overline{CD}^2}$,

$CE = CD\sqrt{\frac{16,10}{30}}$.

Pratique. On mesurera CD, puis on multipliera la longueur par $\sqrt{\frac{16,10}{30}}$, le résultat exprimera la longueur CE,

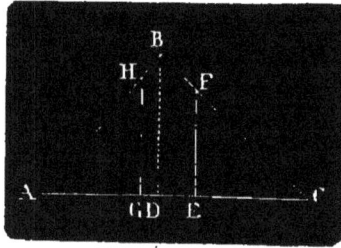

Fig. 87.

au point E on élèvera la perpendiculaire EF et le triangle CEF sera la première portion.

La seconde portion AGH se déterminerait avec la même facilité à l'aide des triangles semblables AGH, ADB. La troisième portion sera GHBFE.

REMARQUE. S'il s'agissait de faire la division proportionnellement à des nombres donnés, ou selon des surfaces données, la difficulté ne serait pas plus grande en se basant sur le même principe.

PROBLÈME

161. *Diviser un trapèze ABCD en deux parties équivalentes par une parallèle aux bases.*

Supposons les côtés AB, CD prolongés jusqu'à leur rencontre en O ; soient B, b les bases du trapèze, h sa hauteur, x la hauteur du triangle BOC, et EF la parallèle qui divise le trapèze en deux parties équivalentes. Déterminons EF : surface $ABCD = \frac{B+b}{2} \times h$; surface $OBC = \frac{bx}{2}$. Or, la similitude des triangles OAD, OBC donne $\frac{x}{x+h} = \frac{b}{B}$; en chassant les dénominateurs, on a Bx

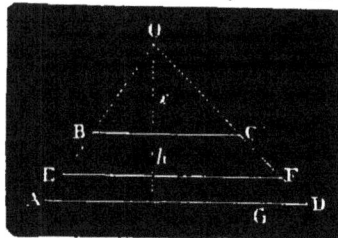

Fig. 88.

$= bx + bh$, d'où $x = \dfrac{bh}{B-b}$: donc surface $OBC = \dfrac{bx}{2} = \dfrac{b^2h}{2(B-b)}$;

d'ailleurs $EBCF = \dfrac{ABCD}{2}$. Il est facile maintenant de trouver

EF, car à cause des triangles semblables OEF ou $OBC + \dfrac{ABCD}{2}$

et OAD, on a $\dfrac{OEF}{OAD} = \dfrac{\overline{EF}^2}{\overline{AD}^2}$: d'où $EF = AD\sqrt{\dfrac{OEF}{OAD}}$.

Pratique. On multiplie AD par la racine carrée du quotient de OEF par OAD, le résultat exprime la longueur EF, on porte cette longueur sur AD de A en G, et par le point G on mène une parallèle GF à AB et une autre FE à AD.

PROBLÈME

162. *Diviser un trapèze ABCD (fig. 88) en deux parties proportionnelles à des nombres donnés par une parallèle aux bases.*

Soient 5 et 7 les nombres donnés ; on cherchera l'aire du triangle OBC (problème précédent), puis celle du trapèze ABCD qu'on partagera proportionnellement aux nombres 5 et 7. Si S et S′ sont les aires des deux petits trapèzes, on a, à cause des triangles semblables, $\dfrac{OBC + S}{OBC + S + S'} = \dfrac{\overline{EF}^2}{\overline{AD}^2}$: d'où EF

$= AD\sqrt{\dfrac{OBC + S}{OBC + S + S'}}.$

PROBLÈME

163. *Diviser un trapèze ABCD (fig. 88) en deux parties de grandeurs données, 15 ares et 17 ares, par une parallèle aux bases.*

15 ares + 17 ares = 32 ares = trapèze ABCD. On cherchera la surface du triangle OBC et on aura, à cause des triangles semblables, $\dfrac{OBC + 15 \text{ ares}}{OBC + 32 \text{ ares}} = \dfrac{\overline{EF}^2}{\overline{AD}^2}$, d'où $EF = AD\sqrt{\dfrac{OBC + 15}{OBC + 32}}.$

PROBLÈME

164. *Diviser un trapèze ABCD en quatre parties équivalentes par des parallèles aux bases.*

Supposons que EF, GH, KL soient les parallèles demandées.

On cherchera la surface du triangle OBC (157) et celle du trapèze ABCD. On aura surface OEF = OBC + $\frac{1}{4}$ABCD ; surface OGH = OBC + $\frac{2}{4}$ABCD ; surface OKL = OBC + $\frac{3}{4}$ABCD.

Cela étant posé, il est facile de déterminer les parallèles EF, GH, KL, car, à cause de la similitude des triangles, on a $\dfrac{OEF}{OAD}$

$= \dfrac{\overline{EF}^2}{\overline{AD}^2}$, d'où EF = AD $\sqrt{\dfrac{OEF}{OAD}}$; $\dfrac{OGH}{OAD} = \dfrac{\overline{GH}^2}{\overline{AD}^2}$, d'où GH = AD $\sqrt{\dfrac{OGH}{OAD}}$;

$\dfrac{OKL}{OAD} = \dfrac{\overline{KL}^2}{\overline{AD}^2}$, d'où KL = AD $\sqrt{\dfrac{OKL}{OAD}}$.

Les longueurs EF, GH, KL étant connues, on portera ces longueurs de A en M, N, P, et par ces points on mènera à AB les parallèles MF, NH, PL, et enfin par les points F, H, L des parallèles à AD.

REMARQUE. En se basant sur les problèmes précédents on pourra sans difficulté diviser par des parallèles aux bases, un trapèze proportionnellement à plus de deux nombres donnés, ou en plus de deux parties de grandeurs données.

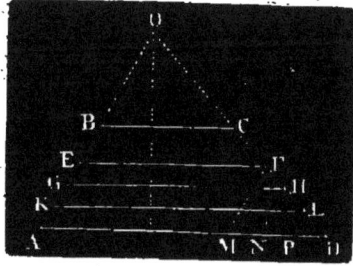

Fig. 89.

PROBLÈME

165. *Diviser un quadrilatère ABCD par des parallèles à l'un de ses côtés, AD.*

On mènera par le point B une ligne BE parallèle au côté AD. Il reste alors à diviser le trapèze ABED par des parallèles aux bases (problèmes précédents), et le triangle BCE, s'il contient plusieurs portions, par des parallèles à la ligne BE (problèmes précédents).

Dans le cas où le triangle BCE ne contient pas un nombre exact de parties, on prend dans le trapèze ABED, par une parallèle MN à BE, ce qui manque à la portion contiguë à BE (163).

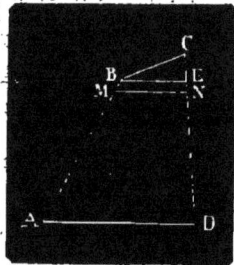

Fig. 90.

PROBLÈME

166. *Diviser un quadrilatère* ABCD *par des lignes ayant une direction quelconque.*

Soit BE la direction donnée. On mène par le point A une parallèle AF à BE. On a alors à partager le trapèze ABEF par des parallèles aux bases, et les triangles BCE, ADF par des parallèles aux côtés BE, AF (problèmes précédents).

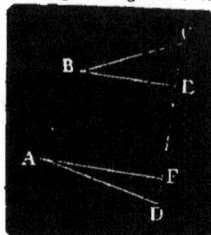

Fig. 91.

PROBLÈME

167. *Diviser un triangle* ABC *par des droites ayant une direction donnée* DE.

On a à diviser le triangle BDE par des parallèles à DE et le quadrilatère ADEC par des parallèles à DE (problèmes précédents).

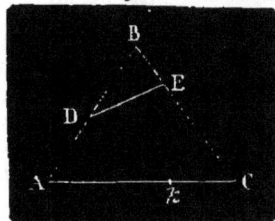

Fig. 92.

PROBLÈME

168. *Diviser un polygone quelconque par des lignes ayant une direction donnée.*

Soit MN la direction donnée. Par les points A, B, F, C, E, menons des parallèles à MN et nous aurons à diviser le triangle AGH par des parallèles à sa base; le trapèze AMNH par des parallèles à ses bases; le trapèze MBIN par des parallèles à ses bases, etc.

On voit que le problème n'est pas difficile, quelque nombreux que soient les côtés du polygone; il serait donc encore facile, dans

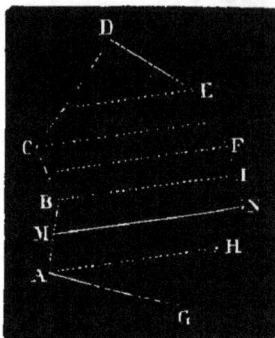

Fig. 93

le cas où le polygone ne serait pas à contour rectiligne

PROBLÈME

169. *Diviser le terrain* AB... K *en quatre parties équivalentes* (*en quatre parties de grandeur donnée, en quatre parties proportionnelles à des nombres*) *par des perpendiculaires à* AK.

Soit 60 ares 22 centiares la surface de la propriété. Si le partage doit être fait en quatre parties équivalentes, la valeur de chacune sera $\frac{60,20}{4} = 15$ ares 05 centiares. Ayant calculé la surface totale, on a séparément les aires des petites figures; il est donc bien fa-cile de déterminer chaque partie, il suffit d'ajouter une à une des figures contiguës jusqu'à ce que l'on obtienne une surface égale à 15 ares 05 ou qui en approche. Ainsi par exemple, si $a = 4$

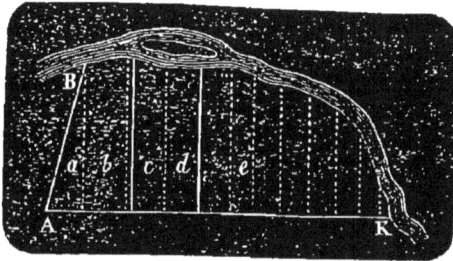

Fig. 94.

ares 32 et b, 9 ares 37, on a $a + b = 13$ ares 69, il manque donc à la première partie 15 ares 05 — 13,69 = 1 are 36, on prendra cette surface dans le trapèze c en menant à la dis-tance voulue une parallèle aux bases (163), qui sera perpendi-culaire à AK.

Les autres parties se détermineront de même. Il est évident qu'il n'y aurait pas plus de difficulté pour effectuer le partage en parties de grandeur donnée ou proportionnelles à des nombres.

PROBLÈME

170. *Un sentier sinueux sépare deux propriétés : on demande de redresser ce sentier.*

Il est évident que la nouvelle limite doit être tracée de façon que les parties de terrain qu'elle enlève à un propriétaire soient équivalentes aux parties abandonnées par son voisin. On commencera donc par tracer le nouveau sentier de ma-nière à satisfaire à peu près à cette condition, et s'il y a lieu, aux convenances des propriétaires. Ensuite on mesure les par-celles enlevées et abandonnées à chacun, on voit alors dans quel sens le tracé de la nouvelle limite doit être modifié. Pour opérer cette modification on se basera sur les problèmes précédents.

171. OBSERVATION IMPORTANTE. Lorsqu'il s'agit d'opérations compliquées, par exemple de diviser un terrain couvert (bois, vergers et maisons, etc.), ou un terrain d'une certaine étendue ou encore des terrains ayant des contours analogues à ceux des figures 82, 83, *la meilleure méthode* consiste à effectuer la division sur le plan.

On évalue d'abord la superficie de toute la propriété, ou mieux encore sa valeur en argent, on calcule ensuite la part qui revient à chacun selon ses droits, puis on trace sur le plan les lignes de séparation des différents lots. Ces lignes sont menées de manière à satisfaire le mieux possible aux intérêts des co-partageants.

On devra faire attention à la qualité du terrain qui souvent n'est pas la même dans la propriété que l'on divise. La position des lots pourra être prise aussi en considération, etc. S'il existe dans la propriété un puits, une source, une porte de sortie, un pont sur un cours d'eau, on fait le partage de manière à ce que chacun des intéressés puisse y avoir accès, si cela est entendu entre eux. En un mot, on fait tout son possible pour que les avantages et les désavantages soient convenablement répartis. A l'aide d'un plan il est facile d'obtenir ces résultats en peu de temps, parce que les lignes qui doivent donner à chaque lot sa contenance peuvent se déterminer sur le papier bien promptement.

D'ailleurs, un plan permet de faire des parcelles plus régulières, dans le cas d'un terrain ayant la forme des figures 82 et 83.

Un plan, lors même qu'il a été levé avec précaution, n'est pas toujours d'une exactitude irréprochable; avant de marquer sur le terrain les points de séparation des lots, on s'assurera donc que le rapport qui existe entre deux lignes du plan est le même que celui qui existe entre les deux lignes homologues du terrain. Par exemple, si sur le plan un lot vient se terminer en k (*fig.* 92), il faut trouver sur le terrain le point homologue de k, c'est-à-dire un point tel que $\frac{Ak}{kC}$ du plan soit égal à $\frac{AK}{KC}$ du terrain.

Si, après avoir pris AK sur le terrain (en se servant du plan),

26

kC du plan ne répond plus à KC du terrain, c'est une marque que l'on n'a pas trouvé sur le terrain le point homologue du point k du plan. Pour déterminer ce point, on mesure AC du plan et AC du terrain, le rapport de ces deux lignes est égal au rapport de Ak du plan et de AK du terrain.

Sur un plan, on ajoute ou l'on retranche un triangle à une portion de la même manière que sur le terrain.

PROBLÈME

172. *Diviser un bois ABCD en trois parties (équivalentes, de grandeurs données, etc.).*

Supposons le partage effectué sur le plan (n° précédent) et soient E, F, G, H les points qui séparent chaque lot; il est facile de trouver ces points sur le ter-rain, mais généralement les co-par-tageants désirent que des laies sépa-rent leurs lots. Pour tracer celles-ci, on mesurera sur le plan les angles AEF, AGH et l'on ouvrira dans le bois des tranchées sous des angles égaux à ces derniers.

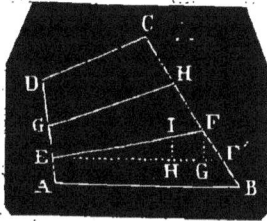

Fig. 95.

173. Remarque I. Il est difficile de mesurer bien exactement un angle sur le papier, par con-séquent l'angle que l'on fera sur le terrain pourra n'être pas tout à fait égal à celui du plan; or, cette petite différence peut amener une erreur notable dans le tracé des laies, et celles-ci, au lieu de venir s'ouvrir en F et en H, s'ouvriront assez loin de ces points.

Par exemple, une laie partant de E viendra s'ouvrir en F' au lieu de venir en F (nous avons exagéré l'erreur à dessein).

Or, connaissant EF', on peut aisément trouver autant de points de EF que l'on voudra, et par conséquent tracer la laie qui doit séparer les lots. Pour cela, on abaisse du point F une perpendiculaire sur EF'. On détermine ainsi un triangle rec-tangle EFG; il est évident que toutes les perpendiculaires à EG rencontreront EF en produisant des triangles semblables à EFG. On trouvera les points de rencontre à l'aide du pro-blème du n° 102, 2°, ainsi on a $\frac{IH}{FG}=\frac{EH}{EG}$, d'où $IH=\frac{EH \times FG}{EG}$.

Il est facile de connaître les longueurs EH, FG, EG, par suite IH et le point I. Tout autre point se déterminerait de même.

174. REMARQUE II. Il est évident que le tracé d'une ligne provisoire telle que EF' doit être fait d'une manière aussi invisible que possible ; on ne coupera·donc que le bois nécessaire pour apercevoir la tête des jalons.

175. REMARQUE III. Si l'on voulait ouvrir une route dans un bois, on commencerait par tracer seulement l'axe ou le milieu de la route. Si dans ce tracé on commet un écart, il sera presque toujours compris dans la largeur de la route ; on aura ainsi évité de faire un travail inutile. Il est bien évident que l'on procède de la même manière dans le cas où l'ouvrage doit être commencé à ses deux extrémités.

176. REMARQUE IV. Quelquefois on veut aboutir à un point déterminé d'un bois, sans avoir un alignement pour se diriger ; on y envoie dans ce cas quelqu'un qui doit crier ou tirer un coup de fusil ; on obtient ainsi un tracé provisoire que l'on rectifie (173): Ce procédé peut être aussi employé pour tracer les laies.

PROBLÈME

177. *Détacher d'un bois* ABCD... *une coupe de 3 hectares 18 ares.*

Soit A un point où la coupe doive se terminer. A partir de ce point, on lèvera par l'une des méthodes connues une partie ABCD...H du bois ayant une surface *à peu près* égale à 3 hectares 18. Puis on calculera la surface du terrain représenté par tout ce plan ou par une partie ABCDEFG. Soit 2 hectares 70 la surface de ce polygone ; la coupe a en moins 3,18 — 2,70 = 48 ares. On ajoutera cette surface en un triangle ayant son sommet en A et sa base sur GH ; pour trouver la longueur de cette base, on divisera le double de la

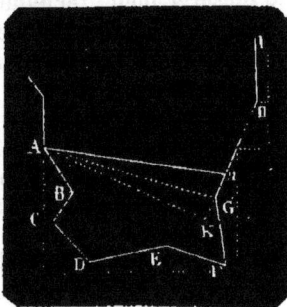

Fig. 96.

surface manquante (132) ou 96 ares = 9600 mètres carrés par la perpendiculaire homologue à AK du plan (la longueur de AK sur le terrain se trouvera à l'aide de l'échelle de proportion).

Si l'on trouve une longueur qui correspond à G*n* sur le plan, le polygone AB...*n* aura une contenance de 3 hectares 18, et la coupe sera séparée du bois restant par la ligne A*n*.

REMARQUE. Si l'on voulait diviser un bois en 15, 20 ou 25 coupes, on n'aurait pas autre chose à faire que de résoudre un problème analogue à celui du n° 172.

178. *Percement d'une galerie souterraine, d'un tunnel, etc.* Si la galerie ou le tunnel doit être le prolongement d'un travail déjà fait en ligne droite, il n'y a pas d'erreur possible, on sait prolonger une ligne. Mais dans le cas d'une longue galerie, d'un tunnel d'une certaine étendue, il y a généralement avantage à multiplier les points d'attaque. A cet effet on ouvre des puits placés le plus souvent sur la ligne d'axe ou la ligne milieu du tracé à ouvrir : on repère d'abord exactement le tracé de celle-ci à la surface du sol ; pour cela on se sert de très-forts piquets ou mieux encore de bornes scellées dans des massifs en maçonnerie. On détermine ensuite l'emplacement de chaque puits, que l'on creuse à la profondeur nécessaire ; puis on tend au-dessus de l'ouverture de chacun d'eux et dans l'alignement de la galerie un fil de fer ou un cordeau auquel on suspend deux fils à plomb, qui doivent descendre jusque dans la galerie. Ces deux fils en repos déterminent dans chaque puits l'alignement à suivre pour le percement. Pour arrêter les oscillations des fils, on peut faire plonger leur plomb dans un seau d'eau.

179. Lorsque pour le percement d'une galerie souterraine on doit suivre une ligne brisée, on s'aide d'un plan bien exécuté et construit sur une grande échelle. Supposons, par exemple, que l'axe d'une galerie soit représenté par la ligne brisée ABC..... et que A soit l'entrée du souterrain. Pour déterminer l'alignement AB,

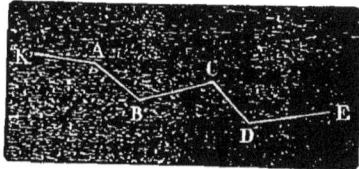

Fig. 97.

on fera sur le terrain un angle A égale à l'angle du plan, on travaillera dans cette direction jusqu'à ce que l'on soit arrivé en B, ce qu'on connaîtra à la distance parcourue.

En ce point on fera un angle égal à l'angle B du plan, on travaillera dans cette direction jusqu'au point C. L'opération se continue ainsi jusqu'au point où l'on doit arriver, ou jusqu'à ce que l'on rencontre une autre attaque.

180. Lorsque l'axe de la galerie ou du tunnel est une ligne courbe, on substitue à cet axe une ligne brisée (cas précédent) dont les sommets des angles soient compris dans la largeur du passage à ouvrir et l'on rattache à cette ligne brisée autant de points que l'on veut de l'axe curviligne, et par conséquent l'axe lui-même.

181. Dans les travaux en galerie souterraine, la direction de l'axe est généralement donnée par des fils à plomb fixés au ciel de la galerie. En procédant ainsi, la voie ne se trouve pas embarrassée par des jalons.

182. *Moyens employés pour trouver rapidement la contenance d'un terrain à l'aide de son plan.* On peut transformer la figure en un triangle (328), ou la renfermer dans un carré ou un rectangle que l'on divise en petits carrés ou en petits rectangles. Cherchant la superficie de l'un d'eux on a bientôt celle de tous ceux qui sont contenus dans le plan. Quant aux carrés ou aux rectangles partagés par le périmètre de la figure, on évalue à vue d'œil leur surface.

183. Un grand nombre de géomètres emploient aussi un instrument nommé *vérificateur* : c'est généralement un cadre carré, sur les bords duquel sont fixés des fils très-fins qui se croisent en formant de petits carrés. On applique sur le plan la face sur laquelle les fils sont tendus ; cherchant l'aire d'un carré on trouve comme dans le cas précédent, l'aire représentée par la figure. Pour abréger, des fils plus gros que les autres ou peints renferment quatre ou seize carrés ordinaires.

184. On peut soi-même faire facilement un vérificateur en traçant de petits carrés sur une plaque de verre bien transparent : il suffit d'appliquer la plaque de verre sur le plan et l'on voit les carrés contenus dans le plan.

185. Ces moyens ne donnent pas des évaluations rigoureuses ; mais ils peuvent être utiles lorsqu'on veut se rendre compte approximativement d'opérations que l'on ne veut pas recommencer. On les emploie principalement pour préparer la solution de problèmes relatifs au partage des terrains.

NIVELLEMENT

186. Le plan d'un terrain est sa projection. Or cette projection ne peut donner une juste idée du terrain si celui-ci est accidenté ou seulement incliné, il faut que l'on connaisse en

26.

outre la distance de ses différents points au-dessus du plan de projection.

187. Le nivellement a pour but de déterminer les distances des points principaux d'un terrain à un même plan horizontal, nommé *plan de comparaison* ou *plan de niveau.* La distance d'un point au plan de niveau est la *cote* de ce point. *La différence de niveau* de deux points est la différence des cotes de ces points lorsqu'ils sont d'un même côté du plan de niveau, et leur somme quand ils sont de chaque côté du plan de niveau.

Ordinairement celui-ci est choisi de manière à laisser toutes les cotes du même côté.

188. On a recours au nivellement dans la construction des canaux, des voies ferrées, des routes, des égouts, dans le pavage des rues, dans les travaux d'irrigation, dans les questions de drainage, etc.

189. Les principaux instruments employés dans le nivellement sont le *niveau d'eau* et *la mire.*

190. Niveau d'eau. Cet instrument est formé d'un tube AB en fer-blanc ou en laiton, ayant environ un mètre de longueur, et dont les extrémités recourbées à angle droit, portent deux fioles sans fond, à goulots étroits et d'un dia-

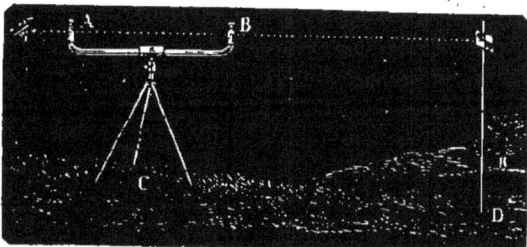

Fig. 98.

mètre parfaitement égal. Le contact de ces fioles avec le tube est établi par des rondelles en cuir ou simplement par du mastic.

Le niveau est porté en son milieu à l'aide d'un trépied.

Pour s'en servir, on le dispose à peu près horizontalement, et l'on y verse de l'eau, généralement colorée en rouge avec quelques gouttes de vin, en assez grande quantité pour qu'on puisse l'apercevoir dans les deux fioles. L'équilibre étant établi, les deux surfaces liquides sont sur un même plan horizontal.

191. Mire. On appelle ainsi une règle de bois divisée en centimètres et formée de deux tiges pouvant glisser l'une sur l'autre.

Une plaque de fer-blanc, appelée *voyant*, mobile le long de la mire, porte une ligne horizontale nommée *ligne de foi*.

192. Nivellement simple, nivellement composé. Le nivellement est simple lorsqu'il se fait sans changer de station, il est composé lorsque la distance des points à niveler, ou leur grande différence de niveau nécessite plusieurs stations.

PROBLÈME

193. NIVELLEMENT SIMPLE. *Déterminer la différence de niveau des points* C *et* D.

On place verticalement une mire en D, et un niveau en C. Un observateur placé près du niveau dirige un rayon visuel vers la mire, et passant par les deux surfaces liquides, il fait signe à son aide, avec la main, d'élever ou d'abaisser le voyant, jusqu'à ce qu'il rencontre la ligne de foi. Si, de la hauteur que donne la mire, on retranche la hauteur de l'instrument, on a la différence de niveau des points C et D, ou, ce qui est la même chose, on sait de combien le point C est plus élevé que le point D.

Le plus souvent le niveau se place entre les point C et D, et l'on dirige des rayons visuels sur la mire placée successivement en C et en D, la différence des côtes observées sur la mire donne la différence de niveau des deux points. Il est évident que le point qui a la plus grande cote est le plus bas.

REMARQUE. Les petites bulles d'air qui viennent souvent crever à la surface de l'eau peuvent gêner l'opérateur. Pour s'en débarrasser, on bouche l'une des fioles avec le pouce, tenant ensuite le tube à peu près verticalement, les bulles d'air gagnent la partie supérieure et s'échappent.

194. Niveau à bulle d'air. Pour certains nivellements, on se sert du *niveau à bulle d'air*. Cet instrument, bien plus précis que le niveau d'eau, se compose d'un tube de verre un peu bombé en son milieu, et ayant partout même épaisseur. On le remplit entièrement d'eau, ou

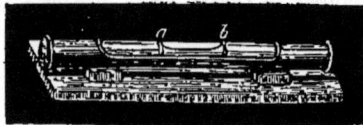

Fig. 99.

mieux encore d'alcool coloré; puis on le ferme hermétiquement à la lampe, en ayant la précaution d'enfermer une petite bulle d'air. Cela fait, on met le tube dans un étui en cuivre;

celui-ci est fixé à un support de même métal, lequel est dressé avec le plus grand soin, de manière que, s'il est sur un plan parfaitement horizontal, la bulle vienne se placer entre deux points de repère a et b. Lorsque le plan n'est pas horizontal, la bulle monte vers la partie la plus haute.

Avec ce petit instrument, on peut vérifier si un plancher, un meuble, etc., est ou n'est pas de niveau, aussi les ouvriers en font-ils un fréquent usage.

Pour prendre des nivellements qui demandent une grande précision, on emploie le niveau à bulle d'air ; on le fixe, pour s'en servir, à une lunette dont il sert à constater l'horizontalité.

PROBLÈME

195. NIVELLEMENT COMPOSÉ. *Trouver la différence de niveau de deux points* A *et* E *dont l'éloignement nécessite plusieurs stations.*

On choisit des points intermédiaires B, C, D assez rapprochés pour qu'on puisse faire un nivellement simple entre A et B, un entre B et C, etc. A chaque station on donne deux coups de niveau, l'un vers le point d'où l'on part, et l'autre

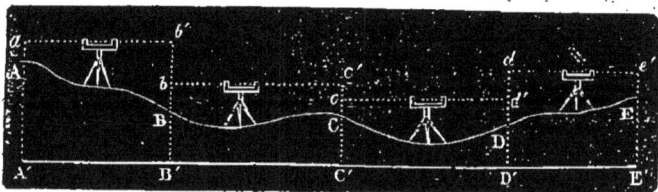

Fig. 100.

vers celui où l'on va : le premier est appelé *coup d'arrière* et le second *coup d'avant*. Ainsi, pour le point A il y a un coup d'arrière Aa et pour le point B un coup d'avant Bb' et un coup d'arrière Bb, ainsi de suite ; à chaque point il y a donc un coup d'avant et un d'arrière, excepté pour les deux points extrêmes, dont l'un n'a qu'un coup d'arrière et l'autre un coup d'avant.

Si nous choisissons A'E' pour plan de comparaison, la différence de niveau des points A et E sera A'A — E'E ou E'E — A'A, selon que le point A est plus ou moins élevé que le point E au-dessus du plan de comparaison. Or, d'après la figure, on a les égalités suivantes :

$$A'A + Aa = B'B + Bb',$$

$$\tilde{B}'B + Bb = C'C + Cc',$$
$$C'C + Cc = D'D + Dd',$$
$$D'D + Dd = E'E + Ee'.$$

Ajoutant ces égalités membre à membre et supprimant les quantités communes, on a

$$A'A + Aa + Bb + Cc + Dd = Bb' + Cc' + Dd' + Ee' + E'E.$$

En désignant la somme des coups d'arrière par S et la somme des coups d'avant par S', il vient

$$A'A + S = S' + E'E,$$

ce qui donne $A'A - E'E = S' - S$, ou $E'E - A'A = S - S'$, selon que le point A est plus ou moins élevé que le point E au-dessus du plan de comparaison.

196. RÈGLE. *Cette formule, qui est générale, fait connaître :*
1° que la différence de niveau de deux points entre lesquels on a effectué un nivellement composé s'obtient en faisant la somme des cotes avant et la somme des cotes arrière et en retranchant la plus petite somme de la plus grande ; et 2° que le point d'arrivée est plus bas ou plus haut que le point de départ, selon que la somme des coups d'avant est plus grande ou moindre que la somme des coups d'arrière.

Cette règle s'applique sans difficultés en inscrivant les résultats donnés par le nivellement dans un tableau préparé d'avance.

POINTS NIVELÉS.	COUPS D'ARRIÈRE.	COUPS D'AVANT.
A	$0^m,60$	»
B	$1^m,20$	$2^m,70$
C	$0^m,60$	$1^m,20$
D	$2^m,10$	$0^m,90$
E	»	$1^m,00$
	$4^m,50$	$5^m,80$
		$4^m,50$
	Différence $1^m,30$	

REMARQUE I. Le niveau doit être placé à peu près au milieu

de chaque station, mais il n'est pas nécessaire qu'il soit sur la ligne qui joint les points à niveler.

REMARQUE II. Lorsqu'on vérifie un nivellement, on recommence généralement l'opération en sens opposé.

197. *Nivellement par rayonnement.* Pour trouver la différence de niveau des points A et E nous avons employé la méthode de nivellement par *cheminement*. On opère par *rayonnement* lorsqu'on détermine à l'aide d'une seule station les cotes de différents points qui se trouvent dans un certain rayon autour de l'instrument. Par exemple si l'on détermine de la station O les cotes des points A, B, C..., on fait un nivellement par rayonnement.

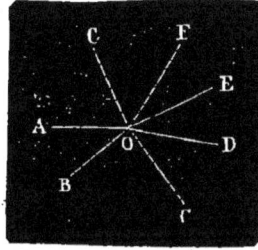

Fig. 101.

198. *Nivellement général d'un terrain.* Lorsqu'on doit déterminer les différentes cotes d'un terrain par rapport à un plan de comparaison, on emploie la méthode par rayonnement. Si une station ne suffit pas on a la précaution de rattacher les stations les unes aux autres : la deuxième se rattachera à la première en leur donnant un point commun qui devra recevoir par conséquent un coup de niveau à la première et à la deuxième station, la troisième se rattachera à la deuxième de la même manière et ainsi de suite.

199. *Plan coté.* Pour donner une idée de la forme d'un terrain, on se contente quelquefois d'inscrire à côté de chaque point son élévation au-dessus du plan de comparaison, on a alors ce qu'on appelle un *plan coté.*

200. *Profils.* Au lieu de la méthode précédente, on cherche le plus souvent à représenter aux yeux les accidents du sol.

Pour connaître la forme d'une ligne ABCDE (*fig.* 100) d'un terrain, on en fait le profil. Pour cela, on commence d'abord par faire le nivellement du terrain suivant cette ligne, puis on porte sur une droite XY des distances A'B', B'C' égales aux distances *horizontales* de A et de B, de B et de C... réduites à l'échelle adoptée. Aux points A', B', C'... on élève des perpendiculaires A'A, B'B... égales aux cotes, réduites à l'échelle, des points A, B, C... Enfin on réunit par un trait continu les extrémités de ces perpendiculaires en imitant les légères sinuosités qui existent d'un point à l'autre. La figure ainsi obtenue est le *profil* de la ligne ABCDE du terrain.

Pour rendre plus sensibles les ondulations de terrain on construit généralement les cotes A'A, B'B... à une échelle plus grande que les distances horizontales A'B', B'C'... Le profil dont il vient d'être question ne fait connaître la forme d'un terrain que dans un sens; mais souvent cette connaissance n'est pas suffisante; s'il s'agit par exemple d'étudier le projet d'une route, d'un chemin de fer, d'un canal, etc., le profil dans le sens de la plus grande dimension du terrain sur lequel on travaille ou *profil en long* devient insuffisant. On fait alors d'autres profils, *profils en travers*, ayant généralement une direction perpendiculaire à celle du premier profil.

201. *Courbes de niveau.* Au lieu de rendre sensibles les inégalités du sol à l'aide de profils, on emploie aussi la méthode suivante. On imagine des plans horizontaux (*fig.* 102) *également distants* les uns des autres, de 1 mètre par exemple, et coupant les ondulations du terrain. Les sections faites par ces plans déterminent autant de *courbes de niveau* [1] que l'on projette toutes sur le plan de comparaison. Il est évident que plus les projections sont rapprochées et plus la pente est roide; si quelques-unes se confondent, c'est que dans cet endroit le terrain est à pic. On appelle *ligne de plus grande pente* une ligne telle que AB menée sur la surface du sol perpendiculairement à toutes ces courbes; sa projection sur le plan de comparaison est aussi perpendiculaire à celles des courbes de niveau.

202. Sur quelques cartes on emploie les lignes de plus grande pente pour représenter les accidents du sol; elles for-

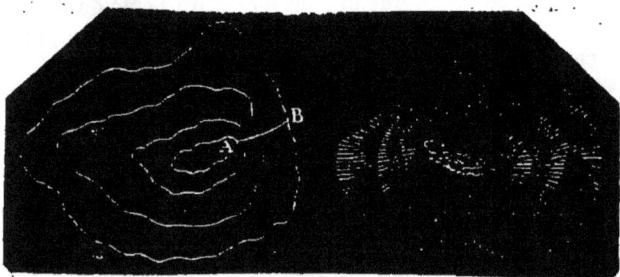

Fig. 102. Fig. 103.

ment des hachures (*fig.* 103) qui donnent immédiatement une idée du terrain; à cet effet, il est bon qu'elles présentent des

1. Courbes dont tous les points sont à la même hauteur au-dessus du plan de comparaison.

solutions de continuité aux endroits où elles rencontrent les courbes de niveau; on les serre d'autant plus que la pente est plus roide; ainsi les hachures fines et espacées représentent des pentes douces, et les hachures serrées et larges des pentes roides.

203. *Pente totale, pente par mètre.* On appelle *pente totale* d'une ligne *ab* la différence de niveau des points *a* et *b* ou A*a*

—B*b*=*aa'*; le rapport $\frac{aa'}{AB}$ est la *pente par mètre*. Par exemple, si A*a*=7^m,80, B*b*=5^m,60 et AB=25 mètres. La pente totale sera 7,80—5,60=2^m,20 et la pente par mètre, $\frac{2,20}{25}$

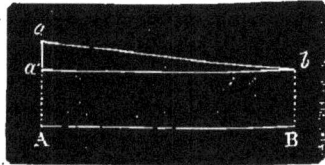

Fig. 104.

=0,088. Ainsi, la pente de *a* en *b* est de 88 millimètres par mètre.

QUESTIONS USUELLES

204. SOLIVAGE DES BOIS. La formule $\pi R^2 H$ (1) exprime le volume d'un cylindre (511) en fonction du rayon R de sa base et de sa hauteur H. Or, il est facile d'obtenir une autre expression du volume d'un cylindre, car, de C=2πR (313), on tire R=$\frac{C}{2\pi}$, d'où R^2=$\frac{C^2}{4\pi^2}$; si l'on substitue la valeur de R^2 dans la

formule (1), on a $\frac{\pi C^2 H}{4\pi^2} = \frac{C^2 H}{4\pi} = \frac{\left(\frac{C}{2}\right)^2 H}{\pi}$ (2). Dans la pratique, la formule (2) s'emploie de préférence à la formule (1).

205. Bois en grume. Les bois en grume ou bois revêtus de leur écorce, ont quelquefois la forme d'un cylindre, mais le plus souvent celle d'un tronc de cône. Si leur forme est celle d'un cylindre, on se sert, pour calculer leur volume, de la formule $\frac{\left(\frac{C}{2}\right)^2 L}{\pi}$. L représente la longueur de l'arbre ou la hauteur du cylindre.

206. RÈGLE. *Cette formule fait connaître que, pour avoir le volume d'un tronc d'arbre cylindrique, il faut multiplier le carré* *de la demi-circonférence du tronc par sa longueur et diviser le produit par π.*

207. Lorsque l'arbre a la forme d'un tronc de cône, on emploie pour calculer son volume la formule $\pi\left(\dfrac{R+r}{2}\right)^2 \times H$ (529).

Dans ce cas, l'arbre est donc assimilé à un cylindre ayant pour rayon la demi-somme des rayons des deux bases et pour hauteur la longueur de l'arbre. Pour avoir R et *r*, il faut connaître les circonférences des deux extrémités. Or, dans la pratique, au lieu de prendre ces circonférences, on se contente de prendre *la circonférence moyenne* ou une circonférence à égale distance des deux extrémités, et alors l'arbre est considéré comme un cylindre ayant pour base cette circonférence moyenne et pour hauteur la longueur de l'arbre. Si donc on représente par C' cette circonférence, le volume d'un arbre ayant la forme d'un tronc de cône sera donné approximativement par la formule $\dfrac{\frac{C'^2}{2}L}{\pi}$.

208. RÈGLE. *Cette expression fait connaître que, pour avoir le volume d'un arbre ayant la forme d'un tronc de cône, il faut multiplier le carré de sa demi-circonférence moyenne par la longueur de l'arbre et diviser le produit par π.*

209. Bois équarris. Les bois équarris sont des prismes droits; leur volume est par conséquent égal à la surface de l'une des extrémités multipliée par la longueur de la poutre. Si les deux extrémités n'ont pas la même surface, on multiplie par la longueur de la poutre la demi-somme de ces surfaces ou la surface de la section menée à égale distance des deux extrémités et perpendiculairement aux arêtes de la poutre.

210. Solivage au cinquième déduit. Journellement on a besoin de savoir le volume que pourrait donner un arbre en grume si on l'équarrissait. Pour cela, il suffit de multiplier par la longueur de l'arbre la surface du carré inscrit dans l'un des cercles tracés aux extrémités *en dedans de l'aubier*; si ces deux carrés n'ont pas même surface, ce qui arrive bien souvent, on multiplie la demi-somme de leur surface par la longueur de l'arbre. Comme ce procédé est un peu long, et que d'ailleurs il suppose que l'arbre est scié à ses deux extrémités, ce qui n'a pas toujours lieu, on le remplace par celui-ci, qui donne à peu près le même résultat et qui est bien plus court.

27

On prend le cinquième de la circonférence moyenne, on élève ce cinquième au carré et on multiplie ce carré par la longueur de l'arbre. Cette manière d'opérer, connue sous le nom de *solivage au cinquième déduit,* traduite en formule, donne $\frac{C^2 L}{25}$. Le volume d'un arbre en grume ayant même circonférence et même longueur est égal à $\frac{\frac{C^2}{4} L}{\pi}$: le rapport de ces volumes est $\frac{\frac{C^2}{4} L}{\pi}$ divisé par $\frac{C^2 L}{25} = \frac{C^2 L}{4\pi} \times \frac{25}{C^2 L} = \frac{25}{4\pi} = \frac{25}{12,5664} = \frac{2}{1}$ environ. Le volume d'un arbre en grume est donc à peu près le double du même arbre équarri.

211. Le chêne se solive généralement au cinquième déduit. Pour le sapin, on suit une méthode bien différente; on considère le sapin comme portant à peu de chose près un équarrissage égal à son diamètre moyen (207). Soit D ou 2R le diamètre moyen d'un bois de sapin et L sa longueur, son volume sera, d'après le procédé employé, $4R^2 L$. Le volume du même arbre, en le considérant comme bois en grume, serait $\pi R^2 L$, et son volume au cinquième déduit, $\frac{4\pi^2 R^2 L}{25}$. La première expression, divisée successivement par les deux dernières donne $\frac{4R^2 L}{\pi R^2 L}$, $\frac{100 R^2 L}{4\pi^2 R^2 L}$ ou encore $\frac{4}{\pi}$ et $\frac{25}{\pi^2}$, ce qui revient à peu près à $\frac{4}{3}$ et à 2,5. Ces rapports montrent les différences considérables que l'on obtient pour les volumes, selon que l'on emploie l'une ou l'autre méthode.

212. EXEMPLE. *Un chêne qui a 5ᵐ,20 de longueur et une circonférence moyenne de 1ᵐ,40 a été payé à raison de 7ᶠ,80 le décistère (ou la solive nouvelle); on demande sa valeur, si on le solive au cinquième déduit.*

Si dans la formule $\frac{C^2 L}{25}$, on remplace les lettres par leurs valeurs, il vient $\frac{(1,4)^2 \times 5,20}{25} = 0^{m.c.},40768 = 4$ décistères 0768.

La valeur du chêne sera $7,80 \times 4,0768 = 31^f,80$.

213. **Solivage au sixième déduit.** Quelques bois dont l'écorce est enlevée (bois pelards), ou qui est très-mince, se solivent au sixième déduit. Pour soliver au sixième déduit, *on prend le sixième de la circonférence moyenne de l'arbre, on re-*

tranche ce sixième de la circonférence, on prend le quart du reste qu'on élève au carré et qu'on multiplie par la longueur de l'arbre. On peut aisément appliquer cette règle.

214. JEAUGEAGE DES TONNEAUX. On considère quelquefois un tonneau comme étant la somme de deux troncs de cône égaux opposés par la grande base, et on en cherche la capacité en l'envisageant ainsi, mais cette manière d'opérer est évidemment inexacte, à cause du renflement.

Dans la pratique, *on assimile le tonneau à un cylindre ayant pour hauteur la longueur du tonneau et pour diamètre le diamètre du bouge* (diamètre correspondant au centre de la bonde), *diminué du tiers de la différence qui existe entre ce diamètre et le diamètre moyen des fonds.*

D'après cela, si l'on désigne par D le diamètre du bouge, par *d* le diamètre moyen des fonds, par L la longueur du tonneau et par V sa capacité, on a $V = \pi \left(\dfrac{D}{2} - \dfrac{D-d}{6} \right)^2 \times L$.

Après réduction, on a $V = \pi \left(\dfrac{2D+d}{6} \right)^2 \times L$.

Par conséquent, un tonneau peut être aussi considéré comme un cylindre ayant pour diamètre le tiers de la somme du double du diamètre du bouge et du diamètre moyen des fonds et pour hauteur la longueur du tonneau.

Exemple. Un tonneau a 1^m,90 de hauteur, 0^m,61 pour le diamètre du bouge et 0^m,50 pour le diamètre moyen des fonds : trouver sa capacité.

Si dans la dernière formule on remplace les lettres par leurs valeurs, on a

$$V = 3,1416 \left(\frac{2 \times 0,61 \times 0,50}{6} \right)^2 \times 0,90 = 0^{m.c.},232 = 232 \text{ litres.}$$

Jeauge. Les douaniers, les employés des bureaux d'octroi, les marchands de vin, etc., évaluent la capacité des tonneaux à l'aide d'une tige en fer nommée *jauge* ou *velte.* Pour se servir de la jauge, on l'enfonce jusqu'à l'extrémité inférieure du diamètre de l'un des fonds et même de tous les deux successivement pour s'assurer si la bonde est bien au milieu de la longueur des douves. La jauge porte une graduation qui fait connaître immédiatement la capacité du tonneau.

215. CONTENANCE D'UNE CUVE, D'UN CUVIER, D'UN BROC, D'UN BIDON, etc. Les cuves ont la forme des cuviers ou d'un tonneau : or on sait chercher la capacité d'un cuvier (595) et celle d'un tonneau (214), donc on sait aussi trouver celle d'une cuve.

Les brocs et les bidons ayant toujours une contenance peu considérable, il est important de connaître très-exactement leur capacité : or le moyen le plus prompt et le plus exact est tout simplement de mesurer leur contenance en se servant d'un litre. Sans doute on pourrait, comme l'indiquent des au-teurs, les décomposer en figures dont on sait chercher le vo-lume (cylindre, cône, etc.); mais ce procédé nous paraît d'au-tant plus absurde qu'il est très-long et qu'il ne peut donner qu'une grossière approximation.

216. Contenance des caves, des citernes, des fosses, etc. Les caves, les citernes, etc., ont quelquefois la forme de parallélipipède rectangle. Il est évident que, pour trouver leur contenance, il suffit de faire le produit de leurs trois dimensions : ce qui revient à multiplier la surface du mur vertical qui limite l'une des extrémités de la cave par la longueur de celle-ci. Or, quelle que soit la forme de la cave, ou de la citerne, pour en trouver la contenance on a presque toujours à multiplier la surface du mur vertical qui en limite l'une des extrémités par la longueur du réservoir souterrain. Si, par exem-ple, la voûte se continue jusque sur le sol, la surface du mur vertical de chaque extrémité est un demi-cercle et la contenance à mesurer est celle d'un demi-cylindre. Cette contenance

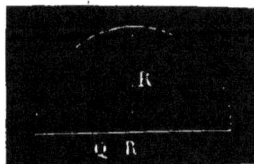

Fig. 105.

sera donnée par la formule $\frac{1}{2}\pi R^2 H$: la largeur de la cave prise sur le sol est 2R et sa longueur est H.

Voici les principales formes qu'affectent les murs verticaux qui sont aux extrémités des caves : un rectangle au-dessus du-quel est un demi-cercle, ou un segment de cercle ou une demi-ellipse; un trapèze au-dessus duquel est un demi-cercle ou un segment de cercle. On sait trouver l'aire de toutes ces figures, on n'éprouvera par conséquent aucune difficulté pour trouver la contenance d'un réservoir souterrain limité ainsi à ses extrémités; puisqu'en se basant sur le n° 443 il suffira comme nous venons de le dire de multiplier la surface du mur vertical d'une extrémité par la longueur de la cave. Dans les caves, les citernes, etc., il peut se trouver des piliers ou d'autres constructions qui occupent une partie de la contenance à évaluer : on calcule leur volume et on le retranche de la capacité totale.

217. Toisé d'une auge a faces intérieures rectangulaires. Si l'on veut connaître la contenance de l'auge, il suffit de faire le produit des trois dimensions de la partie creusée (440); autant de décimètres cubes on trouvera, autant de litres l'auge contiendra. Si l'on veut connaître le volume de la pierre employée, on fait le produit de ses trois dimensions prises à l'extérieur.

218. Calculer la contenance d'un tombereau, d'une caisse de maçon, le volume d'un tas de pierre qui se trouve sur les routes, d'un tas de sable, d'une pile de boulets. On fera usage de la formule trouvée n° 501.

219. Calculer le volume de la maçonnerie d'une tour ronde, d'un puits, de la margelle ronde d'un puits[1]. On fera usage de la formule trouvée n° 592.

220. Calculer le volume de la partie vide d'un moule. Cette partie vide est un anneau cylindrique, un cylindre creux, un tronc de cône creux, etc. Du volume total (partie pleine et vide) on retranche la partie pleine.

221. Volume d'une borne. Une borne est composée de deux parties distinctes, du *dé*, et du *fût*. Le dé étant la partie de la borne destinée à être enfoncée, reste à peu près brute, c'est généralement un parallélipipède à base carrée. Le fût au contraire devant être en évidence est taillé avec soin. Les formes les plus ordinaires des fûts sont celles d'un tronc de cône, ou d'un tronc de cône surmonté d'un segment de sphère. Nous savons calculer le volume d'un parallélipipède, celui d'un tronc de cône et celui d'un segment de sphère, donc nous savons calculer le volume d'une borne comme celle dont il vient d'être question. S'il s'agissait de calculer la surface de la borne la difficulté ne serait pas plus grande, puisque nous savons calculer l'aire de tous les éléments qui composent la borne.

1. Cette maçonnerie est ce qu'on appelle souvent un anneau cylindrique.

222. TOISÉ DES MURS, DES PORTES, DES CROISÉES, DES PLANCHERS, ETC., QUI COMPOSENT UN BÂTIMENT. On cherche la superficie des murs pour payer les maçons et les ouvriers qui ont posé les enduits. On évalue la superficie des portes et des croisées pour payer les peintres, celle des planchers pour payer les menuisiers; on calcule souvent aussi le volume des murs pour payer les maçons.

Les figures que les murs représentent sont, en général, des rectangles au-dessus desquels sont des triangles ou des trapèzes, des trapèzes au-dessus desquels sont des triangles ou d'autres trapèzes; or on sait évaluer la superficie de ces figures. On a le volume d'un mur en multipliant la surface d'un côté par son épaisseur (443).

Le toisé des portes et des croisées est facile, elles ont la forme d'un rectangle. Un plancher a en général la même forme; s'il en est autrement, c'est-à-dire si ce n'est ni un carré ni un rectangle, on le décompose en triangles; il est donc toujours aisé d'en avoir la superficie.

223. ÉVALUER LA SURFACE ET LE VOLUME D'UNE VOUTE. On cherche la surface et le volume d'une voûte pour payer les maçons, les plâtriers, les peintres, etc.

On distingue différentes espèces de voûtes : *les voûtes en plein cintre ou voûtes en berceaux, les voûtes en dôme, les voûtes surbaissées, les voûtes en arêtes,* etc.

On peut se servir de différentes courbes pour construire les voûtes, mais on emploie le plus souvent des arcs de cercle.

224. *La voûte plein cintre* est celle qui a la même largeur dans toute sa longueur et dont la base est un rectangle; par conséquent, pour avoir sa surface, il suffit de multiplier l'arc *intérieur* de courbure (c'est l'arc intérieur de la section que produirait un plan qui couperait la voûte perpendiculairement au rectangle qui lui sert de base) par la longueur de la voûte. Si les arcs intérieurs et extérieurs sont des demi-cercles, il est évident que le volume de la voûte est la différence de deux demi-cylindres. Si les arcs sont moindres que des demi-cercles, la voûte est une portion d'anneau cylindrique dont il est encore facile d'avoir le volume, car la base de cette portion d'anneau est une partie de couronne dont la surface est la différence des surfaces des secteurs, dont l'arc de l'un est l'arc extérieur de la voûte et l'arc de l'autre l'arc intérieur.

En multipliant la surface de cette partie de couronne par la longueur de la voûte, on aura son volume (443).

225. *Les voûtes en dôme* sont engendrées par la révolution d'un arc de cercle autour de son axe. Lorsque l'arc de cercle générateur est un quart de cercle, le dôme est un hémisphère; si l'arc de cercle est moindre qu'un quart de cercle, le dôme est une zone à une base ou calotte sphérique. Dans tous les cas, on sait comment il faut calculer sa surface intérieure ou extérieure. La demi-somme de ces deux surfaces, multipliée par l'épaisseur de la voûte, donnera très-approximativement son volume, car ce volume peut être considéré comme la réunion d'une infinité de petits troncs de cône, puisqu'une sphère peut être considérée comme composée d'une infinité de cônes. On peut d'ailleurs avoir ce volume exactement en le considérant comme la différence de deux segments sphériques, dont l'un serait engendré par la révolution de l'arc extérieur et l'autre par la révolution de l'arc intérieur.

226. *Les voûtes surbaissées* sont celles dont l'arc est un arc d'ellipse sur sa plus longue dimension. La surface d'une voûte surbaissée s'obtient en multipliant la longueur de l'arc intérieur (224) par la longueur de la voûte. Quant au volume, il est à peu près équivalent à la demi-somme des arcs intérieurs et extérieurs multipliée par l'épaisseur et la longueur de la voûte.

227. *La voûte en arêtes*, employée généralement dans les églises, a une surface divisée en triangles de trois ou quatre espèces; ceux de chaque espèce diffèrent nécessairement très-peu. Il suffit donc de mesurer les parties non comprises par les triangles, et un triangle de chaque espèce, pour être dans la possibilité d'avoir la surface totale. Bien que les côtés des triangles ne soient pas rectilignes, on aura une valeur suffisamment approchée de la surface de l'un d'eux en mesurant exactement ses trois côtés et en cherchant sa superficie d'après la formule trouvée pour les triangles rectilignes (327). La surface de la voûte multipliée par son épaisseur donnera très-approximativement son volume.

228. Cubage des matériaux, moëllons, pierres, sables, etc. On dispose les matériaux en parallélipipèdes rectangles, on fait le produit des trois dimensions des parallélipipèdes pour avoir leur volume.

Le bois à brûler se dispose et se mesure de la même manière. Dans un grand nombre de villes le bois se vend au poids.

229. On peut aussi disposer les terres et les sables en parallélipipèdes rectangles, mais on leur donne généralement la forme des tas de pierres qui sont sur les routes et on peut obtenir leur volume en se servant de la formule du n° 501. Mais cette formule est un peu longue; dans la pratique on peut employer le procédé suivant qui donne un résultat suffisant.

On ajoute la longueur de la base inférieure à celle de la base supérieure, on prend moitié de la somme, on prend aussi moitié de la somme des deux largeurs, en multipliant les deux demi-sommes l'une par l'autre, on obtient presque une surface moyenne (surface parallèle à la surface supérieure et inférieure, menée à égale distance de ces deux surfaces) *qu'on multiplie par la hauteur du tas de terre ou de sable;* on a ainsi approximativement le volume cherché.

230. Remarque I. Pour calculer le volume de certains déblais et remblais, de tas de terre, de pierres, de sables, etc., présentant des formes irrégulières, on se contente souvent d'un résultat approximatif. On trouve ce résultat en prenant *à vue d'œil* des mesures qui transforment le tas de terre, de pierres, etc., en une figure dont on sait évaluer le volume. Avec un peu d'exercice on obtient par ce procédé des résultats satisfaisants.

231. Remarque II. Pour trouver *exactement* le volume d'un corps irrégulier on peut se reporter au n° 614, ou se servir de cette formule de physique P=VD (le poids d'un corps est égal à son volume multiplié par sa densité) qui donne

$$V = \frac{P}{D}$$: le volume d'un corps est donc égal à son poids divisé

par sa densité. Le poids d'un corps est facile à obtenir, quant à sa densité, on voit en physique la manière de l'obtenir. (Voir le tableau de la page 479.)

232. RACCORDEMENT DE DEUX DROITES. Lorsqu'une route, un canal ou un chemin de fer doit quitter une direction MA pour prendre une direction BN, il est évident que le changement de direction ne peut avoir lieu en O à la rencontre des lignes MA, BN, car il serait trop brusque. On raccorde généralement les droites par un arc de cercle. Si par exemple on quitte la direction MA au point A, la perpendiculaire AC

menée à MA jusqu'à la rencontre de la bissectrice de l'angle
AOB sera le rayon de l'arc raccordant les deux directions, car
la circonférence décrite du point C comme centre sera tangente
aux deux directions et à la direction MA au point A (84 C.). Au
lieu de donner le point A, ou la distance AO, on donne plus souvent le rayon AC de l'arc de raccordement. Dans le triangle rectangle AOC on connaîtra AC et l'angle AOC qu'on mesurera sur
le terrain, on aura donc les données nécessaires pour construire
sur un plan un triangle qui lui sera semblable. Avec le plan
on déterminera les distances OC, OA sur le terrain et par conséquent OB qui est égal à OA. Pour tracer l'arc on se servira de
son centre s'il n'est pas trop
éloigné. S'il est trop difficile
de tracer la courbe de raccordement à cause du trop
grand éloignement de son
centre, il faut recourir à un
autre procédé que voici :
unissons par une droite les
points A et B, déterminés
comme il vient d'être indiqué. Soit I un point de l'arc
AIB, l'angle OBA a pour me-

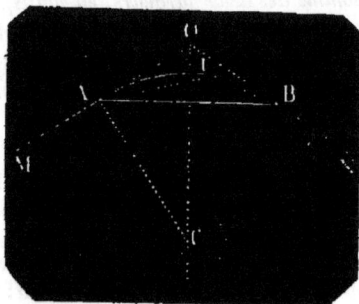

Fig. 106.

sure la moitié de l'arc AIB (170 C., 4°). Les angles inscrits IAB,
IBA ont pour mesure la moitié des arcs IB, IA, ensemble la moitié de l'arc AIB : la somme de ces deux angles inscrits est donc
égale à l'angle OBA. Plaçons un graphomètre au point B et en
dirigeant l'alidade fixe sur BO, traçons avec l'alidade mobile
une direction *quelconque* BI. Transportons ensuite le graphomètre au point A et en dirigeant l'alidade fixe sur AB, faisons
un angle IAB égal à l'angle OBI. Le point I ainsi déterminé
appartiendra à l'arc, car les angles IBA, IAB étant égaux aux
angles IBA, OBI, leur somme égale l'angle OBA. Tout autre
point de la courbe se déterminerait de la même manière.

**233. CALCULER LE VOLUME D'EAU ÉMIS PAR UNE
RIVIÈRE.** Supposons que l'on veuille calculer le volume
d'eau fourni par une rivière en une minute : on peut considérer ce volume comme un prisme ayant pour base une section de la rivière déterminée par un plan vertical perpendiculaire à sa direction et pour hauteur la distance parcourue
par l'eau en une minute.

27.

Pour avoir la surface de la section, on suppose une horizontale AB tracée à la surface de l'eau perpendiculairement au sens du courant. On mesure les profondeurs CD, EF... correspondantes à AB, les distances BC, CE... on a ainsi toutes les données nécessaires pour trouver les aires des triangles et des trapèzes qui composent la section, et par conséquent pour trouver l'aire de la section elle-même. En observant

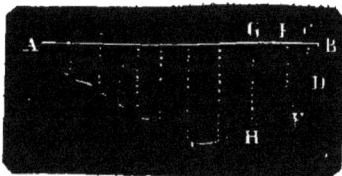

Fig. 107.

pendant le temps donné le chemin parcouru par un flotteur en bois, on aura la hauteur du prisme, et en multipliant cette hauteur, ou la distance observée, par la surface de la section, on aura en mètres cubes la quantité d'eau émise par le courant.

234. Volume des déblais et des remblais. Lorsqu'on trace une route, un chemin de fer, un canal, etc., on a des terres à enlever (déblais) dans certaines parties du tracé, et à rapporter (remblais) dans d'autres. Pour calculer les déblais et les remblais, on mène des profils en travers (200), qui décomposent les volumes à enlever et à rapporter en prismes droits. Chacun d'eux est considéré comme ayant pour base la demi-somme de deux profils consécutifs et pour hauteur la distance de ces profils. Si, en général, on représente par V le volume d'un déblai ou d'un remblai, par S, S' les surfaces des profils en travers et par d la distance de ces profils, on a

$$V = \frac{S + S'}{2} \times d.$$

Cette formule suppose que les deux profils sont complétement en déblais ou en remblais. Lorsqu'il n'en est pas ainsi, ce qui arrive assez souvent, on peut décomposer le prisme en parties dont on sait calculer le volume.

Quant à la surface des profils, elle est facile à trouver, car ils peuvent se décomposer en triangles et en trapèzes (fig. 107).

235. Erreurs dues à la différence de longueur des chaines. On arpente quelquefois un terrain avec une chaine qu'on n'a pas vérifiée et qui se trouve par suite trop grande ou trop petite. Les surfaces sont alors entachées d'une erreur que l'on rectifie sans recommencer l'arpentage. Soit L la chaîne vraie, ou 10 mètres, l la chaîne qui a servi à l'arpentage, S la surface que l'on devrait trouver avec la chaîne L et s celle qui a été trouvée avec la chaîne l. D'ailleurs L=l ± une longueur facile à trouver.

Le polygone dont la surface est S est évidemment semblable au polygone dont la surface est s; d'un autre côté L et l sont proportionnelles à deux côtés homologues de ces polygones : donc (319), on a

$$\frac{S}{s} = \frac{L^2}{l^2}, \text{ d'où } S = \frac{L^2 \times s}{l^2}.$$

Nous ferons remarquer que la surface trouvée avec la chaîne l est *trop petite* ou *trop grande*, selon que l a *plus* ou *moins* de 10 mètres.

TABLEAU DES DENSITÉS

CORPS SOLIDES

Platine	21,042	Antimoine	6,712
Or	19,258	Granit	2,700
Plomb	11,352	Cristal de roche	2,653
Argent	10,474	Marbre	2,650
Cuivre	8,780	Aluminium	2,560
Acier trempé	7,816	Soufre	2,033
Fer en barre	7,788	Sable	1,900
Fer fondu	7,207	Chêne	1,160
Étain	7,291	Hêtre	0,850
Zinc	7,200	Sapin	0,550

CORPS LIQUIDES

Mercure	13,598	Vin de Bordeaux	0,994
Acide sulfurique	1,848	Vin de Bourgogne	0,991
Lait	1,030	Huile d'olive	0,915
Eau de mer	1,026	Alcool	0,793
Eau distillée	1,000	Éther	0,730

TABLEAU DES FORMULES LES PLUS IMPORTANTES

DÉMONTRÉES DANS LE COURS

—

LIGNES

SURFACES

VOLUMES

PROBLÈMES

PROBLÈMES DE RÉCAPITULATION

809. Déterminer la surface d'un trapèze en fonction de ses quatre côtés.

810. On a mesuré une longueur de 360^m,40. La chaîne vérifiée seulement après le mesurage se trouve n'avoir que 9^m,94 : quelle longueur aurait-on dû trouver si l'on s'était servi d'une chaîne de 10 mètres?

811. Construire une circonférence passant par deux points donnés A, B et tangente à une droite CD.

812. Construire une circonférence passant par un point A et tangente à deux droites BC, ED.

813. Doubler une ligne donnée n'ayant pas d'autre instrument que le compas.

814. Faire un carré avec le compas seulement.

815. Lorsque dans un triangle deux bissectrices sont égales, le triangle est isocèle.

816. Dans un quadrilatère quelconque, la somme des carrés des côtés est égale à la somme des carrés des diagonales augmentée de quatre fois le carré de la droite qui joint les milieux des diagonales.

817. Dans un trapèze la somme des carrés des diagonales est égale à la somme des carrés des côtés non parallèles plus deux fois le produit des côtés non parallèles.

818. Construire un triangle connaissant deux côtés a, b et l'angle A opposé à l'un d'eux.

819. Construire un triangle connaissant un côté et le cercle inscrit.

820. Construire un triangle connaissant le cercle inscrit et l'un des cercles ex-inscrits.

821. Construire un triangle connaissant un côté, l'angle adjacent et le rayon du cercle inscrit.

822. Construire un triangle connaissant un côté, l'angle opposé et le rayon du cercle inscrit.

823. Construire un triangle connaissant un côté, un angle adjacent à ce côté et la différence des deux autres côtés.

824. Construire un triangle connaissant un angle A adjacent à la base, la hauteur h et le périmètre 2 p.

825. Trouver, sur l'un des côtés d'un angle ABC, un point

O également distant du second côté et d'un point E donné sur le premier.

826. Construire un triangle connaissant deux côtés et une médiane.

827. Construire un triangle connaissant un côté et deux médianes.

828. Construire un triangle connaissant les trois médianes.

829. Construire un triangle connaissant le périmètre et deux angles.

830. Construire un triangle connaissant un côté, l'angle opposé et la somme des deux autres côtés.

831. Construire un triangle connaissant un côté, l'angle opposé et la différence des deux autres côtés.

832. Construire un triangle, connaissant deux des cercles ex-inscrits.

833. Mener dans un angle ABC une droite MN qui soit divisée, par un point donné O, en deux segments ayant un rapport donné $\frac{m}{n}$.

834. Trouver le volume de l'octaèdre régulier dont l'arête est a.

835. Un polygone régulier dont le côté est c a une surface s : trouver la surface s' d'un autre polygone régulier semblable dont le côté est c'.

836. Le périmètre d'un hexagone régulier est de 36 mètres : on demande le périmètre d'un second hexagone régulier ayant une surface cinq fois plus grande que celle du premier.

837. Construire un trapèze, connaissant les quatre côtés.

838. Les deux segments d'une droite donnent un produit maximum lorsque la droite est divisée en deux parties égales.

839. Construire un triangle, connaissant les trois hauteurs.

840. Trouver la surface d'un hexagone en fonction de son apothème.

841. Quel est le côté d'un triangle équilatéral dont la surface égale 320 mètres carrés?

842. Dans un triangle isocèle, les perpendiculaires menées des extrémités de la base sur les côtés opposés sont égales.

843. Si, dans un triangle rectangle ABC rectangle en B, l'hypoténuse AC est le double du côté AB, l'angle C=⅓ d'angle droit.

844. Réciproquement, si C=⅓ d'angle droit, AC est le double de AB.

845. Trouver en fonction du côté c d'un carré le côté de l'octogone régulier inscrit.

846. Trouver le côté du décagone inscrit dans un cercle de 2 mètres de rayon.

847. Dans un triangle dont les trois côtés sont a, b, c, on connaît a, b et la surface S : on demande le côté c.

848. Un tronc de cône a 2 mètres de hauteur : trouver le volume de ce tronc, sachant que la différence entre le carré de la somme des rayons des bases et le produit des mêmes rayons égale 1 mètre.

849. La surface totale d'un cône est S' et son rayon R : trouver la génératrice G du cône.

850. Trouver la valeur de l'angle au sommet d'un polygone régulier de 48 côtés.

851. La surface totale d'un cône est S' et sa génératrice G : trouver son volume.

852. Trouver le lieu des sommets des triangles ayant une base commune et l'angle au sommet égal à un angle donné.

853. Du sommet A d'un triangle ABC on abaisse la perpendiculaire AD sur BC : on demande de calculer les segments BD, CD, sachant que AB=320 mètres, AC=430 mètres et BC=580.

854. La projection horizontale d'un rectangle incliné régulièrement a 400 mètres carrés de surface ; la hauteur a 8 mètres de plus que la base, la différence de niveau entre les deux extrémités de la base est de 3 mètres : on demande la superficie réelle du rectangle.

PROBLÈMES DONNÉS AUX EXAMENS

855. On a deux carrés ; le côté de l'un est égal à la diagonale de l'autre : on demande le rapport des surfaces des deux carrés.

856. Étant données deux droites AB, CD et un point O, on demande de mener par ce point une droite dont la partie comprise entre les droites données ait son milieu en O.

857. Étant données deux droites parallèles AB, CD, on demande de mener, par un point donné O, une droite dont la partie MN comprise entre les deux parallèles soit égale à 8 mètres.

858. Étant donné un angle ASB, on demande de mener,

par un point donné O, une droite qui retranche des côtés de l'angle à partir du sommet deux segments égaux Sa, Sb.

859. Démontrer que le milieu de l'hypoténuse d'un triangle rectangle est à égale distance des trois sommets.

860. Prouver que quand plusieurs cordes d'un cercle suffisamment prolongées concourent en un même point, leurs milieux sont situés sur la circonférence d'un autre cercle.

861. On a deux triangles équilatéraux dont les côtés sont 43^m,57 et 68^m,35 : on demande de calculer le côté d'un troisième triangle équilatéral dont la surface soit égale à la somme des surfaces des deux premiers.

862. On demande de construire sur une base AB de 21 mètres un triangle ABC rectangle en A tel que l'hypoténuse CB et le côté CA fassent ensemble une somme double du côté AB.

863. Étant donné un arc de cercle de 60 degrés, calculer la corde, la surface du segment et la surface du secteur, le rayon étant de 2^m,35.

864. Les côtés de deux hexagones réguliers sont 33 mètres et 53 mètres : on demande quel côté aurait un troisième hexagone régulier équivalent à la somme des deux autres.

865. Les triangles ABC, abc ont leurs côtés parallèles, savoir AB parallèle à ab, BC parallèle à bc, AC parallèle à ac: prouver que les trois droites Aa, Bb, Cc vont concourir en un même point.

866. Étant donné un triangle ABC, on mène les bissectrices des suppléments des angles A et B, lesquelles se coupent au point O : prouver que la droite qui joint ce point au centre du cercle inscrit au triangle passe par le troisième sommet C.

867. Prouver que dans tout triangle rectangle, 1° le diamètre du cercle circonscrit est égal à l'hypoténuse; 2° que le diamètre du cercle inscrit est égal à l'excès de la somme des deux côtés de l'angle droit sur l'hypoténuse.

868. Les rayons de trois cercles sont 20 mètres, 28 mètres et 29 mètres. On demande quel rayon doit avoir un quatrième cercle, pour que la surface de ce cercle soit égale à celle des trois premiers.

869. Les deux côtés de l'angle droit d'un triangle rectangle étant 1 et 2, calculer à 0,01 près la valeur du rayon du cercle inscrit.

870. Dans un triangle ABC rectangle en A abaisser la perpendiculaire AH sur l'hypoténuse BC; on représente par a et b les côtés AB et AC : on propose de trouver au moyen de ces données, les deux segments de l'hypothénuse, ainsi que la hauteur.

871. Le rayon de la surface des mers supposée sphérique est de 6366198 : à quelle distance peut s'étendre en pleine mer la vue d'un observateur placé au sommet d'une tour à 50 mètres au-dessus du niveau de l'eau?

872. Une salle à manger a 8 mètres de longueur sur 6 mètres de largeur : combien faut-il d'hexagones réguliers de $0^m,1$ de côté pour carreler cette salle?

873. Dans tout triangle, le produit de deux côtés est égal à la hauteur comprise multipliée par le diamètre du cercle circonscrit.

874. La surface d'un triangle rectangle est $12^{m.q.},65$, la différence des carrés des côtés de l'angle droit 17,35 : on propose de calculer ces côtés à moins de $0^m,001$.

875. On donne un cercle et un point sur ce cercle ; mener par ce point une tangente telle, que la partie extérieure de la sécante partant de l'extrémité de la tangente et passant par le centre du cercle soit égale à la moitié de la tangente.

876. Mener par un point O intérieur à un cercle une corde MN qui soit divisée au point donné dans le rapport de 3 à 7.

877. Trouver le rayon du cercle inscrit et le rayon du cercle circonscrit à un triangle équilatéral dont le côté est de 3 mètres.

878. Deux cordes AB, CD se coupent en un point O ; les deux parties OA, OB de la première corde sont respectivement égales à $1^m,20$ et $2^m,10$; la différence entre les parties OC et OD de la deuxième corde est $1^m,84$: on demande la longueur de cette corde.

879. L'hypoténuse d'un triangle rectangle est de $32^m,526$; le rapport des côtés de l'angle droit est de $2^m,317$: on demande de calculer les côtés à moins de $0^m,001$.

880. Calculer à un centimètre carré près la surface de l'un des trois segments qui sont compris entre la circonférence d'un cercle de 8 mètres de rayon et le triangle équilatéral inscrit dans ce cercle.

881. Sur le cercle circonscrit à un triangle équilatéral ABC, on prend un point M à volonté : prouver que AM = BM + MC.

882. Les trois côtés AB, AC, BC d'un triangle ABC sont de 412 mètres, 514 mètres, 506 mètres : trouver les valeurs des 6 segments AD, BD, BE, EC, CF, AF déterminés sur ces côtés par le cercle inscrit au triangle.

883. Dans un trapèze isocèle ABCD, on a AB = 7 mètres, CD = 5 mètres, AD = BC = 6 mètres : on demande l'aire du triangle formé par les côtés AD et BC prolongés.

884. Étant donnés les côtés de deux triangles équilatéraux respectivement égaux à $43^m,56$ et à 18^m35, on demande de calculer à 0,01 près le côté d'un triangle équilatéral équivalent au $\frac{1}{4}$ du premier, plus au $\frac{1}{5}$ du second.

885. Étant donné un cercle dont le rayon est 2 mètres et un point extérieur a distant de 3 mètres de la circonférence, trouver la longueur de la partie extérieure d'une sécante menée du point a et dont la partie inscrite a 1 mètre.

886. Indiquer la formule qui donne la surface d'un hexagone régulier dont le côté est représenté par a.

887. Dans un cercle on a mené deux cordes d'un même point de la circonférence aux extrémités du diamètre ; ces cordes ont $4^m,19$ et $3^m,25$: on demande l'aire du cercle.

888. Si du point A, milieu de l'arc BC, on mène deux cordes quelconques AD, AE, le quadrilatère DEFG est inscriptible.

889. La somme des côtés de l'angle droit d'un triangle rectangle est $2^m,36$, sa surface $0^{m.q.},696$: calculer les trois côtés à 0,01 près.

890. On donne un cercle dont le rayon a 26 mètres ; on y inscrit une corde CD de 24 mètres ; cette corde divise en deux parties le diamètre AB qui lui est perpendiculaire : on demande les deux segments du diamètre.

891. Les rayons de deux cercles concentriques ont 20 mètres et 36 mètres ; on mène une corde tangente au petit cercle : calculer la longueur de cette corde.

892. Par un point A pris sur la circonférence d'un cercle, on mène des cordes qu'on prolonge de l'autre côté du point de quantités égales à elles-mêmes : on demande de prouver que les points ainsi déterminés sont sur une autre circonférence du cercle : on demande en outre quel est le rapport des surfaces des deux cercles.

893. Calculer à 0,01 près la hauteur d'un triangle dont la base est de 647 mètres et dont la surface doit être moyenne proportionnelle entre celles de deux rectangles dont la hauteur est 2 mètres et les bases $853^m,45$ et $4727^m,50$.

894. Construire un carré, connaissant la somme de son côté et de sa diagonale.

895. On a un polygone ABCDE composé d'un triangle équilatéral BCE et d'un carré ABED. La surface de ce polygone est égale à 3 hect. 36 : on demande de trouver le côté AB.

896. Construire un cercle passant par un point donné et tangent à un cercle donné en un point donné.

897. Deux cercles ont pour rayon, l'un 20 mètres et l'autre 21 mètres : quel rayon doit avoir un troisième cercle pour que la surface soit la somme des surfaces des deux premiers.

898. Sur le diamètre AB d'un cercle on prend deux points

C et D, à égale distance du centre : démontrer que, si l'on joint les deux points C et D à un point quelconque M de la circonférence, la somme $\overline{MC}^2$ et $\overline{MD}^2$ sera toujours la même, quel que soit le point M.

899. Inscrire dans un carré dont le côté est a, le carré minimum.

900. Calculer l'aire d'un trapèze, sachant que la hauteur est égale à la demi-somme de ses bases, que la différence entre les deux bases est 1 mètre, et que la plus grande base est égale à l'hypoténuse d'un triangle rectangle dont les deux côtés de l'angle droit sont la petite base et la hauteur du trapèze.

901. Sur un terrain plat on veut établir, pour un troupeau de moutons, un parc rectangulaire qui ait 6400 mètres carrés et dont le périmètre soit de 400 mètres : on demande le côté du parc.

902. Prouver que le triangle qui a pour sommets les milieux des côtés d'un triangle donné est semblable à celui-ci : trouver le rapport des surfaces de ces deux triangles.

903. Un trapèze dans lequel les deux bases parallèles et la hauteur sont représentées par a, b, h est donné. On divise les côtés en trois parties égales par des parallèles aux bases, ce qui partage le trapèze donné en trois trapèzes partiels : on propose de trouver la surface de chacun de ces trapèzes, exprimés au moyen des données a, b, h.

904. On a un hexagone régulier dont le côté est égal à 1 mètre sur chacun des côtés AB, BC... on construit un carré extérieur. Cela posé, on demande 1° de démontrer que les sommets extérieurs à l'hexagone des six carrés dont il vient d'être question forment un polygone régulier de 12 côtés ; 2° de calculer la surface de ce polygone régulier.

905. On donne deux points A et B sur une parallèle à une ligne donnée yx, leur distance AB$=2a$, la distance des deux parallèles est b : on demande à quelle distance de la droite AB se trouve le centre du cercle qui passe par les deux points A et B et est tangent à la droite xy.

906. Étant donné un cercle, on demande de déterminer sur sa tangente au point A un point T tel que si par ce point on mène une droite passant par le centre du cercle et rencontrant la circonférence en deux points M, M', la partie TM soit égale au diamètre MM'.

APPLICATION. *Le rayon du cercle* OA$=3^m,015$.

907. Trouver les trois côtés d'un triangle rectangle, sachant

que la somme de ces côtés est 132 mètres et que la somme
de leurs carrés est 60,50.

908. La hauteur d'un trapèze est de 10 mètres, la surface
du trapèze est égale à celle du rectangle qui serait construit
sur ces deux bases parallèles. De plus, le double de la plus
petite base ajouté au triple de la plus grande égale quatre fois
la hauteur du trapèze : on demande les valeurs des deux bases
x et y.

909. Un terrain a la forme d'un trapèze isocèle dont les
bases sont égales à 100 mètres et à 40 mètres, et le côté à
50 mètres : on demande 1° la surface de ce terrain en ares ;
2° la surface du terrain triangulaire qu'on obtiendrait en
ajoutant au trapèze le triangle partiel formé par le concours
des côtés non parallèles.

910. Du sommet A d'un triangle ABC on abaisse la ligne AD
perpendiculaire sur BC : on demande de calculer BD, CD sachant que l'on a AB=307^m,80, AC=480^m,168, BC=689^m,472.

911. Par un point pris sur un plan ou hors de ce plan, on
ne peut mener qu'une seule perpendiculaire à ce plan. Soit AB
une perpendiculaire au plan MN et BC une droite quelconque
tracée dans ce plan par le pied B ; on suppose AB=850 mètres
et BC=80 mètres : on propose de calculer AC.

912. La hauteur d'un prisme est de 0^m1, chaque base est un
rectangle dont l'un des côtés est double de l'autre et la surface
totale égale 28 centimètres carrés : on demande 1° l'aire de
chaque face latérale; 2° l'aire de chaque base; 3° le poids à 0°
du mercure contenu dans ce prisme.

913. La base d'une pyramide régulière est un hexagone régulier dont le côté est égal à 3 mètres : calculer à 0,001 près
la hauteur qu'il faut donner à cette pyramide pour que sa surface latérale soit égale à 10 fois la surface de la base.

914. Un bloc de basalte a la forme d'un prisme ayant pour
base un hexagone régulier ; le rayon du cercle circonscrit à
cet hexagone est de $0^m,63$, la hauteur du bloc égale $3^m,45$
et la densité du basalte est 2,25 : on demande le poids de ce
bloc.

915. On veut construire une digue en granit longue de
750 mètres, haute de $3^m,50$ et large de $5^m,75$ à la base et de
$4^m,20$ au sommet. La densité du granit est 2,5 et le kilogramme
coûte 0,03 : on demande le prix de la digue.

916. Un prisme droit est donné, lequel a une hauteur de
38489 mètres; sur l'une des arêtes, à partir de la base, on
prend une hauteur représentée par x, sur une autre arête on
prend une hauteur de 50 mètres de plus, et sur la troisième

une hauteur de 120 mètres de plus ; par les extrémités de ces trois hauteurs on mène un plan, lequel divise le volume du prisme en deux parties : comment faut-il prendre la première hauteur pour que les deux parties soient équivalentes.

917. Un bassin de 1^m,20 de hauteur a pour fond horizontal un hexagone régulier dont le côté égale 10 mètres : on demande le volume de l'eau contenue dans ce bassin lorsqu'il est rempli.

918. On a un tronc de pyramide régulière à base carrée : A est le côté de la grande base, *a* le côté de la petite et H la hauteur : on demande le volume de ce tronc.

919. Trouver les dimensions d'un cylindre de la contenance d'un hectolitre et dont la hauteur soit égale au diamètre de la base.

920. S'il faut 1 centimètre cube d'or pour dorer la surface latérale d'un cylindre ayant 0^{m}75 de hauteur et 0^m,2 de rayon : quelle sera l'épaisseur supposée constante de la couche d'or.

921. Trouver la hauteur d'un cylindre ayant 8 décimètres de rayon et contenant 400 hectolitres.

922. Une machine soufflante lance 14 kilogrammes d'air par minute. Cette machine se compose d'un cylindre dont le diamètre intérieur égale 0^{m}75 ; la course du piston est de 0^m,50 : combien dure chaque coup de piston, sachant que 1 mètre cube d'air pèse 1298 grammes.

923. Un rouleau cylindrique en bois de chêne a 0^m,3 de diamètre et 2^m,50 de longueur ; le poids spécifique du chêne est 1,17 : on demande le volume et le poids du rouleau.

924. Un tuyau cylindrique en bronze a 0^m,75 de longueur, 0^{m}36 de diamètre à l'intérieur et ses parois ont 0^m,08 d'épaisseur, la densité du bronze est 8,46 : on demande 1° le poids du tuyau vide ; 2° son poids quand il est rempli d'eau à 4°.

925. Les rayons des deux bases d'un tronc de cône sont 3^m,50 et 7^m,30 et la hauteur du tronc 2 mètres : on demande la surface et le volume du cône entier.

926. L'arête d'un cube est 0^m,35 : on demande le volume de la sphère circonscrite.

927. Un cône qui a une hauteur de 82 mètres est partagé par deux plans parallèles au plan de sa base en 3 parties de volume équivalent : calculer à 0,001 près les distances des deux plans sécants au sommet du cône.

928. Une sphère, un cylindre et un cône droit ont même volume ; de plus la sphère, la base du cylindre et la base du cône ont des diamètres égaux entre eux et à 0^m,3 : on demande la hauteur du cylindre et du cône.

929. Un gramme de mercure occupe dans un tube capillaire une longueur de $0^m,137$: quel est le diamètre intérieur de ce tube, la densité du mercure étant 13,598.

930. La surface latérale d'un cylindre est a et son volume b : on demande le rayon de la base et la hauteur du cylindre.

931. La surface latérale d'un tronc de cône est $34^{m \cdot q \cdot},54$, les rayons des bases ont l'un $1^m,42$ et l'autre 0^m64 : on demande la hauteur du tronc.

932. Un cube en cuivre pèse $1^{kg},75$, on le met sur un tour pour en former une sphère dont le diamètre soit les $\frac{3}{4}$ de la longueur de l'arête de ce cube : on demande le poids de la tournure de cuivre obtenu, la densité du cuivre étant 8,78.

933. Dans un cylindre dont le rayon est de 0^m25, on verse 30 kilogrammes de mercure dont la densité est 13,60, et 6 kilogrammes d'alcool dont la densité vaut 0,79 : à quelle hauteur s'élèvent les deux liquides ?

934. Un vase cylindrique vertical, dont le fond est un cercle de $0^m,05$ de rayon intérieur, est en partie rempli d'eau à 4°, pesant 4 kilogrammes. On y plonge une sphère de $0^m,03$ de rayon, et il arrive que l'eau monte exactement jusqu'au bord du vase : quelle est la hauteur de ce vase cylindrique.

935. Un cône droit dont la hauteur est de 20 mètres a pour volume 387 mètres cubes : à quelle distance du sommet faut-il mener un plan parallèle à la base pour enlever un cône dont le volume soit 35 mètres cubes.

936. La hauteur d'un cône est 10 mètres, le rayon de la base de ce cône est 15 mètres : on demande à quelle distance de la base il faudrait mener un plan parallèle à cette base pour que le volume du tronc fût égal à 20 mètres cubes.

937. Calculer le volume engendré par un triangle équilatéral dont le côté est égal à $2^m,50$ et qui tourne autour d'un de ses côtés.

938. Le volume d'un tronc de cône est équivalent à celui d'une sphère de 5 mètres de rayon, la hauteur égale 8 mètres, le rayon de l'une des bases égale 7 mètres : calculer le rayon de l'autre base.

939. Établir la proportion suivante : lorsque l'apothème d'un tronc de cône égale la somme des rayons des bases : 1° la moyenne géométrique entre ces rayons donne toujours la moitié de la hauteur ; 2° on obtient le volume en multipliant la surface totale par le $\frac{1}{6}$ de la hauteur.

940. Étant donnée une sphère de rayon R, on veut construire un cône droit qui ait même volume que la sphère et dont la hauteur ne soit que la moitié du rayon de la sphère : quelle devra être la base ?

941. Deux observateurs situés à bord de deux navires élevés chacun de 3 mètres au-dessus du niveau de la mer ont cessé de s'apercevoir mutuellement à une distance de 12600. On propose de conclure de cette observation une valeur approchée du rayon de la terre.

942. AB est le diamètre d'une sphère ; on veut mener un plan perpendiculaire à ce diamètre de telle sorte que la surface de la sphère soit partagée en deux parties qui aient entre elles le rapport de 2 à 3 : par quel point du diamètre AB faut-il mener ce plan ?

943. Un triangle isocèle dont la base b égale $4^m,75$ et le côté a $7^m,50$ tourne autour de sa base : on demande le volume engendré.

944. Par un point S pris sur le prolongement du diamètre d'un cercle, on mène une tangente SA et l'on fait tourner le cercle autour de son diamètre ; la circonférence décrit une sphère et la tangente SA décrit un cône, dont la base est le cercle décrit par la perpendiculaire AP au diamètre : on demande de déterminer le volume et la surface du cône.

On suppose que le rayon $OA=0^m,035$ et la ligne $OS=0^m,125$.

945. Un verre à pied de forme conique a $0^m,08$ de diamètre au bord supérieur et $0^m,12$ de hauteur. Il est rempli par du mercure et de l'eau pure dans des proportions telles que le poids du mercure est triple du poids de l'eau. La densité du mercure est $13,598$: on demande l'épaisseur de chaque couche liquide.

946. Le rayon de la base d'un cône égale 4 mètres, la hauteur de ce cône égale 6 mètres. On fait à 2 mètres du sommet une section parallèle à la base : trouver la surface du tronc de cône ainsi obtenu.

947. Un creuset ayant la forme d'un tronc de cône a $0^m,04$ de diamètre au fond, $0^m,07$ de diamètre au bord supérieur et $0^m,10$ de hauteur. Ce creuset contient du métal en fusion dont la surface supérieure a $0^m,06$ de diamètre ; on veut couler ce métal dans un moule sphérique : quel devrait être le rayon de ce moule, pour que le métal le remplît entièrement.

948. Soit ABC un triangle équilatéral dont le côté égale a, on prolonge la base BC d'une quantité CD égale à a, on élève la perpendiculaire DE, puis on suppose que le triangle fait une révolution autour de l'axe DE : on demande de trouver l'expression du volume ainsi engendré.

949. Le diamètre d'une sphère égale 4 mètres, une corde

parallèle à ce diamètre égale 2 mètres : on demande la surface engendrée par cette corde tournant autour du diamètre.

950. Un triangle équilatéral de 5m,93 de côté tourne autour d'une droite parallèle à sa base menée par son sommet : on demande le volume du solide engendré par ce triangle.

951. On donne une sphère d'un rayon égal à 13 mètres : on considère sur cette sphère une zone à deux bases dont l'un est à 1 mètre du centre de la sphère ; la surface de la zone égale 100 mètres carrés : on demande la surface du plus petit cercle.

952. Le côté d'un hexagone régulier égale 1 mètre : on demande de calculer à 0,001 près le volume engendré par l'hexagone régulier tournant autour d'un de ses côtés.

953. Dans un cercle donné, mener à angle droit deux diamètres AB, CD ; par le point A mener la tangente AE, on mènera aussi la corde CB que l'on prolongera jusqu'à son intersection E avec la tangente. Entre les droites AE, EC et l'arc AC une certaine figure est comprise. On suppose que cette figure fait une révolution complète autour de AB : on demande le volume ainsi engendré par cette figure. Désigner le rayon par R et après avoir trouvé la formule, on y fera R = 13549. Effectuer les calculs par logarithmes en faisant π = 3,1416.

954. Trouver dans la sphère la hauteur d'une zone dont la surface égale celle d'un grand cercle.

955. AB est le diamètre d'un demi-cercle qui a son centre en O ; sur chacun des rayons OA, OB on décrit un demi-cercle : on demande le volume décrit par la surface comprise entre les demi-cercles lorsque la figure accomplit une révolution entière autour de AB.

956. Le rayon d'une sphère étant égal à 1, calculer à 0,001 près la hauteur d'un cône dont la base est un petit cercle dont le sommet est au centre de la sphère et dont la surface latérale est égale au dixième de la surface de la sphère.

957. Une sphère creuse en argent pèse vide 726kg,03, pleine d'eau à 4° elle pèse 2521kg,35, la densité de l'argent est 10,47 : on demande la circonférence extérieure de la sphère.

958. La différence des rayons de deux sphères est 1m,75 et la différence de leurs volumes est 47 mètres cubes : calculer chacun des rayons à 0m,01 près.

FIN DU NOUVEAU COURS DE GÉOMÉTRIE.

28

TABLE DES MATIÈRES

PARIS. — GODARD POUL IMPRIMERIE, RUE DE TURENNE, 66. 971

MONITEUR DES ÉCOLES

TROISIÈME ANNÉE

Journal bi-mensuel d'éducation et d'enseignement pratique

Paraissant le 5 et le 20 de chaque mois, à partir du 5 décembre 18..

Cette publication s'adresse aux INSTITUTIONS et aux PENSIONNATS des deux sexes, aux ÉCOLES PROFESSIONNELLES, aux ÉCOLES NORMALES PRIMAIRES, aux ÉCOLES PRIMAIRES de garçons et filles, à toutes les personnes qui aiment l'étude.

LES MATIÈRES SONT DISTRIBUÉES DE LA MANIÈRE SUIVANTE :

1° NOUVELLES DE L'ENSEIGNEMENT. — PÉDAGOGIE. — SCIENCES USUELLES.

LETTRES : Grammaire, Étude étymologique de la langue française, Littérature, Style et Composition française, Histoire, Géographie, Cosmographie, ... vivantes, Considérations générales sur les langues, ... Études élémentaires, philologie, etc.

SCIENCES : Arithmétique, Géométrie, Arpentage, Partage des terrains, Nivellement, Levé des plans, Algèbre élémentaire, Notions élémentaires ... de Physique, de Chimie, d'Histoire naturelle, d'Agriculture et d'Industrie, ... Nombreuses figures dans le texte.

2° DEVOIRS ET EXERCICES sur toutes ces matières. — Développements des devoirs donnés aux examens.

3° LECTURES INSTRUCTIVES ET MORALES. — VARIÉTÉS. — CORRESPONDANCE (*).

Le prix d'abonnement, pour la France, fixé à ... ... doit être payé d'avance, soit en un mandat sur la poste, soit en ... soit par l'intermédiaire d'un libraire. Les abonnements ne sont reçus que pour l'année entière. On peut s'abonner à quelque époque de l'année que ... l'on reçoit immédiatement les numéros qui ont paru. Toutes les lettres ... être AFFRANCHIES et adressées à M. ANDRÉ GUÉDON, éditeur, rue ... à Paris.

La première et la seconde année, ... volume grand in-8 ... 3 fr. 20 c. — Chaque année peut être acquise séparément au prix de ...

MÉTHODE NOUVELLE

POUR

L'ENSEIGNEMENT DE L'HISTOIRE
ET DE LA GÉOGRAPHIE

PAR M. SIMONET
Professeur d'Histoire à l'École supérieure de commerce.

COMPOSÉE DE

1° RÉSUMÉ DE L'HISTOIRE DE FRANCE depuis les temps les plus anciens jusqu'en 18.., formant, avec les synchronismes, les institutions, découvertes, placés en regard de chaque période historique, un véritable cours d'Histoire général. Seconde édition. 1 vol. in-12, cartonné, 1 fr. 40.

2° CAHIER D'HISTOIRE spécialement destiné au Résumé de l'Histoire de France, disposé en colonnes et réglé. In-4° oblong, sur papier fort 19 ... hauteur sur 26 de longueur, avec couverture explicative. Vingt-quatre ... tion, piqué, rogné. Cahier n° 1, 25 c.; Cahier n° 2, 50 c. Ces Cahiers se distribuent aux ... par 16 mains des feuilles.

3° CAHIER ATLAS DE GÉOGRAPHIE dressé d'après les mêmes ... Cahier d'histoire, 52 pages in-4° sur magnifique papier jésus 34 c. ... sur 27 de largeur, avec couverture explicative. Dixième édition, ... 1 fr. 40.

(*) Une place est réservée dans les colonnes du journal pour les communications ... MM. les Abonnés.

PARIS. — ÉDOUARD BLOT, IMPRIMEUR, RUE DE TURENNE ...

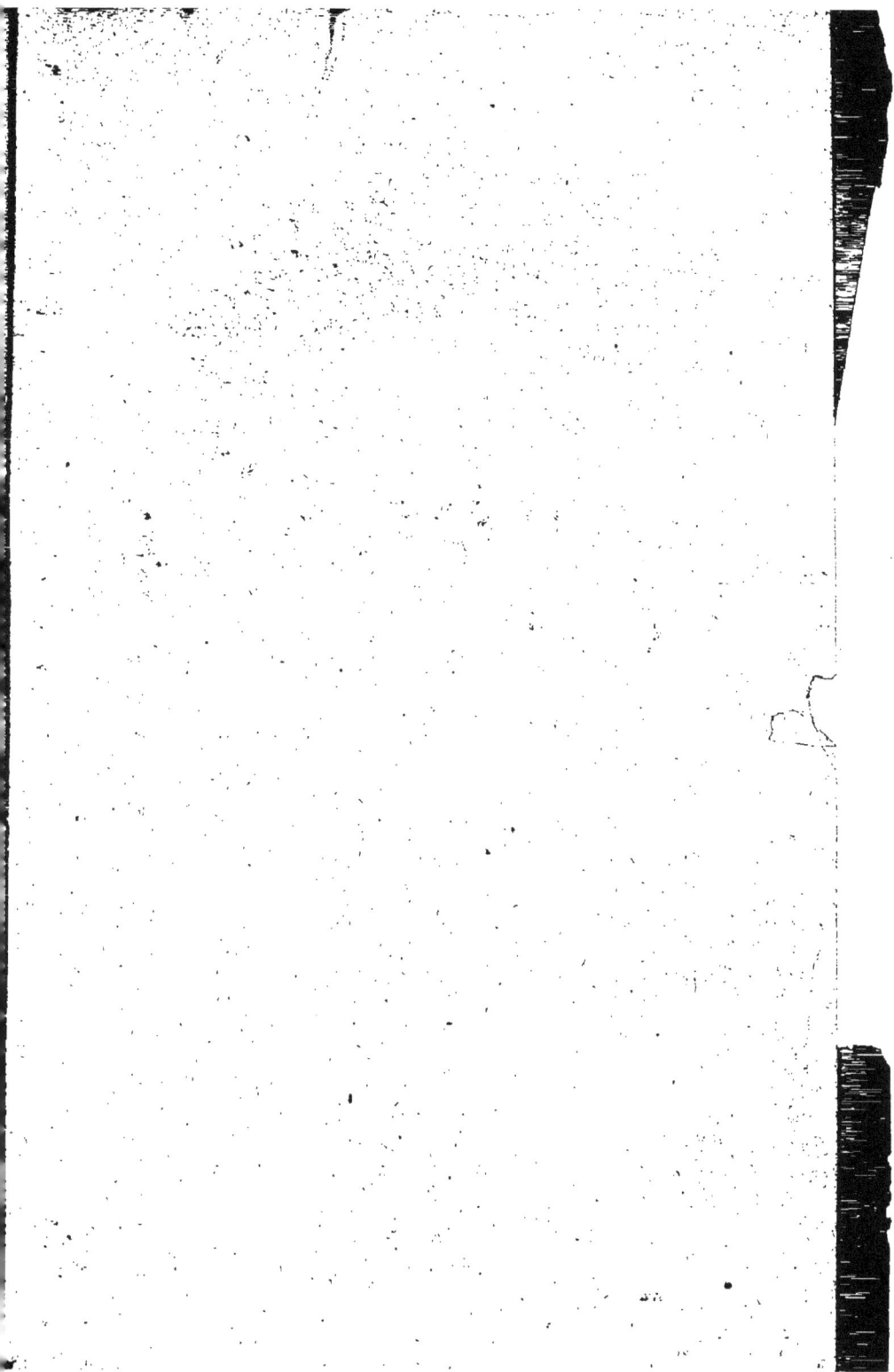

www.ingramcontent.com/pod-product-compliance
Lightning Source LLC
Chambersburg PA
CBHW031607210326
41599CB00021B/3093